음악인류

우리 뇌 속에
음악이 들어오면
벌어지는 일들

음악인류

대니얼 J. 레비틴 지음
이진선 옮김

와이즈베리
WISEBERRY

머리말

내가 음악과 과학을 융합하고 싶어 하는 이유에 대하여

1969년 여름, 열한 살이었던 나는 동네 오디오 가게에서 오디오를 구입했다. 그해 봄에 이웃집 정원의 잔디를 시간당 75센트에 깎아주고 번 돈 100달러를 전부 써야 했다. 나는 오후 내내 크림Cream, 롤링 스톤스Rolling Stones, 시카고Chicago, 사이먼 앤 가펑클Simon and Garfunkel, 비제, 차이코프스키, 조지 시어링George Shearing, 색소폰 연주가인 부츠 랜돌프Boots Randolph의 음반을 들으며 방에서 시간을 보냈다. 음악을 특별히 크게 틀어놓지는 않았다. 적어도 볼륨을 너무 높이 올려서 진짜로 스피커에 불이 붙었던 대학 시절에 비하면 말이다. 하지만 부모님에게는 상당한 소음이었던 듯하다. 소설가였던 어머니는 매일 복도 안쪽 서재에서 글을 쓰셨고 저녁 식사 전까지 매일 밤 한 시간씩 피아노를 연주하셨다. 아버지는 사업가셨다. 매주 80시간씩 일하셨는데 그중 저녁 시간과 주말에 해당하는 40시간은 집 안에 있는 사무실에 계셨다. 아버지는 사업가의 면모를 발휘해 당신이 집에 계실 때는 반드시 사용하는 조건으로 헤드폰을 사주기로 하셨다. 그리고 이 헤드폰은 내가 음악을 듣는 방식을 영원히 바꾸었다.

당시 내가 듣던 음악을 만든 신진 예술가들은 모두 스테레오 믹싱을 최초로 시도하고 있었다. 100달러짜리 일체형 오디오 스피커는 그다지 성능이 좋지 않았지만 전후좌우 (반향) 공간에 악기를 배치한 듯한 헤드폰의 소리는 내가 이전에 들을 수 없었던 깊이를 느낄 수 있게 해줬다. 그때부터 나에게 음반은 더 이상 노래가 아닌 소리로 인식됐다. 헤드폰은 화음과 선율, 가사, 특정 가수의 목소리를 넘어서 섬세한 뉘앙스의 팔레트, 음색의 세계를 열어줬다. 크리던스 클리어워터 리바이벌Creedence Clearwater Revival, CCR의 '그린 리버Green River'가 주는 축축한 남부의 분위기, 비틀스의 '마더 네이처스 선Mother Nature's Son'에서 느낄 수 있는 목가적이고 개방적인 아름다움, 카라얀이 지휘한 베토벤 〈전원 교향곡〉의 은은하게 울리는 오보에 음색은 나무와 돌로 지어진 거대한 교회의 분위기 속으로 나를 흠뻑 빠트렸다. 또한 헤드폰은 음악을 좀 더 개인적인 경험으로 만들어줬다. 마치 음악이 바깥세상이 아니라 불시에 내 머리 안에서 나오는 것 같았다. 이러한 개인적 경험은 궁극적으로 나를 음반 엔지니어와 프로듀서로 만들어줬다.

시간이 흐른 뒤, 폴 사이먼Paul Simon은 나에게 자신이 추구하는 요소는 언제나 소리라고 말했다. "내 음반을 들을 때 나는 화음이나 가사가 아닌 소리를 듣습니다. 음반의 첫 인상은 전체적인 소리예요."

기숙사 방에서 스피커 화재 사건을 일으킨 이후 나는 대학을 그만두고 록 밴드에 합류했다. 우리는 후에 크리스 아이작Chris Isaak이나 케이크Cake, 플리트우드 맥Fleetwood Mac의 히트 음반을 녹음한 재능 있는 음향기사 마크 니덤Mark Needham과 함께 24트랙 녹음기가 있는 캘리포니아의 스튜디오에서 녹음할 기회도 얻었다. 마크는 나를 좋아했는데 아마도 다른 친구들은 쉬는 시간에 취하기 바빴던 반면, 내가 조정실에 들어가 우리 음악이 어떻게 들리는

지에 유일하게 관심을 가졌기 때문일 것이다. 당시에 나는 프로듀서가 뭘 하는지도 몰랐지만 마크는 밴드가 추구하는 소리가 무엇이냐고 물으며 나를 프로듀서로 취급해줬다. 그는 마이크마다 만들 수 있는 소리가 얼마나 다른지, 마이크가 놓인 위치가 소리에 어떤 영향을 주는지 가르쳐줬다. 처음에 나는 마크가 집어낸 몇몇 차이점을 알아차리지 못했지만 마크는 내게 무엇을 들어야 하는지 알려줬다. "마이크를 기타 앰프에 가까이 가져갔을 때 소리가 얼마나 풍부하고 고르고 낭랑하게 울리는지 들어봐. 반대로 내가 마이크를 멀리 떨어트리면 다른 소리가 잡혀서 중간 음역대 소리는 일부 사라지지만 좀 더 웅장한 소리가 나지."

우리 밴드는 샌프란시스코에서 적당히 알려져 지역 록 음악 라디오 방송에서 음반이 소개되기도 했다. 그러나 빈번히 자살 시도를 하는 기타 연주자와 일산화탄소 흡입, 면도칼 자해라는 고약한 습관을 가진 보컬 때문에 밴드는 해체되고 나는 다른 밴드의 프로듀서로 일하게 됐다. 그리고 마이크에 따른 소리는 물론이고 녹음 테이프 브랜드들 사이의 차이처럼 전에는 들어보지 못한 소리들을 듣는 훈련을 했다. 예를 들어 암펙스 456 테이프는 저주파수 영역에서 특징적인 '범프bump'가 있고 스카치 250는 고주파수에서 특징적인 맑은 느낌이 있으며 아그파 467는 중간 음역대에서 매끄러운 느낌이 난다. 무엇을 들어야 하는지 알게 된 후에는 사과를 오렌지나 배와 구별하듯 암펙스와 스카치, 아그파를 구별할 수 있게 됐다. 나는 점차 (프랭크 시나트라Frank Sinatra와 바비 맥퍼린Bobby McFerrin과 함께한) 레슬리 앤 존스Leslie Ann Jones나 (시카고, 제니스 조플린Janis Joplin과 함께한) 프레드 카테로Fred Catero, (존 포거티John Fogerty, 그레이트풀 데드Grateful Dead와 함께한) 제프리 노먼Jeffrey Norman과 같은 뛰어난 음반 엔지니어들과 함께 일하게 됐다. 나는 세션을 책임지는 프로듀서였

음에도 그들 앞에서는 위축됐다. 몇몇 엔지니어들은 나를 하트Heart나 저니Journey, 산타나Santana, 휘트니 휴스턴Whitney Houston, 어리사 프랭클린Aretha Franklin과 같은 가수들과 함께하는 자리에 불러줬다. 나는 기타 부분이 얼마나 잘 표현됐는지, 혹은 보컬 능력이 어떻게 전달됐는지 같은 미묘한 뉘앙스에 대해 그들이 예술가들과 서로 상호 작용 하는 모습을 보며 일생일대의 교육을 받은 셈이었다. 이들은 가사 속 음절에 대해 이야기하고 각기 다른 10가지 연주에서 하나를 집어낼 정도로 듣는 능력이 정말 뛰어났다. 도대체 이 사람들은 어떤 훈련을 받았기에 보통 사람들이 들을 수 없는 소리를 들을 수 있을까?

무명의 작은 밴드와 함께 일하면서 나는 나의 작업을 좀 더 나은 방향으로 이끌어주는 스튜디오 매니저와 엔지니어들을 만났다. 하루는 엔지니어가 나타나지 않아 내가 카를로스 산타나Carlos Santana의 녹음을 편집하기도 했다. 또 한번은 위대한 프로듀서 샌디 펄만Sandy Pearlman이 블루 오이스터 컬트Blue Öyster Cult가 연주하는 동안 점심을 먹으러 가겠다며 나에게 보컬 마무리 작업을 맡긴 적도 있다. 이런저런 사건을 겪으며 나는 캘리포니아에서 음반 프로듀서로 10년을 보냈다. 나는 유명한 여러 음악가들과 일한 만큼 운이 좋은 편이었다. 그러나 내가 함께 일한 사람 중에는 굉장한 재능이 있음에도 성공하지 못한 이름 없는 수십 명의 음악가들도 있었다. 나는 왜 일부 음악가들이 이름을 알리는 동안 나머지 음악가들은 잊히고 마는지 궁금해지기 시작했다. 또한 어떤 사람에게는 아주 쉽게 다가오는 음악이 다른 사람들에게는 어려운 이유도 궁금했다. 창의성은 어디에서 오는 걸까? 왜 어떤 음악은 우리에게 감동을 주고 어떤 음악은 그러지 못할까? 우리 대부분이 듣지 못하는 뉘앙스를 듣는 뛰어난 음악가들과 엔지니어들의 불가사의한 능력에서 지각은 어떤 역할을 할까?

이러한 질문들에 대한 해답을 얻기 위해 나는 학교로 돌아갔다. 여전히 음반 프로듀서로 일하며, 일주일에 두 번씩 샌디 펄먼과 함께 스탠퍼드대학교로 차를 몰아 칼 프리브람Karl Pribram의 신경심리학 강의실로 향했다. 나는 심리학이라는 학문이 기억과 인지, 창의성, 그리고 이 모든 개념의 기저를 이루는 공통 도구인 인간의 뇌에 대한 질문에 대해 일부 해답을 열어줄 수 있다는 사실을 깨달았다. 하지만 과학이란 학문이 종종 그렇듯 나는 해답을 얻는 대신 질문만 가득 안고 돌아왔다. 그리고 이 모든 새로운 질문들을 통해 나는 음악과 세계, 인간 경험의 복잡성을 이해할 수 있게 됐다. 철학자 폴 처치랜드Paul Churchland는 역사가 기록된 이래 인간은 언제나 세상을 이해하려 노력해왔다고 썼다. 지난 200여 년 동안 우리의 호기심은 자연이 인간에게서 숨기려 하는 많은 비밀들을 밝혀냈다. 시공간의 구조와 물질의 구조, 에너지의 다양한 형태, 우주의 기원, DNA의 발견과 불과 몇 년 전에 완성된 인간 유전체 지도 제작으로 생명체의 본질이 밝혀졌다. 하지만 아직 한 가지 수수께끼는 풀리지 않았다. 바로 인간의 뇌가 어떻게 생각과 느낌, 희망, 욕구, 사랑, 아름다움을 비롯해 춤, 시각 예술, 문학, 음악에 대한 경험을 만들어내는가에 관한 질문이다.

음악이란 무엇일까? 음악은 어디서 나올까? 어째서 개 짖는 소리나 차 브레이크 소리와 달리 특정 소리 배열은 우리의 마음을 움직일까? 몇몇 학자들은 이런 질문을 평생의 업으로 삼는다. 하지만 일부 학자들은 이런 방식으로 음악을 분리한다는 발상이 고야의 캔버스에서 그림이 아닌 그림의 화학 구조를 파헤치는 식으로, 화가들이 만들려고 애쓰는 예술의 가치를 훼손시킨다고 말한다. 이에 옥스퍼드대학교의 역사학자 마틴 켐프Martin Kemp는 예술가와 과학자가 한 가지 측면에서 유사하다고 지적한다. 대부분의 예술가들은 자신의 작품을 실험으로 표현한다. 즉, 일반적인 생각과 공통의 관심사를 탐구하거나 하나의 관점을 세우기 위해 노력한다는 뜻이다. 내 친한 친구이자 동료인 윌리엄 포드 톰슨William Forde Thompson(토론토대학교의 음악 인지과학자이자 작곡가)은 여기에 과학자와 예술가들의 작업이 모두 비슷한 발달 단계를 거친다는 주장을 더한다. 보통 두 분야에서는 창의력과 탐구력이 필요한 '브레인스토밍'을 거친 뒤 설정된 내용을 적용해 시험하고 정제하는 단계를 지나 추가로 발생하는 문제를 창의적으로 해결해나간다. 예술가들의 작업실과 과학자들의 연구실 역시 미완성 단계에 있는 많은 프로젝트를 동시에 진행한다는 유사점이 있다. 또한 특별한 도구가 필요하고 현수교를 짓기 위한 최종 계획이나 영업일 마감 시 은행 계좌를 정산하는 일과 달리 해석에 따라 그 결과가 달라질 수 있다.

과학자와 예술가는 모두 작업의 산물에 대한 해석과 재해석에 제한을 두지 않아야 한다. 예술가와 과학자들은 근본적으로 진실을 추구하지만, 사실상 관점에 따라 진실에 관한 문맥의 전후관계가 달라지고 변화할 수 있으며 현재의 진실은 내일의 틀린 가설, 혹은 잊힌 오브제가 될 수 있다는 사실을 이해한다. 한때 널리 통용됐지만 후에 반대로 뒤집히거나 적어도 극적으로 재평가받았던 피아제와 프로이트, 스키너 이론의 예만 봐도 알 수 있다. 음악에서도 많은 그룹들의 가치를 조급하게 인정하는 경우가 있다. 칩 트릭Cheap Trick은 '새로운 비틀스'로 불렸고 한때 〈롤링스톤 록 백과사전Rolling Stone Encyclopedia of Rock〉은 애덤 앤 디 앤츠Adam and the Ants에게 U2만큼 많은 분량을 할애했다. 그런가 하면 전 세계가 폴 스투키Paul Stookey나 크리스토퍼 크로스Christopher Cross, 메리 포드Mary Ford의 이름을 알지 못하는 날이 올 것이라고는 상상도 하지 못했던 시기가 있었다. 예술가들에게 회화나 음악 작곡의 목표는 문자 그대로의 진실을 전달하는 것이 아니라 전후 사정이나 사회, 문화가 변한 다음에도 계속해서 사람들의 마음을 움직이고 감동을 줄 수 있는 보편적인 진리를 전달하는 것이다. 과학자들에게 이론의 목표는 언젠가 이 이론 역시 새로운 '진실'에 의해 교체된다는 사실을 받아들이면서 낡은 진실을 교체할 '현재의 진실'을 전달하는 것이다. 이를 통해서 과학이 발전할 수 있기 때문이다.

음악은 인간의 모든 활동 중에서도 특히 보편적이고 오래됐다. 역사가 기록된 이래로 음악이 없는 문화권은 없었다. 현 인류와 원시인들의 유적지에서 발견된 가장 오래된 유물 중에는 뼈로 만든 피리와 나무 밑동에 동물 가죽을 덮어씌워 만든 드럼과 같은 악기가 있었다. 어떤 이유로든 사람들이 함께 모이는 곳에는 반드시 음악이 있다. 결혼과 장례식, 졸업식, 전쟁터로 행진하는 군인, 스포츠 경기장, 번화가의 밤, 기도회, 아기를 얼러 재우는 엄마, 공부하는 대학생 모두 음악을 활용한다. 특히 현대 서구 사회에 비해 산업화되지 않는 문화권에서 음악은 현재에도 과거에도 일상생활의 일부였다. 우리 문화권에서도 상대적으로 최근인 100여 년 전에 들어서야 음악 연주자와 청자를 둘로 분리해 계급을 형성하고 집단을 나누기 시작했다. 전 세계 문화권의 대다수, 그리고 인간 역사의 상당 부분에서 음악은 숨을 쉬고 걷는 일처럼 모두가 참여하는 자연스러운 활동이었다. 음악 공연 전용 콘서트 장조차 겨우 지난 몇 세기 전부터 생겨났을 뿐이다.

짐 퍼거슨Jim Ferguson은 현재 인류학 교수로 활동하고 있으며 내가 고등학교 시절부터 알고 지낸 지인이다. 짐은 어떻게 강의를 하는지 이해할 수 없을 만큼 수줍음이 많지만 내가 아는 사람들 중에서도 가장 유쾌하고 똑똑하다.

하버드에서 박사 학위를 받기 위해 짐은 남아프리카에 완전히 둘러싸인 작은 국가인 레소토로 현지답사를 떠났다. 그곳에서 짐은 지역 주민들과 소통하고 함께 연구하며 신뢰를 얻었고 주민들의 노래에 동참해달라는 제안을 받았다. 늘 그렇듯이 짐은 소토 주민에게 함께 노래를 하자는 제안을 받았을 때 부드럽게 "저는 노래를 못합니다."라고 대답했다. 이 말은 사실이다. 고등학생 시절 함께 밴드를 했을 때 짐은 훌륭한 오보에 연주자였음에도 심각한 음치였다. 그러나 주민들은 짐의 거절을 어리둥절해하며 이해하지 못했다. 소토에서는 노래가 특별한 일부 사람들을 위한 행위가 아니라 남녀노소를 가리지 않고 모두가 함께하는 평범하고 일상적인 활동이기 때문이다.

우리는 문화뿐 아니라 언어에서도 아르투르 루빈스타인Arthur Rubinsteins, 엘라 피츠제럴드Ella Fitzgeralds, 폴 매카트니Paul McCartneys와 같은 전문 연주자 층과 나머지를 구분한다. 나머지 사람들은 자신들을 즐겁게 해주는 전문가들의 음악을 듣기 위해 돈을 지불할 뿐이다. 짐은 자신이 가수나 댄서와는 거리가 멀다고 믿었고 노래하고 춤추는 모습을 대중에게 보여주는 일은 전문가의 영역이라고 생각했다. 주민들은 짐을 물끄러미 바라보고 말했다. "노래를 못한다는 게 무슨 뜻이에요? 말은 할 수 있잖아요!" 짐은 나중에 내게 말했다. "주민들에게는 내 말이 두 다리가 멀쩡한데도 걷거나 춤출 수 없다는 것처럼 이상하게 들렸던 거야." 춤추고 노래하는 일은 모든 사람이 참여해 자연스럽게 함께하는 일상적이고 자연스러운 활동이다. 레소토 공용어인 세소토어로 '노래하다'를 뜻하는 '호 비나'는 전 세계의 많은 언어에서처럼 춤을 의미하기도 한다. 노래가 몸의 움직임과 관련돼 있기 때문에 구분을 하지 않는 것이다.

텔레비전이 생기기 몇 세대 전에 가정에서는 함께 둘러앉아 즐겁게 노래를 부르는 경우가 많았다. 그러나 현재는 음악가의 기술과 능력이 다른 사람을 위해 공연을 할 만큼 '충분히 뛰어난지'를 크게 중요시 여긴다. 음악 제작은 우리 문화권에서 특정인들에게 할당된 활동이고 나머지들은 듣기만 한다. 음악 산업은 미국에서 수십만 명이 종사할 정도로 아주 거대하다. 음반 판매만으로 연 300억 달러 수입이 발생한다. 여기에는 콘서트 표 판매와 북미 전역의 술집에서 금요일 밤마다 연주를 하는 수천 개의 밴드, P2P 방식의 파일 공유를 통해 무료 다운로드 되는 30억 개(2005년 기준)의 노래들은 포함되지도 않았다. 미국인들은 처방약이나 섹스보다 음악에 더 많은 돈을 쓰고 있다. 이러한 열광적인 소비 패턴으로 볼 때 미국인들 대부분은 음악 청자로서 전문가 수준의 경지에 올랐다고 말할 수 있다. 우리는 잘못된 음을 잡아내고, 좋은 음악을 찾아내고, 수백 개의 선율을 기억하고, 음악에 맞춰 발을 구를 수 있는 인지 능력을 가지고 있다. 인간의 박자 추출 처리 과정과 관련된 활동은 굉장히 정교해 컴퓨터도 대부분 해낼 수 없을 정도다. 우리는 왜 음악을 들을까, 그리고 어째서 음악을 듣는 데 그토록 많은 돈을 기꺼이 쓸까? 콘서트 표 두 장의 가격은 4인 가족의 일주일 식비와 맞먹고 CD 한 장은 셔츠 한 장, 빵 여덟 덩어리, 한 달 기본 통신비만큼 비싸다. 우리가 왜 음악을 좋아하는지, 우리를 음악으로 이끄는 요소는 무엇인지를 이해하면 인간 본성의 정수를 들여다 볼 수 있을 것이다.

인간의 기본적이고 보편적인 능력에 대해 알고 싶다면 진화에 대한 질문을 빼놓을 수 없다. 동물은 주변 환경에 반응해 특정한 신체적 형태로 진화하고, 그중 짝짓기에 유리한 특성은 유전자를 통해 다음 세대로 전달한다.

다윈 이론은 식물이나 바이러스, 곤충, 동물과 같은 유기체가 물질계에서 서로 영향을 주며 함께 진화했다는 날카로운 주장을 담고 있다. 즉, 살아 있는 모든 생명체가 환경에 반응해 변화하는 동안 환경 역시 생명체에 반응해 변화한다는 뜻이다. 만약 종 하나가 특정 포식자에게서 벗어날 수 있는 기제를 발전시켰다면 그 포식자 종은 진화적 압력을 받아 방어를 극복할 수단을 개발하거나 다른 먹이 종을 찾아야 한다. 자연선택은 서로가 서로를 따라잡기 위해 신체 형태를 바꾸는 무기 경쟁에 비유할 수 있다.

상대적으로 새로운 과학 분야인 진화심리학은 진화의 개념을 신체에서 마음의 영역으로 확장한다. 스탠퍼드대학교 시절 나의 멘토였던 인지심리학자 로저 셰퍼드Roger Shepard는 우리 몸뿐만 아니라 우리의 마음도 수백만 년에 걸친 진화의 결과물이라고 지적했다. 우리의 사고 패턴과 특정 방식으로 문제를 해결하려는 경향, 색채를 보는 능력과 같은 우리의 감각 체계 모두 진화의 결과물이다. 셰퍼드는 이러한 관점을 발전시켜 우리 마음은 변화무쌍한 환경에 반응해 변화하는 물질계와 함께 서로 영향을 주며 진화한다고 주장한다. 셰퍼드의 학생 중 캘리포니아대학교 산타바바라 캠퍼스의 레다 코스미데스Leda Cosmides와 존 투비John Tooby, 뉴멕시코대학교의 제프리 밀러Geoffrey Miller는 이 분야의 선두주자다. 이 분야의 연구자들은 진화심리학을 연구해 마음의 진화로 파생된 인간의 행동에 대해 많은 내용을 밝혀낼 수 있다고 믿고 있다. 음악은 인류가 진화하고 발전하는 과정에서 어떤 기능을 했을까? 확실히 5만 년, 혹은 10만여 년 전의 음악은 베토벤과 반 헤일런Van Halen, 에미넴Eminem의 음악과 아주 달랐을 것이다. 우리 뇌가 진화를 거치면서 우리가 만드는 음악도 함께 발전했고 듣고 싶은 음악도 변했다. 그렇다면 우리 뇌는 음악을 듣고 만들기 위해 특별한 특정 영역이나 경로를 발전시켜야 했을까?

과거에는 좌반구에서 언어와 수학을 처리하고 예술과 음악은 뇌의 우반구에서 처리한다는 식의 단순한 개념이 통용됐다. 그러나 나를 비롯한 동료 연구진들이 밝혀낸 사실에 따르면 음악은 뇌 전역에서 처리된다. 뇌손상을 입은 사람들을 연구한 뒤 우리는 신문을 읽는 능력을 잃은 환자라도 여전히 음악은 들을 수 있다는 사실을 알게 됐다. 스웨터 단추를 채우는 운동 협응력이 사라진 사람도 피아노는 연주할 수 있다. 음악 듣기나 공연, 작곡은 아직까지 밝혀지지 않은 뇌의 거의 모든 영역과 거의 모든 신경 하위 조직이 관여하는 활동이다. 그렇다면 모차르트 음악을 매일 20분씩 들으면 똑똑해진다거나 음악을 들으면 우리 마음의 일부를 단련할 수 있다는 주장은 설명이 가능할까?

음악의 힘은 광고 업체나 영화제작자, 군사령관, 엄마들에게 정서를 일으키는 역할로 활용된다. 광고업자들은 탄산음료나 맥주, 운동화, 자동차를 경쟁 업체의 물건보다 더 멋지게 보이도록 만들기 위해 음악을 사용한다. 영화감독은 모호할 수 있는 장면에서 특정한 느낌을 받도록 하기 위해, 혹은 특별히 극적인 순간의 감정을 강화하기 위해 음악을 사용한다. 액션 영화에서 나타나는 전형적인 추적 장면이나 낡고 어두운 저택에서 혼자 계단을 오르는 여성 뒤에 깔리는 음악을 떠올려보라. 음악은 우리 정서를 조정하는 데 사용되고 우리는 이런 감정을 경험하게 해주는 음악의 힘을 즐기거나 혹은 용인하는 경향이 있다. 전 세계의 엄마들은 우리가 상상할 수 없을 만큼 오래전부터 아기를 달래 재우기 위해, 혹은 아기를 울게 만든 무언가로부터 신경을 돌리게 하기 위해 부드럽게 노래를 불러줬다.

음악을 사랑하는 대부분의 사람들은 자신들이 음악에 대해 아무것도 모른다고 고백한다. 신경화학이나 정신약리학처럼 어렵고 복잡한 주제를 연구하는 많은 동료 연구자들도 자신들이 아직 음악의 신경과학을 연구할 준비가 돼 있지 않다고 느낀다. 그러나 누가 그들을 탓할 수 있을까? 음악 이론가들이 사용하는 고상하고 심오한 전문 용어와 규칙들은 굉장히 난해한 수학 분야만큼이나 이해하기 어렵다. 비음악가들에게는 차라리 수학의 집합이론 기호가 우리가 기보법이라 부르는 종이 위의 잉크 자국보다 낫다고 생각할지 모른다. 이들에게는 조성이나 종지, 조바꿈, 조옮김과 같은 용어들이 음악의 방해 요인으로 작용할 수 있다.

그러나 이런 전문 용어에 겁을 내는 내 동료들도 모두 자신이 좋아하는 음악에 대해서는 말할 수 있다. 예를 들어 내 친구 노먼 화이트Norman White는 쥐의 해마 연구와 쥐들이 이미 갔던 장소를 기억하는 원리에 대한 연구 분야에서 세계적인 권위자다. 노먼은 자신이 좋아하는 재즈 가수에 대해 전문가 수준으로 대화할 만큼 재즈 광팬이다. 그는 듀크 엘링턴Duke Ellington과 카운트 베이시Count Basie의 차이는 물론이고 초기와 후기의 루이 암스트롱Louis Armstrong도 구별할 수 있다. 노먼은 음악에 대한 전문 지식이 전혀 없다. 어떤 음악을 좋아한다고 말할 수 있지만 화음의 이름이 무엇인지는 알지 못한다. 하지만 그는 자신이 좋아하는 음악에 대해서는 전문가처럼 알고 있다. 물론 그의 능력은 전혀 특별하다고 볼 수도 없다. 우리는 대부분 우리가 좋아하는 것에 대한 실용적인 지식을 가지고 있고 진정한 전문가들이 사용하는 기술 지식 없이도 우리의 취향에 대해 이야기할 수 있다. 예를 들어 나는 가까운 카페보다 자주 들르는 식당의 초콜릿 케이크가 내 취향이라는 사실을 안다. 하지만 사용된 밀가루나 버터의 종류, 초콜릿의 차이점을 설명하면서 재료로 케이크의 맛을 분석할 수 있는 사람은 오직 요리사뿐이다.

안타깝게도 많은 사람들이 음악가나 음악 이론가, 인지과학자들이 내뱉은 전문 용어 때문에 겁을 먹는다. 물론 모든 연구 분야에는 전문적인 용어가 존재한다. 의사가 작성한 난해한 전혈 검사 보고서를 떠올려보라. 하지만 음악의 경우엔 음악 전문가와 과학자들이 자신들의 작품을 일반인들이 좀 더 쉽게 접근할 수 있도록 만들 수 있다. 이것이 바로 내가 이 책을 통해 이루고자 하는 목표다. 음악 연주자와 청자 사이에 생겨난 비정상적인 격차는 음악을 사랑하고 음악에 대해 이야기하기를 좋아하는 사람과, 음악이 작동하는 원리에 대해 새로운 사실을 밝혀나가는 사람 간의 격차와 유사하다.

내 제자들은 종종 나에게 자신들이 사랑하는 인생의 수수께끼와 즐거움이 과도한 지식으로 인해 가려질까 두렵다고 말한다. 과학과 수수께끼의 관계에 대해 언급했던 로버트 새폴스키의 학생들도 아마 같은 감정을 털어놓았으리라. 나 역시 1979년에 버클리 음악대학교에 들어가기 위해 보스턴으로 이사를 하며 같은 불안감을 느꼈다. 내가 음악을 학문적으로 접근하고 연구 분석함으로 인해 음악의 수수께끼가 사라지면 어쩌지? 음악에 대한 지식이 지나쳐서 음악을 더 이상 즐기지 못하면 어떻게 해야 할까?

나는 여전히 싸구려 오디오와 헤드폰으로 음악을 즐겼던 과거처럼 충분히 음악을 즐긴다. 음악과 과학에 대해 공부할수록 점점 더 매력을 느끼게 됐으며 두 분야에서 뛰어난 사람들에게 고마운 마음이 생겼다. 과학과 마찬가지로 음악 역시 세월이 흘러도 완벽히 같은 방식으로는 절대 두 번 이상 경험할 수 없는 놀라운 모험임이 입증되었다. 그래서 나는 음악에서 끊임없이 놀라움과 만족감을 얻는다. 과학과 음악이 결코 나쁜 결합이 아니었음이 밝혀진 것이다.

이 책은 심리학과 신경학이 교차하는 인지신경과학의 관점에서 음악의 과학에 대한 이야기를 담고 있다. 나를 비롯한 여러 연구자들이 해당 분야에서 음악과 음악적 수단, 즐거움에 대해 연구한 최신 자료를 논할 예정이다. 이러한 자료들은 심오한 질문을 향한 새로운 통찰력을 제공할 것이다. 만약 우리 모두가 음악을 서로 다르게 듣는다면 헨델의 〈메시아〉나 돈 매클레인Don McLean의 '빈센트(별이 빛나는 밤)Vincent(Starry Starry Night)'와 같이 그토록 많은 사람들의 마음을 움직이는 음악 작품들은 어떻게 설명할 수 있을까? 반대로 우리가 모두 음악을 같은 방식으로 듣는다면 음악 공연을 듣고 현격한 견해차가 생기는 이유는 어떻게 설명할 수 있을까? 왜 어떤 사람은 모차르트를 좋아하고 어떤 사람은 마돈나를 좋아할까?

지난 몇 년간 신경과학 분야와 심리학의 새로운 접근법과 쏟아지는 연구 덕분에 과학자들은 마음에 대해 좀 더 잘 알게 됐다. 뇌-영상 기술과 도파민, 세로토닌과 같은 신경전달물질을 조절할 수 있는 약을 비롯한 새로운 기술과 기존의 과학적 추구 덕분이다. 잘 알려지지 않았지만 컴퓨터 기술의 지속적인 발전으로 우리는 뉴런 신경망이 어떻게 조형되는지 알아내는 놀라운 발전을 이뤘다. 우리는 전에 없던 방식으로 머릿속의 연산 체계를 이해할 수 있게 됐다. 현재 언어는 우리 뇌에 상당 부분 내재돼 있는 것으로 보인다. 심지어 의식은 더 이상 불가사의한 안개 속에 절망적으로 가려져 있지 않으며 관찰 가능한 물리적 체계에서 탄생한다고 여겨진다. 하지만 현재까지는 그 누구도 이 모든 새로운 결과를 하나로 모아 인간의 가장 아름다운 집념의 산물인 음악을 설명하기 위해 활용하지 않았다. 음악을 듣는 우리 뇌를 통해 우리는 인간 본성의 가장 깊은 수수께끼를 이해할 수 있다. 이것이 바로 내가 책을 쓴 이유다. 이 책은 연구자들이 아닌 평범한 독자들을 위해 쓰였기 때문에 이 주제를 '지나치게 간략화'하지 않으면서 단순하게 설명하려 노력했다. 여기서 설명하는 모든 연구는 동료 평가 제도로 검증됐고 학술지에 게재된 내용이다. '음악을 듣는 뇌'의 자세한 내용에 대해서는 책 뒤쪽의 참고문헌에 기재했다.

음악이 무엇인지, 어디서 발생하는지 잘 이해함으로써 우리는 인간의 동기와 두려움, 욕구, 기억은 물론이고 넓게는 소통까지 더 잘 이해할 수 있을 것이다. 음악을 듣는 행위는 우리가 배고플 때 음식을 먹고 식욕을 충족하는 단계와 같을까? 혹은 등 마사지를 받거나 아름다운 일몰을 볼 때처럼 우리 뇌에 감각적 쾌락 체계를 유발할까? 왜 사람들은 나이를 먹으면 음악에 대한 취향이 고정돼 새로운 음악을 시험하지 않을까? 이 책은 우리 뇌가 음악과 함께 진화해온 과정에 관한 이야기다. 지금부터 음악으로 뇌를 설명하고, 뇌로 음악을 설명하며, 이 모두를 통해 우리 자신에 대해 설명하려 한다.

나는 과학을 사랑하지만 때로는 그것이 나를 고통스럽게 한다.
너무 많은 사람이 과학을 두려워하며 과학을 선택한 사람은 예술을 알지 못하고
동정심이나 자연을 경외하는 마음도 갖지 못한다고 생각하기 때문이다.
과학은 우리에게서 수수께끼를 빼앗는 것이 아니라
수수께끼에 활기를 불어넣고 재탄생시키는 수단이다.

– 로버트 새폴스키, 《스트레스Why Zebras Don't Get Ulcers》

차례

머리말 내가 음악과 과학을 융합하고 싶어 하는 이유에 대하여 4

1장 **음악이란 무엇인가?**
음고부터 음색까지 22

2장 **박자에 맞춰 발 구르기**
리듬과 음량, 화성 76

3장 **장막 뒤에서**
음악과 마음 장치 110

4장 **기대감**
우리가 리스트와
루다크리스에게 기대하는 것 144

5장 **전화번호부에서 이름을 검색해주세요**
우리는 음악을
어떻게 분류할까? 170

6장 **디저트를 먹은 후에도 크릭은 아직도 나와 네 자리 떨어진 곳에 있었다**
음악과 정서, 파충류의 뇌 216

7장 **무엇이 음악가를 만드는가?**
전문 능력 파헤치기 248

8장 **내가 가장 좋아하는 음악**
우리는 왜 그 음악을 좋아할까? 286

9장 **음악 본능**
진화의 최고 히트작 318

부록1 음악을 듣는 당신의 뇌 346

부록2 화음과 화성 349

참고문헌 353

감사의 글 386

1장

음악이란 무엇인가?
음고부터 음색까지

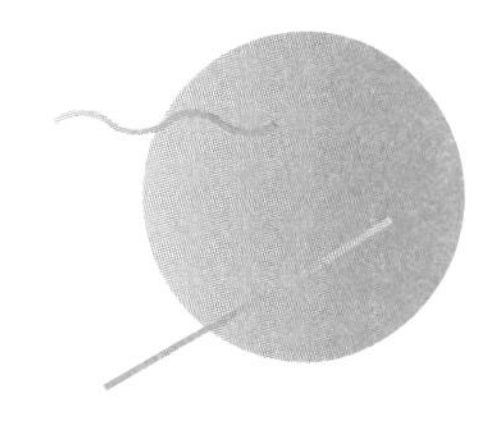

음악이란 무엇일까? 많은 사람들에게 '음악'은 단순히 베토벤과 드뷔시, 모차르트와 같은 위대한 대가들을 의미한다. 버스타 라임즈Busta Rhymes나 닥터 드레Dr. Dre, 모비Moby가 '음악'이라고 생각하는 사람들도 있다. 버클리 음악대학 시절 내게 색소폰을 가르쳤던 스승에게는, 그리고 수많은 '정통 재즈' 애호가들에게는 1940년 전과 1960년대 이후에 만들어진 그 어떠한 소리도 '진짜' 음악이 아닐 것이다. 내가 어렸던 1960년대에 친구들은 몽키스Monkees의 음악을 들으러 우리 집에 오곤 했다. 친구들의 부모님이 모두 로큰롤의 '위험한 리듬'을 두려워하며 클래식이 아닌 어떤 음악도 듣지 못하도록 금지했거나 찬송가만 부르고 듣도록 허락했기 때문이다. 1965년, 밥 딜런Bob Dylan이 뉴포트 포크 페스티벌에서 과감하게 일렉트릭기타를 연주했을 때 사람들은 퇴장했고 남아 있던 사람들도 대다수 야유를 보냈다. 가톨릭교회는 사람들이 신의 유일성에 대해 의심하게 될까 두려워 (동시에 하나 이상의 음악 성부를 연주하는) 다성부 음악이 들어간 곡을 금지했다. 3온음이라고도 하며 C와 F샵 사이 간격을 뜻하는 증4도 음정 역시 금지했다. 예를 들어 레너드 번스타인Leonard Bernstein의 〈웨스트 사이드 스토리West Side Story〉에서 토니가 '마리아Maria'를 노래할 때의 음정이다. 교회는 이 음정은 심한 불협화음이기 때문에 분명 루시퍼의 소행일 것이라며 디아볼루스 인 무지카Diabolus in musica(음악의 악마라는 뜻의 라틴어 – 옮긴이)라고 이름 지었다. 이처럼 '음고'는 중세시대 교회를 떠들썩하게 만들었고, 딜런은 '음색' 때문에 야유를 받았다. 그리고 록 음악에 잠재된 아프리카 '리듬'은 혹여나 그 박자가 천진한 아이들을 향정신성 실신 상태에 영영 빠트리진 않을까, 평범한 백인 부모들을 두렵게 만들었다. 리듬과 음고, 음색이란 무엇일까? 그저 노래의 서로 다른 역학적 형태를 표현하는 방식일까? 아니면 좀 더 깊은 신경적 기초가 존재할까? 이 요소들은 모두 꼭 필요할까?

프랑시스 도몽Francis Dhomont과 로베르 노르망도Robert Normandeau, 피에르 셰페르Pierre Schaeffer와 같은 전위파 음악 작곡가들은 대부분 사람들이 생각하는 음악의 한계를 확장한다. 전위파 작곡가들은 선율과 화음뿐 아니라 악기의 사용을 넘어서 압축공기드릴과 기차, 폭포와 같은 세상 속 자연물의 소리를 활용한다. 그 소리를 녹음해 편집하고 음고를 조작해 궁극적으로는 전통적인 음악에서처럼 정서를 이끄는 긴장과 이완의 궤적을 그리는 소리의 콜라주(관계없는 것들을 엮어 예술화하는 기법 – 옮긴이)로 조직한다. 이런 양식의 작곡가들은 재현 예술과 사실주의 예술의 경계 밖으로 벗어난 입체파와 허무주의 예술가들, 즉 피카소부터 칸딘스키, 몬드리안에 이르는 많은 현대 화가들과 닮았다.

바흐와 디페쉬 모드Depeche Mode, 존 케이지John Cage의 음악은 근본적으로 어떤 공통점이 있을까? 가장 기본적인 수준에서 버스타 라임즈의 '왓츠 잇 고너 비What's It Gonna Be?!'와 베토벤의 〈비창 소나타〉를 구별하는 특징은 무엇일까? 타임스스퀘어 중앙에서 들을 수 있는 소리의 조합은 깊은 열대우림의 소리와 어떤 차이가 있을까? 작곡가 에드가르 바레즈Edgard Varèse의 유명한 정의에 따르면 "음악은 조직된 소리다".

이 책은 신경심리학적 측면에서 음악이 우리 뇌와 마음, 생각, 영혼에 어떤 영향을 주는지 설명한다. 하지만 우선 음악이 무엇으로 이루어져 있는지 살펴볼 필요가 있다. 음악의 근본적인 구성 요소는 무엇일까? 그리고 이 구성 요소들은 언제, 어떻게, 음악으로 조직화될까? 모든 소리의 기본 요소는 음량과 음고, 음조곡선, 음길이(혹은 리듬), 빠르기, 음색, 공간적 위치, 반향이다. 우리 뇌는 선으로 형태를 배열하는 화가처럼 이러한 지각의 근본 속성을 더욱 높은 차원의 개념으로 체계화하는데, 여기에는 박자와 화음, 선율이 포함된다. 음악을 들을 때 사실상 우리는 복합적인 속성, 혹은 '차원'을 인식하고 있는 것이다.

이 모든 요소의 기본이 되는 뇌를 살펴보기 전에 이번 장에서는 음악적 예시를 통해 음악 용어를 정의하고 빠르게 음악 이론의 기본 개념을 검토하겠다. 물론 음악 전문가라면 이번 장을 훑어보거나 건너뛰어도 좋다. 우선, 주요 용어를 간추리면 다음과 같다.

> "음고"란 특정 음의 실제 주파수뿐 아니라 그 음이 음계에서 차지하는 상대적 위치와 모두 관련된 순전히 심리적인 구성 요소다. 예를 들어 음고는 "이것은 무슨 음인가?"라는 질문에 ("C샵#."이라는) 답을 준다. 주파수와 음계는 좀 더 뒤에 정의할 예정이다. 예를 들어 연주자가 트럼펫을 불 때 만들어지는 하나의 소리를 음악가들은 음표(note)라고 표현하고 과학자들은 음(tone)이라고 부른다. 음표와 음이라는 두 용어는 대략 같은 개념을 나타내지만 음이라는 단어는 우리가 소리를 들을 때, 음표는 악보에 쓰인 음을 칭할 때로 한정해 사

용한다. 우리나라에서 동요 '비행기'의 선율로 잘 알려진 '메리의 작은 양'이나 '자고 있나요?'와 같은 구전 동요는 음고가 처음의 일곱 음 안에서만 변화하며 리듬이 일정하다. 이 예를 통해 선율이나 노래의 정의에서 음고가 얼마나 큰 힘과 중요성을 가지는지 알 수 있다.

"리듬"은 음렬의 길이, 그리고 음렬이 함께 구성 단위로 묶이는 방식을 말한다. 예를 들어 '알파벳 노래'는 '반짝 반짝 작은 별'에서처럼 A B C D E F의 알파벳을 노래하는 첫 소절의 여섯 음길이가 모두 같고 G에서는 음길이를 두 배로 잡는다. 그리고 H I J K에서는 기본 음길이로 돌아왔다가 다음 네 글자 L M N O는 각각 두 배로 빠르게, 또는 반박자로 부른 뒤 P를 길게 부르며 끝난다. 그래서 초등학생들은 처음 몇 달 동안 영어 알파벳에 '엘레메노'라는 글자가 있다고 믿기도 한다. 비치 보이스 Beach Boys의 노래 '바버라 앤 Barbara Ann'에서 첫 일곱 음은 리듬만 다를 뿐 모두 같은 음고로 부른다. 사실 그 후 일곱 음 역시 선율은 모두 같은 음고이고 남성 듀오 잰 앤 딘 Jan & Dean의 딘 토렌스 Dean Torrence가 참여해 다른 음(화음)을 넣는다. 비틀스는 음 몇 개로 음고를 일정하게 유지하면서 리듬만 변하는 노래가 여럿 있다. '컴 투게더 Come Together'의 첫 네 음과 '하드 데이스 나잇 Hard Day's Night'에서 'It's been a'라는 가사에 붙은 여섯 음, '섬싱 Something'의 첫 여섯 음이 여기에 해당한다.

"빠르기"는 곡에서 전체적인 빠르기와 속도를 뜻한다. 만약 발을 구르거나 춤을 추거나 음악에 맞춰 행진을 한다면 그 규칙적인 움직임이 얼마나 빠르고 느린지를 의미한다.

"음조곡선"은 전체적인 선율의 모양을 말하며 '위', 혹은 '아래'를 향하는 패턴만을 고려한다. 즉, 음의 크기가 아니라 올라가거나 내려가는지 여부만 판단한다.

"음색"은 트럼펫과 피아노 같은 두 악기가 똑같은 음을 연주할 때 하나의 악기를 다른 악기와 구별하게 해준다. 음색은 악기가 진동할 때 배음에서 일부 생성된 일종의 소리 색이다(배음에 대해서는 이후에 자세히 설명할 예정이다). 또한 음색은 하나의 악기가 소리 범위에 따라 움직이면서 소리를 변화시키는 방식을 만든다. 예를 들면 같은 트럼펫이라도 낮은 범위에서는 부드러운 소리가 나는 반면, 높은음에서는 날카로운 소리가 난다.

"음량"은 순전히 심리적인 구성 요소로서, 악기가 얼마나 많은 에너지를 만들어내고 얼마나 많은 공기가 밀려나는가를 복잡한 비선형 방식으로 설명하는 개념이다. 또한 음향 전문가들이 음의 진폭을 칭할 때도 사용하는 용어다.

"반향"이란 음악이 연주되는 방, 혹은 연주회장의 크기에 따른 소리의 출처와 청자 사이의 거리 감각과 관련된다. 일반인들이 종종 '에코'라고도 부르는 반향은 우리가 샤워를 할 때 부르는 노래 소리와 큰 콘서트 장에서 부르는 노래의 공간성을 구별하는 특성이다. 저평가되고 있긴 하지만 전반적으로 듣기 좋은 소리를 만들어내고 정서를 전달하는 역할을 한다.

뇌가 물리적 세상과 상호 작용 하는 방식을 연구하는 심리학자들에 따르면 이러한 속성들은 서로 '분리'될 수 있다. 그러므로 다른 요소를 그대로 두고 하나의 요소만 변화시켜 해당 속성을 과학적으로 연구할 수 있다. 예를 들어 노래에서 리듬을 그대로 유지하면서 음고에 변화를 주거나 음길이, 혹은 음고를 그대로 두면서 음색을 바꾸기 위해 다른 악기로 곡을 연주할 수 있다. 무작위의 무질서한 소리 집합과 '음악'의 차이점은 근본 속성들이 결합하는 방식과 그 속성들 간에 형성되는 관계성으로 볼 수 있다. 그리고 근본 속성들이 의미 있는 방식으로 서로 관계를 맺으며 결합할 때 박자나 조성, 선율, 화음과 같은 고차원적인 개념이 발생한다.

"박자"는 우리 뇌가 리듬과 음량 신호에서 정보를 취합해 만들어내는 개념으로 음이 시간에 따라 서로 무리 짓는 방식을 말한다. 왈츠 박자는 음을 세 개의 무리로, 행진곡은 두 개나 네 개의 무리로 조직된다.

"조성"은 음악 작품의 여러 음 간에 존재하는 영향력의 서열과 관련된다. 이러한 서열은 실제 세상에서는 존재하지 않으며 오직 우리 마음속에서만 존재한다. 음악의 표현 방식, 작풍을 경험할 때 우리가 음악을 이해하기 위해 발전시킨 심리적 도식이다.

"선율"은 음악 작품의 중심 주제이자 마음속에 가장 핵심적인 연속 음으로 남아 우리가 흥얼거리게 만드는 부분을 말한다. 선율의 개념은 장르에 따라 다르다. 록 음악에서는 보통 벌스verse와 코러스chorus 선율이 있으며 벌스는 가사나 악기 편성에 변화를 주어 구분한다. 클래식 음악에서는 작곡가가 해당 주제 부분에서 변주를 일으키기 위한 시작 지점을 선율이라 하는데, 작품 전체에서 다양한 형태로 사용될 수 있다.

"화성"은 다양한 음고들 사이에 발생하는 관계와 그 관계로 인해 구성되는 맥락과 관련된다. 결과적으로 청자들은 음악 작품을 들으며 곡의 맥락에 따라 다음에 무엇이 나올지 기대하게 된다. 실력 있는 작곡가는 예술적 목적이나 표현하려는 의도에 따라 이러한 기대를 만족시키기도 하고 위반하기도 한다. 화성은 두 가수가 화음을 넣을 때는 단순히 중심 선율에 평행하게 따라오는 선율을 의미하고, 화음 진행(선율이 깔리는 배경과 맥락을 형성하는 음 집합)을 뜻하기도 한다.

모든 요소들에 대해서는 이야기를 진행하며 차차 설명할 예정이다.

시각 예술과 무용도 기본 요소들이 결합해 탄생한 예술이며 요소들 사이의 관계성이 중요하다. 시지각의 기본 요소에는 그 자체로도 색상, 명도, 채도로 분리될 수 있는 색과 밝기, 위치, 질감, 모양이 포함된다. 하지만 그저 여기저기 그은 선이나 화폭의 한 부분에 찍은 얼룩덜룩한 점은 회화라고 할 수 없다. 선과 색의 집합은 선과 선 사이의 '관계성', 즉 화폭의 각기 다른 부분에 그려진 색과 형태가 공명하는 방식을 통해 예술이 된다. 하위 수준의 지각 요소를 넘어서 형태와 흐름(캔버스를 따라 우리의 눈길을 이끄는 방식)이 만들어질 때 색과 선은 예술로 탄생한다. 이 요소들이 조화롭게 결합할 때 원근법과 전경, 배경이 생기고 궁극적으로는 정서와 그 밖의 미학적 속성이 생겨난다. 비슷한 의미에서 관계성을 가지지 않는 몸동작들의 반복은 무용이라고 할 수 없다. 여러 동작들이 서로 맺는 관계 속에서 진실성과 완전성, 일관성과 결속성이 탄생하며 우리 뇌에서 좀 더 높은 수준의 처리 과정이 일어난다. 음악 역시 시각 예술에서처럼 들리는 음 이외에도 들리지 않는 음을 연주한다. 마일스 데이비스Miles Davis는 그의 즉흥 연주 기술을 피카소의 캔버스 사용법에 비유해 설명했다. 두 예술가에 따르면 작업에서 가장 중요한 측면은 대상 자체가 아니라 대상들 사이의 공간이다. 마일스의 경우 자신의 솔로 연주에서 가장 중요한 부분은 음 사이의 빈 공간, 즉 한 음과 다음 음 사이에 두는 '공기'라고 표현했다. 언제 다음 음을 칠지 정확하게 알면서도 청자들에게 기대할 시간을 주는 능력이 바로 마일스만의 천재성이다. 이러한 천재성은 그의 앨범인 〈카인드 오브 블루Kind of Blue〉에서 특히 두드러진다.

비음악가들에게 '온음계'나 '종지법', '조성', '음고'와 같은 용어는 불필요한 장벽을 쌓을 뿐이다. 때때로 음악가와 비평가들은 겉치레로 가득한 전문 용어라는 장막 뒤에 본질을 가리는 듯하다. 신문에서 연주회 비평을 읽으며 비평가가 무슨 말을 하는지 도통 알 수 없다고 생각한 적이 얼마나 많은가? "그녀는 '룰라드'를 제대로 끝마치지 못해 일관된 '아포지아투라'를 엉망으로 만들었다." 혹은 "거기에서 올림다단조로 바꾸다니! 믿을 수 없을 만큼 어리석었다!" 우리가 진짜 알고 싶은 내용은 음악이 청중에게 감동을 주는 방식으로 연주됐는지, 가수가 자신이 노래하는 등장인물에 제대로 녹아들었는지 여부다. 오늘 공연과 이전의 공연, 혹은 다른 합주단의 연주와 비교해주길 원할 수도 있다. 어쨌든 우리는 주로 음악 자체가 궁금할 뿐 공연에 사용된 기술적 장치에는 관심을 두지 않는다. 만약 누군가 식당을 평가할 때 홀랜다이스 소스에 레몬주스를 정확히 몇 도에 넣었는지 서술한다면, 혹은 영화 평론에서 촬영 기사가 사용한 렌즈 조리개에 대해 말하기 시작한다면 우리는 견딜 수 없을 것이다. 음악에서도 마찬가지다.

더욱이 음악을 연구하는 사람들, 심지어 음악학자나 과학자들조차 일부 음악 용어의 뜻에 대해 서로 다른 의견을 가지는 경우가 있다. 예를 들어 우리는 음색이라는 용어를 악기의 전체적인 소리, 혹은 소리 색을 지칭할 때 사용한다. 즉, 똑같이 쓰인 음을 연주하는 트럼펫과 클라리넷을 구별하게 해주고 같은 단어를 말하는 '나'와 브래드 피트의 목소리를 구별하게 해주는 막연한 특성으로 정의한다. 하지만 과학계는 논쟁 끝에 음색의 정의에 대해 합의하기를 포기하고 이례적으로 음색은 무엇이 아니라는 식으로 정의하기로 결정했다. 미국음향학회의 공식 정의에 따르면 음색이란 소리에 관한 특성 중에 음량과 음고를 제외한 모든 것이다. 참으로 과학적이고 신중한 조치가 아닌가!

음고란 무엇이고 어떻게 생겨날까? 이 간단한 질문 하나는 수백만 개의 과학 논문과 수천 가지 실험을 탄생시켰다. 우리는 대부분 음악 교육을 받지 않았더라도 가수가 조성을 벗어나는 순간을 알아차릴 수 있다. 원래 음에서 반음이 올라갔는지, 내려갔는지, 혹은 얼마나 이탈했는지는 알 수 없어도 다섯 살만 넘기면 대부분 비난과 질문을 구별하듯이 불협화음을 세밀하게 감지할 수 있는 능력을 가진다. 참고로 영어는 의문형 문장에서 음고가 올라가게 말하면 질문을 뜻하고 일정하거나 약간 떨어지게 말하면 비난을 나타낸다. 이러한 능력은 소리의 물리적 특성과 음악에 대한 경험과 서로 상호 작용 하며 발전한다. 우리가 음고라고 부르는 개념은 현이나 공기 기둥, 그 밖에 물질들이 진동하는 빠르기, 혹은 주파수와 관련돼 있다. 만약 현이 진동할 때 1초에 60번 앞뒤로 움직인다면 우리는 이 물체가 초당 60회의 주파수를 가지고 있다고 말한다. 초당 움직이는 주파수의 측정 단위는 최초로 무선 전파를 전송한 독일의 이론 물리학자 하인리히 헤르츠Heinrich Hertz의 이름을 따 헤르츠Hz라고 부른다. 철저한 이론주의자였던 헤르츠는 무선 전파가 현실적으로 사용될 수 있냐는 질문에 어깨를 으쓱하며 "전혀 없다."고 답했다고 한다. 예를 들어 소방차의 사이렌 소리를 흉내 낸다면 성대 주름에 장력을 변화시키면서 '낮은' 음과 '높은' 음 사이에서 각기 다른 음고, 혹은 주파수를 오르내려야 한다.

피아노 건반은 왼쪽으로 갈수록 길고 두꺼운 현을 때려 상대적으로 느리게 진동시킨다. 오른쪽 건반이 때릴 수 있는 현은 짧고 얇아 빠르게 진동한다. 현이 진동하면 주변의 공기 분자는 현의 주파수와 같은 빠르기로 진동한다. 진동하는 공기 분자는 우리 고막에 도달한 뒤, 같은 주파수로 고막을 안팎으로 흔든다. 우리 뇌가 소리의 음고에 대해 얻을 수 있는 유일한 정보는 안팎으로 흔들리는 고막에서 나온다. 그러므로 우리의 내이와 뇌는 어떤 진동이 우리

몸 밖에서 들어와 고막을 이런 방식으로 흔들리게 하는지 알아내기 위해 고막의 움직임을 분석해야 한다. 공기 분자를 예로 들었지만 사실 다른 분자들도 마찬가지다. 우리는 물이나 다른 유체 속에서 있더라도 해당 분자가 진동할 때 음악을 들을 수 있다. 하지만 진동할 분자가 없는 진공 상태에서는 소리도 존재할 수 없다. 혹시 영화 〈스타트렉〉을 볼 때 우주에서 우주선 엔진 소리가 나는 장면이 나온다면 트레키(스타 트렉의 광팬 – 옮긴이)들과 방금 배운 상식에 대해 논해보라.

관습에 따라 우리는 왼쪽에 가까운 건반을 누를수록 음고가 '낮고' 오른쪽 건반으로 갈수록 음고가 '높다'고 말한다. 즉, 우리가 '낮다'고 부르는 음은 느리게 진동하는 소리이고 진동 주파수로는 큰 개가 짖는 소리에 가깝다. 반면 우리가 '높다'고 말하는 소리는 빠르게 진동하며 작은 개가 낼 법한 캥캥거리는 소리에 가깝다. 그러나 '높다'와 '낮다'는 용어는 문화에 따라 상대적이다. 예를 들어 그리스 시대의 현악기는 수직 방향으로 만들어진 경우가 많았기 때문에 소리 표현법이 우리와 정반대였다. 파이프 오르간은 짧은 관과 현의 윗면이 땅에 더 가깝기 때문에 '땅처럼 낮다'는 의미로 '낮은' 음이라고 불렀고 제우스와 아폴로 신을 향해 솟아오른 듯이 긴 현과 관을 '높은' 음이라고 불렀다. 이처럼 '낮다'와 '높다'는 개념은 결국 '왼쪽'과 '오른쪽'처럼 사실상 암기해야만 하는 자의적인 용어다. 일부 필자들은 '높음'과 '낮음'이 직관에 따른 꼬리표라고 주장한다. 즉, 나무와 하늘 위를 나는 새가 내는 소리는 높은 음고, 곰처럼 땅에 붙어 서 있는 거대한 포유류, 혹은 지진에서 주로 들을 수 있는 낮은 소리를 낮은 음고라 칭한다는 주장이다. 하지만 이 주장은 설득력이 부족하다. 천둥을 생각하면 높은 곳에서도 낮은음이 날 수 있고 귀뚜라미나 다람쥐, 발밑에서 바스러지는 낙엽처럼 낮은 곳에서도 높은 소리가 날 수 있기 때문이다. 어쨌든 이 책에서는 처음의 정의에 따라 '음고'를 피아노 건반 하나하나를 누를 때 나는 소리를 구별하게 해주는 특성이라고 하겠다.

피아노 건반을 누르면 피아노 안에서 해머가 하나 이상의 현을 때린다. 때릴 때 밀려난 현은 조금 늘어났다가 고유의 탄성 때문에 다시 원래 자리를 향해 되돌아온다. 그러나 원래 자리보다 멀리 밀려나기 때문에 반대 방향으로 더 멀리 갔다가 다시 원래 자리로 돌아오려 시도한다. 피아노 현은 이런 방식으로 앞뒤로 진동하며 진동할 때마다 움직이는 거리가 줄어들다가 결국 완전히 멈춘다. 피아노 건반을 누를 때 소리가 점차 은은하게 서서히 줄어들다가 사라지는 이유가 바로 이런 현상 때문이다. 우리의 뇌에서 진동을 할 때마다 앞뒤로 움직이는 거리는 음량으로, 진동하는 빠르기는 음고로 해석된다. 그러므로 현이 이동하는 거리가 클수록 우리가 느끼는 음량도 커지고 이동 거리가 짧으면 소리도 작아진다. 직관에 어긋난다고 느껴질 수도 있지만 사실 현이 이동하는 거리와 진동의 빠르기는 독립적인 개념이다. 다시 말해 현은 아주 빠르게 진동하는 동시에 길게, 혹은 짧게도 횡단할 수 있다. 횡단하는 거리는 얼마나 세게 현을 때리는지와 관련된다. 이 개념은 무언가를 세게 때릴수록 큰 소리가 난다는 우리의 직관에 부합한다. 현이 진동하는 빠르기는 때리는 세기가 아니라 주로 현의 크기와 현이 팽팽하게 걸린 정도에 따라 달라진다.

이 내용만 보면 단순히 음고가 진동수, 즉 공기 분자의 진동 주파수와 동일하다는 의미로 느껴질 수 있다. 실제로도 거의 사실에 가깝다. 앞으로 살펴보겠지만 물리적 세계를 정신적 세계에 연결하는 과정은 그리 단순하지 않다. 하지만 음악적 소리에서는 대부분 음고와 주파수가 밀접하게 관계돼 있다.

음고는 유기체가 소리의 기본 주파수를 느낄 때 가지는 심적 표상이라고 할 수 있다. 즉, 음고는 공기 분자가 진동하는 진동수와 관련된 순전히 심리적인 현상이다. 내가 '심리적'이라는 말을 쓴 이유는 음고가 바깥세상이 아니라 전적으로 우리 머릿속에 있는 개념이기 때문이다. 음고는 일련의 정신적 경험으로 발생한 최종 산물로서 완전히 주관적이고 내적인 심적 표상, 혹은 특성을 만들어낸다. 다시 말해 다양한 주파수에서 진동하는 공기 분자의 음파 자체에는 음고가 없다. 음파의 움직임과 진동은 측정할 수 있겠지만 음파를 우리가 음고라 부르는 내적 특성으로 배치하려면 반드시 인간이나 동물의 뇌가 필요하다.

우리는 색채 역시 비슷한 방식으로 인식하는데, 이 사실을 처음 알아차린 사람이 바로 아이작 뉴턴이다. 알다시피 뉴턴은 중력의 법칙을 발견했으며 라이프니츠와 함께 미적분학을 개발하기도 했다. 아인슈타인과 마찬가지로 뉴턴 역시 아주 불성실한 학생이었기 때문에 선생님에게 주의력 결핍이라고 혼이 나곤 했다.

뉴턴은 빛이 무색이기 때문에 결과적으로 색채가 우리의 뇌 안에서 생긴 개념이라는 사실을 처음으로 지적했다. 뉴턴은 "파동 자체에는 색이 없다."라고 기록했다. 뉴턴의 시대 이후로 우리는 빛의 파동이 각각의 진동 주파수에 따라 달라진다는 사실을 알게 됐다. 빛이 관찰자의 망막에 영향을 주면 신경화학적 연쇄 반응이 시작돼 우리가 색채라고 부르는 최종 산물, 즉 내적/정신적 심상이 탄생한다. 여기서 핵심은 바로 우리가 색이라고 인지하는 물체가 색채로 이루어지지 않는다는 사실이다. 예를 들어 사과는 빨갛게 보이기는 해도 사과의 원자 자체는 붉지 않다. 철학자 대니얼 데닛Daniel Dennett 또한 이와 비슷하게 열은 미세한 뜨거운 물질들로 구성되지 않는다고 지적했다.

접시의 푸딩은 내가 입안에 넣어 혀에 닿았을 때만 맛을 가진다. 냉장고 안

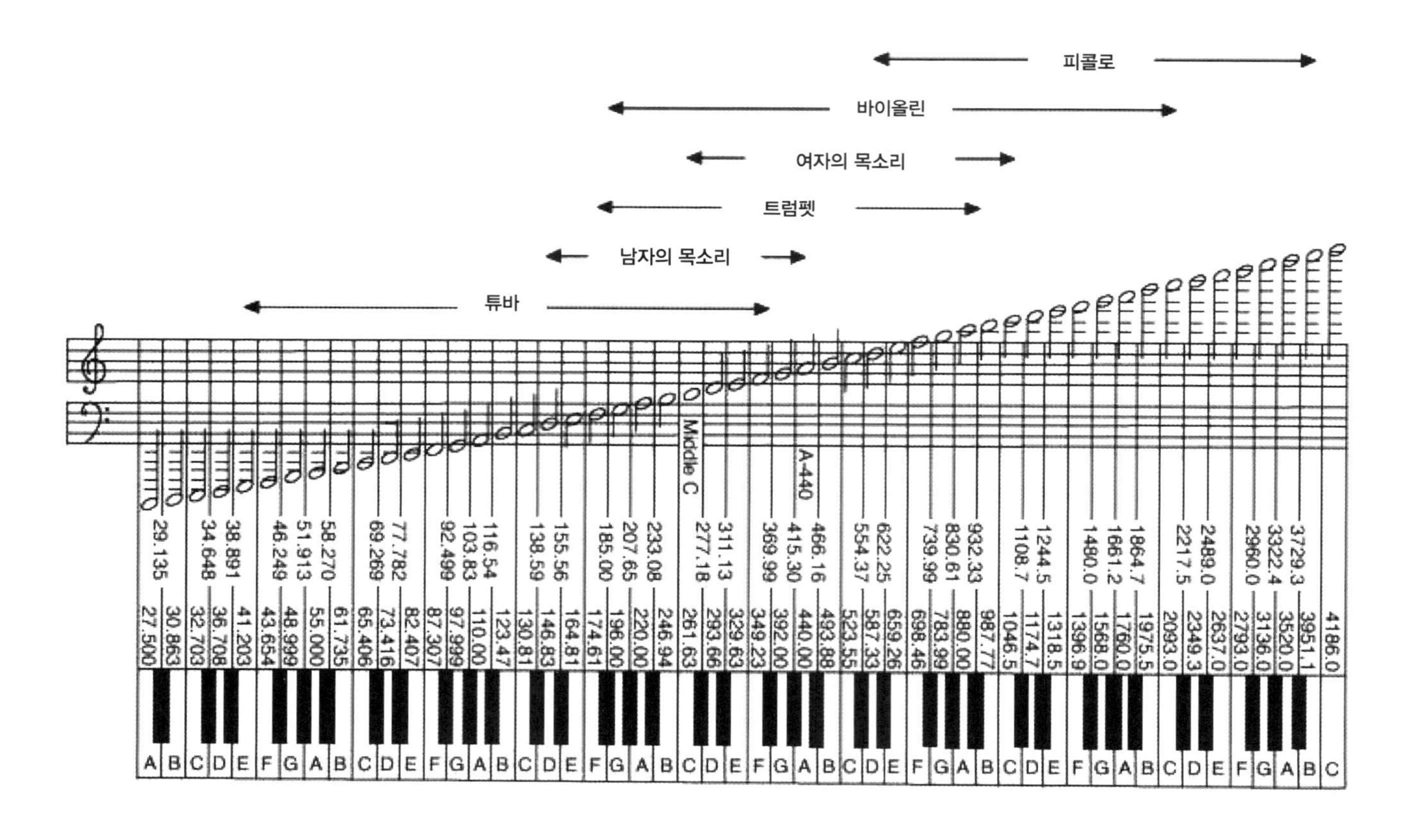
피콜로
바이올린
여자의 목소리
트럼펫
남자의 목소리
튜바
Middle C
A-440
29.135
34.648
38.891
46.249
51.913
58.270
69.269
77.782
92.499
103.83
116.54
138.59
155.56
185.00
207.65
233.08
277.18
311.13
369.99
415.30
466.16
554.37
622.25
739.99
830.61
932.33
1108.7
1244.5
1480.0
1661.2
1864.7
2217.5
2489.0
2960.0
3322.4
3729.3
27.500
30.863
32.703
36.708
41.203
43.654
48.999
55.000
61.735
65.406
73.416
82.407
87.307
97.999
110.00
123.47
130.81
146.83
164.81
174.61
196.00
220.00
246.94
261.63
293.66
329.63
349.23
392.00
440.00
493.88
523.55
587.33
659.26
698.46
783.99
880.00
987.77
1046.5
1174.7
1318.5
1396.9
1568.0
1760.0
1975.5
2093.0
2349.3
2637.0
2793.0
3136.0
3520.0
3951.1
4186.0
A B C D E F G A B C D E F G A B C D E F G A B C D E F G A B C D E F G A B C D E F G A B C D E F G A B C

에 들어가 있을 때는 그저 가능성만 가질 뿐, 맛이나 향을 가질 수 없다. 비슷한 원리로 부엌의 흰 벽은 내가 부엌을 떠나는 순간 '흰색'이 아니게 된다. 물론 벽에는 여전히 페인트가 칠해져 있을지라도 '색채'는 오로지 나의 눈이 접했을 때만 생겨난다.

고막과 귓바퀴(귀 바깥의 살점 부분)를 때린 음파는 역학적, 신경화학적 연쇄 반응을 일으키는데, 그 최종 산물로 우리가 음고라 부르는 내적/정신적 심상이 만들어진다. 만약 나무 한 그루가 숲에서 넘어졌는데 그 소리를 들을 사람이 아무도 없다면 소리가 났다고 할 수 있을까? 아일랜드의 철학자 조지 버클리George Berkeley가 이와 같은 의문을 최초로 제기했다. 간단히 말하자면 그렇지 않다. 소리는 우리 뇌가 진동하는 분자에 반응해 만들어낸 정신적 심상이다. 이와 비슷하게 인간이나 동물이 존재하지 않는다면 음고도 있을 수 없다. 적당한 측정 장비로 나무가 넘어질 때 만들어진 주파수를 기록할 수는 있어도 그 주파수를 들을 유기체가 없다면 음고는 존재할 수 없다.

전체 전자기 영역에서 우리가 실제로 볼 수 있는 부분은 아주 좁듯이, 존재하는 모든 주파수에 해당하는 음고를 들을 수 있는 동물은 없다. 소리는 이론적으로 초당 0회부터 10만 회까지의 진동에서 발생할 수 있지만 동물들은 전체 소리 중 일부만을 듣는다. 청력이 정상인 사람들은 보통 20헤르츠에서 2만 헤르츠까지 소리를 들을 수 있다. 아래쪽 끝에 위치한 소리의 음고는 희미하게 울리거나 떨리는 소리로 들리는데 트럭이 창문 밖에서 지나갈 때 들리는 소리가 여기에 해당한다. 참고로 트럭 엔진은 20헤르츠 근처의 소리를 낸다. 혹은 멋진 음향 시스템을 장비한 자동차에서 서브우퍼가 아주 큰 소리를 낼 때의 소리와 가깝다. 20헤르츠 이하의 일부 주파수는 신체적 특성상 우리 귀가 반응하지 못하므로 사람이 들을 수 없다. 50센트50cents의 '인 다 클럽In da Club'이나 N.W.A의 '익스프레스 유어셀프Express Yourself'에서 나오는 비트는 인간이 들을 수 있는 범위의 아래쪽 끝에 가깝다. 비틀스의 〈서전트 페퍼스 론리 하트 클럽 밴드Sgt. Pepper's Lonely Hearts Club Band〉 음반에서 '어 데이 인 라이프A Day in Life'의 뒷부분에는 40세 이상의 성인 대부분이 들을 수 없는 15킬로헤르츠의 소리가 몇 초간 이어진다! 만약 비틀스가 40세가 넘은 사람을 신뢰할 수 없다고 생각했다면 이것이 비틀스의 실험이 될 수 있었겠지만 존 레넌John Lennon은 그저 반려견들이 귀를 쫑긋 세울 만한 소리를 만들고 싶었을 뿐이라고 말했다.

일반적으로 사람의 청력 범위는 20에서 2만 헤르츠지만 음고로 인지되는 소리의 범위는 이와 일치하지 않는다. 우리는 청력 범위 전체의 소리를 듣지만 그 소리를 모두 음악적인 소리로 들을 수 없다는 뜻이다. 즉, 우리는 모든 범위의 소리에 명확한 음고를 지정하지 못한다. 빛띠에서 적외선과 자외선 끝에 있는 색은 중앙에 자리한 색과 비교해 무슨 색이라고 정의하기 어려운 것과 마찬가지다. 앞의 그림에서 악기의 음역과 음역에 해당하는 주파수를 확인할 수 있다. 남성의 목소리 평균은 110헤르츠, 여성 평균은 220헤르츠 정도다. 결함이 생긴 배선이나 형광등의 윙윙거리는 소리는 60헤르츠다. 북미가 아닌 다른 표준 전압을 사용하는 유럽과 그 외 국가에서는 50헤르츠의 소리가 날 수 있다. 가수가 소리를 질러 유리컵을 깨트린다면 그때 나는 소리는 1천 헤르츠일 것이다. 모든 물질이 그렇듯 유리컵은 본래의 내재된 진동 주파수를 가지고 있기 때문에 해당 주파수의 자극이 주어졌을 때 공명하면서 깨진다. 유리컵 옆면을 손가락으로 튕기거나 젖은 손가락으로 크리스털 컵의 테두리를 따라 둥글게 훑을 때 이 진동수를 느낄 수 있다. 그와 같은 원리로 가수가 컵의 공명 주파수로 소리를 지르면 컵의 분자가 같은 빠르기로 진동하면서 결국 깨지게 된다.

일반적인 피아노의 건반은 88개다. 아주 드물게 아래쪽에 건반 몇 개가 더 있거나 전자 피아노, 오르간, 신시사이저처럼 건반이 12개, 혹은 24개밖에 없는 경우도 있지만 특별한 경우에 해당한다. 일반적인 피아노에서 가장 낮은 음은 27.5헤르츠의 주파수로 진동한다. 흥미롭게도 이 주파수는 시지각에서 중요한 역치값을 차지하는 초당 운동 속도와 비슷하다. 그래서 대략 이와 비슷한 속도로 고정된 영상이나 슬라이드를 연속해서 보여주면 움직이는 듯한 착시가 일어난다. '모션 픽쳐'도 인간의 시각 체계가 시간에 따라 움직임을 처리하는 속도, 즉 초당 24프레임 이상의 속도로 고정 영상들을 연속해서 투영한다. 35mm 필름을 영사할 때 각 영상은 초당 1/48회 정도로 투영되며 연속한 고정 영상이 넘어가는 순간마다 대략 같은 빠르기로 검은 프레임이 렌즈에 나타났다가 사라진다. 이때 우리는 실제로는 존재하지 않는 부드럽고 연속된 움직임을 인식한다. 우리 시각 체계는 불연속성을 잡아낼 수 있기 때문에 초당 프레임 속도가 16~18장였던 과거의 영화는 마치 깜박거리는 것처럼 보일 수 있다. 비슷한 원리로 우리는 분자가 초당 1/48회 정도로 진동하는 소리를 연속한 음으로 듣는다. 어린 시절 자전거 바퀴살에 카드를 갖다 대본 사람이라면 같은 원리를 떠올릴 수 있을 것이다. 느린 속도에서는 카드가 바퀴살을 때리며 틱틱 거리는 소리를 내지만 특정 속도를 넘어서면 틱틱 소리들이 뒤섞이며 윙윙 소리를 만든다. 이때 바로 우리가 흥얼거리며 따라 부를 수 있는 음, 즉 음고가 발생한다.

피아노에서 가장 낮은 음이 27.5헤르츠로 진동할 때 대부분의 사람들은 가운데 쪽 건반의 소리보다 음고가 선명하지 못하다고 느낀다. 피아노의 가장 낮은 쪽과 높은 쪽 끝 건반은 음고가 희미하게 들린다. 작곡가들은 이 사실을 알고 있기 때문에 원하는 곡의 구성이나 정서적 표현에 따라 이 음을 사용하기도 하고 피하기도 한다. 피아노 건반에서 최고음 위에 있는 6천 헤르츠 이상의 주파수를 가지는 소리는 많은 사람들에게 고음의 휘파람 소리로 들린다. 2만 헤르츠 이상의 소리를 들을 수 있는 사람은 거의 없으며 60세 이상의 성인은 내이 안쪽의 유모세포가 뻣뻣해져 대부분 1만 5천 헤르츠 이상의 소리부터 듣지 못하게 된다. 그러므로 우리가 흔히 말하는 음악적인 소리의 범위이자 강하게 음고를 느낄 수 있는 피아노 건반의 제한 범위는 피아노 건반에서 대략 3/4정도 되는 약 55~2천 헤르츠사이의 음을 말한다.

음고는 음악적 정서를 전달하는 1차 수단 중 하나다. 수많은 음악 요소들을 이용해 기분과 흥분, 차분함, 설렘과 경고를 표현할 수 있지만 음고는 그중에서도 가장 결정적이다. 우리는 높은음 하나로 흥분을, 낮은음 하나로 슬픔을 표현한다. 여러 음이 동시에 울리면 좀 더 강력하고 미묘한 음악적 표현을 전달할 수 있다. 선율은 시간에 따라 연속하게 나타나는 음고 간의 관계와 패턴으로 정의할 수 있다. 대부분의 사람들은 이전에 들었던 선율이 좀 더 높거나 낮게 연주된다 해도 동일하게 인식하는 데 어려움을 느끼지 않는다. 사실 많은 선율들은 '올바른' 시작 음고를 가지지 않으며 자유롭게 흐를 수 있고 어느 음고에서도 시작될 수 있다. '생일 축하 노래'가 대표적인 예다. 선율은 조성과 빠르기, 악기 구성 등이 특정한 형태로 결합하면서 발생하는 '추상적 원형'이라고 생각할 수 있다. 인지심리학자들은 의자를 방의 반대 구석으로 옮기거나 뒤집거나 붉은색으로 칠하더라도 의자의 본질이 바뀌지 않듯이 선율도 형태가 변형되더라도 동일성을 유지하는 청각 대상이라고 설명한다. 따라서 익숙한 곡의 음량을 더 크게 연주하더라도 우리는 여전히 그 곡을 동일하다고 인식한다. 마찬가지로 음 사이의 상대적 거리가 똑같이 유지되는 한,

곡에서 절대적인 음고값은 변할 수 있다.

음고의 상대적 개념은 우리가 말하는 방식에서 쉽게 확인할 수 있다. 누군가에게 질문을 할 때 우리는 질문을 하고 있다는 사실을 알리기 위해 자연스럽게 문장 끝에서 목소리의 억양을 올린다. 하지만 목소리를 올릴 때 특정한 음고에 맞추려고 노력하지는 않는다. 문장 끝을 시작 지점의 음고보다 얼마간 높이기만 해도 충분하다. 영어에서 이와 같은 관습이 나타난다. 언어학에서 운율 신호라고 하는 개념이다. 이는 모든 언어에 해당되는 특징은 아니며 필요에 따라 그러한 관습을 배우면 된다. 서구 문화의 기보 음악에도 비슷한 관습이 있다. 특정 음고의 배열은 차분함, 혹은 흥분을 불러일으킬 수 있다. 그리그의 〈페르귄트 제1모음곡〉 중 제1곡 '아침'에서처럼 선율이 느리지만 뚜렷하게 난계별로 아래를 향하면 평화로운 느낌이 든다. 하지만 같은 모음곡 중 제2곡 '아니트라의 무곡'에서처럼 한 번씩 쾌활하게 내려가면서 반음계로 올라가는 구간을 들을 때 우리는 좀 더 활기찬 운율을 느낀다. 우리 뇌는 올라가는 억양이 질문을 나타낸다는 사실을 습득했듯이 학습을 통해 이런 감정을 일으킨다. 우리는 우리가 태어난 문화권에 관계없이 언어와 음악적 특징을 학습하는 능력을 가지고 태어난다. 그리고 문화권의 음악을 경험하면서 신경 회로가 만들어지고 궁극적으로 해당 문화의 음악 양식에서 공통적으로 나타나는 규칙들을 흡수한다.

악기는 종류에 따라 사용하는 음역대도 다르다. 앞선 그림에서 볼 수 있듯이 피아노는 모든 악기 중에서 가장 넓은 음역대를 사용한다. 다른 악기들도 각각의 음역대가 있는데 음역대는 악기가 정서로 소통하는 방식에 영향을 준다. 고음역에서 날카로운 새소리가 나는 피콜로는 어떤 음을 연주하든 가볍고 즐거운 분위기를 자아낸다. 그래서 존 필립 수자John Philip Sousa가 '성조기여 영원하라' 행진곡에 피콜로를 사용했듯이 다른 작곡가들도 활기차고 즐거운 음악에 피콜로를 쓰곤 한다. 비슷한 이유로 프로코비예프는 〈피터와 늑대〉에서 플루트로 새를, 프렌치 호른으로 늑대를 표현했다. 〈피터와 늑대〉에서는 등장인물의 개성을 각 악기의 음색으로 표현하는데 저마다 주 악상을 가지고 있다. 주 악상은 발상과 인물, 상황이 반복될 때마다 따라오는 선율 악구와 음형에 관련된 개념이다. 바그너풍의 악극에서 특히 잘 드러나는 방식이기도 하다. 작곡가가 소위 슬픈 감정을 일으키는 연속한 음고를 피콜로에게 맡긴다면 분명 모순적 정서를 표현하기 위해서일 것이다. 반면 튜바나 콘트라베이스의 느릿느릿하고 묵직한 소리는 근엄함과 엄숙함, 무게감을 일으키는 데 주로 사용된다.

음고는 얼마나 다양할까? 음고는 분자의 진동 주파수라는 연속체에서 나오기 때문에 이론적으로 무한한 수만큼 존재할 수 있다. 당신이 어떤 주파수 두 개를 언급하더라도 나는 그 둘 사이에 위치하며 이론적으로 다른 음고를 가지는 주파수 하나를 말할 수 있다. 하지만 가방에 모래 한 알을 넣는다고 해서 무게 변화를 느끼지 못하듯이 주파수가 변하더라도 음고를 인지할 만한 차이가 발생하지 않을 수 있다. 그러므로 모든 주파수 변화가 음악적으로 활용되지는 않는다. 게다가 주파수의 미세한 변화를 감지할 수 있는 능력은 사람마다 다르다. 훈련으로 향상될 수 있지만 일반적으로 대부분의 문화권 음악에서 기본 단위인 반음보다 작은 음정은 사용하지 않는다. 보통 사람들은 반음의 1/10보다 작은 변화를 확실히 감지할 수 없다.

음고 차를 감지하는 능력은 생리 구조를 바탕으로 정해지기 때문에 동물에 따라 다르다. 그렇다면 인간은 어떻게 음고를 구별할까? 내이의 기저막에는 특정 주파수대에만 반응해 발화하는 주파수 선택성 유모세포가 있다. 즉, 막

전체에 낮은 주파수부터 높은 주파수까지 감지하는 유모세포가 펼쳐져 있다. 낮은 주파수 소리는 기저막 한쪽 끝에 있는 유모세포를, 중간 주파수 소리는 막 중간의 유모세포를, 높은 주파수 소리는 반대편 끝에 있는 유모세포를 흥분시킨다. 내이의 기저막은 피아노 건반을 겹쳐놓은 듯이 각기 다른 음고의 지도를 가지고 있다고 생각할 수 있다. 서로 다른 음들이 막의 지형을 따라 펼쳐져 있기 때문에 이를 음위상 지도라 부른다.

귀로 들어간 소리는 기저막을 지나며 소리의 주파수에 따라 특정 유모세포를 발화시킨다. 마치 집 현관에 달린 동작을 감지하는 조명처럼 막의 특정 부분이 활성화되면서 청각 피질에 전기 신호를 보낸다. 청각 피질 역시 외피 표면을 따라 낮은음부터 높은음까지 펼쳐진 음위상 지도를 가지고 있다. 즉, 뇌도 서로 다른 음고의 '지도'를 가지고 있어 뇌의 영역별로 반응하는 음고가 다르다. 음고는 중요한 특성이기 때문에 다른 음악 특성과 달리 우리 뇌에서 곧바로 표현된다. 뇌에 전극을 꽂으면 뇌 활성도만 봐도 그 사람이 어떤 음고 소리를 듣고 있는지 알 수 있을 정도다. 이처럼 음악은 절대적인 음고값보다는 음들의 관계에 기초하고 있지만 모순적으로 여러 처리 단계를 거치는 동안 뇌가 주목하는 값은 다름 아닌 절대적인 음고다.

다시 말하지만 음고를 곧바로 지도로 옮기는 작업은 굉장히 중요하다. 만약 시각에 관여하는 뇌 뒤쪽의 시각 피질에 전극을 붙이고 빨간 토마토를 보여준다고 해도 뉴런은 전극을 빨간색으로 바꾸지 않는다. 하지만 만약 청각 피질에 전극을 붙이고 귀에 440헤르츠의 순음을 틀어주면 정확히 그 주파수에서 활성화되는 청각 피질의 뉴런이 전극으로 440헤르츠의 전기 활성도를 보낸다. 귀로 들어간 음고가 뇌에서 그대로 나오는 것이다!

'음계'는 이론적으로 무한히 많은 음고들 중 일부 집합이다. 모든 문화권에서 음계는 역사적 전통에 따라, 혹은 다소 임의로 선택되며 음계로 선택된 특정 음고들은 해당 음악 체계의 일부로 지정된다. 이 특정 음고가 앞의 그림에 표기된 알파벳 글자다. 'A', 'B', 'C' 등의 이름은 특정 주파수와 관련돼 임의로 붙여진 이름표다. 유럽 전통 음악처럼 서양 음악에서는 이 음고들만이 '적합'하다. 악기도 대부분 이런 음계의 음고만을 연주하도록 설계돼 있다. 트럼펫이나 첼로와 같은 악기는 음 사이를 미끄러지며 연주할 수 있으므로 예외로 친다. 대신 트럼펫이나 첼로, 바이올린 등의 악기 주자들은 각각의 적합한 음을 연주하기 위해 많은 시간을 쏟으며 정확한 주파수를 듣고 만들어내는 방법을 익힌다. 정서적 긴장을 더하기 위해 의도적으로 연주하거나 적합한 한 음에서 다른 음으로 지나가는 중에 나는 소리가 아닌 이상 음 사이에 끼인 음은 실수로 발생한 '불협화음'으로 여겨진다.

'조율'은 연주하는 음의 주파수와 표준 주파수 간의 관계, 혹은 함께 연주하는 여러 음 사이의 정밀한 관계와 관련된다. 공연 전에 '조율'을 하는 오케스트라 음악가들은 자신의 악기를 표준 주파수에 맞추는데 가끔은 표준이 아니라 서로의 악기에 맞추기도 한다. 악기는 악기의 재료인 나무나 금속, 현 등의 물질이 온·습도의 변화에 따라 팽창하고 수축하기 때문에 자연적으로 조율에서 벗어날 수 있다. 더구나 전문 음악가들은 표현의 목적에 따라 연주 도중 음의 주파수를 바꾸기도 한다. 건반 악기나 실로폰처럼 음고가 고정된 악기는 예외다. 정해진 음고보다 약간 낮거나 높은 소리를 기술적으로 이용하면 정서적 효과를 줄 수 있다. 또 함께 연주를 하는 전문 음악가들은 다른 연주자가 연주하는 음에 좀 더 조화로운 소리를 내기 위해 연주하는 음고를 바꾸기도 한다. 이 경우 공연 중에 여러 연주자들이 표준 조율에서 벗어나게 된다.

서양 음악의 음이름은 A부터 G까지 알파벳을 사용하거나 '도-레-미-파-솔-라-시-도'의 계이름을 함께 사용한다. 계이름은 영화 〈사운드 오브 뮤직The Sound of Music〉에 등장하는 리처드 로저스Richard Rodgers와 오스카 해머스타인Oscar Hammerstein의 노래 '도레미'에서 가사로 사용되기도 했다. 주파수가 높아질수록 뒤쪽 알파벳을 사용하기 때문에 B는 A보다 높은 주파수이자 높은 음고이고 C는 A나 B보다 주파수가 높다. G 다음은 A부터 다시 음이름을 반복한다. 이름이 같은 음은 서로 두 배, 혹은 절반의 주파수를 가진다. 예를 들어 우리가 A라고 부르는 여러 음 중 하나는 110헤르츠의 주파수를 가진다. 그 절반인 55헤르츠 주파수를 가지는 음 역시 A이고, 110헤르츠의 두 배인 220헤르츠 주파수 음도 마찬가지다. 주파수를 계속해서 440, 880, 1760헤르츠로 두 배씩 늘려도 항상 음이름은 A다.

여기서 음악의 근본적인 특성이 나타난다. 음이름이 반복되는 이유는 주파수의 두 배, 혹은 절반에 대한 지각 현상 때문이다. 주파수를 두 배나 절반으로 변화시킨 음은 처음 시작했던 음과 놀라울 정도로 비슷하다. 이렇게 2:1이나 1:2 주파수 비율이 갖는 관계성을 옥타브라고 한다. 옥타브는 굉장히 중요한 개념이다. 인도와 발리, 유럽, 중동, 중국 등 여러 문화권의 음악들은 서로 큰 차이가 존재함에도 불구하고 옥타브를 음악의 기본으로 삼는다. 이 문화권들은 서로 옥타브 외에는 음악 양식에 공통점이 거의 없다. 옥타브는 음고를 순환 개념으로 느끼게 하며, 이 순환성은 색채에서도 유사하게 느낄 수 있다. 말하자면, 적색과 자색은 전자기 에너지의 가시광선 연속체에서 서로 반대편 끝에 자리 잡고 있지만 우리는 두 색을 비슷한 색으로 지각한다. 음악에서도 같은 현상을 볼 수 있기에 음악을 종종 두 가지 차원을 가진다고 설명하기도 한다. 하나는 주파수가 올라가며 점점 높은 소리로 들리는 음을 설명하는 차원이고, 다른 하나는 음의 주파수를 두 배로 만들 때마다 다시 제자리로 돌아온 것처럼 인지하는 감각을 설명하는 차원이다.

남자와 여자가 동시에 말할 때 둘의 목소리는 아무리 정확히 같은 음고로 말하려 애를 쓴다 해도 보통 한 옥타브가 떨어져 있게 된다. 아이들은 일반적으로 성인보다 하나 내지는 두 옥타브 높게 말한다. 영화 〈오즈의 마법사The Wizard of Oz〉에 등장하는 해럴드 알렌Harold Arlen의 '오버 더 레인보우Over the Rainbow'에서 첫 두 음이 바로 옥타브 음정이다. 슬라이 앤 더 패밀리 스톤Sly and the Family Stone의 '핫 펀 인 더 섬머타임Hot Fun in the Summertime'에서 슬라이와 백업 가수들은 첫 소절 '봄이 끝나고 그녀가 여기로 돌아왔네End of the spring and here she comes back'를 옥타브 음정으로 노래한다. 악기로 연속한 음을 연주하면서 주파수를 증가시킬 때, 두 배의 주파수에 도달하면 우리는 '집'으로 되돌아왔다는 지각을 아주 강하게 받는다. 옥타브는 아주 기본적인 인지 개념이기 때문에 원숭이나 고양이와 같은 일부 동물 종들도 사람처럼 한 옥타브만큼 떨어진 음을 유사한 음으로 취급하는 능력, 즉 옥타브 동치 능력을 가지고 있다.

'음정'은 두 음 사이의 간격이다. 서양 음악에서 옥타브는 대수적으로 동등하게 위치한 12개의 음으로 쪼개진다. A와 B 사이(혹은 '도'와 '레' 사이)의 음정 간격은 온음, 혹은 온음정이라고 부른다(여기서는 정확하게 '온음'이라는 용어를 쓰도록 하겠다). 서양 음계 체계에서 가작 작은 단위는 온음을 반으로 자르는 반음이다. 반음, 혹은 반음정은 한 옥타브의 12분의 1이다(반음은 뜻에 애매함이 없고 일반적으로 사용되는 용어이기 때문에 '반음'이라는 단어를 계속 사용하도록 하겠다).

음정은 선율의 토대를 이루며 실제 음고보다 훨씬 중요하다. 선율은 처리 과정이 절대적이지 않고 상대적이기 때문에 선율을 구성하는 실제 음이 아니라 음정에 따라 정의한다. 예를 들어, 네 개의 반음이 모이면 언제나 장3도 음정을 만들며 A나 G샵을 비롯해 어떤 음이 첫 음으로 오더라도 마찬가지다. 서양 음악 체계의 음정 표를 참고하라.

다음에 나오는 표 이외에도 음이름은 계속 이어질 수 있다. 반음 13개가 모이면 단9도이고 단음 14개는 장9도다. 하지만 이 이름은 일반적으로 좀 더 높은 수준의 논의에서만 사용한다. 완전4도와 완전5도 음정에 완전이라는 말이 붙은 이유는 특히 많은 사람들에게 듣기 좋은 음이기 때문이다. 고대 그리스 시대부터 이 음계 형태는 모든 음악의 심장이었다. 참고로 '불완전5도'라는 말은 없다. '완전'이라는 말은 음정에 부여한 이름일 뿐이다. 완전4, 5도는 작곡에서 무시당하기도 하고 모든 악구에 사용되기도 하면서 적어도 5천 년 이상 음악의 근간을 이루었다.

각 음고에 어떤 뇌 영역이 반응하는지 밝혀졌음에도 우리는 아직 뇌가 어떻게 음고 관계를 암호화하는지에 대한 신경적 기초를 찾지 못하고 있다. 예를 들어 우리는 피질의 어느 부분이 C와 E음, F와 A음을 듣는 데 관여하는지는 알고 있지만 두 음정들이 모두 어떻게, 왜 장3도로 인식되는지, 혹은 이러한 인지 동치를 만들어내는 신경 회로가 무엇인지는 모른다. 이러한 관계는 아직 잘 밝혀지지 않은 연산 처리 방법으로 추출되는 것이 분명하다.

한 옥타브 안에 12개의 이름을 가진 음이 있다면 왜 도레미 계이름은 7글자밖에 없을까? 아마도 수세기 동안 하인 숙소에서 밥을 먹고 성의 뒷문을 사용할 수밖에 없었던 음악가들이 비음악가들을 좌절하게 만들기 위해 계이름을 개발했는지도 모를 일이다. 추가 다섯 음은 'E플랫♭'과 'F샵#'처럼 두 글자를 합성한 이름을 가진다. 음 체계가 이렇게 복잡해질 필요는 없는데도 우리

음정에서 반음의 수

음정 이름	음정 이름
0	동음(유니즌)
1	단2도
2	장2도
3	단3도
4	장3도
5	완전4도
6	증4도, 감5도, 3온음
7	완전5도
8	단6도
9	장6도
10	단7도
11	장7도
12	옥타브

는 이런 체계 안에 갇혀 있다.

피아노 건반을 살펴보면 체계를 조금 더 명확하게 확인할 수 있다. 피아노는 하얀 건반과 검은 건반이 불규칙하게 배열돼 있어서 흰 건반 두 개가 바로 붙어 있기도 하고 둘 사이에 검은 건반이 있는 경우도 있다. 건반 색에 관계없이 건반 하나에서 다음 건반까지 지각 간격은 언제나 반음이며 건반 두 개 사이의 간격은 언제나 온음이다. 이 개념은 여러 서양 악기에 적용된다. 예를 들어 기타의 한 프렛과 다른 프렛 사이의 간격은 반음이며 클라리넷이나 오보에와 같은 목관악기에서 서로 붙어 있는 키를 누르거나 올리면 일반적으로 반음 하나씩 음고가 변한다.

흰 건반은 A, B, C, D, E, F, G의 음이름을 가지고 있다. 그 사이의 검은 건반 음은 두 글자를 합성한 이름으로 표기한다. 예를 들어 A와 B 사이의 음은 A샵, 혹은 B플랫이라고 부르는데 공식적으로 음악 이론을 논의할 때 두 용어를 모두 사용할 수 있다. 사실 C더블플랫이나 A, G더블샵이라고 부를 수 있지만 이론상의 용법에 가깝다. 샵은 높음을, 플랫은 낮음을 의미한다. B플랫은 B보다 반음 하나가 낮은 음이고 A샵은 A보다 반음 하나가 높은 음이다. 도레미 체계에서도 동일하게 고유의 계이름으로 이러한 음을 표현할 수 있다. 예를 들어 도와 레 사이의 음은 '디'와 '라'로 말한다.

두 글자가 합성된 이름을 가진다고 해서 음악에서도 이류라고 할 수는 없다. 이 음들 역시 마찬가지로 중요하며 이 음들을 전문적으로 사용하는 노래와 음계도 있다. 예를 들어 스티비 원더Stevie Wonder의 '슈퍼스티션Superstition'은 주요 반주가 검은 건반으로만 연주된다. 음 12개, 그리고 그 음과 한두 옥타브 떨어진 사촌 음들이 함께 모여 선율의 기본 요소가 되고 서양 문화권의 모든 노래의 기초를 이룬다. 크리스마스 캐럴인 '덱 더 홀Deck the Halls'부터 '호텔 캘리포니아Hotel California', '메에 메에 검은 양(Ba Ba Black Sheep)', 〈섹스 앤 더 시티Sex and the City〉의 주제곡까지 많은 노래들이 이 12개의 음과 옥타브의 조합으로 구성된다.

혼란스럽게도 음악가들은 '샵'과 '플랫'이라는 용어를 누군가 연주에서 음이탈을 했을 때 사용하기도 한다. 연주자가 음을 (음계의 다음 음으로 넘어갈 정도는 아니지만) 살짝 높게 연주할 때 우리는 음이 샵으로 연주됐다고 말하고 너무 낮게 연주했을 때는 음이 플랫됐다고 말한다. 물론 연주자가 아주 약간만 음을 벗어나면 아무도 알아차리지 못할 수도 있다. 하지만 연주자가 상대적으로 큰 양, 말하자면 연주하고자 하는 음과 다음 음 사이에 간격이 4분의

1이나 2분의 1정도만 벗어나도 우리는 대부분 이를 감지하고 음이 이탈했다는 사실을 알아차린다. 음 이탈은 여러 악기를 연주할 때 이탈된 음이 다른 연주자가 연주하는 적합한 음과 동시에 충돌하면 더욱 명확하게 들린다.

음이름은 특정 주파수값과 연결된다. 현재 우리가 사용하는 체계는 A440이라고 하는데 피아노 건반 한가운데에 있는 음 A가 440헤르츠의 주파수로 고정돼 있기 때문이다. 전적으로 자의적인 작명이다. 우리는 A를 439나 444, 424, 314.159와 같은 어떤 주파수로도 고정할 수 있고, 실제로 모차르트 시대에는 지금과는 다른 기준이 사용되기도 했다. 일부 학자들은 정밀한 주파수가 음악 작품의 전반적인 소리와 악기의 소리에 영향을 준다고 주장한다. 레드 제플린Led Zeppelin은 음악에 독특한 소리를 넣기 위해 악기를 현재의 A440 표준에 벗어나게 조율하곤 했다. 자신들의 음악에 많은 영감을 준 유럽의 동요와 연관성을 주기 위한 것으로 보인다. 이와 비슷한 선상에서 순수주의자들은 대부분 바로크 음악을 그 시대의 악기로 들어야 한다고 주장한다. 지금의 악기와 다른 소리를 내기도 하고 이 악기들이 순수주의자들이 중요하다고 생각하는 원래의 조율 표준으로 음악을 연주하도록 제작됐기 때문이다.

우리는 음악을 음고 집합의 관계성에 따라 정의하기 때문에 원하는 곳 어디에나 음고를 고정할 수 있다. 그러나 특정한 음의 주파수를 임의로 정하더라도 한 주파수에서 다른 주파수까지의 간격, 즉 음악 체계 안에서 한 음에서 다른 음까지의 간격은 절대 임의로 정할 수 없다. 음악 체계의 각 음은 우리 귀에서 일정한 자리를 차지한다. 물론 다른 동물들의 귀에서는 그렇지 않을 수 있다. 소리가 한 음, 한 음 올라갈 때 초당 주파수(Hz)가 동일하게 증가하지 않음에도 각 음에서 다음 소리로 넘어갈 때 간격은 우리에게 일정하게 느껴진다. 왜 그럴까? 음악 체계에서 각 음의 주파수는 뒤로 갈수록 대략 6퍼센트씩 증가하고 우리 청각 체계는 소리의 상대적 변화와 비례 변화 모두에 반응한다. 그러므로 주파수를 6퍼센트씩 증가시키면 위에서처럼 음고가 같은 크기로 증가하고 있다는 인상을 받게 된다.

비례 변화라는 개념은 무게를 생각하면 쉽게 이해할 수 있다. 당신이 체육관에서 아령 무게를 2킬로그램에서 매주 2킬로그램씩 더해 20킬로그램으로 올리며 운동을 한다면 들어 올리는 무게의 비율은 일정하게 증가하지 않을 것이다. 2킬로그램을 들어 올리고 일주일 뒤 4킬로그램을 들면 무게가 두 배로 증가하지만 그다음 주에는 아령이 6킬로그램으로 전 주보다 1.5배만큼 무거워진다. 매주 근육에 주는 무게 증가를 비슷하게 유지하기 위해 간격을 일정하게 하려면 무게를 올릴 때마다 이전의 무게에 일정한 비율을 더해야 한다. 예를 들어 매주 50퍼센트를 올리겠다고 마음먹었다면 2킬로그램에서 3킬로그램으로, 그다음은 4.5킬로그램, 6.75킬로그램, 10.125킬로그램을 들어야 한다. 청각 체계 역시 같은 방식으로 작동하기 때문에 음계 역시 비례 변화를 바탕으로 한다. 모든 음은 이전 음보다 6퍼센트 높고, 우리가 6퍼센트씩 올려 12배가 되면 원래 주파수의 두 배를 얻게 된다(정확한 수치는 2의 12제곱근인 1.059463…이다).

우리의 음악 체계에서는 12음들을 반음계라고 한다. 모든 음계는 음고들을 서로 구별하고 선율을 구성하는 기본 요소로 사용하기 위해 선택된 음고의 한 집합일 뿐이다.

서양 음악의 작곡에서 모든 반음계의 음을 사용하는 경우는 드물다. 대신 우리는 12음 중에서 일곱 개(혹은 드물게 다섯 개)의 음 집합을 사용한다. 각 집합은 그 자체로 음계를 이루며 우리가 어떤 종류의 음계를 사용하는지에 따라 전반적인 선율의 소리와 정서적 특성이 달라진다. 서양 음악에서 가장 일반적으로 사용되는 음 집합의 7음은 장음계, 혹은 고대 그리스에서 기원한 점을 반영해 이오니아 선법이라 부른다. 모든 음계들처럼 장음계도 12음 중 어디에서나 시작할 수 있고 연속한 음 사이에 특정한 패턴이나 간격의 연관성에 따라 정의한다. 모든 장음계에서 연속한 건반 사이의 음고 간격을 뜻하는 '음정'의 패턴은 온음, 온음, 반음, 온음, 온음, 온음, 반음이다.

C에서 시작하는 장음계는 C-D-E-F-G-A-B-C로 모두 피아노의 흰 건반에 해당하는 음이다. 그 외의 장음계는 온음/반음 패턴을 유지하기 위해 하나 이상의 검은 건반 음을 사용한다. 음고의 시작점은 음계의 으뜸음이라고 한다.

장음계 배열에서 반음 두 개의 특정한 위치는 결정적 역할을 한다. 반음의 위치는 장음계를 정의하고 다른 음계와 구별할 수 있게 해줄 뿐만 아니라 음악적 기대감을 형성하는 중요한 재료가 된다. 실험에 따르면 성인뿐 아니라 어린아이들도 이와 같이 불균등한 간격으로 이루어진 음계의 선율을 좀 더 쉽게 학습하고 기억한다고 한다. 반음 두 개가 존재하고 이들이 특정한 위치를 차지할 때, 숙련되고 사회화된 청자는 지금 듣는 음이 음계 안에서 어느 위치에 있는지 알 수 있다. 우리는 모두 C장조에서 B를 들을 때, 즉 C 장음계에서 하나 내려온 음을 들을 때 이것이 그 음계의 제7음(혹은 7도)이며 으뜸음에서 반음 낮은 음이라는 사실을 전문가 수준으로 알아차린다. 음이름을 말하진 못하더라도, 혹은 으뜸음이나 음계도가 무엇인지도 모를지라도 인지할 수 있다. 우리는 일생동안 음악을 이론적인 목적보다는 수동적으로 접하고 들으면서 음계와 그 구조를 이해하게 된다. 우리는 이 지식을 타고나지 않으며 경험을 통해 습득한다. 해가 매일 아침 뜨고 밤마다 진다는 사실을 배우기 위해 우주학을 알아야 할 필요는 없듯이 우리는 주로 수동적인 노출을 통해 이런 사건의 배열을 학습한다.

온음과 반음의 패턴을 달리하면 다른 음계를 만들 수 있는데, 서양 문화권에서 가장 일반적인 음계는 단음계다. C장조 음계처럼 피아노의 하얀 건반만을 사용하는 단음계는 A단조 음계 하나뿐이다. 이 음계의 음고는 A-B-C-D-E-F-G-A다. 이 음계는 같은 음고 집합에 순서만 다르게 사용하기 때문에 A단조는 'C장조 음계의 관계단조'라고 불린다. 온음과 반음의 패턴은 '온-반-온-온-반-온-온'으로 장음계와 다르다. 반음의 배치가 장음계와 상당히 다르다는 사실을 알 수 있다. 장음계에서는 으뜸음 바로 전에 으뜸음으로 '이어지는' 반음이 있고 제4음 앞에도 반음이 하나 있다. 단음계에서는 제3음 앞과 제6음 앞에 반음이 있다. 단음계도 여전히 으뜸음으로 돌아가려는 경향성이 있지만 경향성을 이끌어내는 화음은 명확히 다른 소리와 정서적 궤적을 일으킨다.

여기서 이런 질문을 해볼 수 있다. 두 음계가 정확히 같은 음고 집합을 사용한다면 내가 듣는 음계가 무엇인지 어떻게 알 수 있을까? 연주자가 흰 건반을 연주한다면 그것이 A단조인지, C장조인지 어떻게 알 수 있을까? 그 해답은 우리가 전혀 의식하지 못한 상태에서 완성된다. 우리 뇌는 특정 음이 얼마나 많이 들리고, 강박과 약박 중 어디서 나타나는지, 얼마나 길게 지속됐는지 계속해서 추적한다. 우리 뇌의 연산 처리는 이러한 음의 특성을 근거로 조성을 추론한다. 이 특성은 우리 대부분이 음악 교육을 받지 않았더라도, 그리고 대상에 대해 말하는 능력, 즉 심리학자들의 용어로 선언적 지식이라는 능력 없이도 가질 수 있다. 정식 음악 교육을 받지 않았더라도 우리는 작곡가가 작품에서 어떤 조성이나 음의 중심을 확립하려 했는지, 언제 으뜸음으로 되돌아오는지, 혹은 실패했는지 안다. 조성을 확립하는 가장 간단한 방법은 조성의 으뜸음을 여러 번 크고 길게 연주하는 것이다. 작곡가가 스스로 C장조로 작곡을 하고 있다고 생각하더라도 연주자에게 A음을 반복해서 크고 길게 치도록 한다면, 작곡가가 작품을 A음에서 시작하고 A음에서 끝냈다면, 그에 더해 C음의 사용을 피했다면 작곡가의 의도와는 관계없이 청중과 연주자, 음악 이론가들은 대부분 이 작품이 A단조라고 결론내릴 것이다. 이처럼 음악 조성은 속도 위반 딱지처럼 의도보다는 관찰되는 행동이 중요하다.

주로 문화적 이유로 우리는 장음계를 즐거움과 승리의 정서로, 단음계를 슬픔과 패배의 정서로 연관 짓는 경향이 있다. 일부 연구에서는 이러한 정서 연관 능력이 타고나는 것일 수 있다고 주장한다. 하지만 이 능력이 모든 문화권에 보편적이지는 않음을 볼 때 선천적 성향은 특정 문화의 연관성을 경험하면서 바뀔 수 있다. 서양 음악 이론에서는 3가지 종류의 단음계를 인정하는데, 각각 서로 다른 특색을 가진다. 블루스 음악은 보통 단음계의 일부인 5음 음계(펜타토닉)를 사용하고 중국 음악은 이와 다른 5음계를 사용한다. 차이코프스키는 발레 작품인 〈호두까기 인형〉에서 아랍이나 중국 문화를 떠올리게 하기 위해 두 문화권 음악에서 주로 사용되는 음계를 골랐다. 이런 음계의 음을 들으면 동양적인 느낌을 받을 수 있다. 빌리 홀리데이Billie Holiday는 일반적인 선율에 블루스 느낌을 주기 위해 블루스 음계를 적용하고 일반적인 클래식 음악에서 익숙하지 않은 음계의 음을 노래한다.

작곡가는 이러한 연관 관계를 이해하고 의도적으로 활용한다. 우리 뇌 역시 일생 동안 음악의 표현 양식과 패턴, 음계, 노랫말을 접하면서 이들 간의 연관 관계를 알게 된다. 귀에 새로운 음악 패턴이 들어올 때마다 우리 뇌는 음악에 동반하는 시각, 청각을 비롯한 여러 감각 신호를 취합해 연관 관계를 만든다. 다시 말해, 새로운 소리의 맥락을 판단한 뒤에 특정한 음의 집합을 특정한 장소와 시간, 사건들과 연결하는 기억을 만든다. 예를 들어 앨프리드 히치콕Alfred Hitchcock의 영화 〈사이코Psycho〉를 본 뒤 버나드 허먼Bernard Herrmann의 날카로운 바이올린 소리를 들으면 영화의 샤워 장면을 떠올릴 수밖에 없다. 워너 브라더스Warner Bros의 만화 〈메리 멜로디Merrie Melody〉를 본 사람이라면 누구나 바이올린이 장음계의 상승음형을 연주하며 플러킹 주법으로 줄 퉁기는 소리를 낼 때마다 등장인물이 살금살금 계단을 올라가는 장면을 떠올리게 된다. 이처럼 연관 관계는 오직 음 몇 개만으로도 충분히 식별할 수 있을 만큼 아주 강력하다. 데이빗 보위David Bowie의 '차이나 걸China Girl'과 무소르그스키의 〈전람회의 그림〉에서 '키예프의 대문'은 첫 세 음만으로도 다채롭고 이국적인 음악적 맥락을 전달한다.

맥락과 소리의 변화는 대부분 옥타브를 나누는 다양한 방법에서 발생하며, 사실상 알려진 모든 음악들은 옥타브를 12개 이하로 나눈다. 인도와 아랍-페르시아 음악이 반음보다 더 작은 음정을 갖는 음계, 즉 '마이크로튜닝'을 사용한다는 주장이 있지만 정밀하게 분석한 결과 두 문화권의 음계 역시 12개, 혹은 그보다 적은 음을 주로 사용한다는 사실이 밝혀졌다. 다른 음들은 그저 표현적 변주나 한 음에서 다른 음이 연속하도록 미끄러지며 연주하는 글리산도, 혹은 감정을 자극하기 위해 미끄러지듯 음을 내는 미국의 블루스 양식에서 나타나는 찰나의 경과음에 지나지 않는다.

어떤 음계든지 음 사이에는 영향력의 서열이 존재한다. 다른 음보다 좀 더 안정적이고 구조적으로 중요하며 마무리하는 느낌을 주는 일부 음들은 다양한 긴장감과 해결의 느낌을 불러일으킨다. 장음계에서 가장 안정적인 음은 으뜸음이라고도 하는 제1도다. 다시 말해 음계에서 다른 모든 음들은 으뜸음을 향하는데 그 경향성의 정도는 각각 다르다. 가장 강하게 으뜸음을 향하는 음은 제7음이고, C장조로 치면 B가 여기에 해당된다. 으뜸음으로 가장 약하게 향하는 음은 제5음이며 C장조에서는 G에 해당한다. 경향성이 약한 이유는 우리가 제5음을 비교적 안정적으로 인식하기 때문이다. 다르게 말하면 우리는 노래가 제5음에서 끝나도 불편하거나 해결되지 않은 느낌을 받지 않는다. 캐럴 크럼핸슬Carol Krumhansl은 동료들과 일련의 연구를 수행해 평범한 청자들이 음악과 문화 규범을 수동적으로 접하며 자신의 뇌에 음의 서열에 대한 원리를 구체화한다는 사실을 확인했다. 캐럴은 사람들에게 연주를 들려준 뒤 각각의 음이 얼마나 음계와 어울리는지 평가해달라고 부탁했는데 사람들의 주관적 판단은 이론적인 서열과 일치했다.

단순히 말해 화음은 동시에 연주하는 세 개 이상의 음 집단이다. 화음은 흔하게 사용하는 음계에서 선택되며, 음계에 대한 정보를 전달하기 위해 세 개의 음을 선택한다. 전형적인 화음은 음계의 제1음, 제3음, 제5음을 함께 연주하는 형태로 구성한다. 단음계와 장음계는 온음과 반음의 배열이 다르기 때문에 각 음계에서 선택하는 화음의 음정 크기도 달라진다. 만약 C장조에서 선택한 음을 이용해 C에서 시작하는 화음을 만든다면 화음은 C와 E, G가 된다. 반대로 C단조 음계를 사용한다면 제1음과 제3음, 제5음은 C와 E플랫, G가 된다. E가 E플랫이 된 제3음의 차이는 화음을 장조 화음에서 단조 화음으로 변화시킨다. 비록 우리는 모두 음악 교육을 받지 않았고 전문 용어로 설명할 순 없더라도 두 화음의 차이를 말할 수 있다. 우리는 장조를 들을 때 즐거운 기분을 느끼고 단조 화음을 들을 때 슬프거나 사색적인, 혹은 이국적인 느낌을 받는다. 이런 이유로 록과 컨트리 음악 중 가장 기본적인 노래는 오로지 장조 화음만을 사용한다. '조니 비 굿Johnny B. Goode', '블로인 인 더 윈드Blowin' in the Wind', '홍키 통크 위민Honky Tonk Women', '마마스 돈 렛 유어 베이비 그로우

업 투 비 카우보이스Mammas Don't Let Your Babies Grow Up to Be Cowboys'가 그 예다.

단조 화음은 노래를 좀 더 복잡하게 만든다. 도어스the Doors는 '라이트 마이 파이어Light My Fire'에서 '사실이 아닐 수 있다는 것을 알잖아(You know that it would be untrue…)'의 소절을 단조 화음으로 연주하다가 '어서, 불을 당겨줘(Come on baby, light my fire)'의 후렴구는 장조로 연주한다. 돌리 파톤Dolly Parton은 '졸린Jolene'에서 쓸쓸한 정서를 표현하기 위해 단조와 장조를 섞어 연주한다. 스틸리 댄Steely Dan의 앨범 〈캔트 바이 어 스릴Can't Buy a Thrill〉의 '두 잇 어게인Do It Again'은 오직 단조만을 사용한다.

한 음이 음계에서 서열을 갖듯 화음 또한 맥락에 따라 안정감에 대한 서열을 형성한다. 일부 화음 진행은 모든 문화권의 음악 양식에 포함되며 대부분 다섯 살만 되어도 사람들은 자신의 문화권에서 어떤 화음 진행이 적합하고 전형적인지에 대한 규칙을 습득한다. 사람들은 '피자가 잠들기엔 너무 뜨거웠다'와 같은 문장이 잘못됐다는 사실을 쉽게 알아채듯이 표준 배열에서 벗어난 화음을 감지한다. 우리 뇌에서 이 과제를 수행하기 위해서는 뉴런 네트워크가 음악 구조와 음악 규칙을 추상적으로 표현할 수 있어야 한다. 또한 이 과정은 우리가 의식적으로 자각하지 않고도 자동으로 이루어져야 한다. 어린 시기에 우리의 뇌는 스펀지처럼 흡수력이 최대이기 때문에 가능한 모든 소리를 맹렬히 받아들여 뉴런 배선의 구조로 통합한다. 하지만 나이가 들면 뉴런 회로에서 조금씩 유연성이 떨어지면서 깊은 신경 수준에서 새로운 음악 체계, 혹은 언어 체계를 통합하기가 힘들어진다.

이제부터 음고에 대해 조금 더 복잡한 이야기를 해보겠다. 모두 복잡한 물리 현상 탓이지만 그래도 그 덕분에 우리는 여러 악기에서 풍부한 음역을 들을 수 있다. 세상의 모든 자연 대상은 여러 방식으로 진동한다. 예를 들어 피아노 현은 사실 동시에 여러 주파수로 진동한다. 망치로 종을 때리거나 드럼을 손으로 때릴 때, 플루트에 공기를 불어넣을 때도 같은 현상을 관찰할 수 있다. 공기 분자가 동시에 하나의 주파수가 아닌 여러 주파수로 진동하기 때문이다.

이 현상은 지구에서 동시에 일어나는 여러 유형의 운동에 비유할 수 있다. 모두가 알고 있듯이 지구는 자전축을 중심으로 24시간마다 한 번씩 돌고 365.25일 주기로 태양을 도는 동시에 태양계의 일부로서 우리 은하를 따라 회전한다. 즉, 여러 유형의 운동이 모두 동시에 일어난다. 이번엔 기차를 탈 때 종종 느낄 수 있는 다양한 종류의 진동을 예로 들어보겠다. 당신이 엔진이 꺼진 채로 야외 기차역에 세워진 기차에 타고 있다고 상상해보자. 바람이 불면 당신은 앞뒤로 조금씩 흔들리는 차체의 움직임을 느낄 수 있다. 차체의 흔들림은 휴대용 스톱워치로 잴 수 있을 만큼 규칙적이며 대략 초당 2번씩 앞뒤로 흔들린다. 그 후 기관사가 엔진을 켜면 피스톤과 크랭크축이 특정 속도로 돌아가면서 발생한 진동을 의자를 통해 느낄 수 있다. 기차가 움직이기 시작하면 세 번째 진동이 느껴진다. 바로 선로 연결 부위를 지날 때마다 기차 바퀴가 쿵쿵거리는 진동이다. 이렇게 우리는 각각 다른 주파수를 가지는 여러 종류의 진동을 느낀다. 기차가 달리는 동안에도 우리는 분명 진동을 느낀다. 하지만 기차에 얼마나 많은 진동이 일어나고 있으며 그 주파수가 얼마인지 확인하기란 불가능까지는 아니더라도 굉장히 어렵다. 특수한 측정 장비를 사용한다면 측정할 수 있을 것이다.

드럼이나 카우벨과 같은 타악기뿐 아니라 피아노나 플루트와 같은 여러 악기들에서 소리가 나올 때도 동시에 여러 방식의 진동이 발생한다. 악기로 연주되는 한 가지 음을 들을 때 사실 우리는 하나의 음고가 아닌 수많은 음고를 동시에 듣는다. 훈련으로 극복할 수 있긴 하지만 우리 대부분은 이 사실을 의식하지 못한다. 이때 가장 느린 진동 주파수, 즉 가장 낮은 음고 소리를 기본 주파수 소리라 하고 나머지 음 전체를 묶어 배음이라 한다.

간략히 말해 동시에 여러 주파수로 진동하는 현상은 물체의 속성이다. 놀랍게도 보통 동시에 진동하는 여러 주파수들은 서로 수학적으로 정수배 관계에 있다. 예를 들어 현을 튕겼을 때 가장 느린 진동 주파수가 초당 100회라면 다른 진동 주파수들은 두 배인 200헤르츠, 세 배인 300헤르츠 등으로 존재할 것이다. 플루트나 리코더에 바람을 불어넣어 310헤르츠의 진동을 만들었다면 두 배, 세 배, 네 배의 진동인 620헤르츠, 930헤르츠, 1240헤르츠가 추가로 발생한다. 악기가 이처럼 정수배의 주파수 에너지를 만들어낼 때 우리는 소리가 조화롭다고 말하며 서로 다른 주파수 에너지의 패턴을 배음렬이라고 한다. 증명된 연구에 따르면 뇌는 조화로운 소리에 반응해 동시다발적인 뉴런 발화를 일으킨다. 다시 말해 소리의 각 주파수에 반응하는 청각 피질 뉴런은 발화율을 서로 일치시키는 신경적 기초를 만들어 소리를 응집시킨다.

우리 뇌는 배음렬에 대응하는 능력이 아주 뛰어나서 기본 주파수가 빠진 소리를 들어도 빈곳을 채울 수 있다. 이 현상을 '소실된 기본 주파수의 복원'이라고 한다. 다시 말해 우리는 100헤르츠, 200헤르츠, 300헤르츠, 400헤르츠, 500헤르츠의 에너지로 구성된 소리를 100헤르츠가 기본 주파수인 음고로 인식한다. 이때 인위적으로 기본 주파수를 빼서 200헤르츠, 300헤르츠, 400헤르츠, 500헤르츠 에너지의 소리를 만들어도 우리 뇌는 이 소리를 여전히 100헤르츠 음고로 인식한다. 200헤르츠 음고로 인식하지 않는 이유는 우리 뇌가 200헤르츠 음고를 가지는 평범하고 조화로운 소리가 200헤르츠,

400헤르츠, 600헤르츠, 800헤르츠 등의 배음렬을 가지고 있다는 사실을 '알고' 있기 때문이다. 또한 100헤르츠, 210헤르츠, 302헤르츠, 405헤르츠 등과 같이 배음렬에서 벗어난 배열을 연주함으로써 우리 뇌를 속일 수 있다. 이 경우 우리 뇌는 실제로 들리는 소리와 평범한 조화급수 사이에서 타협을 통해 100헤르츠를 살짝 벗어난 음고로 인식한다.

대학원 시절에 지도 교수였던 마이크 포즈너Mike Posner는 나에게 생물학 대학원 학생인 피터 자네타Petr Janata를 소개해줬다. 피터는 나처럼 샌프란시스코에서 자라지는 않았지만 긴 더벅머리를 하나로 묶고 재즈와 록 피아노를 연주했으며 홀치기 염색한 옷을 입었다. 정말 취향이 나랑 똑 닮은 친구였다. 피터는 원숭이올빼미의 청각 체계 부분인 하구체에 전극을 붙이는 실험을 했다. 그리고 올빼미에게 기본 주파수를 제거한 채로 요한 슈트라우스의 '푸른 도나우 강'을 틀어줬다. 피터는 소실된 기본 주파수가 청각 처리 과정의 초기 단계에서 복원된다면 올빼미 하구체의 뉴런이 사라진 기본 주파수율에서 발화될 것이라는 가설을 세웠다. 결과는 예상과 정확히 일치했다. 위에서 살펴봤듯이 발화 '주파수'는 뉴런의 '발화율'과 일치하고, 전극은 뉴런이 발화할 때마다 발생하는 작은 전기 신호를 잡아낼 수 있다. 이런 원리로 피터는 전극의 산출 결과를 작은 증폭기로 보낸 뒤 스피커를 통해 올빼미가 뉴런에서 처리한 소리를 재생했다. 스피커로 나온 소리는 놀라웠다. '따다다다, 빰빰, 빰빰'으로 들리는 '푸른 도나우 강'의 선율이 정확하게 연주된 것이다. 우리는 뉴런의 발화율을 들었으며 이 발화율은 소실된 기본 주파수와 동일했다. 이처럼 배음렬의 특성은 청각 처리 과정의 초기 단계뿐 아니라 인간과 완전히 다른 종에서도 동일하다.

누구나 귀가 없거나 우리와 다르게 청각을 경험하는 외래종을 상상할 수 있다. 하지만 진동하는 물체를 전혀 느낄 수 없는 고등 생물종은 상상하기 어려울 것이다. 공기가 있다면 움직임에 반응해 진동하는 분자가 있기 마련이다. 잠든 상태이거나 눈에서 시각 정보를 처리하지 못할 정도로 주변이 어두울 때는 물체를 볼 수 없다. 이때 물체가 만들어내는 소음, 혹은 유기체가 다가오거나 멀어지는 소리를 감지하는 능력은 중대한 생존가로 작용한다.

물체는 대부분 분자를 동시에 여러 방식으로 진동시키고 수많은 물체들의 진동 방식은 서로 단순한 정수배 관계로 이루어진다. 그러므로 배음렬은 북미와 피지, 혹은 화성과 안타레스 궤도를 선회하는 행성을 비롯해 우리의 눈길이 닿는 모든 곳에서 동일하게 발견될 것으로 예상할 수 있는 세상의 이치다. 그러므로 물체가 진동하는 세상에서 유기체가 충분한 시간을 가지고 진화했다면 배음렬의 규칙성을 뇌의 처리 장치에 담아 발전시켰을 가능성이 높다. 우리는 이 유기체가 인간의 청각 피질과 같은 음위상 지도를 만들고, 서로 옥타브나 화성 관계를 가지는 음에 동시에 반응해 뉴런을 발화시킬 것이라 예상할 수 있다. 음고는 물체의 정체성을 담은 근본 단서이기 때문이다. 그리고 이러한 진화 특성은 외계종과 지구 생명체의 뇌가 모든 음이 같은 물체에서 나왔을 가능성을 예측하는 데 도움을 줬을 것이다.

배음은 종종 숫자로 표기한다. 제1배음은 기본 주파수 위로 첫 번째 진동 주파수이고, 제2배음은 기본 주파수 위로 두 번째 진동 주파수다. 물리학자들은 사람들이 헷갈려 하는 게 재밌기라도 한지 배음과 유사한 고조파라는 용어 체계를 만들었다. 하지만 내 생각에 고조파 체계는 대학원생들을 미치게 만들 뿐이다. 고조파 체계에 따르면 제1고조파는 기본 주파수이고 제2고조파는 제1배음과 같다. 하지만 모든 악기가 이렇게 깔끔하게 정의된 방식으로 진동하지는 않는다. 피아노처럼 손으로 눌러서 연주하는 악기는 배음이 기본 주파수의 배수에 가깝지만 정확히 배수는 아닌데, 이로 인해 피아노의 특징적인 소리가 만들어진다. 타악기와 차임벨을 비롯해 구성과 모양에 따라 소리가 달라지는 물체들의 배음은 기본 주파수의 배수가 아닌 경우가 많다. 이 배음들을 부분음, 혹은 비조화적 배음이라 한다. 보통 비조화적 배음을 가지는 악기는 조화적 배음을 갖는 악기에서처럼 음고를 명확하게 들을 수 없다. 그 이유는 비조화적 배음이 피질에서 뉴런 발화를 동시에 일으키지 못하는 현상과 관련이 있는 것으로 보인다. 그래도 음을 연속해서 연주할 때 피질은 비조화적 배음의 음고를 가장 명확하게 감지할 수 있다. 그래서 우리는 우드 블록이나 차임벨에서 연주되는 음 하나를 따라 부를 수는 없지만 여러 개를 동시에 연주할 때의 선율을 인식할 수 있다. 바로 우리 뇌가 배음 하나하나의 변화에 초점을 맞추고 있기 때문이다. 이러한 특징 덕분에 우리는 누군가 볼을 손가락으로 두드려 노래를 연주할 때도 선율을 느낄 수 있다.

플루트와 바이올린, 트럼펫, 피아노는 모두 같은 음을 연주할 수 있다. 즉, 악보에 음 하나를 그린 뒤 각 악기로 해당 기본 주파수 음을 연주하면 우리는 그것을 동일한 음고로 듣는다. 하지만 악기의 소리는 모두 서로 상당히 다르게 인식된다.

이 차이가 바로 음색이다. 음색은 청각 경험에서 가장 중요하고 생태계와 깊은 관련이 있다. 소리의 음색은 사자의 으르렁거림과 고양이의 갸르릉 소리를, 벼락 소리와 파도 부서지는 소리를, 친구의 목소리와 피하고 싶은 수금원의 목소리를 구별하게 해주는 핵심적인 특성이다. 인간은 대부분 서로 다른 수백 개의 소리를 인식할 수 있을 정도로 음색의 차이를 아주 예민하게 구별할 수 있다. 우리는 심지어 어머니나 배우자처럼 친밀한 사람들이 즐겁거나 슬픈 감정을 느낄 때, 기운이 넘칠 때, 감기에 걸렸을 때 목소리의 음색으로 알아차릴 수 있다.

이러한 음색은 배음으로 발생한다. 나무 조각은 물에 뜨지만 크기와 모양이 나무와 동일한 금속은 연못 바닥으로 가라앉는 특성을 가지듯 모든 물질은 밀도가 서로 다르다. 그래서 물체를 손으로 때리거나 망치로 톡 하고 두드리면 밀도와 크기, 모양의 차이로 인해 각기 다른 소리가 난다. 망치로 기타를 (아주 살살!) 두드릴 때 나는 소리를 상상해보라. 나무가 퉁 하고 울리는 소리가 날 것이다. 하지만 색소폰과 같은 금속을 두드리면 작게 깡 하는 소리가 난다. 기타를 두드리면 망치의 에너지가 기타 안의 분자를 진동시키면서 서로 다른 여러 주파수로 흔들리게 한다. 이 주파수는 물체를 구성하는 재료와 크기, 모양에 따라 결정된다. 예를 들어 물체가 100헤르츠, 200헤르츠, 300헤르츠, 400헤르츠에서 진동할 때 각 고조파의 진동 세기는 모두 같을 필요가 없으며 실제로도 모두 제각각이다.

색소폰이 220헤르츠의 기본 주파수 음을 연주할 때 실제로 우리는 하나가 아닌 여러 음을 듣게 된다. 우리가 듣는 기본 주파수 외의 음은 그 정수배인 440헤르츠, 660헤르츠, 880헤르츠, 1100헤르츠, 1320헤르츠, 1540헤르츠 등이다. 각 배음은 서로 세기가 다르기 때문에 우리는 각 배음을 각기 다른 음량으로 듣는다. 이 색소폰 배음의 음량 패턴은 색소폰만의 독특한 소리 색, 즉 음색을 불러일으킨다. 바이올린이 220헤르츠의 같은 음을 연주한다면 주파수는 같겠지만 각 배음의 음량 패턴은 다를 것이다. 이를 통해 각 악기는 독특한 배음 패턴을 가진다. 예를 들어 어떤 악기의 제5배음은 다른 배음보다 좀 더 약하고 제2배음은 크게 들릴 수 있다. 사실상 우리가 듣는 모든 음색의 변화, 즉 트럼펫을 트럼펫답게, 피아노를 피아노답게 해주는 특성은 배음 음량의 독특한 분포 방식에서 발생한다.

각 악기는 마치 지문처럼 자신만의 배음 특성을 가지고 있다. 배음 특성은 우리가 악기를 구별할 때 활용할 수 있는 복잡한 패턴이다. 예를 들면 클라리넷은 세 배, 네 배, 다섯 배, 일곱 배처럼 기본 주파수의 홀수 조파 에너지가 상대적으로 많은 특징을 가지고 있다. 이는 클라리넷이 한쪽 끝은 막혀 있고 다른 쪽은 열려 있는 관 형태이기 때문에 나타나는 특징이다. 트럼펫은 홀수와 짝수 조파 에너지를 비교적 동등한 비율로 가진다. 트럼펫 역시 한쪽 끝이 막혀 있고 다른 쪽은 열려 있지만 마우스피스와 벨 부분이 고조파 배열을 다듬도록 제작됐다. 바이올린 중앙에서 활을 그을 경우 주로 홀수 조파가 만들어지기 때문에 클라리넷과 비슷한 소리가 난다. 하지만 아래쪽으로 3분의 1지점을 그을 경우 제6, 제9, 제12고조파와 같이 제3고조파와 그 배수의 고조파가 두드러진다.

모든 트럼펫에는 지문과 같은 특정 음색이 있기 때문에 바이올린과 피아노, 심지어 사람의 목소리와도 쉽게 구별할 수 있다. 훈련된 귀를 가진 사람들과 대부분의 음악가들은 트럼펫 사이에서도 차이를 느낀다. 트럼펫마다 모두 서로 소리가 다르기 때문인데 피아노나 아코디언도 마찬가지다. 특정한 피아노 하나를 다른 피아노와 구별할 수 있는 이유는 배음 특성이 서로 약간씩 다르기 때문이다. 물론 하프시코드나 오르간, 튜바와 비교했을 때의 차이만큼 다르진 않다. 그래도 음악의 거장들은 한두 음만 들어도 스트라디바리우스 바이올린과 과르니에리 바이올린의 차이를 알아차린다. 나도 내가 가진 1956 마틴 000-18 어쿠스틱기타와 1973 마틴 D-18, 1996 콜링스 D2H의 소리를 꽤 정확하게 구별할 수 있다. 셋은 모두 어쿠스틱기타이지만 서로 다른 악기처럼 소리가 나기 때문에 절대 헷갈리지 않는다. 바로 음색 덕분이다.

자연적인 악기, 즉 금속이나 나무처럼 자연의 재료로 만들어진 어쿠스틱

악기는 분자의 내부 구조가 진동하는 방식 때문에 동시에 여러 주파수 에너지를 만드는 경향이 있다. 만약 우리가 알고 있는 어떤 보통의 악기와는 다르게 동시에 하나의 주파수만 만들어내는 악기를 발명했다고 가정해보자. 이 가상의 악기는 특정 주파수의 음을 방출하기 때문에 방출기라고 부르겠다. 방출기를 잔뜩 가져다가 한 줄로 세워 놓으면 각 방출기 주파수를 특정 악기의 배음렬과 일치하도록 설정할 수 있다. 이 방출기 한 줄로 110과 220, 330, 440, 550, 660헤르츠 소리를 만들면 청자에게 110헤르츠 음을 연주하는 악기의 느낌을 줄 수 있다. 여기에 각 방출기의 진폭을 조절해 각 음에 특정 음량을 부여하면 자연적인 악기의 배음 특성과 일치시킬 수 있다. 여기까지 성공했다면 우리는 클라리넷이나 플루트, 혹은 우리가 모방하려는 모든 악기와 비슷한 소리를 낼 수 있는 방출기 한 줄을 얻게 된다.

위의 방법과 같은 '가산 합성법'으로 우리는 기본적인 소리의 요소를 조합해 인위적인 악기의 음색을 만들 수 있다. 이와 관련해 교회에서 사용하는 여러 파이프 오르간은 우리가 실험해볼 만한 특성을 가지고 있다. 파이프 오르간은 대부분 건반이나 페달을 누르면 금속 파이프로 공기가 흘러들어간다. 오르간은 크기가 각기 다른 파이프 수백 개로 구성돼 있고 각 파이프에 공기가 통과하면서 파이프 크기에 따라 각기 다른 음고가 발생한다. 사람이 부는 대신에 전기 모터로 공기를 공급하는 기계 플루트라고 생각해도 좋다. 교회 오르간을 연상시키는 특정 음색은 보통의 악기들처럼 동시에 여러 주파수 에너지로 인해 생겨난다. 오르간의 각 파이프는 배음렬을 만들고 오르간 건반을 누르면 공기 기둥이 한 번에 한 개 이상의 파이프를 지나가며 풍부한 음역의 소리가 난다. 오르간 연주자가 연주한 음의 기본 주파수로 진동하는 파이프 외에 추가로 사용된 파이프는 기본 주파수의 정수배이거나, 아니면 수학적으로, 화성적으로 정수배와 가까운 음을 만든다.

오르간 연주자들은 보통 공기를 흘려보내는 레버나 드로우바를 누르거나 당겨서 공기가 추가로 지나가는 파이프를 통제한다. 클라리넷이 배음렬의 홀수 조파 에너지를 많이 가지고 있다는 사실을 아는 똑똑한 오르간 연주자라면 클라리넷의 배음렬과 같도록 드로우바를 조작해 클라리넷 소리를 흉내 낼 수 있다. 220헤르츠 조금에, 330헤르츠 몇 방울, 440헤르츠 한 덩이, 그리고 550헤르츠를 잔뜩 넣으면 끝이다. 이렇게 하면 여러분도 그럴듯한 클라리넷 한 접시를 완성할 수 있다.

1950년대 후반부터 과학자들은 좀 더 작고 간편한 전자장비 안에 이런 합성 기능을 넣기 위해 실험하기 시작했고, 그 결과 통칭 신시사이저라고 하는 새로운 악기가 탄생했다. 1960년대부터 신시사이저는 비틀스의 '히어 컴즈 더 선Here Comes the Sun'과 '맥스웰스 실버 해머Maxwell's Silver Hammer', 월터/웬디 카를로스Walter/Wendy Carlos의 〈스위치드 온 바흐Switched-On Bach〉 음반에 사용됐다. 이어 핑크 플로이드Pink Floyd나 에머슨, 레이크 앤 팔머Emerson, Lake and Palmer와 같은 그룹들도 신시사이저로 음반에 소리를 새겼다.

이 당시의 신시사이저는 대부분 앞에서 설명한 가산 합성법을 사용했지만 이후에 발명된 신시사이저에는 스탠퍼드대학교의 줄리어스 스미스Julius Smith 교수가 개발한 음원 합성법이나 같은 대학교의 존 차우닝John Chowning 교수가 개발한 주파수변조(FM) 합성법과 같이 좀 더 복잡한 알고리즘이 사용됐다. 하지만 아무리 실제 악기를 연상시키는 소리를 만들 수 있다고 해도 배음 특성을 모방하는 정도로는 결과물이 부실하기 쉽다. 음색은 단순히 배음렬이 전부가 아니기 때문이다. 연구자들이 아직도 배음렬 외에 '어떤 특성'이 있는지에 대해 논쟁하고 있지만 일반적으로 음색은 배음 특성에 더해 악기를 구별하게 해주는 어택attack과 플럭스flux의 두 가지 특성으로 구성된다고 말한다.

스탠퍼드대학교는 태평양 동쪽의 샌프란시스코 남부 시골 지역에 자리하고 있다. 서쪽으로는 목초지가 펼쳐진 롤링힐이, 동쪽으로 한 시간 거리에는 건포도와 목화, 오렌지, 아몬드의 주 생산지인 캘리포니아의 비옥한 센트럴 밸리가 있다. 남쪽으로는 광대한 마늘밭이 있는 길로이 지역이 가깝다. '아티초크의 수도'로 알려진 카스트로빌도 남쪽에 있다(나는 이전에 카스트로빌 상공회의소에 '수도'를 '중심부'로 바꿔야 한다고 제안했는데 반응이 썩 좋진 않았다).

스탠퍼드대학교는 음악을 사랑하는 컴퓨터 과학자들과 공학자들에게는 제2의 고향과 같다. 전위파 작곡가로 잘 알려진 존 차우닝은 1970년대부터 스탠퍼드 음악대학에서 교수로 일했으며 선구적인 작곡가로서 컴퓨터를 이용해 곡을 만들어 저장하고 재현했다. 이후 차우닝은 스탠퍼드에서 컴퓨터 음악및음향연구소(CCRMA, Center for Computer Research in Music and Acoustics)를 설립했다. CCRMA는 그들끼리 농담 삼아 첫 c음을 묵음으로 해 카르마라고 발음하기도 한다. 차우닝은 따뜻하고 친절한 사람이다. 내가 스탠퍼드대학원에 있을 때 차우닝은 내 어깨에 손을 올리고 무슨 연구를 하는지 묻곤 했다. 나는 그가 학생들과 이야기하는 시간을 무언가를 배울 기회로 여긴다는 인상을 받았다. 1970년대 초반에 차우닝은 컴퓨터로 사인 음파를 만지작거리던 중에 사인 음파를 틀어놓고 주파수를 변경하면 음악적인 소리가 만들어지는 현상을 발견했다. 사인파는 컴퓨터로 만들어진 인공적인 소리의 일종으로 가산 합성의 구성 요소로 사용된다. 그는 이런 변수를 조절해 수많은 악기의 소리를 모방할 수 있었다. 주파수변조 합성법, 혹은 FM 합성법이라고 하는 이 새로운 기술은 1983년에 야마하 DX9와 DX7 계열 신시사이저에 처음으로 내장돼 도입된 순간부터 음악 산업에 혁명을 가져왔다. FM 합성법은 음악 합성법을 대중화했다. FM 합성법 이전의 신시사이저는 비싸고 투박하고 제어가 힘들었다. 새로운 소리를 만들어내려면 시간이 많이 걸리고 많은 실험과 노하우가 필요했다. 하지만 FM 합성법이 모든 것을 가능케 했다. 음악가라면 누구나 버튼을 만지는 것만으로도 그럴듯한 악기 소리를 얻을 수 있게 됐다. 금관악단이나 오케스트라를 고용할 여력이 안 되는 작곡가들도 신시사이저의 소리와 구성을 활용할 수 있다. 작곡가나 오케스트라 악곡 작곡자들은 전체 오케스트라를 동원해 소리를 확인하는 시간적 낭비 없이 편곡을 확인할 수 있다. 스티비 원더, 홀 앤 오츠Hall and Oates, 필 콜린스Phil Collins와 같은 주류 예술가뿐만 아니라 카스Cars나 프리텐더스Pretenders와 같은 뉴웨이브 밴드들도 음반에 FM 합성법을 사용하기 시작했다. 대중음악에서 '1980년대 소리'로 떠올리는 많은 독특한 소리들이 대부분 FM 합성법에서 나온 것이다.

FM 합성법의 대중화로 꾸준히 저작권료를 받게 된 차우닝은 CCRMA를 설립해 대학원생들과 최고 수준의 교수진을 모았다. 최초로 CCRMA에 들어온 전자음악과 음악심리학계의 많은 유명인들 중에 존 R. 피어스John R. Pierce와 맥스 매슈스Max Mathews가 있었다. 피어스는 뉴저지에 있는 벨연구소 부소장이자 트랜지스터를 개발하고 특허권을 획득한 기술팀을 지도했다. '트랜스퍼(전송)'와 '레지스터(저항)'라는 단어를 결합해 트랜지스터라는 이름을 붙인 사람이기도 하다. 눈부신 경력을 쌓던 와중에 피어스는 진행파 진공관과 최초의 통신위성 텔스타까지 개발했다. 또한 J. J. 커플링이라는 필명으로 활동한 존경받는 공상과학소설 작가였다. 그는 어떤 산업 분야나 연구소에도 없는 독특한 환경을 만들었다. 그곳에서 과학자들은 자율적으로 최선을 다할 수 있다고 느꼈고, 창의성을 가장 높게 평가받았다. 당시 벨 전화 회사/AT&T는 미국의 전화 사업을 완전히 독점했기 때문에 현금을 많이 비축하고 있었다. 벨 연구소는 미국의 훌륭하고 뛰어난 개발자, 기술자, 과학자들의 놀이터나 다름없었다. 벨 연구소라는 '모래놀이터'에서 과학자들은 자신들의 아이디어를 상업화할 가능성이 있는지, 혹은 예산이 적당한지에 대해 걱정하지 않고 마음껏 창의성을 펼칠 수 있었다. 피어스는 진정한 혁신이 이루어지려면 사람들이 자신의 생각을 스스로 검열하지 않고 자유롭게 펼치도록 환경을 조성해야 한다고 생각했다. 아이디어 중 아주 소수만 실용화가 되고, 그중에서도 극히 일부만 제품화가 될지라도 이렇게 탄생한 제품들은 혁신적이고 독특하고 잠재적으로 수익성이 높았다. 실제로도 레이저와 디지털컴퓨터, 유닉스 운영체계와 같은 수많은 혁신이 탄생했다.

내가 처음 피어스를 만났던 1990년에 그는 이미 80세였고 CCRMA에서 음향심리학 강의를 하고 있었다. 몇 년 뒤에 내가 박사 학위를 취득하고 다시 스탠퍼드로 돌아왔을 때 우리는 친구가 됐고 매주 수요일 밤마다 저녁 식사를 하며 연구에 대해 토론했다. 언젠가 피어스는 그동안 로큰롤을 이해하지 못했고 전혀 관심도 없었다면서 내게 로큰롤 음악에 대해 설명해달라고 부탁했다. 그는 내가 이전에 음악 산업계에서 일한 경력이 있다는 사실을 언급하며 로큰롤의 중요한 특징을 모두 담고 있는 노래 6곡을 선정해 들려달라고 부탁했다. 로큰롤을 모두 담을 노래 6곡이라니? 나는 로큰롤은 제쳐두고 비틀스를 표현할 만한 노래 6곡을 고를 수 있을지도 확신할 수 없었다. 그 전날 밤에 피어스는 전화로 이미 엘비스 프레슬리Elvis Presley 음악을 들었다고 했기 때문에 한 곡만은 제외할 수 있었다.

내가 저녁 식사 자리에 가져간 노래 목록은 다음과 같다.

(1) 리틀 리차드Little Richard의 '롱 톨 샐리Long Tall Sally'

(2) 비틀스의 '롤 오버 베토벤Roll Over Beethoven'

(3) 지미 헨드릭스Jimi Hendrix의 '올 얼롱 더 워치타워All Along the Watchtower'

(4) 에릭 클랩튼Eric Clapton의 '원더풀 투나잇Wonderful Tonight'

(5) 프린스Prince의 '리틀 레드 코베트Little Red Corvette'

(6) 섹스 피스톨스Sex Pistols의 '아나키 인 유케이Anarchy in the U.K.'

몇 곡은 원곡자가 아닌 다른 가수가 부른 버전을 선택했다. 모두 훌륭한 곡이지만 아직도 나는 이 목록을 조금 수정하고 싶다. 피어스는 노래들을 듣고 가수가 누구인지, 지금 들리는 소리의 악기가 무엇인지, 어떤 연주법으로 소리를 내었는지 계속해서 질문했다. 그리고 대체적으로 음악의 음색이 좋다고 말했다. 노래 자체나 리듬은 그다지 흥미롭지 않았지만 음색은 놀랍도록 새롭고 낯설면서도 신난다고 말했다. '원더풀 투나잇'에서는 부드럽고 은은한 드럼 소리와 결합한 클랩튼의 우아하고 낭만적인 기타 독주를 들을 수 있고 섹스 피스톨스의 벽처럼 단단한 기타와 베이스, 드럼에서는 강력한 힘과 밀도를 느낄 수 있다고도 했다. 일렉트릭기타의 일그러진 소리(디스토션)는 피어스에게 생소하지 않았다. 하지만 베이스, 드럼, 일렉트릭기타, 어쿠스틱기타와 목소리가 하나로 결합하는 방식은 그에게 전에 없이 새로웠다. 음색은 피어스에게 록을 정의하는 특성이었다. 그리고 이 사실은 우리 둘 모두에게 하나의 계시와 같았다.

우리가 음악, 즉 음계에서 사용하는 음고는 그리스 시대부터 본질적으로 변하지 않았다. 바흐 시대에 나타난 평균율 음계의 발전은 예외라고 볼 수 있지만 이마저도 기존의 형태에서 개선된 수준에 가깝다. 지난 천년 동안 역사적으로 음악에서 옥타브가 쥐고 있던 주도권을 완전4도와 완전5도로 넘겨준 음악 혁명의 마지막 단계가 바로 로큰롤일지 모른다. 오랫동안 서양 음악은 주로 음고의 지배를 받았지만 과거 200여 년 동안은 음색이 점점 더 중요해졌다. 모든 장르에서 서로 다른 악기를 사용해 동일한 선율을 반복하는 방법이 음악을 구성하는 표준이 됐다. 베토벤의 〈교향곡 5번 운명〉과 라벨의 〈볼레로〉, 비틀스의 '미셸Michelle', 조지 스트레이트George Strait의 '올 마이 엑시스 리브 인 텍사스All My Ex's Live in Texas'에서 그 특징을 확인할 수 있다. 새로운 악기가 개발되며 작곡가들은 좀 더 다양한 음색의 팔레트로 작곡을 할 수 있게 됐다. 컨트리나 대중음악 가수가 노래를 멈추고 악기가 그 선율을 차지할 때 선율이 전혀 변하지 않더라도 우리는 같은 선율을 다른 음색으로 반복하는 즐거움을 느낀다.

전위파 작곡가인 피에르 셰페르(원래는 프랑스어 악센트로 발음해 셰페흐라고 한다)는 1950년대에 음색의 중요한 속성을 보여준 '컷 벨'이라는 이름의 결정적인 실험을 수행했다. 셰페르는 수많은 오케스트라 악기의 소리를 테이프에 녹음했다. 그리고 면도칼을 이용해 소리의 시작 부분을 잘라냈다. 바로 악기 소리의 맨 첫 부분, 다시 말해 소리를 만들어내기 위해 악기를 손으로 때리거나 줄을 튕기거나 활을 켜거나 바람을 불어넣는 최초의 소리를 어택이라 부른다.

악기로 소리를 내기 위해 우리 몸이 만드는 몸짓은 악기 소리에 중요한 영향을 끼친다. 하지만 이 중요성은 대부분 처음 몇 초 내로 사라진다. 소리를 일으키기 위해 우리가 취하는 몸짓은 대부분 순간적이며 짧고 강력한 움직임의 '파열'과 같다. 타악기 연주자들은 보통 최초의 파열이 끝나면 악기에서 손을 뗀다. 반대로 관악기나 활을 사용하는 현악기 연주자는 최초로 공기를 불어넣거나 활이 현에 닿는 순간적인 접촉 후에도 악기에 닿은 자세를 유지한다. 활을 계속 움직이고 공기를 불어넣어 매끄럽고 연속적이며 순간적인 느낌이 덜한 소리를 낸다.

악기에 에너지를 불어넣는 어택 단계에서는 보통 서로 단순한 정수배가 아닌 여러 주파수의 에너지가 발생한다. 바꿔 말하면 우리가 소리를 내기 위해 악기를 치고 공기를 넣고 튕기는 짧은 순간에 충돌하는 소리는 음악적이라기보다 오히려 소음처럼 들린다. 이 소리는 피아노 현이나 종을 치는 소리가 아닌 망치로 나무 조각을 때리는 소리, 혹은 바람이 관 안으로 급하게 지나가는 소리와 비슷하다. 어택 다음으로 이어지는 좀 더 안정적인 단계에서 금속이나 나무 등 악기의 재료가 공명을 시작하면 배음 주파수 패턴이 질서 있게 이어지며 고른음을 만든다. 고른음이 발생하는 중간 단계를 안정 단계라 하는데, 소리가 악기에서 나올 때의 배음 특성이 상대적으로 안정적인 구간이다.

셰페르는 오케스트라 악기 녹음 본에서 어택 단계를 삭제한 뒤 테이프를 재생하면 대부분 무슨 악기가 연주됐는지 구별할 수 없다는 사실을 발견했다. 어택 단계가 사라지자, 피아노와 종소리는 원래 소리를 잃고 놀라울 정도로 서로 비슷하게 들렸다. 한 악기의 어택 단계를 안정 단계, 혹은 중간 부분에 이어붙이면 다양한 결과를 얻을 수 있다. 일부 경우에는 안정 단계보다는 어택 단계에서 나온 악기 소리처럼 모호한 혼성의 악기 소리를 들을 수 있다. 미쉘 카스텔린고Michelle Castellengo는 이런 방식으로 완전히 새로운 악기를 만들 수 있다는 사실을 발견했다. 예를 들어 바이올린 현 소리를 플루트 음에 붙이면 손풍금과 굉장히 비슷한 소리를 만들 수 있다. 이 실험은 어택 단계의 중요성을 보여준다.

음색의 세 번째 차원인 플럭스는 연주가 시작한 후로 소리가 어떻게 변하는지와 관련된다. 심벌즈나 징은 소리가 지속되면서 급격하게 변하므로 플럭스가 많고, 트럼펫은 음이 진전되듯이 좀 더 안정적이므로 플럭스가 적다고 말한다. 게다가 악기는 모든 음역에서 같은 소리로 들리지 않는다. 즉, 악기의 음색이 고음과 저음에서 다르게 들린다는 의미다. 스팅이 더 폴리스The Police 시절 '록산느Roxanne'라는 곡에서 높은 음역으로 소리를 밀어 올릴 때 나오는 쥐어짜는 듯한 얇은 고음은 '에브리 브레스 유 테이크Every Breath You Take'의 첫 소절에서 나오는 좀 더 낮은 음역의 진중하고 갈망하는 소리와는 다른 종류의 정서를 전달한다. 스팅은 높은 음역에서는 성대를 긴장시키며 짙은 호소력을 보여주고, 낮은 음역에서는 감정을 극한으로 몰아붙이지는 않지만 여운이 오래가는 둔탁한 아픔을 느끼게 한다.

음색은 악기가 만드는 서로 다른 소리 그 이상이다. 작곡가들은 악기와 악기들의 조합을 선택해 특정한 정서를 표현하고 느낌과 분위기를 전달하는 식으로 음색을 작곡 도구로 활용한다. 차이코프스키의 〈호두까기 인형〉에서 바순은 '중국 무용' 도입부에서 익살맞은 음색을 표현하고, '히어스 댓 레이니 데이Here's That Rainy Day'에서 스탠 게츠Stan Getz의 색소폰 소리는 관능적인 느낌을 준다. 만약에 롤링 스톤스의 '새티스팩션Satisfaction'에서 일렉트릭기타를 대신해 피아노가 등장했다면 전혀 다른 음악이 됐을 것이다. 라벨은 〈볼레로〉에서 주제 선율을 각기 다른 음색으로 여러 번 반복해 음색을 작곡 장치로 활용했다. 라벨은 이때 이미 뇌손상을 입어 음고를 듣는 능력을 상실한 뒤였다. 우리가 지미 헨드릭스를 떠올릴 때 가장 선명하게 기억하는 특징 역시 일렉트릭기타와 목소리의 음색이다.

스크랴빈과 라벨을 비롯한 작곡가들은 자신의 작품을 음과 선율로 모양과 형태를 잡고, 음색으로 색채와 명암법을 표현한 소리의 회화라고 설명한다. 스티비 원더나 폴 사이먼, 린지 버킹엄Lindsey Buckingham과 같은 몇몇 유명한 작곡가들은 그들의 작업이 시각 예술에서 색채가 그러하듯 음색이 선율의 형태를 분리하는 소리의 회화라고 표현했다. 하지만 음악을 회화와 다르게 만들어주는 한 가지는 바로 시간에 따라 달라지는 역동성이다. 음악을 앞으로 나아가게 해주는 요소는 리듬과 박자다. 리듬과 박자는 거의 모든 음악을 움직이는 엔진이며 우리 선조들이 최초의 음악을 만들 때 가장 처음으로 사용한 요소다. 이 관습은 원시 부족의 드럼 연주나 산업화되지 않은 문화권의 제례 의식에서 여전히 확인할 수 있다. 현재 음악 감상에서 중심을 차지하는 요소는 음색이지만 리듬은 음색보다 훨씬 이전부터 청자에게 엄청난 영향력을 행사해왔다.

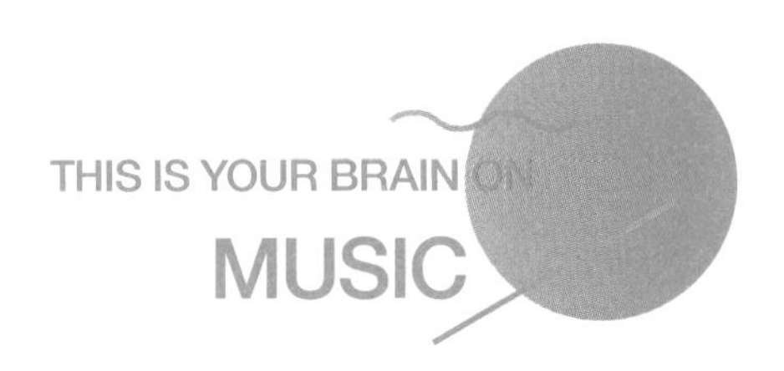
THIS IS YOUR BRAIN ON
MUSIC

2장

박자에 맞춰 발 구르기

리듬과 음량, 화성

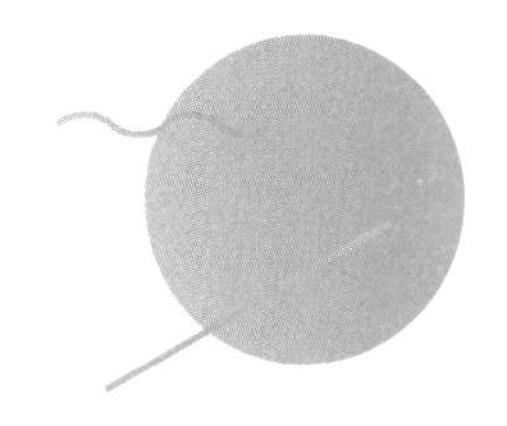

1977년 나는 현 시대에 가장 멋진 선율을 연주하는 색소폰 연주자로 손꼽히는 소니 롤린스Sonny Rollins의 버클리 공연을 보았다. 40년에 가까운 시간이 흐른 지금은 그가 연주한 음이 하나도 기억나지 않지만 리듬 일부만은 또렷이 기억하고 있다. 연주 도중 롤린스는 일정한 한 음을 연주하며 리듬만 변화를 주고 박자를 미묘하게 바꾸는 식으로 3분 30초 동안 즉흥 연주를 펼쳤다. 하나의 음이 그토록 매력적일 수 있다니! 그때 청중을 기립하게 만든 것은 혁신적인 선율이 아니라 리듬이었다. 사실상 모든 문화권과 문명에서는 음악을 듣고 연주할 때 움직임을 필수로 여긴다. 우리는 리듬에 맞춰 춤을 추고 몸을 흔들고 발을 구른다. 수많은 재즈 공연에서 관객들을 가장 흥분시키는 파트 역시 대부분 드럼 솔로다. 연주를 할 때 몸을 리듬에 맞춰 조정하게 되는 현상도 우연이 아니며 이때 몸에서 발생한 에너지는 악기로 이동한다. 신경적 수준에서 볼 때 악기 연주에는 우리의 원시 뇌, 즉 파충류뇌 영역인 소뇌와 뇌간뿐만 아니라 두정엽에 있는 운동 피질과 뇌에서 가장 고등한 영역인 전두엽의 계획 영역과 같은 고차원적인 인지 체계의 협력이 필요하다.

리듬과 박자, 빠르기는 연관성이 짙은 만큼 서로 혼동될 수 있는 개념들이다. 간단히 말하자면 '리듬'은 음의 길이를, '빠르기'는 음악 작품의 속도(발을 구르는 속도)를 나타낸다. 그리고 '박자'는 발을 세게, 혹은 약하게 구를 때 구르는 세기가 하나의 무리를 이루며 더 큰 단위를 만드는 방식을 뜻한다.

음악을 연주할 때 보통 연주자들은 한 음을 얼마나 길게 연주해야 할지 확인하려 한다. 우리가 리듬이라고 부르는 음 길이 사이의 관계는 소리를 음악으로 변화시키는 결정적인 요소다. '쉐이브 앤 어 헤어컷, 투 비츠Shave and a Haircut, two bits'는 서양 문화권에서 가장 잘 알려진 리듬 중 하나인데 문을 두드릴 때 '비밀' 암호로 사용되기도 한다. 이 리듬을 사용한 최초의 기록은 1899년 찰스 헤일Charles Hale이 녹음한 '앳 어 다크타운 케이크워크At a Darktown Cakewalk'라는 곡이다. 1914년에 지미 모나코Jimmie Monaco와 조 매카시Joe McCarthy는 이 리듬에 가사를 붙여 '붐-디들-디-움-붐, 댓츠 잇Bum-Diddle-De-Um-Bum, That's It!'이라는 노래를 발표했다. 1939년에는 댄 샤피로Dan Shapiro와 레스터 리Lester Lee, 밀턴 벌Milton Berle의 노래 '쉐이브 앤 어 헤어컷-샴푸Shave and a Haircut - Shampoo'에도 같은 악구가 사용됐다. 어째서 '투 비츠'가 '샴푸'가 됐는지는 수수께끼로 남아 있다. 레너드 번스타인마저 뮤지컬 〈웨스트 사이드 스토리〉에서 이 리듬을 변형시킨 '지, 오피서 크룹케Gee, Officer Krupke'라는 곡으로 유행에 동참했다. '쉐이브 앤 어 헤어컷'의 음렬에는 길고 짧은 두 가지 음길이가 존재한다. 장음은 단음보다 두 배가 길며 '장-단-단-장-장(쉬고)-장-장'으로 연주한다. '오피서 크룹케'에서 번스타인은 음을 추가해 세 개의 단음이 '쉐이브-앤-어-헤어컷'의 짧은 음 두 개의 구간을 차지하는데 패턴은 '장-단-단-단-장-장(쉬고)-장-장'이다. 즉, 단음이 장음보다 세 배 짧도록 비율이 변한다. 음악 이론에서는 이 세 음을 셋잇단음표라고 부른다.

우리에게 서부 영화 〈론 레인저The Lone Ranger〉의 주제곡으로 잘 알려진 로시니의 〈윌리엄 텔 서곡〉에서도 짧고 긴 두 가지 길이의 음렬이 등장하며 여기서도 장음이 단음보다 두 배가 길다. 단음을 '다'로, 장음을 '붐'으로 표현하면 '다-다-붐 다-다-붐 붐 붐'이 된다. 동요 '메리의 작은 양'에서도 긴 음절과 짧은 음절이 사용되는데 여기서 '메-리에겐 작은'의 여섯 음은 길이가 동일하고 그다음에 오는 '양'의 한 음은 대략 앞의 단음보다 두 배가 길다. 2:1이라는 리듬의 비율은 음고 비율에서 옥타브와 같이 음악 전체에서 보편적으로 나타난다. 이 현상은 〈미키마우스 클럽The Mickey Mouse Club〉의 주제곡에서도 확인할 수 있다. 그 패턴은 '붐-다 붐-다 붐-다 붐-다 붐-다 붐-다 다아아아'로 여기엔 세 가지 음길이가 나타나며 각 음길이는 다른 음길이보다 두 배씩 길다. 폴리스의 '에브리 브레스 유 테이크'에서도 '다-다-붐 다-다 다아아아'로 세 가지 음길이가 나타난다.

에브-리 브레스 유-우 테에이크Ev-ry breath you-oo taaake

1 1 2 2 4

1은 '에브'와 '리' 음절의 길이를 임의로 표현하기 위한 단위다. 1에 비해 '브레스'와 '유'는 두 배, '테이크'는 네 배가 길고, '브레스'와 '유'는 '테이크'보다 두 배 짧다.

그러나 우리가 듣는 음악은 대부분 리듬이 이렇게 단순하지 않다. 특정한 음고의 배열, 즉 음계로 전혀 다른 문화와 양식, 표현 양식을 만들듯이 특정한 리듬의 배열 역시 같은 역할을 할 수 있다. 그래서 우리는 대부분 복잡한 라틴 음악을 작곡하지 못해도 음악을 듣는 순간 중국, 아랍, 인도, 러시아의 음악과 라틴 음악을 구별할 수 있다. 리듬을 다양한 길이와 강세를 가진 음으로 묶어 조직하면 박자가 되고 빠르기가 만들어진다.

'빠르기'는 음악 작품이 얼마나 빠르고 느리게 진행하는지에 대한 속도를 뜻한다. 음악 작품에 맞춰 발을 구르거나 손가락을 튕길 때 작품의 빠르기는 발을 얼마나 빠르게, 혹은 느리게 구를지를 결정한다. 노래가 숨을 쉬는 생명체라면 빠르기는 걸음을 걷는 속도, 혹은 노래라는 심장이 박동하는 속도라고 할 수 있다. '박(비트)'은 음악 작품의 기본 측정 단위를 나타내며 '탁투스tactus'라고도 한다. 주로 발을 구르거나 손뼉을 치거나 손가락을 튕기는 자연스러운 단위를 뜻한다. 가끔 보통보다 절반이나 두 배 단위로 발을 구르는 사람이 있는데 사람마다 뉴런의 처리 기제나 음악적 배경, 경험, 작품의 해석 방법이 다르기 때문이다. 훈련받은 음악가라도 어떤 속도로 박자를 맞춰야 하는지에 대해서는 의견이 일치하지 않는다. 하지만 전개되는 곡의 배경 속도에는 모두가 동의하며 이 또한 빠르기라고 부른다. 의견 차이는 단순히 속도를 세분하는 방법에 대해서만 발생한다.

폴라 압둘Paula Abdul의 '스트레이트 업Straight Up'과 AC/DC의 '백 인 블랙Back in Black'은 빠르기가 96bpm인데 1분당 박이 96번 있다는 뜻이다. 만약 이 두 곡에 맞춰 춤을 춘다면 발을 분당 96번, 혹은 48번으로 구를 수 있지만 58번이나 69번으로 구르기는 힘들다. '백 인 블랙'에서는 드럼 연주자가 시작 부분에서 하이햇 심벌을 이용해 의도적으로 정확히 분당 96박으로 일정하게 연주한다. 에어로스미스Aerosmith의 '워크 디스 웨이Walk This Way'는 112, 마이클 잭슨Michael Jackson의 '빌리 진Billie Jean'은 116, 이글스Eagles의 '호텔 캘리포니아Hotel California'는 75의 빠르기를 가지고 있다.

두 노래는 빠르기가 같지만 서로 굉장히 다른 느낌을 준다. '백 인 블랙'에서 드럼 연주자는 매 박(8분음표로)마다 심벌을 두 번씩 연주하고 베이스 연주자는 기타 연주에 완벽하게 맞춘 당김음 리듬을 단조롭게 연주한다. '스트레이트 업'에서는 글로 옮기기 어려울 정도로 너무 많은 변화가 일어난다. 우선 드럼은 복잡하고 불규칙한 패턴을 16분음표의 빠른 박으로 연주하는데 같은 연주가 계속 이어지지 않는다. 드럼이 타격을 하는 사이사이에 '공기'가 생기며 전형적인 힙합과 펑크 음악의 소리를 낸다. 베이스 주자 역시 드럼 연주에 맞춰 연주하거나 가끔은 드럼 연주의 빈 곳을 채우기도 하며 복잡한 당김음 선율을 연주한다. 오른쪽 스피커(혹은 헤드폰)에서는 모든 박을 연주하는 하나의 악기 소리를 들을 수 있다. 아푸체, 혹은 카바사라고 하는 이 라틴 악기는 콩이 들어 있는 호리병박 형태인데, 흔들면 사포로 문지르는 소리가 난다. 이처럼 가장 중요한 리듬을 가볍고 높은 음고의 악기로 연주하는 기술은 일반적인 리듬에 대한 관습을 뒤집는 혁신이었다. 리듬이 진행되는 동안 신시사이저와 기타, 특수한 효과를 주는 타악기들이 나타났다 사라지며 노래를 극적으로 만들고 특정 박을 강조해 흥분을 더한다. 이 곡은 여러 악기의 조합을 사용해 청자가 패턴을 기억하고 예측하기 어렵게 만들어 여러 번 반복해 들었을 때 매력을 느끼게 한다.

빠르기는 정서를 전달하는 주요 요소다. 우리는 빠른 노래는 즐겁고, 느린 노래는 슬프다고 생각하는 경향이 있다. 물론 지나치게 단순화시킨 면이 있지만 이런 개념은 문화권이나 나이에 관계없이 놀라울 정도로 폭넓게 통용된다. 평균적으로 사람들은 빠르기에 대한 놀라운 기억력을 가진 것으로 보인다. 1996년에 페리 쿡Perry Cook과 나는 한 실험을 시행하며 사람들에게 자신이 좋아하는 록이나 유명한 노래 중 기억에 남는 것을 불러달라고 부탁했다. 그리고 사람들이 실제 녹음된 빠르기와 얼마나 가깝게 노래를 부르는지 알아봤다. 우리는 평균적인 사람들이 감지할 수 있는 빠르기의 변화가 얼마인지 기준점을 찾고자 했다. 실험 결과, 대략 4퍼센트의 오차를 기준으로 나뉘었다. 즉, 빠르기가 100bpm인 노래가 96~100bpm 사이로 변하면 대부분의 사람은 물론이고 일부 전문 음악가들도 변화를 감지하지 못한다. 드럼 연주자들이라면 대부분 가능할 것이다. 지휘자가 없을 때 빠르기를 유지해야 하는 책임을 지고 있는 드럼 연주자는 다른 악기 연주자보다 빠르기에 민감해야 하기 때문이다. 하지만 우리 연구에서 대부분을 차지하던 비음악가 실험 대상은 정상 빠르기에서 4퍼센트를 벗어나지 않는 선에서 노래를 불렀다.

빠르기의 뛰어난 정확성을 담당하는 신경적 기초는 소뇌에 있을 것으로 추측된다. 소뇌는 우리 일상생활에서 박자를 맞추고 우리가 듣는 음악을 동기화하는 체계를 가졌다고 알려져 있다. 다시 말해 소뇌는 특정한 원리로 우리가 듣는 음악에 맞는 '설정'을 기억해뒀다가 노래를 기억에서 꺼내 부르고 싶을 때 이 설정을 불러올 수 있다. 이를 통해 우리는 예전에 불렀던 기억 속의 노래에 빠르기를 맞춘다. 제럴드 에델먼Gerald Edelman이 '연속의 기관'이라고 불렀던 기저핵 역시 리듬과 빠르기, 박자를 조형하는 역할을 하고 있음이 분명하다.

'박자'는 펄스pulse나 박이 함께 모이는 방식을 뜻한다. 일반적으로 우리가 음악에 맞춰 발을 구르거나 박수를 칠 때 다른 박보다 좀 더 강하게 느껴지는 박들이 있다. 마치 연주자가 해당 박을 다른 박보다 더 크고 강하게 연주하는 느낌을 받는 경우다. 강박은 지배적인 박으로 인식되기 때문에 또 다른 강박이 나오기 전까지 뒤에 따라오는 다른 박들은 약하게 인식된다. 우리가 아는 모든 음악 체계에는 이러한 강약 박의 패턴이 있다. 서양 음악에서 가장 흔한 패턴은 '**강**-약-약-약-**강**-약-약-약'으로 네 박마다 한 번 강박이 나타난다.

보통 네 개의 박 패턴에서 세 번째 박은 두 번째나 네 번째에 비해 약간 강하게 느껴진다. 박의 강도에 대한 서열은 첫 번째가 가장 높고 그다음으로 세 번째, 두 번째와 네 번째 순으로 낮다. '**강**-약-약-**강**-약-약'으로 강박이 세 번에 한 번 등장하는 박은 '왈츠'라고 한다. 보통 우리는 '**하나**-둘-셋-넷, **하나**-둘-셋-넷, **하나**-둘-셋-넷, **하나**-둘-셋-넷' 하는 식으로 강박을 강조하며 박을 센다.

물론 이렇게 뻔한 박만 있다면 지루한 음악이 될 것이다. 그래서 우리는 긴장을 주기 위해 박 하나를 뺄 수도 있다. 한 예로 '반짝 반짝 작은 별'에서는 모든 박자에 음이 등장하지 않는다.

하나-둘-셋-넷
하나-둘-셋-(쉬고)
하나-둘-셋-넷
하나-둘-셋-(쉬고)

반-짝-반-짝
작-은-별-(쉬고)
아-름-답-게
비-치-네-(쉬고)

같은 음으로 쓰인 전래 동요 '메에 메에 검은 양'은 박을 세분화해 단순한 '**하나**-둘-셋-넷'의 패턴을 좀 더 작은 부분으로 흥미롭게 나눈다.

메에-메에-검은-양

양-털-좀-다-오

여기서 '양-털-좀-다'까지의 각 음절이 '메에-메에-검은' 부분의 음절보다 두 배 빠르다는 점을 주목하라. 4분음표를 절반으로 나누면 이렇게 셀 수 있다.

하나-둘-셋-넷

하-나-두-울-세-엣

록의 시대에 활약한 두 작곡가인 제리 리버 Jerry Leiber와 마이크 스톨러 Mike Stoller가 쓰고 엘비스 프레슬리가 노래한 '제일하우스 록 Jailhouse Rock'에서는 첫 음에 강박이 나타나고 그 뒤로 네 번째 음마다 강박이 등장한다.

워-든 쓰루 어 파티 앳 더 WAR-den threw a party at the

카운-티 제일 (쉬고) 더 COUN-ty jail (rest) the

프리-즌 밴드 워즈 데어 앤 데이 비 PRIS-on band was there and they be

겐 투 웨일 GAN to wail

가사가 있는 음악에서는 센박이 항상 단어에 완벽하게 맞아 떨어지지 않는다. 예를 들어 '제일하우스 록'에서 '비겐'이라는 단어는 강박 전에 시작해 강박에서 끝난다. '메에 메에 검은 양'이나 '자고 있나요?'와 같은 대부분의 전래동요와 단순한 포크송과는 다른 패턴이다. '제일하우스 록'에서 사용한 가사 활용 기술이 특별히 효과적인 이유는 우리가 대화 중에 '비겐'을 발음할 때 실제로 강세를 두 번째 음절에 두기 때문이다. 이런 식으로 문장의 단어를 배치하면 노래에 추진력을 불어넣을 수 있다.

서양 음악의 관습으로 우리는 음정에 이름을 붙이는 방식과 비슷하게 음길이에도 이름을 붙인다. '완전5도'의 음정은 상대적인 개념이다. 어느 음에서 시작하든지 그 정의에 따라 시작음에서 음고가 반음 일곱 개만큼 높거나 낮은 음을 설명할 때 시작음과 완전5도만큼 떨어져 있다고 말한다. 표준 음길이는 온음표라고 하며 빠르기, 즉 음악이 얼마나 느리고 빠른지에 관계없이 4박만큼 지속된다. 예를 들어 60bpm 빠르기인 '장송 행진곡'은 한 박이 1초 동안 지속되기 때문에 온음표는 4초 동안 지속된다. 온음표 길이의 절반인 음은 2분음표이고 그보다 절반인 음을 4분음표라 한다. 대중음악이나 전통 민요는 대부분 4분음표를 기본으로 한다. 앞서 나온 4박은 4분음표의 박이다. 이를 4/4박자라 하는데 분모의 4는 기본 음길이가 4분음표라는 뜻이고 분자의 4는 음 네 개가 모여 무리를 만들었다는 의미다. 악보를 쓰거나 읽을 때 네 개의 음이 모인 각 무리는 마디라고 한다. 4/4박자의 한 마디는 4박을 포함하고 각 박은 4분음표다. 그렇다고 해서 마디의 모든 음길이가 4분음표라는 뜻은 아니다. 모든 음길이의 음, 쉼표를 사용할 수도 있고 음표를 아예 사용하지 않아도 된다. 4/4는 단지 우리가 박을 세는 방식의 표현일 뿐이다.

'메에 메에 검은 양'은 첫 마디에 4분음표가 네 개 있고, 두 번째 마디에는 8분음표(4분음표의 절반 길이) 하나와 4분음표 하나, 4분쉼표 하나가 있다. 다음 예시에서는 4분음표를 |로, 8분음표를 ⌊로 표시했다. 그리고 음길이가 얼마나 지속됐는지에 비례하도록 기호 사이에 공간을 두었다.

[마디 1] 메에-메에-검은-양

| | | |

[마디 2] 양-털-좀-다-오(쉬고)

ㄴ ㄴ ㄴ ㄴ | |

위 예시를 보면 8분음표가 4분음표보다 두 배 빠르게 지나간다는 사실을 알 수 있다.

버디 홀리Buddy Holly의 '댓일 비 더 데이That'll Be the Day'는 행수잉여음으로 시작한다. 그다음 강박이 오고 이어서 '제일하우스 록'에서처럼 네 번째 음마다 강박이 나온다.

웰Well

댓일 비 더 데이 (쉬고) 웰THAT'll be the day (rest) when

유 세이 굿-바이-예스YOU say good-bye-yes;

댓일 비 더 데이 (쉬고) 웰THAT'll be the day (rest) when

유 메이크 미 크라이-하이, 유YOU make me cry-hi; you

세이 유 고나 리브 (쉬고) 유SAY you gonna leave (rest) you

노 잇츠 어 라이 커즈KNOW it's a lie 'cause

댓일 비 더 데이-에이THAT'll be the day-ay

에이 웬 아이 다이AY when I die

엘비스처럼 버디 홀리도 마지막 두 줄에 걸쳐 '데이'를 둘로 나누고 있다. 이 노래는 센박 사이에 네 개의 박이 있기 때문에 대부분은 하나의 센박에서 다음 센박까지 4번 발을 구를 수 있다. 아래에 모든 굵은 글씨는 위에서처럼 센박을 나타내고 밑줄은 발을 구르는 지점을 나타낸다.

웰 Well

댓일 비 더 데이 (쉬고) 웬 THAT'll be the day (rest) when

유 세이 굿-바이-예스 YOU say good-bye-yes;

댓일 비 더 데이 (쉬고) 웬 THAT'll be the day (rest) when

유 메이크 미 크라이-하이, 유 YOU make me cry-hi; you

세이 유 고나 리브 (쉬고) 유 SAY you gonna leave (rest) you

노 잇츠 어 라이 커즈 KNOW it's a lie 'cause

댓일 비 더 데이-에이 THAT'll be the day-ay

에이 웬 아이 다이 AY when I die

노래의 가사와 박의 관계에 주의를 기울이면 발구르기가 일부 박의 중간에 나타나는 지점이 있음을 알 수 있다. 둘째 줄 처음 부분의 '세이'는 사실 발을 바닥에 내려놓기 전에 시작하기 때문에 '세이'를 발음하기 시작할 때는 발이 공중에 떠 있다가 단어의 중간에 바닥으로 내려온다. 같은 줄의 단어 '예스'에서도 같은 현상이 나타난다. 이렇게 음이 박을 대비하며 연주자가 정확한 박보다 약간 빠르게 연주하는 음을 '당김음'이라 한다. 당김음은 기대감을 불러일으키고 궁극적으로 노래에 정서적 효과를 주는 아주 중요한 개념이다. 노래 속에서 우리를 놀라게 하며 흥분을 더하는 역할을 한다.

다른 노래들과 같이 '댓일 비 더 데이'를 2박자로 느끼는 사람이 있겠지만 전혀 문제가 되지 않는다. 이 역시 또 다른 해석이며 유효하다. 이 경우 보통 사람들이 4번 구를 때 발을 센박에 1번, 2박 뒤에 1번으로 2번 구를 수 있다.

노래는 실제로는 강박 앞에 나타나는 '웰'이라는 단어로 시작하는데, 이 음을 행수잉여음이라 한다. 버디 홀리는 '웰'과 '유'의 두 단어를 벌스로 들어가는 행수잉여음으로 사용하고 바로 다음에 센박에 맞춰 진행한다.

웰, 유 Well, you

게이브 미 올 유어 러빙 앤 유어 GAVE me all your lovin' and your

(**쉬고**) 터-틀 도빙 (쉬고) (REST) tur-tle dovin' (rest)

올 유어 허그 앤 키시스 앤 유어 ALL your hugs and kisses and your

(**쉬고**) 머니 투 (REST) money too

버디 홀리는 영리하게 단어를 지연시켜 예상치 못하게 우리의 기대를 무너트린다. 보통 노래는 아이들의 전래 동요에서처럼 모든 센박에 단어가 온다. 하지만 이 노래의 두 번째, 네 번째 줄에서는 센박이 나올 때 가사가 나오지 않는다! 작곡가들은 이렇게 우리가 일반적으로 기대하는 것을 주지 않음으로써 흥분을 만들어내기도 한다.

사람들은 가끔 훈련을 받지 않고도 음악에 맞춰 발을 구르는 박자와 다른 박자로 손뼉이나 손가락을 튕긴다. 이때는 센박이 아니라 그 두 번째 박이나 네 번째 박에 맞춰 손뼉을 치거나 손가락을 튕긴다. 이런 방식을 '백비트'라고 하는데, 척 베리 Chuck Berry가 노래한 '로큰롤 뮤직 Rock and Roll Music'이 소위 말하는 백비트 곡이라고 할 수 있다.

존 레넌은 자신이 생각하는 로큰롤 작곡의 진수는 "단순한 말로 있는 그대로를 말하고 리듬을 만들어 백비트를 올리는 것이다."라고 말했다. 많은 록 음악이 그렇듯 존 레넌이 비틀스 시절 '로큰롤 뮤직'에서 백비트는 스네어드럼이 연주한다. 스네어드럼은 첫 박과 그다음의 세 번째 박에 오는 강박이 아니라 각 마디에서 오직 두 번째와 네 번째 박만을 연주한다. 백비트는 록 음악에서 전형적인 리듬 요소이며 존 레넌 역시 '인스턴트 카르마Instant Karma'에서 백비트를 많이 사용했다. 아래에서 *탁*으로 표시된 부분이 노래에서 스네어드럼이 백비트를 연주하는 부분이다.

> 인스턴트 카르마스 고나 겟 유Instant karma's gonna get you
>
> (쉬고) *탁* (쉬고) *탁*(rest) *whack* (rest) *whack*
>
> "고나 녹 유 라이트 온 더 헤드""Gonna knock you right on the head"
>
> (쉬고) *탁* (쉬고) *탁*(rest) *whack* (rest) *whack*
>
> …
>
> 벗 위 올 *탁* 샤인 *탁*But we all *whack* shine *whack*
>
> 온 *탁* (쉬고) *탁*on *whack* (rest) *whack*
>
> 라이크 더 문 *탁* 앤 더 스타스 *탁*Like the moon *whack* and the stars *whack*
>
> 앤 더 선 *탁* (쉬고) *탁*and the sun *whack* (rest) *whack*

퀸Queen의 '위 윌 록 유We Will Rock You'에서는 '붐-붐-짝, 붐-붐-짝' 하며 야외 경기장 관람석에서 발을 구르는 소리가 두 번 연속해서(붐-붐) 들린 뒤 손뼉을 치는(짝) 리듬이 반복된다. 여기서 '짝'이 바로 백비트다.

이제 존 필립 수자의 행진곡 '성조기여 영원하라'를 떠올려보자. 이 곡을 머릿속에 떠올리며 리듬에 맞춰 발을 구르면 음악이 '다-다-타 둠-둠-다 둠-둠 둠-둠 둠'하고 진행될 때 우리는 발을 '내렸다-올렸다 내렸다-올렸다 내렸다–올렸다 내렸다–올렸다' 하게 된다. 이 노래는 4분음표가 두 개째 나올 때마다 발을 구르는 편이 자연스럽다. 이런 노래를 박 하나당 4분음표가 두 개씩 묶이는 리듬이 자연스럽다는 의미로 '두 박자' 곡이라고 부른다.

이번엔 리처드 로저스와 오스카 해머스타인이 작사, 작곡한 '마이 페이버릿 싱스My Favorite Things'를 살펴보자. 이 노래는 3/4박자의 왈츠이며 하나의 강박 뒤에 약박 두 개가 붙어 박이 세 개씩 무리지어 배열된다. '레인–드롭스–온 로지–이스 앤 위스크–어스–온 키트–은스 (쉬고)RAIN-drops-on ROSE-es and WHISK-ers-on KIT-tens (rest).'는 박자로 세면 '**하나**–둘–셋 **하나**–둘–셋 **하나**–둘–셋'이 된다.

음고에서처럼 음길이에서도 단순한 정수 비율이 아주 흔하게 나타난다. 많은 연구 결과에 따르면 이런 정수 비율이 뉴런에서 처리되기에 좀 더 쉽다고 한다. 하지만 에릭 클라크Eric Clarke가 지적했듯이 실제 음악에서 단순한 정수 비율은 거의 발견되지 않는다. 이런 사실은 음악의 박자를 뉴런으로 처리하는 동안 뇌에서 양자화 처리, 즉 음길이를 균일하게 만드는 과정이 발생함을 나타낸다. 우리의 뇌는 음길이를 2:1이나 3:1, 4:1과 같은 단순한 정수 비율을 적용하기 위해 수를 올림하거나 내림하며 맞춘다. 어떤 음악은 좀 더 복잡한 비율을 사용한다. 쇼팽과 베토벤은 한 손으로는 일곱이나 다섯 음을 연주하고 다른 손으로는 네 음을 치는 7:4와 5:4의 근소한 비율을 사용한 피아노 작품을 남겼다. 음고처럼 음길이도 이론적으로는 모든 비율이 가능하지만 우리가 인지하고 기억할 수 있는 비율에는 한계가 있고 양식과 관습에 따라 제한되기도 한다.

서양 음악에서는 가장 일반적으로 4/4와 2/4, 3/4의 세 가지 박자가 사용된다. 이 밖에도 5/4나 7/4, 9/4박자의 리듬이 존재한다. 비교적 일반적인

6/8박자는 8분음표가 한 박을 이루고 한 마디에 여섯 박이 들어간다. 6/8박자는 3/4박자의 왈츠와 비슷하지만, 연주자가 음 세 개가 아닌 여섯 개가 무리 짓는다고 '느끼'며 박자를 4분음표가 아닌 길이가 짧은 8분음표로 센다는 차이점이 있다. 이를 통해 음악에서 음이 무리를 지을 때 서열이 있음을 알 수 있다. 6/8박자를 '**하나**-둘-셋 **하나**-둘-셋'처럼 3/8박자 두 개로 셈하거나 '**하나**-둘-셋-넷-다섯-여섯'처럼 여섯 개로 묶어 네 번째 박에 부가적인 강세를 붙일 수도 있다. 대부분의 청자들은 이러한 차이를 연주자들만이 고려하는 미묘한 요소라고 생각해 관심을 갖지 않는다. 하지만 뇌에서는 그렇지만도 않다. 과학자들은 이미 음악적 박자를 추적하고 감지하는 일을 하는 특정한 신경 회로가 있으며 바깥세상에서 일어나는 사건에 생체 시계를 일치시키고 타이머를 설정하는 작업에 소뇌가 관여한다는 사실을 알고 있다. 아직까지 누구도 6/8과 3/4박자가 신경적 표상에 어떤 변화를 가지는지 실험해 보지 않았지만 연주자들이 이 둘을 완전히 다르게 취급하기 때문에 우리 뇌도 그럴 가능성이 높다. 인지신경과학의 근본적인 원칙에 따르면 뇌는 우리가 경험한 어떤 행동이나 사고에 대한 생물학적 기초를 제공한다. 즉, 연주자와 일반인의 행동에 차이가 발생했다면 분명 어떤 수준에서 뉴런의 차이가 발생한다는 뜻이다.

짝수 박자에서는 강박에서 항상 같은 발을 땅에 내려놓게 되므로 우리는 4/4나 2/4박자를 걷거나 춤추거나 행진하기에 편하다고 느낀다. 3/4박자는 걸을 때 조금 부자연스럽기 때문에 군대와 보병사단이 3/4나 6/8박자에 맞춰 행진하는 모습은 거의 찾을 수 없다. 그러나 스코틀랜드 연대 음악에는 3/4박자 행진곡이 많다. 이런 고전적인 곡 중에는 '더 그린 힐스 오브 티롤The Green Hills of tyrol'과 '웬 더 배틀스 오버When the Battle's Over', '더 하이랜드 브리게 이드 앳 마거스폰테인The Highland Brigade at Magersfontein', '로켄사이드Lochanside'가 있다. 5/4박자는 가끔씩 사용되는데 가장 유명한 예는 랄로 쉬프린Lalo Shiffrin의 〈미션 임파서블〉 주제곡과 데이브 브루벡 콰르텟Dave Brubeck Quartet이 연주한 것으로 유명한 폴 데스몬드Paul Desmond의 '테이크 파이브Take Five'다. 이 노래들에 박자를 맞춰 말을 구르면 '**하나**-둘-셋-넷-다섯 **하나**-둘-셋-넷-다섯'으로 기본 리듬이 다섯 개로 무리 짓는다는 사실을 알 수 있을 것이다. 브루벡의 연주에서 부가적인 강박은 '**하나**-둘-셋-넷-다섯'으로 네 번째에 나타난다. 이 경우 많은 연주자들은 5/4박자를 3/4나 2/4박이 번갈아가며 나온다고 생각한다. 〈미션 임파서블〉 주제곡은 깔끔하게 다섯으로 쪼개지지 않는다. 차이코프스키는 〈교향곡 6번〉의 2악장에서 5/4박을 사용했다. 핑크 플로이드는 '머니Money'에서, 피터 가브리엘Peter Gabriel은 '솔즈베리 힐Solsbury Hill'에서 7/4박을 사용했다. 이 노래에 발을 맞춰 구르려면 각 강박 사이에 일곱을 세야 한다.

나는 음량에 관한 내용을 거의 마지막으로 남겨놓았는데, 대부분의 사람들이 아직 알지 못하는 내용 중에 설명할 만한 정보가 그리 많지 않기 때문이다. 그러나 음량에서 보통 사람들이 생각하는 바와 다른 한 가지는 음량이 음고와 같이 전체적으로 심리적인 현상, 즉 세상에 존재하지 않고 우리 마음속에서만 존재하는 개념이라는 점이다. 이는 음고가 우리 마음속에서만 존재하는 이유와 같다. 오디오의 출력을 조정하면 기술적으로 분자의 진동 진폭을 올리게 되며 그 결과가 우리 뇌에서 음량으로 해석된다. 여기서 요점은 우리가 '음량'이라고 부르는 요소를 경험할 때 뇌를 사용한다는 점이다. 언뜻 의미론에 따른 구분처럼 느껴지겠지만 용어를 분명히 하는 작업은 중요하다. 진폭을 머릿속에서 표현할 때는 여러 가지 특이한 변칙이 존재한다. 예를 들어 음량은 진폭처럼 가산 방식이 아니라 음고처럼 로그 눈금으로 증가하고 진폭의 함수에 따라 사인파 음의 음고가 바뀌며 소리를 헤비메탈 음악에서 자주 사용되는 다이내믹 범위 압축과 같은 특정한 전자기적 방식으로 처리하면 원래 음량보다 더 커진다.

음량은 알렉산더 그레이엄 벨Alexander Graham Bell의 이름에서 따와 표기하는 데시벨(dB)로 측정한다. 퍼센트처럼 크기가 없는 단위로 두 소리 수치의 비율이다. 이러한 점에서 음량은 음이름을 제외하고 음정과 비슷하다. 비율은 로그 눈금으로 움직이며 소리의 강도를 두 배로 하면 3dB이 증가한다. 우리 귀는 굉장히 예민하기 때문에 음악을 논할 때는 로그함수에 따른 비율이 유용하다. 귀에 영구적인 손상을 일으키지 않으면서 우리가 들을 수 있는 가장 큰 소리와 우리가 감지할 수 있는 가장 작은 소리 사이의 비율은 공기 중의 음압 수준으로 측정할 때 100만분의 1이며 dB 단위로는 120dB이다. 우리가 지각할 수 있는 음량의 범위는 '다이내믹 범위'라고 부른다. 가끔 비평가들이 음반의 품질이 뛰어날 때 다이내믹 범위가 넓다고 표현하기도 한다. 음반의 다이내믹 범위가 90dB라면 음반에서 가장 작은 소리와 가장 큰 소리 간의 차이가 90dB이라는 뜻이다. 많은 전문가들은 이 정도 수준을 충실도가 높다고 판단하며 이는 대부분의 가정용 오디오 성능을 넘는 수준이다.

한편 우리 귀는 중이와 내이의 섬세한 기관을 보호하기 위해 지나치게 큰 소리를 압축한다. 일반적으로 실생활에서 소리가 커지면 우리가 지각하는 음량도 그에 비례해 같이 커진다. 하지만 소리가 너무 클 때 고막이 전달하는 신호가 그에 비례해 증가한다면 우리는 회복이 되지 않는 수준의 손상을 입을 수도 있다. 그래서 소리, 즉 다이내믹 범위를 압축해 세상의 소리가 크게 증가

해도 우리 귀에서 소리가 변하는 폭은 훨씬 줄어들도록 한다. 귀 안의 유모세포는 50dB의 다이내믹 범위를 가지고 있지만 우리는 120dB 이상의 소리도 들을 수 있다. 소리가 4dB씩 증가해도 귀 안의 유모세포에 전달되면 1dB씩 증가하기 때문이다. 압축된 소리는 품질이 다르기 때문에 우리는 대부분 압축이 일어났다는 사실을 감지할 수 있다.

음향학자들은 주변 환경에서 나타나는 소리에 대해 쉽게 논할 수 있는 방법을 개발했다. 데시벨은 두 값의 비율을 표현하기 때문에 학자들은 표준이 되는 기준 수치인 20마이크로파스칼의 음압을 선택했다. 이 값은 3미터 밖에서 날고 있는 모기 소리 정도이며 대부분의 건강한 사람의 청력 역치값에 가깝다. 혼동을 없애기 위해 음압 레벨의 기준점을 반영해 데시벨이 사용되는 경우 이를 dB(SPL, sound pressure level)로 표시한다. 아래에 dB(SPL)로 표현하는 소리의 일부 지표를 기술한다.

0dB	조용한 방 안에서 모기가 우리 귀와 3미터 떨어진 위치에서 왱왱거리는 소리
20dB	녹음 스튜디오나 아주 조용한 간부 사무실
35dB	문이 닫혀 있고 컴퓨터도 꺼진 조용한 일반 사무실
50dB	방 안에서 나누는 일상적인 대화
75dB	헤드폰으로 듣는 일상적이고 편안한 음악 소리
100~105dB	클래식 음악이나 오페라 공연에서 연주되는 시끄러운 악절, 볼륨이 105dB까지 올라가는 일부 휴대용 음악 플레이어
110dB	약 1미터 떨어진 곳에서 작동한 공기 드릴
120dB	약 90미터 떨어진 활주로에서 들리는 제트 엔진 소리,

	일반적인 록 콘서트 소음
126~130dB	고통과 손상이 일어나는 역치값, 그룹 후Who의 록 콘서트 소음 (126dB은 120dB보다 네 배 시끄럽다.)
180dB	우주 왕복선을 발사할 때의 소음
250~275dB	토네이도의 중심부 소음, 화산 폭발 소음

일반적인 고무 귀마개는 전체 주파수 범위에 따라 다르지만 약 25dB의 소리를 차단할 수 있다. 후 콘서트에 갈 때 귀마개를 했다면 귀에 도달하는 소리를 100~110dB(SPL) 가까이로 낮춰 귀에 영구적 손상을 입을 위험을 줄일 수 있다. 사격장에서 소총을 사용하는 사람이나 공항 착륙장 직원들은 귀를 덮는 형태의 보호대를 착용했더라도 보호 효과를 최대로 높이기 위해 고무 귀마개를 추가로 사용하기도 한다.

아주 시끄러운 음악을 선호하는 사람은 많다. 콘서트 장에 자주 가는 사람들은 음악이 115dB 이상으로 정말 시끄러울 때 전율과 흥분이 동반되는 특별한 의식 상태를 경험한다고 말한다. 아직 그 이유에 대해서는 밝혀지지 않았지만 아마도 시끄러운 음악이 청각 체계를 포화 상태로 만들어 뉴런을 최대로 발화하게 만들기 때문일 것으로 추측된다. 수많은 뉴런이 최대로 발화하면 창발성(구성 요소[뉴런]에서는 없는 특성이 상위 계층[뇌]에 출현하는 현상–옮긴이) 효과가 일어나 뇌가 정상 비율로 발화할 때와는 질적으로 다른 상태에 이를 수 있다. 그럼에도 시끄러운 음악을 좋아하는 사람이 있는 반면, 좋아하지 않는 사람도 있다.

음량은 음고와 리듬, 선율, 화성, 빠르기, 박자와 함께 음악을 구성하는 일곱 가지 주요 요소 중에 하나다. 그리고 음량에 극히 작은 변화만 일어나도 음악의 정서적 표현에 엄청난 효과가 나타난다. 예를 들어 피아노 연주자가 동시에 다섯 음을 연주하면서 한 음을 다른 음보다 살짝 크게 만들면 음악 악절에 대한 우리의 전제척인 지각을 완전히 바꿀 수 있다. 또한 음량은 위에 살펴봤듯이 리듬과 박자에 대한 중요한 단서가 된다. 음이 리듬으로 무리 짓는 방법을 결정하는 요소가 바로 음량이기 때문이다.

이제 전체 개념에 대해 한 번씩 살펴봤으니 다시 음고에 대한 폭넓은 주제로 돌아가보겠다. 리듬은 기대감을 활용하는 게임이다. 우리는 발을 구르면서 다음에 무엇이 올지 예측한다. 음고로도 기대감의 게임을 할 수 있다. 이 게임에서 규칙은 조성과 화성이다. 조성은 음악 작품을 위한 음의 맥락이지만 모든 음악에 존재하지는 않는다. 예를 들어 아프리카의 드럼 연주와 쇤베르크와 같은 20세기 작곡가들의 12음 기법 음악에는 조성이 없다. 하지만 서양 음악에서 우리가 듣는 거의 모든 음악에는 조성이 있고 마침음으로 돌아가는 중심 음고 집합이 있다. 라디오에서 흘러나오는 광고 음악부터 아주 진지한 브루크너의 교향곡, 마할리아 잭슨Mahalia Jackson의 가스펠, 섹스 피스톨스의 펑크 음악 모두 여기에 해당된다. 노래가 진행되는 동안 조성이 바뀌는 조바꿈이 존재하기도 하지만 보통 조성은 비교적 긴 시간(몇 분) 동안 유지된다.

만약 C장조 음계를 기본으로 하는 선율이 있다면 우리는 이 선율을 'C장조 조성'이라고 부른다. 다시 말해 이 선율은 C음으로 돌아가려는 경향성이 있으며 C로 끝나지 않더라도 청자들은 마음속으로 C음을 전체 곡의 가장 지배적인 중심 음으로 생각한다. 작곡가는 일시적으로 C장조 음계 밖의 음을 사용할 수 있지만 우리는 이것을 '일탈'로 인식한다. 영화에서 회상 장면이나 병행 장면을 짧게 편집해 보여줄 때와 같이 우리는 조금 뒤에 다시 주요 줄거리로 돌아오리라는 사실을 인지하고 있다(자세한 내용은 부록 2의 음악 이론을 참고하라).

음악에서 음고 속성은 음계나 음색/화성적 맥락 안에서 기능한다. 음은 우리가 들을 때마다 항상 똑같이 들리지 않는다. 우리는 앞서 진행된 음과 선율의 맥락에 따라, 반주로 따라오는 화성과 화음의 맥락에 따라 음을 듣는다. 이런 현상은 음식의 양념에 비유할 수 있다. 같은 오레가노라도 가지나 토마토소스와 곁들이면 맛이 좋지만 바나나 푸딩과 먹으면 별로일 것이다. 크림도 딸기 위에 올릴 때와 커피에 넣을 때, 마늘 샐러드드레싱에 들어갈 때 맛이 각각 다르게 느껴진다.

비틀스의 '포 노 원For No One'은 두 마디 동안 같은 음으로 선율을 연주하지만 반주로 따라오는 화음이 바뀌면서 소리와 분위기가 달라진다. 안토니오 카를로스 조빔Antonio Carlos Jobim의 노래 '원 노트 삼바One Note Samba'는 실제로 많은 음을 연주하지만 곡 전체에서 한 음이 두드러지며 그 음에 반주로 따라오는 화음이 변한다. 이 곡에서 우리는 화음이 펼쳐질 때 다양한 음악적 차이를 느낄 수 있다. 일부 화음 맥락에서는 밝고 즐겁지만 또 다른 화음은 우리를 애수에 잠기게 한다. 우리 대부분은 비음악가임에도 노래에서 선율을 제거했을 때 전문가 못지않게 익숙한 화음 진행을 알아차리는 능력을 가지고 있다. 예를 들어 이글스가 콘서트에서 다음의 화음을 순서대로 연주하면 불과 세 화음을 연주하기도 전에 수많은 비음악가 팬들은 '호텔 캘리포니아'를 연주하리라는 사실을 알아차린다.

B 마이너/F샵 메이저/A 메이저/E 메이저/G 메이저/D 메이저/E 마이너/F샵 메이저

이글스가 수년에 걸쳐 일렉트릭기타에서 어쿠스틱기타로, 12현에서 6현 기타로 악기를 바꾸었음에도 팬들은 이 화음을 알아차린다. 심지어 치과의 싸구려 스피커에서 오케스트라 버전으로 흘러나올 때도 사람들은 그것이 같은 곡임을 구별한다.

음계와 장조, 단조는 협화음과 불협화음이라는 주제와 관련된다. 이유는 알 수 없지만 일부 소리를 들을 때 우리는 불편함을 느낀다. 대표적인 예로 칠판을 손톱으로 긁는 소리를 들 수 있다. 하지만 이런 특징은 오직 인간에게만 나타나며 원숭이는 이 소리에 신경을 쓰지 않는다. 이와 관련해 진행된 실험 중 적어도 한 실험에서 원숭이는 록 음악만큼 칠판 긁는 소리를 좋아했다. 일부 사람들은 일렉트릭기타의 디스토션을 못 견뎌 하지만 그 소리만 찾아 듣는 사람도 있다. 화성적 수준에서 보면, 즉 음색이 아닌 음의 수준에서 볼 때 일부 사람들은 특정한 음정이나 화음을 특별히 불편해한다. 음악가들은 듣기 좋은 화음과 음정을 협화음이라 부르고 불편한 쪽을 불협화음이라 한다. 우리가 왜 일부 음정에서만 협화음을 찾는지에 대해 수많은 연구자들이 중점적으로 연구하고 있지만 아직까지 합의점을 찾지 못했다. 현재까지 우리는 모든 척추동물에서 발견되는 원시적인 뇌간과 배측 와우핵이 협화음과 불협화음을 구별한다는 사실을 알아냈다. 이러한 구별은 좀 더 상위 수준인 인간의 피질 영역이 관여하기 이전에 일어난다.

협화음과 불협화음에 깔린 신경 기제가 무엇인지에 대해서는 논란이 있지만 협화음으로 간주되는 음정 일부에 대해서는 비교적 의견이 일치한다. 동일한 음을 연주하는 동음 음정은 옥타브 음정처럼 협화음으로 간주된다. 이 음정들은 각각 1:1과 2:1의 단순한 정수배 주파수 비율을 만든다. 음향학적 관점에서 옥타브 파형에서 피크들의 반은 서로 완벽하게 일치하고 나머지 반은 두 피크 가운데에 정확히 떨어진다. 흥미롭게도 옥타브를 정확히 반으로 나눌 때 얻게 되는 음정은 3온음이며 대부분의 사람들이 가장 불쾌하게 여기는 음정이다. 그 이유는 일부 3온음이 단순한 정수배 비율을 만들지 못한다는 사실에서 비롯된 것으로 보인다. 3온음의 비율은 41:29에 가깝다(정확히는 $\sqrt{2}$:1로 무리수다). 우리는 정수배 비율의 관점으로 협화음을 살펴볼 수 있다. 4:1 비율은 단순 정수배이고 두 옥타브 음정이다. 3:2 비율 역시 단순 정수배이며 이를 완전5도 음정으로 정의한다. 예를 들어 완전5도는 C와 G 사이의 거리이며 G에서 C까지 거리는 완전4도 음정을 만들고 이 주파수 비율은 거의 4:3이다. 참고로 현대 조율법은 악기가 어떤 조성에서도 협화음을 벗어나지 않도록 절충하기 위해 실제 비율이 3:2를 약간 벗어난다. 이를 '등분 평균율'이라고 하며 이로 인해 약간 수정된 음정을 피타고라스의 원리에 적용하더라도 뉴런에서 협화음과 불협화음을 인지할 때 발생하는 유의미한 변화는 없다. 수학적으로 이러한 절충은 불가피하며 이를 통해 누구든 어떤 음에서라도 연주를 시작할 수 있다. 말하자면 건반에서 가장 낮은 C에서 시작해 3:2의 비율로 5도를 계속 더하면 12번째에 다시 C를 얻을 수 있다. 등분 평균율을 적용하지 않으면 위와 같이 연속해서 5도씩 이동할 때 끝 지점은 반음의 1/4만큼, 즉 25센트만큼 멀어진다. 이 정도면 사람들이 차이를 충분히 느낄 수 있다.

장조 음계에서 나타나는 특정 음들은 고대 그리스의 협화음에 대한 개념에서 비롯됐다. C음에서 시작해 반복해서 완전5도 음정을 더하면 현재의 장음계와 아주 유사한 주파수 집합이 나온다. 즉, C, G, D, A, E, B, F샵, C샵, G샵, D샵, A샵, E샵(혹은 F)을 지나 다시 C로 돌아온다. 이렇게 한 바퀴를 돌아 처음 시작했던 음으로 돌아온다는 의미에서 이 주파수 집합을 '5도권'이라고 한다. 흥미롭게도 배음렬을 따라 음정을 옮겨도 장음계와 다소 비슷한 주파수를 얻을 수 있다.

하나의 음은 그 자체로는 불협화음이 될 수 없지만 특정 화음의 배경으로 연주될 때, 특히 특정 화음의 조성이 해당 음을 포함하지 않을 때 불협화음으로 들릴 수 있다. 음 두 개가 동시에, 또는 연속해서 연주될 때 그 배열이 우리가 음악 양식에 어울린다고 학습해온 관습에 순응하지 않는다면 불협화음으로 들리게 된다. 조성 역시 기존의 조성 밖에 있는 화성과 함께 나타날 때 불협화음으로 들린다. 작곡가의 임무는 이 모든 요소를 잘 이어붙이는 것이다. 우리는 대부분 뛰어난 식별력을 가진 청자이기 때문에 작곡가가 균형을 아주 조금만 벗어나도 우리의 기대감은 견딜 수 없을 정도로 무너지게 된다. 그러면 우리는 라디오 채널을 바꾸거나 이어폰을 뽑거나 연주장을 나가버린다.

지금까지 음악을 구성하는 주요 요소인 음고와 음색, 조성, 화성, 음량, 리듬, 박자, 빠르기에 대해 되짚어봤다. 신경과학자들은 소리를 각 구성 요소로 분해해 각 요소가 개별적으로 뇌의 어느 영역에서 처리되는지 연구하고 음악학자들은 각 요소가 음악이라는 미학적 경험 전체에 얼마나 기여하는지를 논한다. 하지만 음악, 즉 실제 음악이 성공하거나 실패하는 이유는 요소들 간의 관계성 때문이다. 작곡가와 연주자들은 각 요소를 완전히 개별적으로 다루지 않는다. 또한 리듬을 바꾸면 음고나 음량, 리듬을 반주하는 화음에도 변화가 필요하다는 사실을 안다. 이 요소들 간의 관계성 연구는 1800년대 후반 게슈탈트 심리학자들이 처음 시도했다.

1890년 크리스티안 폰 에렌펠스Christian von Ehrenfels는 우리 모두가 어떻게 '선율 조옮김'을 아무렇지 않게 해내는지에 대해 의문을 품었다. 조옮김이란 같은 선율을 다른 조성이나 음고로 노래하고 연주하는 방식을 뜻한다. 예를 들어 '생일 축하 노래'를 부를 때 우리는 처음 노래를 부른 사람이 내키는 대로 아무 음에서나 시작하는 노래의 선율을 따라 할 수 있다. 심지어 음계에 속한 음으로 간주되지 않는, 말하자면 C와 C샵 사이의 음고에서 시작한다고 해도 누구도 이 사실을 알아차리지 못하고 신경도 쓰지 않는다. 만약 누군가 '생일 축하 노래'를 일주일에 세 번 부른다면 아마 세 번 모두 완전히 다른 음고로 노래할 것이다. 이때 노래하는 각 버전을 서로의 조옮김이라고 부른다.

게슈탈트 심리학자인 폰 에렌펠스, 막스 베르트하이머Max Wertheimer, 볼프강 쾰러Wolfgang Köhler, 쿠르트 코프카Kurt Koffka 등은 배치 형태의 문제에 관심을 가졌다. 즉, 요소들이 결합해 완전체를 이루는 방식과 함께 각 요소의 합과는 질적으로 달라서 각 요소로는 전체를 이해할 수 없는 대상에 대해 관심을 가졌다. '게슈탈트'라는 말은 영어에서 예술과 비예술 분야 모두에 적용되며 통합된 완전체라는 의미를 가진다. 게슈탈트 현상은 현수교에 비유해볼 수 있다. 현수교는 그 재료인 케이블과 대들보, 볼트, 철재를 살펴보는 것만으로는 다리의 기능과 효용성을 이해하기 어렵다. 오로지 다리의 형태로 조립한 뒤에야 우리는 동일한 재료로 만들어진 건설 크레인과 현수교에 어떤 차이가 있는지 파악할 수 있다. 이와 비슷하게 회화에서도 최종 예술 작품을 탄생시키는 결정적인 특성은 요소들 간의 관계성이다. 대표적인 예는 얼굴이다. 〈모나리자〉에서 눈, 코, 입을 떼어다가 화폭에 다른 배열로 흩뿌려 놓는다면 전혀 다른 작품이 될 것이다.

게슈탈트 심리학자들은 특정 음고 집합으로 구성된 선율에서 음고를 모두 바꾸었음에도 동일한 선율로 인식하는 이유가 무엇인지 의문을 가졌다. 이 문제에 대해서는 궁극적으로 세부 내용을 넘어서는 형태와 각 부분을 능가하는 전체가 존재한다는 만족스러운 이론적 근거를 구하지 못했다. 어떤 음고 집합을 이용해 연주하는 선율에서 음고들 간의 관계가 항상 일정하게 유지되면 동일한 선율이라고 할 수 있다. 설령 이 음고를 다른 악기를 이용해 연주하더라도 사람들은 같은 선율로 인식한다. 속도를 절반, 혹은 두 배로 바꿔 연주하거나 지금껏 나열한 모든 변화를 동시에 주더라도 사람들은 여전히 어려움 없이 이 변주곡을 원래 곡과 동일하게 인식한다. 영향력 있는 게슈탈트 학파는 이러한 현상에 대한 의문을 해결하기 위해 시작됐다. 결국 해답을 구하진 못했지만 게슈탈트 학자들은 모든 심리학 개론 수업에서 가르치는 '게슈탈트의 군집 법칙'을 통해 우리가 시각적 세상에서 대상이 조직되는 방식을 이해하는데 큰 기여를 했다.

맥길대학교의 인지심리학자인 앨버트 브레그먼Albert Bregman은 지난 30여 년 동안 음악에서 일어나는 군집 법칙과 유사한 현상을 이해하기 위해 수많은 실험을 수행했다. 콜롬비아대학교의 음악이론가 프레드 러달Fred Lerdahl과 브랜다이스에서 터프츠대학교로 자리를 옮긴 언어학자 레이 재켄도프Ray Jackendoff는 구어의 문법처럼 음악 작품을 지배하는 규칙을 설명하기 위해 노력했는데 여기에 음악의 군집 법칙이 포함된다. 군집 법칙에 대한 신경학적 기초는 아직 알려지지 않았지만 일련의 기발한 행동 실험으로 그 현상학에 대한 많은 내용이 밝혀졌다.

시각에서 군집이란 시각적 세상에서 요소들이 결합하거나 각각의 심상으로 존재하는 방식을 말한다. 군집은 어느 정도 자동적으로 일어나는 처리 과정이므로 대부분 우리 자신이 의식하지 못한 사이에 뇌에서 빠르게 발생한다. 단순히 표현하자면 우리 시각 영역에서 '무엇이 무엇과 묶이느냐'는 문제라고 할 수 있다. 19세기 과학자 헤르만 폰 헬름홀츠Hermann von Helmholtz는 우리가 현재 음향학의 기초로 받아들이는 많은 연구를 수행했다. 그는 추론이 수반되는 무의식적인 처리 과정, 혹은 수많은 특징과 대상의 속성을 바탕으로 어떤 대상물들이 서로 묶이는지에 대한 논리적인 추론이 바로 군집이라고 설명한다.

만약 우리가 다채로운 풍경이 보이는 산꼭대기에 서 있다면 산이나 호수, 골짜기, 비옥한 평야, 숲을 보고 표현할 수 있을 것이다. 숲은 수백, 수천 그루의 나무로 이루어져 있지만 나무들은 우리가 볼 수 있는 다른 풍경과는 뚜렷이 구별되는 하나의 지각 집단을 형성한다. 우리에게 숲에 대한 지식이 있어서라기보다 나무들이 서로 비슷한 모양과 크기, 색이라는 특성을 공유하고 있기 때문이다. 그래서 숲은 적어도 비옥한 평야나 호수, 산과는 반대되는 특징을 가진다. 하지만 우리가 오리나무와 소나무가 섞여 자라는 숲 한가운데에 서 있다면 매끈한 오리나무 껍질은 울퉁불퉁하고 색이 진한 소나무 껍질과 독립적인 무리로 '도드라져' 보일 것이다. 만약 한 그루의 나무 앞에 누군가를 세워두고 무엇이 보이냐고 물으면 그때부터 껍질과 가지, 잎, 곤충, 이끼와 같은 나무의 세세한 부분에 초점을 맞추기 시작할 것이다. 잔디밭을 볼 때 우리는 대부분 주의를 기울이기만 하면 풀잎 하나하나를 볼 수 있겠지만 일반적으로 그렇게 하지 않는다. 군집은 서열 처리 과정이며 우리 뇌가 군집을 인식하는 방식에는 아주 많은 요소들이 연산에 참여한다. 일부 군집 요소는 모양과 색, 균형, 대조, 대상의 가장자리와 선의 연속성을 처리하는 원칙들처럼 대상 자체에 고유한 성질을 가진다. 어떤 군집 요소는 우리가 의식적으로 주의를 기울이는 대상이나 비슷한 대상을 보았던 기억, 대상들이 묶이는 방법에 대한 우리의 기대처럼 마음을 기반으로 하는 심리적 성질을 가진다.

소리 역시 무리를 지을 수 있다. 다시 말해 일부 소리는 서로 무리를 짓고 나머지는 서로 독립적으로 존재한다. 대부분의 사람들은 오케스트라에서 연주되는 하나의 바이올린 소리를 다른 바이올린 소리와 구별하거나 트럼펫들 간의 소리를 분리할 수 없다. 이 소리들은 서로 무리를 형성하기 때문이다. 사실 오케스트라 전체로도 맥락에 따라 브레그먼의 용어로 '흐름'이라고 하는 단일하게 인식되는 무리를 형성할 수 있다. 여러 합주단이 동시에 연주를 하는 야외 콘서트 장에서 우리 앞에 있는 오케스트라의 소리는 단일한 청각적 독립체로 뭉쳐져 그 뒤나 옆에서 연주하는 오케스트라 소리와 구별될 수 있다. 의지(주의력)만 가진다면 사람들 대화 소리로 가득한 방 안에서 바로 옆 사람과 대화를 나눌 수 있듯이 우리는 오케스트라에서 바이올린에만 집중할 수 있다.

청각적 군집의 예는 하나의 악기에서 나오는 다양한 소리가 단일한 악기로 인지되는 방식으로 확인할 수 있다. 우리는 오보에나 트럼펫의 고조파를 따로 인지하지 않고 하나의 오보에, 트럼펫 소리로 듣는다. 오보에와 트럼펫을 동시에 연주할 때를 생각해보면 좀 더 명확하게 알 수 있다. 우리 뇌는 귀에 들어오는 수십 개의 서로 다른 주파수를 분석해서 올바른 방식으로 조립할 수 있다. 수십 개의 고조파가 분리돼 들린다거나 두 악기 소리가 하나의 혼성 악기로 들리는 일은 없다. 오히려 우리 뇌는 오보에와 트럼펫을 분리하는 심상을 구축하고 두 악기가 함께 연주하는 소리의 심상을 만든다. 이 특징은 우리가 음악에서 음색의 조합을 감상하는 바탕이 된다. 피어스가 록 음악에서 경이롭다고 말했던 음색의 바로 그 특성이기도 하다. 록 음악에서 일렉트릭 베이스와 일렉트릭기타가 함께 연주될 때 만들어지는 소리는 두 악기를 완벽하게 서로 구별할 수 있으면서도 우리가 듣고 논하고 기억할 수 있는 새로운 소리의 조합으로 탄생한다.

우리 청각 체계는 소리를 하나로 묶은 고조파 배열을 활용한다. 우리 뇌가 이 세계에서 공진화하는 동안 인간은 수만 년에 걸친 진화의 역사 속에서 수많은 소리를 마주했다. 그리고 이 소리들은 우리가 현재 이해하는 고조파 배열을 포함해 특정한 음향적 특성을 공유하고 있다. 헬름홀츠에 따르면 우리 뇌는 '무의식적 추론'의 과정을 통해 하나의 고조파 배열 요소를 만들어내는 소리원이 여러 개로 각각 존재할 가능성이 거의 없다는 사실을 추측한다. 이에 더해 우리 뇌는 '개연성의 원칙'을 활용해 이러한 고조파 요소들을 만들어내는 대상이 하나라는 사실을 깨닫는다. '오보에'라는 악기의 이름도 모르거나 오보에 소리를 클라리넷이나 바순, 바이올린과도 구별하지 못하는 사람일지라도 모두 이러한 추론을 할 수 있다. 그리고 우리 대부분은 악기 이름에 대한 지식이 부족하더라도 서로 다른 두 악기가 연주되고 있을 때 알아차릴 수 있다. 마찬가지로 음이름을 모르는 사람일지라도 서로 다른 두 음이 들릴 때와 같은 음이 연주될 때가 다르다는 것을 구별할 수 있다.

우리 뇌가 고조파 배열을 사용해 소리를 묶는다는 사실을 이해하면 귀에 들어온 여러 배음들이 어떻게 하나의 트럼펫 소리로 들리는지 설명하는 데 큰 도움이 된다. 배음들은 풀잎처럼 무리를 지어 우리에게 '잔디'라는 인상을 준다. 이를 통해 우리는 트럼펫과 오보에가 각각 다른 음을 연주할 때 두 악기를 구별하는 법을 설명할 수 있다. 우리 뇌는 컴퓨터와 비슷한 연산 처리 과정을 통해 힘들이지 않고도 서로 다른 기본 주파수가 만드는 각각의 배음 집합에서 무엇이 무엇과 묶이는지 알아차린다. 하지만 이것만으로는 트럼펫과 오보에가 같은 음을 연주할 때 우리가 두 악기를 어떻게 구별하는지 설명하기에 부족하다. 두 악기의 진폭 특성이 다름에도 불구하고 이때 주파수의 배음은 거의 비슷하기 때문이다. 이때 청각 체계는 아주 짧은 순간에 함께 시작하는 소리들을 한 군집으로 묶어 인식하는 '동시 발생 개시 원칙'을 사용한다. 빌헬름 분트Wilhelm Wundt가 최초로 심리학 연구실을 세웠던 1870년대부터 밝혀진 사실에 따르면 우리 청각 체계는 동시 발생 요소에 굉장히 민감해서 수 밀리초(ms)만큼 짧은 개시 시간의 차이를 감지할 수 있다.

그러므로 트럼펫과 오보에가 동시에 같은 음을 연주할 때 우리 청각 체계는 서로 다른 두 악기가 연주된다는 사실을 알 수 있다. 악기 하나의 전체 소리 영역, 즉 배음렬이 다른 악기의 소리 영역이 나타나기 수천분의 1초 정도 빨리 시작하기 때문이다. 군집 처리 과정은 소리들을 하나의 대상으로 통합하는 것뿐만 아니라 각각의 대상으로 분리하는 작업도 포함한다.

동시 발생 개시의 원칙을 좀 더 포괄적으로 생각하면 시간 배치의 원칙으로 볼 수 있다. 우리는 오케스트라가 현재 만드는 모든 소리를 내일 밤에 만들 소리와 다르게 묶어낸다. 시간은 청각적 군집을 이루는 하나의 요소가 되며 음색도 그중 하나다. 그래서 우리는 전문 연주자와 작곡가들처럼 훈련하지 않는 한 음색이 같은 여러 바이올린이 동시에 연주될 때 하나의 바이올린을 구별해내기 어렵다. 공간적 위치도 군집 원칙의 하나이기 때문에 우리 귀는 공간에서 상대적으로 같은 위치에서 나온 소리를 하나로 묶는 경향이 있다. 우리는 위와 아래 위치에 대해서는 그다지 민감하지 않지만 왼쪽과 오른쪽의 위치에는 굉장히 민감하며 앞과 뒤의 거리에는 약간 민감하다. 우리의 청각 체계는 하나의 명확한 공간에서 나오는 소리를 같은 대상물의 일부라고 추측한다. 북적거리는 방에서 상대적으로 쉽게 대화를 이어갈 수 있는 것도 바로 이런 이유 때문이다. 우리 뇌는 우리가 대화를 나누는 사람의 공간적 위치를 단서로 사용해 그 밖의 다른 대화 소리를 거를 수 있다. 우리와 대화를 하는 사람이 가진 독특한 음색, 즉 목소리도 추가적인 군집 단서로 작용한다.

진폭 역시 군집에 영향을 준다. 비슷한 음량의 소리는 같이 묶이기 때문에 우리는 모차르트의 관악을 위한 디베르티멘토(기악 모음곡)에서 서로 다른 선율을 따라갈 수 있다. 음색이 전부 굉장히 비슷하지만 일부 악기는 다른 악기보다 소리가 크기 때문에 우리 뇌에서 각각의 흐름을 만든다. 마치 체 또는 필터처럼 연주하는 음량 크기에 따라 관악 협주단의 소리를 각기 다른 부분으로 분리한다고 볼 수 있다.

군집에서 근본적인 고려 대상은 주파수와 음고다. 바흐의 플루트 파르티타를 들어보면 일부 플루트 음이 '튀어 나올' 듯이 서로가 분리되는 전형적인 순간이 있다. 특히 빠른 악절을 연주할 때 플루트 연주자가 두드러지는 청각 버전의 '월리를 찾아라'로 볼 수 있다. 바흐는 주파수 차이가 크면 군집을 막거나 방해해 소리를 서로 분리할 수 있다는 사실을 알고 완전5도와 그 이상의 음고를 크게 뛰어넘는 파트를 썼다. 높은음을 연속해서 낮은음으로 교체하면 흐름에 분리가 일어나 청자들은 하나의 플루트가 아닌 두 개의 플루트를 연주하는 듯한 착각을 받는다. 로카텔리의 바이올린 소나타에서도 같은 현상을 발견할 수 있다. 요들송 가수도 목소리로 음고와 음색을 조합해 같은 효과를 만들어낼 수 있다. 남성 요들송 가수가 가성 음역으로 뛰어오르면 독특한 음색이 발생한다. 그리고 일반적으로 음고가 크게 뛰어오르면 높은음이 별개의 인지적 흐름으로 분리되는데 이때 두 사람이 각 파트를 노래하는 듯한 착각을 일으킨다.

우리는 이제 앞에서 설명했듯이, 서로 다른 소리의 특성들을 처리하는 신경생물학적 하부 체계들이 뇌의 하위 수준에서 초기에 갈라진다는 사실을 알고 있다. 이는 뇌가 군집을 서로 어느 정도 독립적으로 연산하는 일반 기제로 처리함을 의미한다. 그러나 속성들이 특정한 방식으로 결합할 때 서로 함께 움직이거나 반대로 움직인다는 점 또한 분명하다. 경험과 주의력 역시 군집에 영향을 줄 수 있다. 이 사실은 군집 처리 과정의 일부가 의식적 수준에서 일어나며 인지적으로 조절할 수 있음을 나타낸다. 의식과 무의식의 처리 과정이 어떻게 함께 연산하는지, 그 바탕에 깔린 뇌의 기제가 무엇인지에 대해서는 아직 논란이 있지만 과학자들은 지난 십여 년간 그 해답을 구하기 위해 긴 여정을 걸어왔다. 그리고 마침내 우리는 음악 처리 과정에서 특정 속성을 담당하는 뇌 영역을 정확히 집어낼 수 있는 단계에 도달했다. 이제 우리는 어떤 대상에 주의를 기울이게 만드는 뇌 영역의 위치까지도 알고 있다.

사고는 어떻게 형성될까? 기억은 뇌의 특정 부분에 '저장'될까? 가끔씩 우리 머릿속에서 맴도는 노래는 왜 사라지지 않을까? 우리의 뇌는 무의미한 광고 음악을 반복 재생해 우리를 천천히 미치게 만들면서 병적인 쾌락을 얻는 걸까? 다음 장에서는 이 질문들을 비롯한 여러 흥미로운 주제에 대해 이야기해보겠다.

3장

장막 뒤에서

음악과 마음 장치

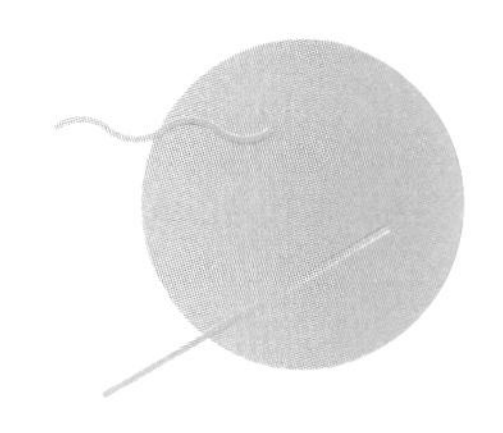

인지과학자들에게 '마음'이라는 단어는 우리 개개인이 가진 사고와 희망, 욕구, 기억, 믿음, 경험을 뜻한다. 반대로 두개골 안에 자리한 뇌는 세포와 물, 화학물질과 혈관이 모여 구성된 신체 기관이다. 이 뇌가 활동할 때 마음에 내용물이 생겨난다. 인지과학자들은 종종 뇌를 컴퓨터의 CPU나 하드웨어로, 마음을 CPU에서 돌아가는 소프트웨어나 프로그램에 비유해서 설명하곤 한다. 하지만 실제로 그렇지는 않기 때문에 우리는 메모리 장치를 구매하듯 뇌를 업그레이드할 수 없다. 근본적으로는 동일한 하드웨어에서 각기 다른 프로그램을 돌릴 수 있듯이 사람의 뇌에서는 서로 아주 유사하지만 각기 다른 마음이 생겨날 수 있다.

서양 문화는 마음과 뇌를 완전히 별개의 존재라고 기술한 데카르트의 이원론 전통을 계승한다. 이원론적 주장에 따르면 마음은 우리가 태어나기 전부터 존재했으며 뇌는 사고가 자리한 곳이 아니라 한낱 마음의 도구일 뿐이다. 뇌는 도구로서 마음의 의지를 실행하기 위해 근육을 움직이고 몸의 항상성을 유지한다. 대부분의 사람들은 분명 마음이 단순한 신경화학적 처리 과정과는 별개의 독특하고 고유한 무언가라고 느낄 것이다. 우리는 나다운 것이 무엇인지, 책을 읽는 나는 어떤 존재인지, 이러한 생각을 한다는 것이 무슨 의미인지에 대한 감각을 가지고 있다. 그런데 어떻게 '나'라는 개념이 무자비하게도 축삭돌기와 수상돌기, 이온 채널로 변형된다고 말할 수 있을까? 우리의 존재는 신경다발 이상의 무언가일 것만 같다.

하지만 이런 느낌은 지구가 시속 1,600킬로미터로 지축을 회전하지 않고 가만히 멈춰 있는 듯한 뚜렷한 느낌과 마찬가지로 착각에 가깝다. 대부분의 과학자들과 현대 철학자들은 뇌와 마음이 동일한 대상의 두 부분을 구성한다고 믿으며 둘을 구별하는 자체가 잘못이라고 생각하기도 한다. 현재는 우리의 사고와 믿음, 경험이 모두 뇌에서 발화의 패턴, 즉 전기화학적 활동으로 나타난다는 견해가 지배적이다. 만약 뇌가 기능을 멈추면 마음은 사라지지만 사고를 하지 못하는 뇌는 누군가의 실험실에서 통 안에 담긴 채로 존재할 수 있다.

이러한 견해의 근거는 뇌 기능의 영역별 특수성에 대한 신경심리학적 연구 결과에서 찾을 수 있다. 때때로 뇌혈관이 막혀 세포사로 이어지는 뇌졸중이나 암, 두부 손상을 비롯한 외상이 생기면 뇌의 일정 영역에 손상이 발생한다. 많은 경우 뇌의 특정 영역에 손상이 생기면 특정 심적 기능이나 신체 기능을 잃게 된다. 이렇게 특정 뇌 영역의 손상이 뇌 기능의 문제로 이어지는 수많은 사례들을 통해 과학자들은 특정 뇌 영역이 특정 기능에 어느 정도 관여하거나 직접 기능을 담당한다고 추론한다.

한 세기 이상 이러한 신경심리학적 조사를 진행한 끝에 과학자들은 뇌 기능의 영역별 지도를 만들어 특정 인지 작용이 발생하는 위치를 알아냈다. 현재는 뇌가 하나의 연산 체계라는 관점이 지배적인 견해이며 우리는 뇌를 컴퓨터의 일종으로 간주한다. 상호 연결된 뉴런 네트워크는 정보를 연산 처리하고 그 결과를 결합해 사고와 결정, 지각을 만들고 궁극적으로는 의식을 형성한다. 뇌의 하부 체계들은 저마다 각기 다른 인지를 담당한다. 왼쪽 귓바퀴 바로 위쪽에 있는 베르니케 영역에 손상이 생기면 음성 언어를 이해하기 어려워지고 정수리의 운동 피질 부위에 손상이 생기면 손가락을 움직일 수 없다. 뇌 정중앙의 해마 복합체 영역에 손상이 생기면 오래된 기억은 그대로 남지만 새롭게 기억을 생성하는 능력이 사라진다. 앞이마 안쪽에 손상이 생기면 성격이 극단적으로 변해 그 사람의 인상을 바꿔버릴 수 있다. 심적 기능이 영역에 따라 나뉜다는 사실은 뇌가 사고에 관여하고 사고가 뇌로부터 발생한다는 이론에 대한 강력한 과학적 증거다.

과학자들은 1848년, 쇠파이프가 전두엽에 박히는 사고를 겪고 성격이 극단적으로 변한 미국 노동자 피니어스 게이지Phineas Gage 사례 이후로 전두엽이 자아와 성격 형성에 밀접한 관련이 있다는 사실을 알게 됐다. 하지만 그로부터 150년 이상 지난 지금도 성격과 뉴런 구조에 대해 우리가 알고 있는 내용은 대부분 애매모호하고 상당히 개괄적인 수준이다. 우리는 아직 뇌에서 '인내력'이나 '질투', '관대함'과 관련된 영역의 위치를 알지 못하며 앞으로도 발견할 가능성이 낮아 보인다. 뇌는 영역에 따라 구조와 기능이 다르지만 정교한 성격 특성은 확실히 뇌 전역에 분산돼 있기 때문이다.

인간의 뇌는 전두엽과 측두엽, 두정엽, 후두엽의 네 가지 엽으로 나뉘고 추가로 소뇌가 존재한다. 뇌의 기능에 대해 뭉뚱그려 일반화하기도 하지만 사실 뇌 기능의 작용 방식은 복잡하며 단순한 지도로 손쉽게 변형할 수 없다. 게슈탈트 심리학자들이 일명 '지각의 조직체'로 명명하며 연구한 전두엽은 계획과 자아 통제에 관여하며 우리 감각 기관으로 들어온 난해하고 무질서한 신호를 이해하는 역할을 한다. 측두엽은 듣기와 기억에 관여한다. 전두엽 뒷부분은 운동과 공간적 기술에 관여하고 후두엽은 시각을 다룬다. 한편 뇌에 '고등한' 피질 영역이 없는 파충류 같은 동물들도 소뇌를 가지고 있다. 이 소뇌는 진화상으로 가장 오래된 기관이며 움직임의 계획과 정서에 관여한다. 전두엽 절제술lobotomy은 전두엽의 일부인 전전두엽 피질을 시상에서 잘라내는 외과적 분리를 뜻한다. 더글러스 콜빈Douglas Colvin과 존 커밍스John Cummings, 토머스 에덜리Thomas Erdelyi, 제프리 하이먼Jeffrey Hyman이 작사/작곡한 라몬스Ramones의 '틴에이지 로보토미Teenage Lobotomy'에서 '이제 나는 그들에게 말해야 해요 / 나는 소뇌가 없다고Now I guess I'll have to tell 'em/That I got no cerebellum'라는 가사는 해부학적으로 정확하지 않지만 록 음악에서 훌륭한 리듬을 만들기 위한 예술적 허용으로 남겨두도록 하자.

음악적 활동에는 현재까지 알려진 거의 모든 뇌 영역과 뉴런 하부 체계가 관여한다. 음악의 각 속성은 서로 다른 뉴런 영역에서 처리된다. 이때 뇌는 음악을 기능적으로 분리해 처리하고 음악 신호에서 음고와 빠르기, 음색 등과 같은 특정한 속성을 분석하는 특성 감지 체계를 활용한다. 음악 처리 과정과 음악이 아닌 소리를 분석하는 작업 방법에는 공통점이 있다. 예를 들어 언어를 이해하려면 수많은 소리들을 단어와 문장, 구절로 나눌 수 있어야 하며, 비꼬는 말을 이해하듯 단어 자체의 뜻 너머에 있는 속성을 이해할 수 있어야 한다. 여러 차원의 음악적 소리는 분석이 필요한데 여기엔 여러 반半독립적 뉴런 처리 과정이 관여한다. 이렇게 분석한 결과를 모아 뇌는 우리가 듣는 소리를 일관성 있게 표현한다.

음악 듣기는 피질 하부 구조인 와우신경핵과 뇌간, 소뇌에서 시작해 양측 반구의 청각 피질로 올라가며 처리된다. 우리가 아는 음악을 듣거나 바로크와 블루스 음악처럼 적어도 우리에게 익숙한 양식의 음악을 들을 때는 다른 영역을 추가로 사용한다. 바로 기억 중추인 해마와 전두엽의 가장 아래쪽에 있으며 머리보다 턱에 더 가까운 하전두피질이라 불리는 전두엽의 세부 구조다. 실제로, 혹은 마음속으로 노래에 박자를 맞출 때는 소뇌의 박자 감각 회로가 관여한다. 모든 종류의 악기를 연주하거나 노래를 할 때, 혹은 지휘를 할 때는 행동을 계획하는 전두엽과 정수리 바로 아래의 전두엽 뒤에 있는 운동피질이 관여한다. 악기에서 올바른 건반을 눌렀거나 지휘봉을 생각한 대로 움직였을 때는 촉각 피드백을 제공하는 감각 피질도 함께 관여한다. 악보를 읽을 때는 머리 뒤쪽에 있는 후두엽의 시각 피질이 관여한다. 가사를 듣거나 회상할 때는 브로카 영역과 베르니케 영역이 포함된 언어 중추뿐 아니라 측두엽과 전두엽에 있는 다른 언어 중추를 자극한다.

좀 더 깊은 단계에서 우리가 음악에 반응해 느끼게 되는 정서는 원시 파충류뇌의 소뇌충부 안쪽 구조와 편도체, 즉 피질에서 정서 처리를 담당하는 중추를 끌어들인다. 이렇듯 뇌에는 영역별로 특수성이 존재하지만 여기에 추가로 기능 분산이라는 보완 원리도 함께 적용된다. 뇌는 뇌 전반에 걸쳐 폭넓게 연산을 분산시킬 수 있는 대량의 병렬 장치다. 즉, 단일한 언어 중추와 음악 중추가 존재하는 구조가 아니라 성분 연산을 수행하는 영역이 있고 이 정보를 함께 모아 조직하는 역할을 하는 영역이 있다. 마지막으로 최근에 들어서 밝혀진 바에 따르면 뇌는 우리의 짐작을 한참 초월하는 재편성 능력을 가지고 있다. 이런 능력을 신경가소성이라 한다. 실제로 중요한 정신 기능의 처리 중추가 외상이나 뇌손상 후에 다른 영역으로 이동한 일부 사례를 통해 뇌의 영역별 특수성이 한시적일 수 있음을 알 수 있다.

뇌의 복잡성은 그 숫자가 일상 경험을 훨씬 뛰어넘을 만큼 어마어마하게 크기 때문에 이해하기가 쉽지 않다. 만약 당신이 천문학자라면 이야기가 달라지겠지만. 평균적으로 뇌는 1천억 개의 뉴런으로 구성된다. 뉴런 하나를 1달러로 치고 길모퉁이에 서서 지나가는 사람들에게 가능한 빠르게 돈을 나눠준다고 가정해보자. 당신은 예수 그리스도가 탄생한 날부터 시작해 1년 365일, 24시간 동안 쉬지 않고 1초에 1달러씩 나눠준다고 해도 현재까지 가진 돈의 3분의 2밖에 나눠주지 못할 것이다. 1초에 100달러씩 나눠주더라도 전부 쓰려면 32년이 걸린다. 이처럼 뉴런의 수는 정말 많지만 뇌와 사고가 가지는 진정한 힘과 정교함은 뉴런의 수가 아니라 그들 간의 연결에서 나온다.

각 뉴런은 보통 1천 개에서 1만 개의 뉴런들과 연결된다. 뉴런이 네 개만 있어도 연결될 수 있는 방법에는 63가지가 있고 아예 연결되지 않는 경우까지 합하면 총 64가지 조합이 가능하다. 뉴런의 수가 증가하면 가능한 연결의 수도 기하급수적으로 증가한다. 경우의 수를 공식으로 나타내면 n개의 뉴런이 연결되는 조합은 $2^{(n(n-1)/2)}$이다.

연결되는 조합의 수는
뉴런이 두 개일 때 2가지,
뉴런이 세 개일 때 8가지,
뉴런이 네 개일 때 64가지,
뉴런이 다섯 개일 때 1,024가지,
뉴런이 여섯 개일 때 32,768가지다.

이처럼 조합의 수가 너무 많기 때문에 가능한 모든 뉴런의 조합을 이해할 수도 없고 그 조합이 무엇을 의미하는지 알기 힘들다. 가능한 조합의 수, 그로 인해 발생하는 개개인의 뇌 상태와 사고의 종류는 우주 전체에 존재한다고 알려진 입자의 수를 능가한다.

이와 비슷하게 우리가 지금껏 들어온 음악을 비롯해 작곡된 모든 음악은 옥타브 동음을 제외하면 단 12개의 음으로 구성될 수 있다. 음 하나 뒤에 다른 음이나 같은 음, 혹은 쉼표가 이어질 때 가능한 경우의 수는 12개다. 음 뒤에 다른 음이 추가될 때마다 경우의 수도 12개씩 더해진다. 여기에 리듬, 즉 각 음이 낼 수 있는 수많은 음길이까지 고려하면 경우의 수는 굉장히 가파르게 증가한다.

뇌의 연산 능력은 대부분 이처럼 상호 연결의 수많은 가능성에서 나오며 뇌가 순차적 처리가 아닌 병렬 처리 장치이기 때문에 가능하다. 순차적 처리 장치는 마음속 컨베이어 벨트로 내려오는 각 정보 조각을 다루는 조립 라인과 같이 각 정보 조각에 대해 연산을 수행한 뒤 다음 연산을 위해 정보를 다음 라인으로 내보낸다. 컴퓨터가 이런 방식으로 작동한다. 웹사이트에서 노래를 하나 다운로드하고, 보이시시의 날씨를 검색하고, 작업 중인 파일을 저장하도록 입력하면 컴퓨터는 한 번에 한 가지씩 일을 처리한다. 단지 그 과정이 너무 빨라 병렬식으로 동시에 진행하는 것처럼 보이지만 실제로는 그렇지 않다. 반면에 뇌는 많은 일을 동시에, 중복해서 병렬로 진행한다. 청각 체계 역시 이런 방식으로 소리를 처리하기 때문에 음고가 무엇인지 확인한 뒤 소리가 어디서 나는지 알아낼 필요가 없으며 뉴런 회로는 동시에 정답을 얻기 위해 두 가지 연산에 전념한다. 이때 만약 하나의 뉴런 회로가 먼저 작업을 끝내면 그 정보를 연결된 다른 뇌 영역으로 전달해서 활용한다. 별도의 처리 회로에서 들어온 새로운 정보가 우리가 듣는 소리의 해석에 영향을 미친다면 뇌는 '마음을 바꿔' 바깥세상의 소리에 대한 정보를 업데이트한다. 우리 뇌는 수시로 자신의 의견을 업데이트하는데, 특히 지각과 청각 자극에 있어서는 우리가 알아차리지도 못하는 사이에 초당 수백 회씩 업데이트가 이루어진다.

한 가지 비유를 이용해 뉴런이 서로 어떻게 연결되는지 설명해보겠다. 어느 일요일 아침, 당신은 집에 혼자 앉아 있다. 기분이 어느 한쪽으로 치우치지 않아 특별히 즐겁거나 슬프거나 화가 나거나 흥분되거나 질투가 나거나 긴장하지 않은 상태다. 대략 중간 상태라고 가정하겠다. 당신은 수많은 친구와 연결망을 구축하고 있으며 언제든지 그들에게 전화할 수 있다. 각 친구들은 1차원상에 존재하고 당신의 기분에 지대한 영향을 미칠 수 있다. 예를 들어 당신은 친구 한나에게 전화를 하면 즐거움을 느낀다. 샘과 이야기를 하면 샘이 이미 죽은 제3의 친구를 떠오르게 하기 때문에 슬퍼진다. 칼라의 차분한 목소리를 들으면 아름다운 숲속 빈터에 함께 앉아 햇살을 맞으며 명상을 했던 시간이 떠올라 침착해지면서 평화로운 기분이 든다. 에드워드와 이야기하면 열정이 솟고 태미는 신경을 날카롭게 만든다. 당신은 수화기를 들고 아무에게나 전화를 걸어 특정 정서를 불러일으킬 수 있다.

당신은 1차원상에 존재하는 수백, 수천 명의 친구들을 사귀고 있으며 각 친구들은 특정한 기억이나 경험, 기분 상태를 불러일으킬 수 있다. 이 관계가 당신의 연결 체계이며 그들에게 접근하면 당신의 기분이나 상태가 바뀐다. 만약 한나와 샘과 동시에, 혹은 바로 다음에 샘과 대화를 하면 샘이 당신을 슬프게 만들겠지만 대화가 끝나면 당신은 다시 원래의 중간 상태로 돌아갈 것이다. 하지만 여기에 미묘한 차이가 생길 수 있다. 당신이 특정 시기에 개개인과 얼마나 친밀한지에 따라 연결의 영향력과 무게가 달라지기 때문이다. 그 무게는 친구가 당신에게 미칠 영향력의 정도를 결정한다. 당신이 샘보다 한나와 두 배만큼 친하다면 둘과 같은 시간 동안 대화를 했을 때 당신은 한나와 단둘이 있었을 때만큼은 아니더라도 여전히 즐거울 것이다. 샘은 한나와 이야기하면서 얻은 즐거움의 반절만큼 당신을 슬프게 하기 때문이다.

이제 친구들도 모두 서로 이야기를 할 수 있고 이를 통해 그들의 상태도 어느 정도 변화한다고 가정해보자. 친구 한나는 쾌활한 성향이지만 슬픈 샘과 대화를 나누면 쾌활함이 줄어든다. 질투심 많은 저스틴과 날카로운 태미가 통화를 나눈 다음, 열정적인 에드워드와 태미가 통화를 하고 바로 당신이 에드워드에게 전화를 한다면 에드워드는 당신이 이전까지 경험해보지 못한 새로운 감정의 조합을 느끼게 할 것이다. 아마도 날카로운 질투심에 휩싸여 밖에 나가 무언가 하고 싶은 열정이 솟아오르지 않을까. 친구들은 누구라도 언제든 당신에게 전화를 걸어 복잡하고 연쇄적인 감정 상태를 일으킬 수 있으며 이 감정들은 하나가 다른 하나에 영향을 주는 식으로 당신에게 정서적 흔적을 남긴다. 이런 식으로 당신이 수천 명의 친구들과 상호 연결돼 있고 전화가 수없이 많이 걸려온다면 경험할 수 있는 정서적 상태의 수는 상당히 다양해질 것이다.

우리의 사고와 기억이 이렇게 뉴런 사이의 무수한 연결에서 발생한다는 사실은 보편적으로 인정되고 있다. 그러나 머릿속의 이미지와 감각에 혼란이 올 수 있기 때문에 모든 뉴런이 한 번에 일제히 활성화되지는 않는다. 실제로 간질 환자에게 이런 현상이 발생한다. 우리가 네트워크라고 부르는 특정 뉴런의 무리는 특정 인지 활동이 일어나는 동안 활성화되며 차례차례 다른 뉴런들을 활성화시킬 수 있다. 우리가 발가락을 찧으면 발가락의 감각 수용체는 뇌의 감각 피질로 신호를 올려 보낸다. 이 신호는 뉴런을 활성화시키는 연쇄 작용을 일으켜 우리가 아픔을 느끼고 부딪친 물체로부터 발을 떼도록 만든다. 혹은 무심결에 입을 열어 "&%@!" 하는 욕설을 내뱉게 만들 수도 있다.

마찬가지로 차 경적 소리를 들으면 공기 분자가 고막을 흔들어 청각 피질로 전기 신호를 보낸다. 이때는 발이 다쳤을 때와는 완전히 다른 뉴런 집단을 불러와 연속한 사건을 일으킨다. 우선, 청각 피질의 뉴런들이 음고를 처리해 자동차 경적 소리와 다른 트럭의 경적 소리, 혹은 축구 경기의 응원용 나팔 소리를 구별하게 한다. 그리고 소리가 들어오는 위치를 결정하기 위해 다른 뉴런 집단이 활성화된다. 이러한 여러 처리 과정들이 시각적 정향 반응을 일으키면 우리는 소리의 출처를 확인하기 위해 고개를 돌리거나 필요한 경우 순간적으로 뒤로 물러서기도 한다. 위급한 상황임을 알리기 위해 정서 중추인 편도체의 뉴런과 연합한 운동 피질 뉴런이 활성화된다.

우리가 라흐마니노프의 〈피아노 협주곡 3번〉을 들을 때 달팽이관에 있는 유모세포들은 귀에 도달한 소리를 서로 다른 주파수 대역으로 분석하고 전기 신호를 1차 청각 피질(A1 영역)로 보내 신호에서 나타난 주파수가 무엇인지 알린다. 뇌의 양측 반구에 있는 상측두구와 상측두회를 포함하는 측두엽의 추가 영역들은 우리가 듣는 소리에서 각 음색을 구별할 수 있게 도와준다. 음색을 분류하고 싶을 때는 해마가 참여해 기억 속에서 이전에 들었던 비슷한 소리를 회상할 수 있도록 도와준다. 이때 심적 사전에 접속할 필요가 있는데 측두엽과 후두엽, 두정엽 사이 연결부에 위치한 구조를 활용한다. 여기까지는 차 경적 소리를 처리할 때와 동일한 뇌 영역을 사용하지만 다른 뉴런 집단을 이용해 다른 방식으로 활성화된다. 음고 배열(배외전전두피질과 브로드만 영역 44, 47)과 리듬(측면 소뇌와 소뇌 충부), 정서(전두엽과 소뇌, 편도체, 측좌핵 — 먹거나 섹스를 하거나 즐거운 음악을 들을 때 느낄 수 있는 쾌락과 보상의 감정에 관여하는 네트워크 구조)를 처리하는 전혀 새로운 뉴런 집단이 활성화된다.

방에서 더블베이스의 묵직한 소리가 진동할 때는 발가락을 찧었을 때와 일부 겹치는 뉴런, 즉 촉각 입력에 민감한 뉴런이 발화할 것이다. 차 경적 소리의 음고가 A440이라면 해당 주파수를 만났을 때 발화하는 대부분의 뉴런이 발화하며 이 뉴런들은 라흐마니노프 곡에서 A440이 등장했을 때 다시 발화할 것이다. 다만 맥락이 다르고 두 경우에 작동하는 뉴런 네트워크가 각기 다르기 때문에 심적 경험은 같지 않을 확률이 높다.

라흐마니노프가 협주곡에서 두 악기를 사용하는 특정한 방식은 차 경적과 정반대로 놀람보다는 편안한 반응을 이끌어낸다. 그래서 우리는 오보에와 바이올린에서 다른 경험을 느끼게 될 것이다. 협주곡의 차분한 파트를 들으면 안전함과 편안함을 느낄 때 발화하는 뉴런과 같은 뉴런이 자극받을 것이다.

경험을 통해 우리는 차 경적 소리가 위험과 관련되거나 적어도 누군가 나의 주의를 끌기 위해 노력하고 있다는 사실을 배운다. 무슨 원리일까? 일부 소리는 본질적으로 차분한 느낌을 주지만 두려움을 일으키는 소리도 있다. 사람에 따라 큰 차이가 있겠지만 우리는 특정한 방식으로 소리를 해석하려는 경향성을 타고난다. 특히 갑작스럽게 터지는 짧고 큰 소리는 여러 동물들에게 경고의 소리로 해석되는 경향이 있다. 조류와 설치류, 유인원의 경고 울음소리를 비교하면 이러한 경향성을 분명히 확인할 수 있다. 반대로 느리게 시작하는 길고 작은 소리는 차분함까지는 아니더라도 중립적으로 해석되는 경향이 있다. 개가 짖는 날카로운 소리와 무릎 위에 평화롭게 앉아 있는 고양이의 부드러운 갸르릉 소리를 생각해보라. 물론 작곡가들도 이 사실을 알고 있기 때문에 수많은 음색과 음길이의 미묘한 차이를 활용해 인간이 경험하는 여러 다양한 정서적 차이를 전달한다.

하이든은 〈놀람 교향곡〉(94번 G장조 교향곡의 2악장 안단테)에서 주제 선율의 부드러운 바이올린 음을 이용해 긴장감을 조성한다. 부드러운 소리는 차분함을 느끼게 하지만 짧은 피치카토 반주가 모순적인 위험의 메시지를 조심스레 전달하는 동시에 온화한 긴장감을 일으킨다. 이때 주요 선율은 반 옥타브, 즉 완전5도를 거의 넘지 않는다. 더 나아가 처음에 상승했다가 하강하고 다시 '상승'하는 주제를 반복하는 선율의 음조곡선은 안정감을 느끼게 한다. 위/아래/위로 움직이는 선율의 평행 진행은 청자들로 하여금 이후에 '아래' 파트가 나올 것이라는 기대감을 준다. 부드럽고 차분한 바이올린 음이 이어지면서 하이든은 리듬을 유지하는 동시에 선율이 약간 올라가도록 변화를 준다. 이때는 비교적 화성적으로 안정된 음인 제5음을 유지한다. 제5음은 여기까지 등장한 음 중 가장 높기 때문에 우리는 그다음엔 좀 더 낮은음이 나올 것이라고 기대하게 된다. 또한 다음 음부터는 근음(으뜸음)을 향해 돌아가며 으뜸음과 현재 음(제5도) 사이의 거리로 생겨난 '간격을 줄일' 것이라고 예상한다. 그런데 별안간 하이든은 관악기와 팀파니를 이용해 한 옥타브 높은 음을 강하게 연출한다. 이렇게 하이든은 선율의 방향과 음조곡선, 음색, 음량에 대한 우리의 기대를 모두 단번에 무너트린다. 이것이 바로 〈놀람 교향곡〉의 '놀라움'이다.

하이든의 교향곡은 세상의 이치에 대한 우리의 기대를 배반한다. 음악적 지식이 없거나 음악적 기대감이 전혀 없는 사람도 교향곡을 들을 때 바이올린의 부드러운 울림이 관악기와 드럼의 경계 음으로 전환되는 음색 효과에서 놀라움을 발견한다. 음악적 배경이 있는 사람은 이 교향곡을 듣고 자신이 가지고 있는 음악적 관습과 양식을 기반으로 형성된 기대감이 무너진다. 이러한 놀라움과 기대감, 분석은 뇌의 어디에서 발생할까? 이러한 연산이 뉴런에서 어떻게 이루어지는지에 대해서는 아직 수수께끼로 남아 있지만 일부 단서는 이미 가지고 있다.

좀 더 논의를 진행하기 전에 마음과 뇌에 대한 과학적 연구에 접근하는 나의 방식이 한쪽으로 치우쳐 있음을 고백하려 한다. 나는 확실히 뇌보다는 마음에 대한 연구를 선호한다. 그리고 이런 나의 선호도는 전문성 때문이라기보다 개인적인 이유에서 비롯됐다. 어린 시절 나는 과학 시간에 나비도 잡지 못할 정도로 모든 생명체에 두려움을 느꼈다. 그리고 지난 한 세기 동안 과학자들이 '희생'이라는 이름으로 우리와 유전적으로 가까운 원숭이와 유인원을 비롯한 살아 있는 동물의 뇌를 파헤치고 죽이는 방식으로 뇌 연구를 수행했다는 냉혹한 진실 때문이기도 하다. 나는 원숭이 실험실에서 일할 때 현미경으로 관찰하기 위해 죽은 원숭이의 뇌를 해부해야 했다. 지금 생각해도 정말 끔찍한 한 학기였다. 그때 나는 매일매일 살아 있는 원숭이의 우리를 지나쳐야 했고 밤마다 악몽에 시달렸다.

한편으로 나는 항상 사고를 발생시키는 뉴런이 아니라 사고 그 자체에 더 매료됐다. 여러 저명한 연구자들이 지지하는 '기능주의'라는 인지과학 학설에 따르면 뇌는 사람마다 상당히 다르지만 비슷한 마음을 가질 수 있으며 뇌는 사고를 뒷받침하는 배선과 처리 부품의 집합일 뿐이다. 사실 여부와 상관없이 기능주의 학설은 단순히 뇌만 연구해서는 사고에 대해 알아내는 데에 한계가 있음을 보여준다. 한 신경외과의는 기능주의를 대표하는 저명하고 영향력 있는 학자 대니얼 데닛에게 자신이 수백 명의 사람들을 수술하는 과정에서 살아 있으면서 사고할 수 있는 뇌를 수백 번 보았지만 사고 자체를 목격한 적은 한 번도 없다고 말했다.

어떤 대학원에 등록해 누구를 지도 교수로 삼을지 고민하던 시기에 나는 마이클 포즈너 교수의 연구에 매료됐다. 그는 사고 처리를 관찰하는 수많은 방법을 개척한 사람이다. 그의 연구 중에는 심리 시간 분석법(특정 사고를 생각해내는 데 얼마나 긴 시간이 걸리는지를 측정함으로써 마음의 구조에 대해 배울 수 있다는 발상)과 범주의 구조 연구법, 주의력 연구법으로 유명한 '단서 주기 패러다임'이 있다. 하지만 포즈너가 마음 연구를 포기하고 뇌를 연구하기 시작했다는 소문이 돌았는데 나로서는 정말 반갑지 않은 소식이었다.

다른 학생들보다 나이가 많긴 했지만 학부생이었던 나는 미국 심리학회의 연례 모임에 참석했다. 그해 모임은 내가 학사과정을 마친 스탠퍼드대학교에서 60킬로미터 정도 떨어진 샌프란시스코에서 열렸다. 나는 연례 모임 예정표에서 포즈너의 이름을 발견한 뒤 그의 강연에 참석했다. 강연 슬라이드는 사람들이 이런저런 행동을 할 때의 뇌 사진으로 가득했다. 포즈너는 강연이 끝난 뒤 질문을 받고는 금세 뒷문으로 사라졌다. 나는 얼른 쫓아갔지만 그는 이미 다른 강연을 하기 위해 연회장을 가로질러 한참 앞서가고 있었다. 나는 뛰어가 그를 따라잡았다. 그때 내 모습은 정말 가관이었을 것이다! 나는 달리느라 몹시 숨이 찼지만 인지심리학의 위대한 전설을 만난다는 생각에 잔뜩 긴장한 채로 헐떡거리지도 못했다. 나는 스탠퍼드로 편입하기 전에 학부과정을 시작했던 MIT의 첫 심리학 수업 교과서에서 그에 대해 배웠다. 첫 심리학 교수였던 수전 캐리Susan Carey는 존경심이 가득한 목소리로 포즈너에 대해 설명했다. 나는 아직도 MIT 강의실 전체에 울리던 수전의 떨리는 목소리를 기억한다. "마이클 포즈너는, 내가 만나본 사람들 중에서 가장 뛰어난 지성과 창의력을 가진 분이죠."

나는 땀이 흐르는 것을 느끼며 입을 열었지만, 아무 말도 하지 못했다. 내가 "어…" 하며 말을 시작하는 동안 우리는 나란히 빠르게 걷게 됐다. 포즈너는 정말 걸음이 빨라서 두세 걸음을 걸을 때마다 나는 점점 뒤처지고 있었다. 나는 더듬더듬 입을 열어 당신과 함께 연구하고 싶어서 오리건대학교에 지원했었다고 말했다. 그만큼 말을 더듬은 적도 없었고 그토록 긴장한 적도 처음이었다. "포, 포, 포즈너 교, 교, 교수님, 근래에 느, 뇌 연구로 초점을 완전히 바꾸셨다고 들었는데요. 사실인가요? 왜냐하면 저는 정말로 교수님 밑에서 인지심리학을 연구하고 싶었거든요." 나는 마침내 질문했다.

"글쎄, 요즘 내가 뇌에 좀 관심이 있긴 해요." 그는 말했다. "하지만 나는 인지신경과학을 인지심리학의 이론에 허용 범위를 설정하는 역할로 보고 있습니다. 특정 가설이 해부학을 기반으로 그럴듯한 근거를 가지고 있는지 판단하는 데 도움이 되니까요."

최근 생물학이나 화학의 배경지식을 가진 많은 사람들이 신경과학에 뛰어들고 있는데, 그들은 어떤 세포가 서로 상호 작용 하는지에 대한 기제에 초점을 맞춘다. 인지신경과학자들에게 뇌의 해부학이나 심리학을 이해하는 작업은 뇌과학자들이 정말 복잡한 낱말 퍼즐을 푸는 일과 맞먹을 만큼 도전적인 지적 과제이겠지만 연구의 궁극적인 목적은 아니다. 우리의 목표는 사고 처리 과정과 기억, 정서, 경험을 이해하는 것이고 뇌는 그저 이 모든 활동이 일어나는 상자로 볼 수 있다. 정서에 영향을 주는 친구들과의 전화 통화와 대화에 관한 비유로 다시 돌아가보자. 만약 내일의 기분이 어떨지 예측하고 싶다면 당신이 아는 모든 지인들과 연결된 전화 배선의 배치를 그리는 것만으로는 한계가 있을 것이다. 그들 개개인의 성향을 이해하는 것이 더 중요하다. 내일은 누가 당신에게 연락을 하고 어떤 말을 할까? 그 대화로 당신은 어떤 감정을 느끼게 될까? 물론 연결 문제를 완전히 무시할 수는 없다. 배선이 고장 난다면, 혹은 A와 B의 배선이 연결돼 있는지 확실하지 않다면, C가 당신에게 직접 연락할 수 없어서 당신과 직접 연락할 수 있는 A를 통해서만 영향을 줄 수 있다면 어떨까? 이 모든 정보들은 예측에 중요한 한계점으로 작용한다.

이런 관점은 내가 음악에 관한 인지신경과학을 연구하는 방식에 영향을 줬다. 나는 실험할 수 있는 모든 음악적 자극을 가해보면서 뇌의 어디에서 변화가 일어나는지 밝히는 일에는 관심이 없다. 포즈너와 나는 그토록 비논리적인 지도제작법으로 뇌 지도를 완성하는 연구에 광적으로 몰려드는 현시대의 흐름에 대해 여러 번 이야기를 나누었다. 나는 뇌에 지도를 그려나가는 작업보다는 뇌가 어떻게 작동하고 뇌의 각 영역이 서로의 활동을 어떻게 조정해나가는지, 뉴런의 단순 발화와 신경전달물질의 왕복이 어떻게 사고와 웃음, 심오한 기쁨과 슬픔의 감정과 연결되는지, 이런 기능으로 뇌가 어떻게 영구적이고 의미 있는 예술 작품을 만들도록 이끄는지가 훨씬 중요하다고 생각한다. 이것이 마음의 기능이며 나는 그로 인해 '어떻게'와 '왜'가 충족되지 않는 이상 '어디에서' 일어나는지에 관심을 두지 않는다. 그런 의미에서 인지신경과학은 '어떻게'를 알 수 있는 학문이다.

나는 수많은 실험 중에서 '어떻게'와 '왜'에 대한 이해를 돕는 방향으로 진행되는 실험만이 수행할 가치가 있다고 믿는다. 좋은 실험은 이론적인 동기가 있어야 하며 두 개 이상의 경쟁 가설 중에 어느 가설을 뒷받침할지가 명확해야 한다. 논쟁 주제의 양측을 모두 뒷받침하는 실험은 수행할 가치가 없다. 과학은 틀리거나 지지할 수 없는 가설을 제거하는 방향으로만 나아가야 하기 때문이다.

또한 좋은 실험은 새로운 상황에서도 일반화할 수 있어야 한다. 즉, 연구 대상이 아닌 사람이나 연구하지 않은 종류의 음악을 비롯해 다양한 상황에서도 적용할 수 있어야 한다. 행동 연구 중에 많은 경우가 '실험 대상'이라고 부르는 소수의 사람들을 대상으로 아주 인위적인 자극을 사용하는 식으로 수행된다. 우리 실험실에서는 여러 사람들의 폭넓은 측면을 관찰하기 위해 가급적 음악가와 비음악가를 모두 대상으로 삼으려 한다. 그리고 대부분 실제 존재하는 음악을 사용한다. 신경과학 실험실에만 존재하는 종류의 음악이 아니라 진짜 노래를 연주하는 진짜 연주자의 실제 녹음본을 이용함으로써 여러 사람들이 듣는 음악에 대한 뇌의 반응을 이해할 수 있기 때문이다. 현재까지는 이런 접근법으로 진행하고 있는데, 엄격한 실험 대조군 설정에 어려움이 있긴 하지만 아예 불가능하지는 않다. 좀 더 많은 계획이 필요하고 주의 깊게 준비해야 하지만 장기적으로 보면 그만큼 가치가 있는 결과를 얻을 수 있다. 자연스러운 접근법을 이용함으로써 나는 우리가 음고 없이 리듬만, 혹은 리듬 없이 선율만 제시하는 연구와는 달리 일상적으로 작동하는 뇌를 연구하고 있다는 과학적인 확신을 가지고 있다. 음악을 구성 요소로 분리해 연구할 때 실험이 제대로 진행되지 않으면 굉장히 음악적이지 않은 소리 배열이 만들어질 위험을 감수해야 한다.

나는 마음보다 뇌에 흥미를 덜 느낀다고 말했지만 그렇다고 아예 관심이 없다는 뜻은 아니다. 우리 모두 뇌를 가지고 있기 때문에 당연히 뇌가 중요하다고 생각한다! 그럼에도 나는 서로 다른 뇌 구조에서도 비슷한 사고가 생길 수 있다고 믿는다. 비유하자면 우리는 RCA나 제니스, 미쓰비시와 같은 어떤 텔레비전으로도 동일한 방송을 볼 수 있고 적절한 하드웨어와 소프트웨어만 있다면 컴퓨터 화면으로도 볼 수 있다. 텔레비전의 구조는 충분히 서로 구별할 수 있으므로 특허청은 여러 텔레비전 회사에 각각 특허를 발급해 근본적인 구조가 서로 상당히 다르다는 사실을 보증한다. 또한 특허청에서는 어떤 대상이 다른 것들과 충분히 달라서 발명품으로 인정받을 수 있다고 결정하는 역할을 맡는다.

한편 내가 키우는 섀도라는 이름의 개는 뇌 조직 체계와 해부학적, 신경화학적 구조가 나와 상당히 다르다. 섀도가 배가 고프거나 발을 다쳤을 때 섀도의 뇌에서 일어나는 신경 발화 패턴은 내가 배고픔을 느끼거나 발가락을 찧었을 때 나의 뇌에서 발화하는 패턴과 같다고 보기 어려울 것이다. 하지만 나는 섀도가 대체로 나와 비슷한 마음 상태를 경험할 것이라고 믿는다.

여기서 우리가 흔히 하는 착각과 오해 몇 가지를 정정할 필요가 있다. 많은 사람들, 심지어 다른 분야에서 지식을 쌓은 과학자들까지도 우리 뇌가 우리 주변의 세상을 절대적인 동일형(isomorphic)으로 표현한다고 강하게 믿는다('Isomorphic'는 그리스어 iso에서 왔으며 '같음'을 의미하고 morphus는 '형태'를 뜻한다). 최초로 이런 주장을 한 사람들은 여러 위대한 논쟁에서 옳은 주장을 했던 게슈탈트 심리학자들이었다. 게슈탈트 학자들은 만약 누군가 사각형을 볼 때 뇌 안에서는 뉴런이 사각형 패턴으로 활성화된다고 주장했다. 대부분의 사람들 역시 나무를 보면 나무의 영상이 뇌 어딘가에 나무로 표현될 것이라는 직관을 가지고 있으며 한쪽 끝에는 뿌리가 있고 반대편에는 잎사귀가 있는 나무 모양으로 뉴런 집단이 활성화될 것이라고 생각한다. 또한 우리가 즐겨 듣는 노래를 듣거나 상상하면 우리 머릿속에서 뉴런 스피커로 노래가 연주될 것만 같은 느낌을 받는다.

대니얼 데닛과 V. S. 라마찬드란Ramachandran은 이러한 직관의 문제점을 훌륭히 반박했다. 만약 우리가 지금 무언가를 보거나 기억 속에서 상상할 때 그에 대한 심상이 실제 그림으로 이루어진다면 그 그림이 투영되는 영역이 우리 마음이나 뇌의 한 부분에 존재해야 한다. 여기서 데닛은 우리 마음속에 시각적 장면이 스크린이나 극장 따위로 투영된다고 느끼는 직관에 대해 언급한다. 이 직관이 사실이라면 누군가가 그 극장의 관중석에 앉아 스크린을 보면서 자신의 머릿속에 심상을 유지해야 한다. 그렇다면 그 관중은 누구인가? 관중의 심상은 어떤 모양일까? 이러한 발상은 '무한 후퇴'로 이어진다. 청각적 경험에서도 같은 논쟁이 발생한다. 우리 마음속에 오디오가 있는 것처럼 느껴지지 않는다는 사람은 없을 것이다. 이는 우리 뇌가 심상을 조작할 수 있기 때문이다. 우리는 심적 이미지를 확대하거나 회전할 수 있다. 음악의 경우엔 마음속으로 노래의 속도를 올리거나 내리는 조작이 가능하므로 누구나 마음속에 홈시어터와 같은 장치가 있다고 생각하게 된다. 하지만 이 생각 역시 무한 후퇴 문제 때문에 논리적으로 진실이 될 수 없다.

또한 우리는 단순히 눈을 뜨면 세상이 보인다고 착각한다. 창밖에서 새가 지저귀면 우리가 그 즉시 소리를 들을 수 있듯이 바깥세상을 재현하는, 즉 마음속의 심상에서 만들어지는 감각 지각은 너무 재빠르고 매끄럽게 진행되므로 그 사이에 아무 일도 일어나지 않은 것처럼 보인다. 이것이 바로 착각이다. 우리의 지각은 신경 사건들의 긴 연쇄 작용으로 발생한 최종 산물이지만 순간적인 장면처럼 느껴지는 착각을 일으킨다. 강한 직관이 우리를 잘못된 방향으로 이끄는 예는 수없이 많다. 평평한 지구가 그 예이며 우리의 감각이 세상을 왜곡 없이 보여준다는 직관 역시 여기에 속한다.

감각이 우리가 세상을 지각하는 방식을 왜곡할 수 있다는 사실은 적어도 아리스토텔레스 시대부터 알려져 왔다. 스탠퍼드대학교의 지각심리학자이자 나의 스승이었던 로저 셰퍼드는 우리 지각 체계가 제대로 기능할 때 우리가 듣고 보는 세상이 왜곡될 수밖에 없다고 말하곤 했다. 우리는 감각을 통해 주변 세상과 상호 작용 한다. 존 로크John Locke가 기술한 바에 따르면 우리는 보고, 듣고, 냄새 맡고, 만지고, 맛보는 감각을 통해 세상에 대한 모든 것을 배운다. 그러므로 자연스레 세상의 모습이 우리가 지각하는 그대로라고 추정한다. 하지만 실험을 통해 우리는 현실이 이와 다르다는 사실을 알 수 있다. 그중 시각적 착각(착시)은 감각 왜곡을 보여주는 가장 강력한 증거로 볼 수 있다. 우리는 대부분 어린 시절에 아래와 같이 길이가 달라 보이지만 실제로는 길이가 같은 줄 두 개('폰조 착시')를 본 적이 있다.

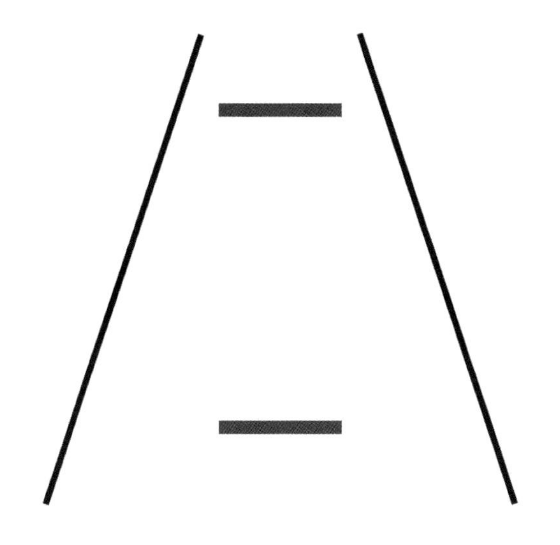

로저 셰퍼드는 폰조 착시와 비슷한 착시를 만들어 '테이블 돌리기'라고 이름 지었다. 믿기 어렵겠지만 다음 그림의 두 테이블 상판은 모두 크기와 모양이 동일하다. 똑같은 모양의 종이나 셀로판지를 잘라서 겹쳐보면 알 수 있다. 이 착시는 시각 체계의 깊이 지각 기제의 원리를 활용한다. 그러나 이 그림이 착시라는 사실을 안다 하더라도 우리는 지각 기제를 해제할 수 없다. 그림을 아무리 자주 들여다봐도 우리는 계속해서 놀라게 된다. 그것은 뇌가 계속해서 우리에게 대상에 대한 잘못된 정보를 제공하기 때문이다.

그런가 하면 '카니자 착시'에서는 검은색 삼각형 위에 그려진 하얀 삼각형이 등장한다. 하지만 자세히 살펴보면 그림에 삼각형이 존재하지 않는다는 사실을 알 수 있을 것이다. 이처럼 우리의 지각 체계는 존재하지 않는 정보를 완성하거나 '채워' 넣는다.

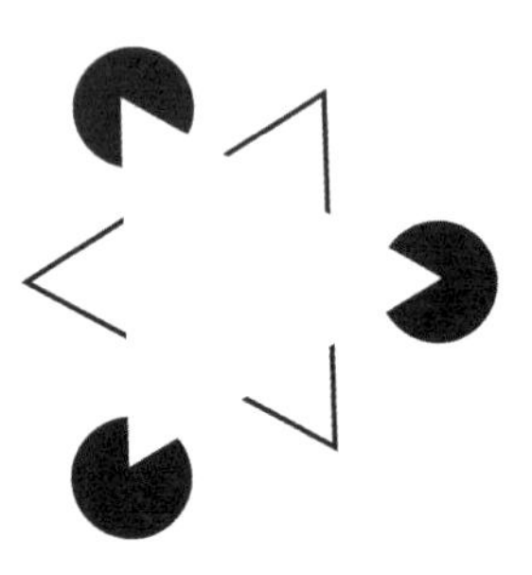

왜 그럴까? 가장 타당한 추측은 착시가 진화 적응의 결과라는 것이다. 우리가 보고 듣는 대부분의 감각에는 정보가 소실돼 있다. 우리의 선조인 수렵 채집인은 나무에 몸을 반쯤 숨긴 호랑이를 보거나 근처에서 나뭇잎이 바스락거리는 소리에 섞인 사자의 포효 소리를 듣곤 했을 것이다. 이처럼 소리와 영상은 주변 환경의 다른 대상과 섞여 우리에게 부분적인 정보로 들어오곤 한다. 이때 소실된 정보를 복원하는 지각 체계는 위협적인 상황에서 빠르게 결정을 내릴 수 있게 도와준다. 사자의 포효소리가 다른 소리와 섞여 드문드문 들린다면 무슨 소리인지 알아보기보다는 당장 도망을 치는 게 낫기 때문이다.

청각 체계 역시 스스로 지각을 완성하는 특성을 가지고 있다. 인지심리학자인 리처드 워런Richard Warren은 이 특성을 명확하게 입증했다. 그는 "의회의 양원이 모두 법안을 통과시켰다."라는 문장을 녹음한 후 문장 일부를 녹음테이프에서 잘라냈다. 그리고 빠진 부분을 같은 길이만큼 백색 소음(잡음)으로 교체했다. 그 결과 거의 모든 사람들은 교체된 녹음테이프에서 문장과 잡음을 들었다고 보고했지만 그중 많은 수의 사람들이 어디에서 잡음이 나왔는지 말하지 못했다! 청각 체계가 소실된 말 정보를 채워 넣었기 때문에 연속된 문장으로 들렸던 것이다. 대부분의 사람들은 잡음이 있었지만 음성 문장과 별도로 존재했다고 보고했다. 이처럼 잡음과 문장은 음색이 달라 별도로 묶이기 때문에 분리된 지각 흐름을 형성한다. 브레그먼이 음색에 의한 흐름이라고 명명한 현상이다. 그리고 이 흐름은 우리 지각 체계가 실제가 아닌 세상을 보여주는 분명한 감각 왜곡이다. 하지만 이런 특성은 생사의 상황에서 세상을 판단하는 데 분명한 도움을 주기 때문에 진화, 적응적 가치를 가진다.

지각심리학자인 헤르만 폰 헬름홀츠, 리처드 그레고리Richard Gregory, 어빈 록Irvin Rock, 로저 셰퍼드에 따르면 지각은 추론을 처리하며 가능성을 분석하는 역할을 한다. 뇌는 감각 수용체(시각은 망막, 청각은 고막)에 도달한 특정한 정보의 패턴을 어떻게 배열해야 물리적 세상의 대상과 가까워질지 결정하는 임무를 맡고 있다. 우리가 감각 수용체에서 받은 정보는 대부분 불완전하고 애매모호하다. 예를 들어 목소리는 다른 목소리와 기계 소리, 바람 소리, 발소리와 섞일 수 있다. 당신이 지금 비행기 안이나 커피숍, 도서관, 집, 공원을 비롯해 어디에 있든지 잠시 멈추고 주변의 소리를 들어보라. 감각 격리 탱크실 안이 아닌 이상 적어도 대여섯 가지 소리를 구별할 수 있을 것이다. 뇌에 최초로 들어온 소리, 즉 감각 수용체가 뇌로 전달한 소리가 이렇듯 다양하다는 점을 생각하면 뇌가 소리를 구분하는 능력은 놀랍지 않을 수 없다. 우리는 음색과 공간적 위치, 음량 등에 의한 군집 원칙이 소리들을 분리할 수 있도록 도와준다는 사실을 알고 있지만 아직도 이 처리 과정에 대해 많은 내용이 알려지지 않았다. 그리고 어느 누구도 아직까지 소리의 출처를 분리하는 임무를 수행할 수 있는 컴퓨터를 개발하지 못했다.

고막은 청각으로 가는 입구이며 세포 조직과 뼈를 가로질러 자리한 막이다. 청각 세계에서 느낄 수 있는 모든 감각은 사실상 공기 분자가 고막을 때리며 앞뒤로 흔드는 방식에서 만들어진다. 두개골의 뼈처럼 귓바퀴도 어느 정도 청각 지각에 관여하지만 대부분의 경우 청각 세계에 무엇이 있는지 알게 해주는 1차 정보원은 고막이다. 한 사람이 거실에 앉아 책을 읽는 일상적인 장면을 청각적 예로 들어보자. 이 환경에서 즉시 구별할 수 있는 소리원이 여섯 개가 있다고 가정해보자. 그 소리에는 난방 장치가 가동되는 쉭쉭거리는 소음(환풍기나 송풍기가 배관으로 공기를 움직이는 소리)과 부엌 냉장고의 윙윙 소리, 바깥의 도로에서 들어오는 차 소리(이 자체만 해도 다양한 엔진 소리와 브레이크 밟는 소리 등을 포함해 여러 가지 소리가 있을 수 있다), 창밖에서 나뭇잎이 바스러지는 소리, 바로 옆 의자에 앉아 갸르릉 거리는 고양이 소리, 드뷔시 전주곡이 있다. 각 소리들은 청각적 대상이나 소리의 출처로 간주할 수 있고 각

자의 독특한 소리가 있기 때문에 구별이 가능하다.

소리는 공기를 통해 특정 주파수로 진동하는 분자로 전달된다. 이 분자들은 고막을 때리고 그 강도에 따라 고막이 안팎으로 흔들린다. 이때 흔들리는 강도는 소리의 진폭과 크기, 진동의 빠르기는 음고와 관련된다. 하지만 분자는 고막에게 소리가 어디에서 왔는지, 혹은 어떤 대상과 연관된 소리인지에 대해서는 아무 말도 해주지 않는다. 갸르릉 대는 고양이로 인해 시동이 걸린 분자는 소리의 출처가 고양이임을 알리는 꼬리표 없이 냉장고와 히터, 드뷔시 음악을 비롯한 모든 소리와 동시에, 같은 고막 부위에 도착할 것이다.

양동이 입구에 베개 커버를 팽팽하게 씌우고 여러 사람이 서로 다른 위치에서 그 위로 탁구공을 던진다고 상상해보자. 각 사람들은 원하는 만큼 많이, 자주 공을 던질 수 있다. 당신은 위아래로 움직이는 베개 커버를 관찰해 얼마나 많은 사람이 그곳에 있는지, 그들이 누구인지, 혹은 그들이 당신을 향해 다가오는지, 멀어지는지, 아니면 그 자리에 멈춰 있는지 알아맞혀야 한다. 이렇듯 청각 체계는 오직 고막의 움직임을 안내 삼아 세상의 청각적 대상을 알아보기 위해 씨름해야 한다. 뇌는 어떻게 막을 때리는 이 무질서한 분자의 혼합물을 통해 세상 밖에 어떤 대상이 있는지 알아맞힐 수 있을까? 특히 음악에서는 이렇게 이런 일이 가능할까?

바로 특징 통합으로 이어지는 특징 추출 처리 과정 덕분이다. 우리 뇌는 음악에서 기본적인 하위 수준의 특징을 추출한다. 이때 사용되는 특화된 뉴런 네트워크는 소리 신호에서 음고와 음색, 공간적 위치, 음량, 반향 환경, 음길이, 각 음(음의 구성 요소들)들이 시작된 시간에 대한 정보를 분리한다. 이 과정은 신호의 수치를 계산하는 신경 회로에 의해 병렬식으로 수행되는데 일정 수준 독립적으로 작동할 수 있다. 다시 말해 음고를 담당하는 회로는 음길이 담당 회로에서 일을 마칠 때까지 기다릴 필요 없이 연산을 할 수 있다. 이렇게 신경 회로가 감각 자극에 포함된 정보만을 다루는 처리 과정을 '상향 처리'라 한다. 정보로 사용되는 음악의 속성들은 현실에서도, 뇌에서도 서로 별개로 존재할 수 있다. 즉, 어떤 시각 대상의 색은 그대로 두고 모양만 바꿀 수 있듯이 음악에서 어떤 속성을 건드리지 않고도 한 속성을 바꿀 수 있다.

하위 수준의 상향 처리는 계통 발생적으로 뇌에서 가장 오래된 말초 영역에서 일어난다. 여기서 '하위 수준'이란 감각 자극의 기본적인 속성, 혹은 기초 속성을 지각하는 단계를 의미한다. 고위 수준 처리 과정은 좀 더 정교한 뇌 영역에서 일어난다. 여기에서는 감각 수용체를 비롯해 수많은 하위 수준의 처리 단계에서 뉴런으로 투영된 결과물을 받는다. 이 단계를 고위 수준이라고 부르는 이유는 하위 수준의 요소들을 통합된 표상으로 결합하기 때문이다. 고위 수준 처리 단계에서는 모든 감각이 하나로 모여 우리 마음이 대상의 형태와 내용을 이해할 수 있게 된다. 예를 들어 하위 수준 처리 과정에서 우리 뇌는 종이 위의 잉크 방울들을 지각하고, 하나의 얼룩을 묶어 알파벳 'A'와 같은 어휘의 시각적 기본 형태로 인식할 것이다. 그러나 고위 수준 처리 과정에서는 알파벳 세 개를 하나로 묶어 단어 'ART'로 읽고 단어의 뜻에 대한 심상을 만들어낼 수 있다.

달팽이관과 청각 피질, 뇌간, 소뇌에서 특징 추출이 일어나는 동안 뇌의 고위 수준 중추는 계속해서 현재까지 추출된 정보에 대한 흐름을 전달받는다. 이 정보들은 계속해서 업데이트되며 보통은 낡은 정보 위에 수정돼 쌓인다. 보통 전두엽 피질에 있는 높은 수준의 사고를 담당하는 중추가 이런 내용을 내려 받으면서 다음에 어떤 음악적 특징이 나올지를 예측하려 애쓰는데, 이때 다음의 여러 요소들을 고려한다.

- 우리가 듣고 있는 음악 작품에서 이미 등장했던 요소
- 들어본 음악일 경우, 우리가 다음에 나오리라고 기억하는 요소
- 장르나 양식이 익숙할 경우, 해당 양식의 음악에 대한 이전의 경험을 바탕으로 다음에 나오리라고 기대하는 요소
- 전에 읽었던 음악에 대한 설명이나 연주자의 갑작스런 움직임, 옆자리에 앉은 사람이 주는 신호 등 우리가 받은 모든 추가 정보

이러한 전두엽의 계산법을 '하향 처리'라고 하며 하향 처리는 상향적 계산을 수행하고 있는 하위 수준 단계에 영향을 미칠 수 있다. 하향 기대감은 상향 처리 과정 중인 일부 회로를 초기화함으로써 지각에 문제를 일으킬 수 있다. 이때 이를 바탕으로 지각을 완성하려는 경향성과 착각이 일어날 수 있다.

한편 하향과 상향 처리는 계속해서 서로 정보를 교환한다. 계통 발생적으로 고등한 고위 뇌 영역은 특징이 각각 분석되는 동안 하위 뇌 영역에서 정보를 받은 뒤 이런 특징들을 통합해 전체 지각으로 만드는 작업을 한다. 뇌는 아이들이 레고로 요새를 만들듯이 이러한 기본 특징을 바탕으로 현실의 표상을 구축한다. 뇌는 처리 과정에서 불완전하거나 모호한 정보로 수많은 추론을 만든다. 가끔은 이러한 추론이 틀린 것으로 밝혀지기도 하는데 이 경우가 바로 착시와 청각적 착각이다. 즉, 착각은 우리 지각 체계가 바깥세상에 대해 잘못된 추측을 했음을 보여주는 증거다.

우리가 듣고 있는 청각 대상을 인식하고자 할 때 뇌는 세 가지 어려움을 마주하게 된다. 우선 감각 수용체에 도착한 정보는 분류되지 않은 상태다. 게다가 정보가 모호하면 소리를 낸 대상이 서로 다르더라도 고막에 비슷하거나 똑같은 활성 패턴을 일으킬 수 있다. 마지막으로 정보가 거의 불완전한 경우

다. 즉, 소리의 일부가 다른 소리에 의해 가려지거나 소실된 상태로 들어온다. 이때 우리 뇌는 바깥에 실제로 무엇이 있는지 어림짐작해야 한다. 이 과정은 굉장히 빠르게 일어나고 보통은 무의식중에 이뤄진다. 지각 연산과 마찬가지로 우리가 앞에서 살펴봤던 착각은 우리의 의식을 전제로 하지 않는다. 예를 들어 카니자 도형에서 존재하지 않은 삼각형을 본 이유는 지각을 완성하려는 경향성 때문이다. 하지만 지각 완성의 원리를 알아차린 후에도 우리는 착시를 해제할 수 없다. 우리 뇌는 계속해서 동일한 방식으로 정보를 처리하기 때문에 그 결과로 인해 우리는 계속해서 착시를 느끼게 된다.

헬름홀츠는 이러한 처리 과정을 '무의식적 추론'이라 불렀고 어빈 록은 '지각의 논리'라고 설명했다. 조지 밀러George Miller와 울리히 나이서Ulrich Neisser, 허버트 사이먼Herbert Simon, 로저 셰퍼드는 지각을 '구성적 처리 과정'이라고 표현했다. 이러한 용어들은 우리가 보고 듣는 것들이 물리적 세상에 대한 심상을 일으키는 심적 사건의 긴 연쇄 작용의 결과임을 표현한다. 색채와 맛, 냄새, 소리의 감각을 포함해 우리 뇌가 기능하기 위한 여러 방식들은 진화적 압력으로 인해 생겨났으며 그중 일부는 더 이상 존재하지 않는다. 스티븐 핑커Steven Pinker를 비롯한 인지심리학자들은 우리의 음악 지각 체계는 본질적으로 진화 과정에서 우연히 탄생했으며 생존과 성선택의 압력으로 탄생한 언어와 소통 체계를 음악적 목적으로 착취할 뿐이라고 주장한다. 이 주장은 현재 인지심리학 분야에서 상당한 논쟁거리다. 우리는 고고학적 기록에서 일부 단서를 발견했지만 논쟁을 확실히 종결시킬 명백한 증거는 거의 찾지 못했다. 앞서 설명한 지각 완성 현상은 단순히 실험적인 호기심을 채우는 역할로 끝나지 않는다. 작곡가들 역시 선율의 일부가 다른 악기에 의해 가려지더라도 우리가 계속해서 선율을 지각할 수 있다는 사실을 알고 이런 원리를 이용한다. 또한 우리는 피아노나 더블베이스에서 실제로 27.5나 35헤르츠로 울리지 않더라도 가장 낮은 음을 듣는다고 느낀다. 이런 악기들은 일반적으로 그렇게 극도로 낮은 주파수에서 충분한 에너지를 만들어낼 수 없지만 우리 귀에서 빈 정보를 채우기 때문에 우리는 음이 그만큼 낮다고 착각한다.

우리는 다른 방식으로도 음악에서 착각을 경험한다. 크리스티안 신딩Christian Sinding의 〈봄의 속삭임〉이나 쇼팽의 〈즉흥 환상곡 C#단조 작품 66〉과 같은 피아노곡에서는 음이 너무 빨리 지나가서 가공의 선율이 나타나는 듯 느껴진다. 그러나 같은 곡을 천천히 연주하면 이런 현상은 사라진다. 흐름 분리 현상 때문에 음의 간격이 짧아지면 지각 체계에서 음들이 하나로 묶여 가공의 선율이 '튀어'나오지만 음 간격이 멀어지면 사라지는 것이다. 파리 인류박물관의 베르나르 로르타 자코프Bernard Lortat-Jacob가 연구한 이탈리아 사르데냐 섬의 아카펠라 음악 속 퀸티나(다섯 번째라는 뜻) 역시 청각적 착각이다. 이 음악에서 남성 4중창단이 화성과 음색을 정확히 맞아떨어지게 노래하면 제5의 여성 성부가 등장한다. 사르데냐 사람들은 이를 두고 성모 마리아가 자신들의 경건한 노래를 치하하기 위해 강림하는 목소리라고 믿는다.

이글스의 동명의 앨범 타이틀곡인 '원 오브 디즈 나이츠One of These Nights'에서는 베이스와 기타가 하나의 악기처럼 연주되는 패턴으로 시작한다. 베이스가 하나의 음을 연주하고 기타가 그 음에 글리산도를 연주하면 게슈탈트의 '부드러운 연속의 법칙'에 따라 베이스가 현을 미끄러트리는 효과가 나타난다. 조지 시어링은 피아노를 기타와, 혹은 가끔은 비브라폰과 함께 연주하는 새로운 음색 효과를 창조했다. 청자들은 연주되는 두 음이 상당히 일정한 탓에 하나의 새로운 악기가 연주되는 착각에 빠진다. 실제로는 별개인 두 악기 소리가 혼합돼 하나로 지각되는 것이다. '레이디 마돈나Lady Madonna'의 악기

간주 부분에서 비틀스의 네 멤버들은 양 손을 컵처럼 둥글게 말아 입에 대고 노래를 부른다. 비틀스가 만들어낸 독특한 음색은 이런 장르의 노래에서 색소폰이 연주되어야 한다는 우리의 하향적 기대감과 결합돼 색소폰이 연주되는 듯한 착각을 일으킨다. 이 부분의 소리는 곡에서 실제로 등장하는 색소폰 솔로 연주와는 다르다.

현대의 음반에도 대부분 여러 종류의 청각적 착각이 담겨 있다. 대표적으로 헤드폰으로 음악을 들을 때 소리가 귀 바로 옆에서 들림에도 우리는 인공적인 반향 덕분에 가수의 목소리와 리드 기타 소리를 콘서트 현장에서처럼 들을 수 있다. 또한 마이크 기술 덕분에 기타 소리가 폭넓게 퍼져 우리 귀가 기타의 울림구멍에 위치한 듯한 착각을 일으킨다. 실제로 우리 귀가 기타 줄이 지나가는 울림구멍에 있다면 기타 연주자가 연주를 할 때 우리의 코를 칠 것이므로 현실에서는 불가능하다. 우리 뇌는 소리의 범위와 에코의 종류에 대한 단서를 이용해 우리 주변의 청각적 세상을 느낀다. 이는 생쥐가 수염을 이용해 자신을 둘러싼 물리적 세상에 대해 배우는 능력에 비할 수 있다. 녹음 엔지니어들은 이러한 단서를 흉내 내는 방법을 배워 꽉 막힌 녹음 스튜디오에서도 실제 세상과 같은 생생함으로 음반을 가득 채운다.

음악을 들을 때 개인용 음악 플레이어를 흔하게 사용하고 헤드폰도 많이 사용하는 현재, 이 기술은 많은 사람들에게 녹음된 음악에 매력을 느끼게 한다. 녹음 엔지니어와 연주자들은 청각적 환경에서 중요한 특징을 포착하도록 진화한 신경 회로를 활용해 우리 뇌에 특수한 효과를 만드는 방법을 알아냈다. 이 특수한 효과는 3D 예술이나 모션 픽쳐, 시각적 착시의 원리와 비슷하다. 그러나 이 감각이 진화적으로 우리 뇌에 등장한 지 얼마 되지 않았다. 아직 뇌에서 지각하기 위한 특별한 기제가 진화하지 않은 상태이며 오히려 다른 목표를 이루기 위한 지각 체계를 강화한다. 이러한 효과는 기존의 신경 회로를 참신한 방식으로 사용하기 때문에 특히 흥미롭게 느껴진다. 현대의 녹음에 사용하는 방식도 마찬가지다.

우리 뇌는 우리 귀에 부딪히는 신호에서 나타나는 반향과 에코를 통해 막힌 공간의 크기를 추정할 수 있다. 방 하나가 다른 방과 어떻게 다른지를 설명할 때 사용되는 공식에 대해 이해하는 사람은 많지 않겠지만 우리는 모두 방이 작은지, 타일로 덮인 화장실인지, 중간 크기의 콘서트 현장인지, 천장이 높은 웅장한 교회인지 느낄 수 있다. 또한 녹음된 목소리를 들으면 가수나 연설자가 서 있는 방의 크기에 대해 말할 수 있다. 녹음 엔지니어가 만들어내는 이 '초현실성' 현상은 달리는 차 범퍼 위에 카메라를 올려놓는 촬영기사의 속임수와 비슷하다. 우리는 초현실성을 통해 우리가 실제로 현실 속에서는 얻을 수 없는 감각적 인상을 경험한다.

또한 우리 뇌는 시간적 정보에 굉장히 민감하다. 우리는 양쪽 귀에 도달하는 불과 몇 밀리초의 시간 차이를 바탕으로 실제 대상의 위치를 알 수 있다. 우리가 녹음된 음악에서 즐기는 특수한 효과는 대다수 이러한 뇌의 민감성을 기반으로 한다. 팻 메시니Pat Metheny나 핑크 플로이드의 데이비드 길모어David Gilmour의 기타 소리는 신호를 여러 번 지연시켜 별세계와 같은 느낌을 만든다. 앞뒤로 세워진 거울에서 끝없이 상이 반복되듯 청각적으로 실제 세상에서는 절대 일어나지 않을 법한 에코를 겹겹이 쌓아 사방이 막힌 동굴의 소리를 묘사하는 이 효과는 이전에는 절대 경험하지 못했던 방식으로 우리 뇌를 자극한다.

음악에서 발생하는 궁극적인 착각은 구조와 형태의 착각일 것이다. 음렬 자체로는 우리가 음악에서 느끼는 풍부한 정서적 연상을 느낄 수 없다. 음계나 화음, 화음 배열도 그 자체로는 본질적으로 해결성을 느끼게 해주지 않는다. 음악을 이해하는 우리의 능력은 새로운 노래를 듣거나 옛날 노래를 새롭게 들으면서 스스로 배우고 조절하는 우리 신경 구조와 경험에 따라 달라진다. 우리 뇌는 문화권의 언어를 배우듯이 문화권의 음악에 특화된 일종의 음악적 문법을 배운다.

놈 촘스키Noam Chomsky는 우리가 모두 세상의 모든 언어를 이해할 수 있는 능력을 가지고 태어난다고 주장했다. 또한 특정한 언어 형태를 경험하고 확립한 뒤 궁극적으로 복잡하고 상호 연결된 신경 회로의 네트워크를 가지치기한다는 주장으로 현대 언어학과 심리학 분야에 기여했다. 태어나기 전까지 뇌는 우리가 어떤 언어에 노출될지 알지 못하지만 자연적인 언어와 함께 진화했으며 세상의 모든 언어들은 특정한 근본 원리를 공유하고 있다. 이 때문에 우리 뇌는 어떤 언어라도 뉴런 발달에서 결정적인 단계에 접하기만 하면 아무런 노력 없이 받아들일 수 있는 능력을 가지고 있다.

마찬가지로 나는 우리 모두가 각자 본질적인 방법에는 차이가 있을지라도 세상의 모든 음악을 배울 능력을 타고난다고 믿는다. 뇌는 출생한 이후부터 생애 첫 해 동안 급격한 뉴런 발달 단계를 거친다. 이 기간 동안 뉴런은 우리 인생의 어느 시기보다도 급격하게 새로운 연결을 형성한다. 시간이 흘러 중간 유년기에 들어서면 가장 중요하고 자주 사용되는 연결을 제외하고 가지치기를 하기 시작한다. 이 가지치기는 우리가 음악을 이해하는 바탕으로 작용하며 궁극적으로는 우리가 음악에서 어떤 요소를 좋아하고 무엇에, 어떻게 감동을 받는지를 결정하는 기반이 된다. 어른이 된다고 해서 새로운 음악을 이해하지 못한다는 뜻은 아니지만 기본 구성 요소는 우리가 일생 초기에 음악을 들을 때 뇌의 배선으로 통합된다.

음악은 우리 뇌가 소리 배열에 구조와 질서를 부과하는 일종의 지각적 착시로 생각할 수 있다. 이 구조가 어떻게 우리에게 정서적 반응을 일으키는가는 여전히 음악의 수수께끼로 남아 있다. 어쨌든 우리는 인생을 살면서 금액이 맞는 수표장이나 약국에서 질서 있게 배열된 응급 의약품과 같은 구조를 보고 눈물을 흘리지는 않는다. 적어도 대부분은 그럴 것이다. 그렇다면 음악에서 우리에게 감동을 주는 특정한 질서는 무엇일까? 여기에는 뇌의 구조와 마찬가지로 음계와 화음 구조가 연관된다. 우리 뇌의 특징 감지기는 우리 귀를 때리는 소리의 흐름에서 정보를 추출한다. 뇌의 연산 체계는 일부 뇌가 듣고 있다고 생각하는 내용과 기대감을 기초로 이 정보들을 하나의 완전체로 통합한다. 기대감이 어디에서 오는지를 이해하면 음악이 언제, 어떻게 우리에게 감동을 주는지, 왜 어떤 음악은 라디오, 혹은 CD 플레이어를 끄고 싶게 만드는지를 밝히는 중요한 열쇠를 얻을 수 있다. 음악적 기대감은 음악에 대한 인지신경과학에서 음악 이론과 신경 이론을, 연주자와 과학자를 가장 조화롭게 통합해주는 주제일 것이다. 그리고 음악적 기대감을 완전히 이해하려면 우리는 특정 음악 패턴이 어떻게 우리 뇌에서 특정한 뉴런 활성화 패턴을 일으키는지 알아야 한다.

4장

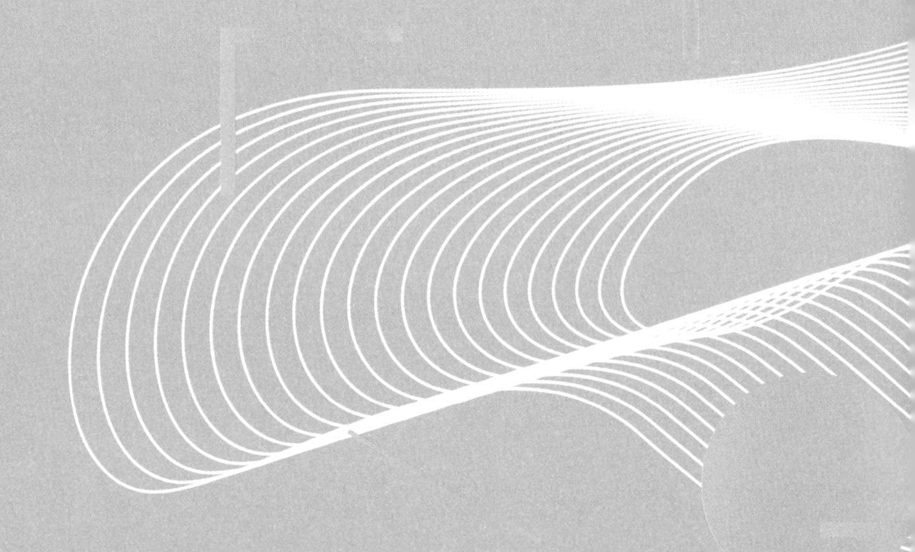

기대감

우리가 리스트와 루다크리스에게 기대하는 것

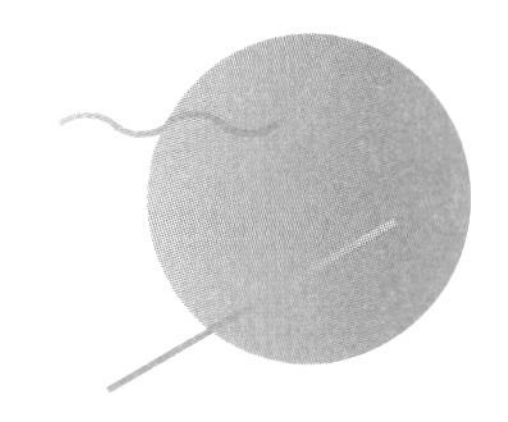

결혼식에 참석했을 때 나를 눈물 짓게 하는 장면은 친구들과 가족들 앞에 서서 미래를 그리는, 희망과 사랑으로 가득한 신랑과 신부의 모습이 아니다. 나는 음악이 흐르기 시작할 때 눈가가 촉촉해진다. 그리고 영화에서 두 사람이 거대한 시련을 견디고 마침내 재결합했을 때 나오는 음악은 나의 감정을 절정으로 끌어올린다.

앞에서 나는 음악을 조직된 소리라고 말했다. 하지만 조직에 예상치 못한 요소가 없을 때 그 소리는 정서적으로 밋밋하고 기계적으로 들리게 된다. 음악 듣기는 음성 언어나 수화의 문법과 같이 좋아하는 음악에서 바탕을 이루는 구조를 익히고 다음에 무엇이 올지 예측할 수 있는 능력과 밀접한 관련이 있다. 작곡가들은 청자의 기대가 무엇인지 이해한 뒤 그 기대를 만족시키거나 무너트리도록 아주 정교하게 조절함으로써 음악에 정서를 채워 넣는다. 실력 있는 작곡가와 음악을 해석하는 연주자들이 우리의 기대감을 교묘하게 조작할 때 우리는 음악에서 전율과 오싹함, 슬픔을 경험한다.

서양 클래식 음악에서 가장 많이 기록된 청각적 착각, 혹은 숨은 속임수는 아마도 '허위종지'일 것이다. 종지는 명확한 기대감을 설정한 뒤 대체로 만족스러운 해결로 끝나는 화음 배열이다. 허위종지에서 작곡가는 청자들이 드디어 기대하던 끝에 도달할 것이라고 확신하게 될 때까지 이 화음 배열을 계속해서 반복한다. 하지만 마지막 순간에 작곡가는 조성 밖의 소리는 아니지만 아직 끝나지 않았음을 표현하며 완전히 해결되지 않은 화음, 즉 예상치 못한 화음을 던진다. 하이든은 이러한 허위종지를 거의 집착 수준으로 상당히 자주 사용했다. 허위종지를 마술에 빗댄 페리 쿡의 비유에 따르면 마술사는 기대감을 형성한 뒤 기대를 거스르는데 당신은 그 과정이 정확히 언제, 어떻게 일어나는지 알아차리지 못한다. 비틀스의 앨범 〈리볼버〉의 '포 노 원'은 5도 화음(음계의 5도)으로 끝나기 때문에 아무리 기다려도 이 노래 안에서는 절대 해결이 이루어지지 않는다. 그러나 바로 같은 앨범의 다음 곡에서 우리가 듣기를 기다렸던 그 화음보다 온음 낮은 음으로 시작하며 놀라움과 해방감을 아우르는 제7음으로 절반의 해결을 이룬다.

기대감 설정과 조작은 음악의 핵심이며 이를 달성하기 위한 셀 수 없이 많은 방식이 존재한다. 예를 들어 스틸리 댄은 구조와 화음 진행이 전형적인 블루스에 독특한 화음을 추가해 블루스와는 다른 소리를 연주한다. '체인 라이트닝Chain Lightning'이 대표적인 예다. 마일스 데이비스와 존 콜트레인John Coltrane은 블루스로 진행하는 화음을 재구성해 익숙하면서도 이국적인 새로운 소리를 만들어냈다. 스틸리 댄의 멤버인 도널드 페이건Donald Fagen는 솔로 앨범 〈카마키리어드Kamakiriad〉에 수록된 블루스/펑크 리듬 곡에서 전형적인 블루스 화음 진행을 기대하게 만든 뒤 노래의 초기 1분 30초 동안 화음 위치를 변화시키지 않은 채 오직 한 화음만을 연주한다. 어리사 프랭클린의 '체인 오브 풀Chain of Fools'은 곡 전체가 한 화음으로 연주된다.

비틀스의 '예스터데이Yesterday'는 주요 선율 악구가 7마디 길이인데 이는 대중음악에서 기본 악구가 4마디나 8마디의 악구 단위로 구성되어야 한다는 가장 기본적인 기대감 중 하나를 위반한다. 참고로 기존의 거의 모든 록/팝송의 악구가 7마디로 구성된다. '아이 원트 유(쉬즈 소 헤비)I Want You (She's So Heavy)'에서 비틀스는 먼저 영원히 계속될 것만 같은 나른하고 반복적인 소리로 끝맺음을 설정해 기대감을 배반한다. 록 음악의 끝맺음에 대한 경험을 바탕으로 우리는 노래가 볼륨을 천천히 줄여가며 전형적인 페이드아웃으로 끝날 것이라 기대한다. 그러나 비틀스는 악구가 끝나지도 않은 지점에서, 음이 한참 진행되는 도중에 느닷없이 노래를 끊어버린다!

카펜터스Carpenters는 음색을 이용해 음악 장르에 대한 기대감을 배반하기 위해 '플리즈 미스터 포스트맨Please Mr. Postman'을 비롯한 일부 곡에서 카펜터스만은 절대 사용하지 않을 것이라고 예상했던 일렉트릭기타의 디스토션을 활용했다. 세계에서 가장 거친 록밴드로 알려졌던 롤링 스톤스는 그 이미지와는 정반대로 '애즈 티어스 고 바이As Tears Go By'에서 바이올린을 사용했다. 아주 새롭고 힙한 그룹으로 알려졌던 반 헤일런은 킹크스Kinks의 '유 리얼리 갓 미You Really Got Me'라는 그다지 힙하지 않은 옛날 노래를 헤비메탈로 불러 팬들을 놀라게 했다.

리듬에 대한 기대감 역시 자주 무너진다. 일렉트릭 블루스에서는 밴드가 추진력을 쌓아가다가 가수나 리드 기타 연주자만 남겨두고 나머지 구성원이 모두 돌연 연주를 멈추는 기법을 전형적인 속임수로 사용한다. 그 예로 스티비 레이 본Stevie Ray Vaughan의 '프라이드 앤 조이Pride and Joy'와 엘비스 프레슬리의 '하운드 독Hound Dog', 올맨 브라더스Allman Brothers의 '원 웨이 아웃One Way Out'이 있다. 또 하나의 예로 일렉트릭 블루스 곡의 고전적인 끝맺음이 있다. 이때 노래는 안정적인 박을 2~3분 동안 쌓아가다가 쾅! 터진다. 그리고는 최고 속도로 달려 나가는 대신 끝맺음이 임박했다는 것을 알리듯 오히려 돌연 이전보다 절반은 느린 빠르기로 화음을 연주한다.

기대감을 이중으로 무너트리는 방법도 있다. 크리던스 클리어워터 리바이벌은 '룩킹 아웃 마이 백 도어Lookin' Out My Back Door'에서 이미 클리셰로 알려진 느려지는 끝맺음으로 진행하다가 최고 빠르기로 돌아와 끝냄으로써 기대감을 배반한다.

폴리스 역시 리듬에 대한 기대감을 무너트리는 음악으로 유명하다. 록 음악의 리듬은 전형적인 관습으로 킥드럼이 제1박, 제3박에 강한 센박을 연주하고 스네어드럼이 제2박, 제4박에 백비트를 연주한다. 반면 밥 말리Bob Marley 음악과 같은 레게 음악은 악구에서 킥과 스네어드럼이 절반으로 나타나기 때문에 록 음악보다 두 배 느리게 느껴진다. 레게의 기본 박은 기타를 '여린박'이나 '벗어난박(오프비트)'으로 연주한다는 특징을 가진다. 즉, '하나-딴 두울 세엣-딴 네엣'처럼 우리가 세는 주요 박 사이의 중간쯤 되는 위치에서 기타를 연주한다. 이렇게 레게 음악은 두 배 느리게 느껴지기 때문에 특유의 느긋한 특징이 있지만 동시에 여린박으로 인해 계속 앞으로 나아가는 동적인 느낌을 준다. 폴리스는 록에 레게를 결합해 리듬에 대한 기대감을 일부 만족시키는 동시에 무너트리는 새로운 음악을 창조했다. 특히 폴리스의 구성원이었던 스팅은 록 음악에서 베이스 드럼과 동시에 연주하거나 센박으로 연주하는 클리셰를 파괴하는 굉장히 참신한 방식으로 베이스 기타를 연주하곤 했다. 정상급 세션 베이스 연주자이자 〈아메리칸 아이돌〉로 유명세를 얻은 랜디 잭슨Randy Jackson은 1980년대 나와 같은 녹음 스튜디오의 사무실을 쓰던 시절, 스팅의 베이스 연주는 어느 누구와도 다르며 누구의 노래와도 어울리지 않는다고 말한 바 있다. 그중에서도 폴리스의 앨범 〈고스트 인 더

머신Ghost in the Machine〉에 수록된 '스피릿 인 더 머터리얼 월드Spirits in the Material World'는 센박이 어디서 나오는지도 알기 어려울 정도로 극단적인 리듬을 연주한다.

쇤베르크와 같은 현대 작곡가들은 기대감이라는 개념을 아예 내던져버린다. 현대 작곡가들이 사용하는 음계는 해결성과 으뜸음, 음악적으로 되돌아갈 '집'과 같은 개념을 제시하지 않기 때문에 우리는 음악적으로 집 없이 표류하는 환상에 빠진다. 이 현상은 20세기 실존주의자들의 실체에 대한 은유로서 발생하거나 혹은 단순히 기존의 법칙을 뒤집으려는 작곡가들의 시도로 인해 나타난다. 우리는 주로 배경이 없는 꿈의 연속이나 물 속, 우주 공간에서 무중력 상태를 전달하는 영화 장면에서 이런 음계를 많이 들을 수 있다.

음악의 이러한 특성들은 적어도 뇌의 처리 단계 초기에 곧바로 투영되지 않는다. 뇌가 자신만의 현실 버전을 구축할 때는 바깥에 실제로 무엇이 있는지도 고려하지만 지금 들리는 소리가 그동안 익힌 음악 체계에서 어떤 역할로 해석되는지도 중요하다. 우리가 음성 언어를 해석하는 방식도 이와 유사하다. '고양이'라는 단어와 그 글자 자체에는 본질적으로 고양이다운 특성이 전혀 없다. 우리는 이러한 소리의 조합이 고양이과의 집고양이를 표현한다는 사실을 배울 뿐이다. 이와 비슷하게 우리는 함께 움직이는 특정 음렬을 학습한 다음 앞으로도 이 음렬들이 함께하리라 기대한다. 어떤 음고와 리듬, 음색 등이 함께 발생할지에 대한 기대는 과거에 해당 조합이 얼마나 자주 일어났는지에 대한 우리 뇌의 통계적 분석을 바탕으로 이뤄진다. 뇌가 세상에 대해 정확하게 동일한 구조의 표상을 저장한다는 발상은 직관적으로 솔깃하지만 사실이 아니다. 뇌는 지각 요소들 간의 관계를 추출하며 지각적 왜곡과 착각을 어느 정도 함께 저장한다. 즉, 뇌는 연산을 할 때 우리를 위해 현실에 정교함과 아름다움을 더한다. 이러한 견해의 기본적인 증거로 세상의 광파가 1차원의 파장으로 변화하는데도 우리 지각 체계에서 색을 두 가지 차원으로 다룬다는 사실을 들 수 있다(색상 원에 대해서는 43페이지에서 설명했다). 음고도 마찬가지다. 서로 다른 속도로 진동하는 한 차원의 분자 연속체에서 뇌는 3차원이나 4차원, 심지어 일부는 5차원까지 풍부한 다차원의 음고 공간을 구성한다. 우리 뇌가 바깥세상에 존재하는 대상에 대해 이처럼 많은 차원을 추가한다면 적절히 구성돼 솜씨 있게 결합된 소리에 대해 우리가 심층적인 반응을 보이는 이유도 설명할 수 있다.

인지과학자들이 말하는 기대감의 위반이란 타당하게 예측했던 흐름과 상충하는 사건의 발생을 의미한다. 우리는 수없이 많은 각각의 표준적인 상황을 다루는 법을 명확히 알고 있다. 살면서 우리는 세부 내용만 다른 비슷한 상황을 마주하며 이 세부 내용은 사소한 경우가 많다. 읽기 학습이 한 가지 예다. 우리 뇌에 있는 특징 추출 장치는 문자에서 결정적이고 변함없는 특성을 감지하는 법을 익혀왔으며 명확하게 주의를 기울이지 않는 한 단어의 서체 등 세부 사항에는 주목하지 않는다. **아무리 표면적인** *세부 사항이* 다르다 하더라도 **모든** *단어는* **똑같이** 개별적인 **글자로 인식된다**. 이처럼 모든 단어에 다른 서체를 사용할 정도로 잦은 변화가 일어나면 문장을 읽을 때 부자연스러운 느낌이 들 수 있기 때문에 당연히 금세 인식되겠지만 요점은 우리의 특징 감지 장치가 글자의 서체 처리보다는 문자 추출에 중점을 둔다는 사실이다.

뇌는 전형적인 상황을 다룰 때 다양한 상황에서 공통적인 요소들을 추출해 뼈대를 만들고 그 뼈대에 상황을 끼워 맞추는 주요 방식을 사용한다. 이 뼈대를 도식이라고 한다. 예를 들어 'a'라는 문자에서 도식은 글자 모양에 대한 표현이며 도식에 수반되는 가변성으로 우리가 'a'라는 문자를 봤던 모든 기억의 흔적이 포함될 수 있다. 도식은 우리가 매일 세상과 맺는 다수의 상호 연결에 영향을 미칠 수 있다. 예를 들어 우리는 모두 생일잔치에 참석해본 경험이 있으며 생일잔치에 대한 공통적이고 일반적인 개념, 즉 도식을 가지고 있다. 생일잔치 도식은 음악처럼 문화권이나 개인의 연령에 따라 다를 수 있다. 도식은 분명한 기대감을 형성하며 우리는 어떤 기대감이 변화할 수 있는지, 없는지를 지각할 수 있다. 이를 바탕으로 우리는 전형적인 생일잔치에서 기대하는 항목을 목록으로 만들 수 있다. 사람들은 목록의 모든 항목이 등장하지 않았다 해도 당황하진 않겠지만 빠진 항목이 늘어날수록 전형적인 생일잔치에서 멀어진다고 느낀다.

- 태어난 날을 축하받는 사람
- 생일을 축하해주러 온 사람들
- 초가 켜진 케이크
- 선물
- 축하 음식
- 파티 모자와 폭죽을 비롯한 장식물

만약 잔치의 주인공이 여덟 살 아이라면 우리는 추가로 싱글몰트 위스키 대신 활동적인 게임을 기대할 수 있다. 대략 이런 목록이 우리의 생일잔치 도식을 구성한다.

우리는 음악에서도 도식을 가지고 있는데 이러한 도식은 자궁에서부터 형성되기 시작해 우리가 음악을 들을 때마다 정교하게 수정되며 영향을 받는다. 서양 음악에 대한 우리의 음악적 도식은 일반적으로 사용되는 음계에 내

포된 지식을 포함한다. 그렇기 때문에 우리는 인도나 파키스탄 음악을 처음 들었을 때 '낯설게' 느낀다. 인도와 파키스탄 사람들, 혹은 어린아이들은 이 음악들을 낯설게 느끼지 않거나 적어도 다른 음악보다 덜 낯설게 느낄 것이다. 이런 명백한 경우를 제외하고 인도와 파키스탄 음악은 우리가 음악으로 학습해온 도식과는 상반되는 특징에 의해 낯설게 들린다. 다섯 살 무렵이 되면 아이들은 이와 같이 본인의 문화권에서 나타나는 화성 진행을 인식하기 시작하고 그에 따른 도식을 형성한다.

우리는 특정한 음악 장르와 양식에 대한 도식을 발전시킨다. 여기서 '양식'은 '반복'을 표현한다. 예를 들어 로런스 웰크Lawrence Welk 콘서트에 대한 우리의 도식에는 아코디언이 있지만 디스토션 일렉트릭기타는 없다. 메탈리카Metallica 콘서트에는 도식이 반대로 작용한다. 야외 페스티벌에서 들을 수 있는 재즈 형식의 일종인 딕시랜드에 대한 도식은 발구르기와 업 템포의 음악을 포함하며 밴드가 풍자를 하거나 장례식에서 연주하지 않는 이상 우리는 이 맥락에서 장례 음악을 기대하지 않을 것이다. 도식은 기억의 확장이라고도 할 수 있다. 우리는 어떤 소리를 들을 때 이전에 들었던 소리인지 판단하고 이전에 들었던 곡에 포함되는 소리인지, 다른 곡인지 구별한다. 음악이론가 외젠 나무르Eugene Narmour에 의하면 음악을 들으려면 방금 나온 소리의 지식을 기억에 잡아두는 능력이 필요하며 우리가 지금 듣고 있는 곡과 양식이 유사하면서 동시에 익숙한 다른 음악들에 대한 지식이 있어야 한다. 물론 과거의 기억이 방금 들은 음만큼 생생하거나 같은 수준으로 선명하지는 않겠지만 우리가 현재 듣고 있는 음에 대한 맥락을 형성하기 위해서는 기억이 반드시 필요하다.

우리가 발전시킨 주된 도식은 장르와 양식뿐 아니라 (1930년대와 1970년대

음악이 다르게 들리듯이) 시대와 리듬, 화음 진행, (악구가 몇 마디인지와 같은) 악구 구조, 노래의 길이, 음 뒤에 보통 어떤 음이 따라오는지와 같은 요소들이 포함된다. 앞에서 언급했듯이 전형적인 대중음악에서 악구가 4마디나 8마디 길이로 존재한다는 개념은 우리가 20세기 후반의 대중음악에 대해 발전시킨 도식의 일부다. 우리는 수천 곡의 노래를 수천 번 들으면서 명확하게 설명할 수 없는 악구의 경향성을 음악의 '규칙'에 포함시켰다. 그래서 '예스터데이'에서 7마디 길이의 악구가 등장할 때 놀라게 된다. 우리가 '예스터데이'를 천 번, 혹은 만 번 들었다 하더라도 이 노래는 여전히 흥미롭게 느껴질 수밖에 없다. 예스터데이는 노래에 대한 우리의 기억보다 더욱 단단하게 확립된 도식적 기대감을 배반하기 때문이다. 이처럼 오랜 시간 계속해서 다시 찾게 되는 노래들은 언제나 기대감을 활용해 소소한 놀라움을 일으킨다. 스틸리 댄과 비틀스, 라흐마니노프, 마일스 데이비스와 같은 극히 소수의 예술가들의 음악이 절대 질리지 않는다는 평가를 받는 주된 이유가 바로 여기에 있다.

선율은 작곡가들이 우리의 기대감을 제어하는 일차적 방법이다. 음악이론가들은 이와 관련해 '간격 메우기gap fill'라는 원리를 발견했다. 이 원리에 따르면 연속된 음에서 선율이 위나 아래 방행으로 크게 도약했을 때는 다음 음의 방향이 바뀌어야 한다. 선율은 보통 음계에서 인접한 음으로 이동하는 순차 진행으로 나타난다. 선율이 크게 도약하면 이론가들은 출발 지점으로 돌아가고 '싶어 하는' 경향성이 선율에 생겼다고 표현한다. 다시 말해 우리 뇌는 이 도약이 아주 일시적이며 이어지는 음은 점점 더 시작점, 혹은 화성적인 '집'에 가까워질 것이라고 기대한다.

예를 들어 '오버 더 레인보우'는 우리가 일생 동안 음악을 들으며 경험해온 어떤 곡보다 큰 도약(한 옥타브)으로 선율을 시작한다. 이 선율은 굉장히 강한 도식 위반을 보여주기 때문에 작곡가는 우리를 달래고 보상하기 위해 선율을 다시 원 위치로 되돌려 놓는다. 하지만 계속해서 긴장감을 형성하려면 너무 많이 이동할 수 없으므로 1도만 내려가고 세 번째 음에서야 선율 간격이 메워진다. 스팅 역시 '록산나'에서 같은 효과를 사용한다. 스팅은 완전4도의 거의 반 옥타브를 뛰어 올라 '록산나'라는 단어의 첫 음절을 지른 뒤 간격을 메우기 위해 내려온다.

베토벤의 〈비창 소나타〉의 '아다지오 칸타빌레'에서도 간격 메우기를 경험할 수 있다. 곡의 조성이 A플랫인 주요 선율은 제3음인 C에서 시작해 우리가 '집'으로 여기는 으뜸음에서 한 옥타브 높은 A플랫으로 올라가고도 계속해서 B플랫까지 올라간다. 이제 으뜸음에서 한 옥타브 하고도 온음만큼 높이 있기 때문에 다음 음은 반드시 으뜸음을 향해 돌아 내려가야 한다. 베토벤은 실제로 으뜸음을 향해 5도 음정을 내려 으뜸음보다 완전5도 위에 있는 E플랫에 안착시킨다. 그러나 서스펜스의 거장답게 베토벤은 으뜸음으로 계속해서 내려가는 대신 살짝 물러나 해결을 지연시킨다. 높은 B플랫에서 E플랫으로 뛰어 내려올 때 베토벤은 각각 두 가지 도식을 남긴다. 바로 으뜸음을 향해 해결되려는 도식과 간격을 메우려는 도식이다. 여기서 베토벤은 으뜸음에서 한 발 물러나 중간 지점으로 뛰어 내려 간격을 메운다. 그리고 마침내 두 마디 뒤에서 으뜸음으로 돌아올 때 우리는 비할 데 없는 달콤한 해결을 맛보게 된다.

이제 베토벤이 〈교향곡 9번〉의 마지막 주제 선율인 '환희의 송가'에서 기대감을 어떻게 활용했는지 살펴보겠다. 다음 예시에 선율의 음을 도레미 체계로 기술했다.

미-미-파-솔-솔-파-미-레-도-도-레-미-미-레-레

(계이름을 따라가기가 어렵다면 마음속으로 찬송가의 '기뻐하며 경배하세 영광의 주 하나님…' 부분을 노래해도 좋다.)

보다시피 이 곡의 주요 선율은 단순히 음계의 음만을 사용한다! 서양 음악에서 우리가 가장 많이 사용하고 자주 듣고 잘 알려진 음렬이다. 그러나 베토벤은 우리의 기대감을 무너트림으로써 선율을 흥미롭게 만든다. 베토벤은 주요 선율을 낯선 음으로 시작해 낯선 음으로 끝낸다. 〈비창 소나타〉에서처럼 음계의 근음이 아닌 제3음에서 시작해 계단식으로 올라가다가 방향을 바꿔 다시 내려온다. 그리고 가장 안정적인 근음에 도달했을 때 그곳에 머무는 대신 다시 시작한 지점까지 올라갔다가 다시 내려온다. 우리는 이제 다시 근음이 연주될 것이라 생각하거나 기대하지만 베토벤은 그 대신 음계의 제2음인 '레'에 머무른다. 곡이 근음으로 해결되어야 함에도 베토벤은 우리가 예상하지 못한 음을 계속 유지한다. 그러고는 전체 선율을 다시 한번 반복하고 두 번째로 주요 선율이 끝난 뒤에야 우리의 기대를 만족시킨다. 여기서 기대감은 애매함 때문에 좀 더 흥미로워진다. 우리는 마치 찰리 브라운을 기다리는 루시처럼 혹시나 베토벤이 마지막 순간에 해결성이라는 축구공을 발로 뻥 차버리진 않을지 걱정하게 되는 것이다.

음악적 기대감과 정서에 깔린 신경적 기초는 무엇일까? 우선 뇌가 자신만의 현실 버전을 구축한다는 사실을 이해했다면 세상에 대해 엄격하고 정확한 동일 구조가 뇌에 존재한다는 생각은 버려야 한다. 그렇다면 뇌는 뉴런이 표현하는 우리 주변 세상을 어떤 형태로 담아둘까? 뇌는 모든 음악과 세상의 여러 측면들을 심적 부호와 신경 부호로 표현한다. 신경과학자들은 이 부호를 해독해 그 구조를 이해하고 부호가 경험으로 번역되는 방법을 알아내기 위해 노력한다. 인지심리학자들은 이 부호를 좀 더 높은 수준에서, 즉 뉴런 발화가 아니라 전반적인 원리의 수준에서 이해하려 노력한다.

신경 부호가 작동하는 원리는 그림이 컴퓨터에 저장되는 방식과 비슷하다. 컴퓨터의 하드드라이브에 그림이 저장되는 방식은 할머니의 사진첩에 사진을 꽂아놓을 때와는 다르다. 우리는 할머니의 사진첩을 열어 사진을 하나 고른 뒤 거꾸로 뒤집어 친구에게 줄 수 있다. 사진이 물리적인 대상이기 때문이다. 사진은 사진의 표상이 아니라 사진 그 자체다. 반대로 컴퓨터 파일 속에 저장된 사진은 무수한 0과 1, 즉 컴퓨터가 모든 정보를 표현하기 위해 사용하는 이진법 부호로 구성된다.

손상된 파일이나 이메일 프로그램 때문에 제대로 다운로드되지 않은 첨부파일에는 컴퓨터 파일이 있으리라 생각한 위치에 이해할 수 없는 용어들이 잔뜩 적혀 있을 것이다. 예를 들어 만화에서 욕을 표현할 때 쓰는 듯한 요상한 기호와 구불구불한 선, 영어와 숫자가 섞인 문자들이 나타난다. 이 문자들은 0과 1로 변환되는 일종의 중간 단계인 16진법이지만 이 비유를 이해하기 위해 꼭 알아야 할 필요는 없다. 간단히 설명하면 흑백 사진에서 0은 검은 점이 없는 공간이나 하얀 점을 표현한다. 이때 0과 1을 이용해 단순한 기하학적 모양을 표현할 것이라 생각하기 쉽지만 0과 1은 그 자체로는 삼각형과 같은 모양을 이루지 않는다. 0과 1은 긴 행렬의 일부로 컴퓨터가 이 행렬을 어떻게 해석할지, 각 숫자가 의미하는 공간적 위치가 무엇인지에 대한 지시를 내린다. 파일을 정말 잘 읽는다면 당신도 부호를 해독해서 어떤 종류의 이미지가 표현될지 예측할 수 있다. 컬러 이미지의 경우 설명이 굉장히 복잡하지만 원리는 같다. 매일 이미지 파일을 다루는 일을 하는 사람들은 0과 1의 흐름을 보고 사진의 속성에 대해 말할 수 있다. 여기서 속성이란 사람인지 말인지를 구별하는 수준이 아니라 사진에 적색과 회색이 얼마나 많이 있는지, 모서리가 뾰족한지 등에 대한 내용을 의미한다. 그러기 위해서는 사진 표현에 사용되는 부호 읽는 법을 배워야 한다.

마찬가지로 오디오 파일 역시 0과 1이 연속한 이진 포맷으로 저장된다. 0과 1은 특정 주파수 영역에 어떤 소리가 있는지, 없는지를 표현한다. 파일에서 어디에 위치하는가에 따라 0과 1의 특정 행렬은 베이스드럼, 혹은 피콜로의 연주를 표현할 수 있다.

방금 설명한 예에서 컴퓨터는 부호를 이용해 일반적인 시각 대상과 청각 대상을 표현한다. 그림은 픽셀로, 소리는 특정 주파수와 진폭을 가지는 사인파의 세부 구성 요소로 대상 자체를 해체해 부호로 번역한다. 물론 컴퓨터(뇌)는 부호를 힘들이지 않고도 번역해줄 훌륭한 소프트웨어(정신)를 많이 가동할 수 있기 때문에 우리는 대부분 이 부호 자체에 대해 전혀 신경 쓸 필요가 없다. 그래서 우리는 하드드라이브로 사진을 스캔하거나 노래를 복사한 뒤 원할 때 더블 클릭하기만 하면 원래의 아름다움이 그대로 나타난다고 느낀다. 이는 수많은 번역과 융합 단계가 우리 눈에 보이지 않기 때문에 가능한 착각이다. 뉴런의 부호화도 마찬가지다. 각기 다른 속도와 강도로 발생하는 수백만 개의 신경 발화는 우리 눈에 전혀 보이지 않는다. 우리는 뉴런의 발화를 느낄 수 없기 때문에 속도를 올리거나 낮출 수 없고, 잠이 덜 깬 눈으로 아침을 시작하느라 불편하다고 해서 뉴런을 켤 수도, 다시 잠을 자려고 꺼버릴 수도 없다.

몇 년 전 나는 내 친구 페리 쿡과 축음기 레코드판에 흐릿한 표시와 함께 난

홈을 보고 그 안에 담긴 노래를 알아맞히는 남자에 대한 기사를 읽고 깜짝 놀랐다. 이 남성은 레코드 앨범의 수천 가지 패턴을 외우고 있기라도 한 걸까? 페리와 나는 오래된 레코드 앨범 몇 개를 확인한 뒤 일부 규칙성을 발견했다. 레코드판의 홈에는 축음기 바늘이 '읽는' 부호가 있었다. 넓은 홈은 낮은음을, 좁은 홈은 높은음을 만드는데 홈 안에 꽂힌 바늘은 초당 수천 번 움직이며 홈 안쪽 벽에 새겨진 이 부호들을 잡아낸다. 만약 기사 속 남성이 음악 작품을 많이 익혔다면 낮은음이 얼마나 자주 나오는지, 낮은음이 얼마나 일관적으로 나오는지, 이런 모양들이 레코드판에 어떻게 부호화되는지에 따라 노래를 특징지을 수 있었을 것이다. 예를 들어 낮은음은 랩 음악에서 자주 등장하고 바로크 협주곡에는 적게 나타난다. 재즈 스윙의 워킹 베이스와 펑크 음악의 슬래핑 베이스를 떠올려보면 낮은음이 나오는 빈도에 차이가 있음을 알 수 있다. 기사 속 남자는 비범하긴 하지만 충분히 설명 가능한 능력을 가지고 있었던 것이다.

우리는 매일같이 이와 같은 축복받은 청각 부호 해독가들을 마주친다. 차 엔진 소리만 듣고 연료 주입구가 막혔는지, 타이밍 체인이 느슨해졌는지를 판단하는 기계공과 심장 소리로 부정맥을 진단하는 의사, 목소리의 강세를 듣고 용의자가 거짓말을 하는지 알아맞히는 형사, 바이올린을 비올라와 구별하거나 B플랫 클라리넷 소리를 E플랫 클라리넷과 구별하는 음악가도 있다. 모든 경우에 부호를 해체할 수 있게 도와주는 중요한 역할은 음색이 담당한다.

과학자들은 신경 부호를 해석하는 방법을 어떻게 연구할까? 일부 신경과학자들은 뉴런과 뉴런의 특징을 연구한다. 즉, 무엇이 뉴런을 발화하게 하는지, 뉴런은 얼마나 자주 발화하는지, 발화 불응기(발화가 끝난 뒤 다음 발화까지 회복하는 데 필요한 기간)는 얼마나 길게 나타나는지를 연구한다. 또한 뉴런이 서로 어떻게 대화를 나누는지, 뇌에서 정보가 전달될 때 신경전달물질의 역할은 무엇인지를 연구한다. 이 수준의 분석에서 이뤄지는 대부분의 연구는 일반적인 원리를 다룬다. 예를 들어 과학자들은 아직 음악의 신경화학 작용에 대해 많이 알지 못한다. 이 분야에서 우리 연구 팀이 얻은 흥미롭고 새로운 결과 일부를 5장에서 밝힐 예정이다.

하지만 이 주제를 다루기 위해서는 약간의 설명이 필요하다. 뉴런은 척수와 말초신경계에서도 발견되며 뇌에서 가장 기본적인 세포다. 뇌는 바깥에서 일어나는 움직임에 반응해 뉴런을 발화시키는데, 특정 주파수의 음이 기저막을 흥분시키면 청각 피질에 있는 주파수 선택성 뉴런으로 신호를 올려 보내는 식이다. 백여 년 전 연구자들의 생각과는 반대로 뇌의 뉴런은 실제로는 서로 접촉하지는 않으며 중간에 시냅스라고 하는 사이 공간이 존재한다. 우선 뉴런이 발화하면 신경전달물질을 분비하는 전기 신호를 보낸다. 신경전달물질은 뇌 전역으로 이동하는 화학물질이며 다른 뉴런에 붙어 있는 수용체에 결합할 수 있다. 여기서 수용체와 신경전달물질은 각각 자물쇠와 열쇠로 비유할 수 있다. 뉴런이 발화하면 신경전달물질은 인접한 뉴런으로 이어지는 시냅스를 가로질러 이동해 수용체라는 자물쇠를 만나 결합한다. 그로 인해 새로운 뉴런이 발화하기 시작한다. 이때 각 자물쇠(수용체)는 오직 특정한 신경전달물질과 결합하도록 설계돼 있기 때문에 자물쇠에 열쇠가 맞지 않는 경우도 있다.

일반적으로 뉴런은 신경전달물질을 받고 발화되거나 발화가 억제된다. 일을 마친 신경전달물질은 재흡수라는 과정을 통해 흡수된다. 재흡수가 일어나지 않으면 신경전달물질이 뉴런의 발화를 계속해서 억제하거나 자극하는 문제가 발생할 수 있다.

일부 신경전달물질은 신경 체계에 전반적으로 작용하지만 오직 특정 뇌 영역의 특정 뉴런에만 작용하는 것도 있다. 예를 들어 세로토닌은 뇌간에서 생성되고 기분과 수면을 조절하는 역할을 한다. 프로작이나 졸로프트와 같은 새로운 항우울제들은 뇌에서 세로토닌의 재흡수를 억제해 이미 존재하는 세로토닌이 좀 더 길게 활동하도록 하는 선택성 세로토닌 재흡수 억제제(SSRIs, selective serotonin reuptake inhibitors)로 알려져 있다. 세로토닌이 우울증과 강박신경장애, 감정장애, 수면장애를 완화하는 정확한 기제는 알려져 있지 않다. 도파민은 측좌핵에서 분비돼 감정 조절과 동작 협응에 관여한다. 또한 뇌의 쾌락과 보상 체계의 일부로 잘 알려져 있다. 마약중독자가 약을 할 때, 상습도박꾼이 도박에서 이겼을 때, 심지어 초콜릿 애호가가 코코아를 섭취했을 때도 도파민이 분비된다. 도파민의 이러한 역할과 음악에서 측좌핵이 담당하는 중요한 역할은 2005년 이후에 알려졌다.

인지신경과학은 지난 십 년 동안 엄청난 발전을 이루었다. 과학자들은 현재 뉴런이 어떻게 작동하고 서로 대화하며 네트워크를 형성하는지, 어떤 유전적 방법으로 발달했는지에 대한 많은 정보를 알고 있다. 뇌 기능에 대한 거시적 수준의 발견은 '뇌반구 특수화', 즉 뇌의 좌반구와 우반구가 서로 다른 인지 기능을 한다는 대중적인 개념이다. 이 개념은 명백한 사실이지만 대중문화로 스며든 과학이 대부분 그렇듯 실제로는 좀 미묘한 측면이 있다.

우선, 이 개념의 바탕이 된 연구는 오른손잡이들을 대상으로 수행됐다. 이유는 아직 완전히 밝혀지지 않았지만 전체 인구의 5~10퍼센트가량인 왼손잡이와 양손잡이들은 오른손잡이와 뇌 구성이 같지 않고 다른 경우가 더 많다. 뇌의 구성이 다를 경우, 거울상처럼 뇌 기능이 정반대로 뒤집어지는 형태를 취하기도 하지만 많은 경우 왼손잡이들은 아직 연구되지 않은 형태의 새로운 뉴런 구성 형태를 가지고 있다. 그러므로 뇌반구의 비대칭성이라는 일반화는 모두 오직 인구의 대다수인 오른손잡이들에게만 적용되는 개념이다.

흔히 작가와 사업가, 기술자들은 좌뇌가 우세하고 예술가와 안무가, 음악가는 우뇌가 우세한다고 말한다. 이와 같이 좌뇌가 분석적이고 우뇌는 예술적이라는 대중적인 인식은 일리가 있긴 하지만 지나친 단순화라고 할 수 있다. 뇌의 양쪽은 분석과 추상적인 사고에 함께 관여한다. 즉, 특정한 기능 일부가 확실히 한쪽의 지배를 받긴 하지만 모든 활동은 두 뇌반구의 협응으로 이루어진다.

예를 들어 음성 처리는 주로 좌뇌반구가 우세하다. 그러나 억양과 강세, 음고 패턴과 같은 음성 언어의 전체적인 측면은 우반구 손상으로 방해를 받는 경우가 더 많다. 진술과 질문을, 비꼬는 말과 진심을 구별하는 능력은 우뇌가 우세하며 운율이라고 부르는 비언어적 신호도 마찬가지다. 이때 자연스레 음악은 반대로 우반구에 위치한 처리 과정이 주로 우세하지 않을까 라는 의문을 가질 수 있다. 하지만 좌반구에 뇌손상을 입은 사례를 보면 많은 환자들이 말하는 능력을 잃고 음악 기능을 유지했지만 그 반대의 결과를 보이기도 했다. 이러한 사례를 통해 음악과 음성 언어는 일부 신경 회로를 공유할지 몰라도 완전히 겹치는 뉴런 구조를 사용하지는 않음을 알 수 있다.

한 음성을 다른 음성과 구별하는 일부 음성 언어의 특징은 좌반구가 우세해 보인다. 우리는 음악으로도 뇌의 좌우 기능 분화를 확인할 수 있다. 전체적인 선율의 음조곡선, 즉 음정을 무시한 선율의 단순한 모양은 좌반구에서 처리되며 음고가 서로 비슷한 음을 식별하는 과정도 마찬가지다. 좌반구는 언어 기능을 담당하는 뇌반구답게 노래와 연주자, 악기, 음정의 이름을 맞추는 능력에 관여한다. 뇌의 좌측은 몸의 오른쪽 절반을 제어하기 때문에 오른손을 사용하거나 오른쪽 시야로 악보를 보는 음악가들 역시 좌반구를 사용한다. 좌측 전두엽이 전개되는 음악 주제 선율을 추적하는 능력, 즉 조성이나 음계를 떠올리고 곡이 제대로 진행되는지 판단하는 능력에 관여한다는 새로운 증거도 발견됐다.

음악가는 언어적인 용어를 사용해 음악을 생각하고 말하는 법을 배우기 때문에 음악 훈련을 하면 일부 음악 처리가 심상적인 우반구에서 논리적인 좌반구로 옮겨가는 효과가 나타난다. 정상적인 발달 과정은 뇌반구 특수화를 심화시키는 것으로 보인다. 그래서 아이들의 경우 음악을 배웠는지 여부와 관계없이 어른보다 음악적 작업에서 특수화가 덜 나타난다.

뇌에서 기대감이 처리되는 과정을 살펴보려면 뇌가 시간에 따라 연속한 화성을 추적하는 방법이 가장 좋은 시작점이다. 음악은 시각 예술과 달리 시간에 따라 전개된다는 중요한 특징이 있다. 음이 연속해 펼쳐질 때 우리 뇌와 마음은 다음에 무엇이 올지를 예측한다. 이러한 예측은 음악적 기대감에서 필수적인 부분이다. 하지만 그에 대한 신경적 기초는 어떻게 연구해야 할까?

뉴런은 발화할 때 작은 전류를 생성하기 때문에 이 전류를 적절한 장비로 측정하면 뉴런이 발화하는 시기와 빈도를 알 수 있다. 이 장비를 뇌전도측정기(EEG, electroencephalograms)라고 한다. 장비의 전극은 손가락과 손목, 가슴에 심장 감시장치를 붙일 때처럼 (아프지 않게) 두피에 붙인다. EEG는 뉴런이 발화하는 타이밍에 굉장히 예민해 1천분의 1초(1밀리 초)의 해상도로 뉴런 활동을 감지할 수 있다. 하지만 여기에도 한계는 있다. EEG는 뉴런 활동으로 분비된 신경전달물질이 흥분성인지, 억제성인지, 혹은 다른 뉴런의 행동에 영향을 줄 수 있는 세로토닌이나 도파민과 같은 조절성 화학물질인지를 구별할 수 없다. 게다가 단일한 뉴런 발화로 일어난 전기 신호는 상대적으로 약하기 때문에 각각의 뉴런이 아닌 거대한 뉴런 집단의 동시다발적인 발화만을 포착한다.

EEG는 공간 해상도에도 한계가 있다. 즉, 역 포아송 문제로 알려진 현상 때문에 뉴런이 발화하는 위치를 파악하는 데 한계가 있다. 당신이 커다란 반투명 돔으로 덮인 축구장 안에 서 있다고 상상해보자. 당신은 손전등을 가지고 위쪽에 있는 돔의 안쪽 표면을 비출 수 있다. 그동안 나는 돔 바깥에서 돔 쪽을 향해 내려다보며 당신이 어디에 서 있는지를 예측해야 한다. 당신이 축구장 전체 중에 어디에 있더라도 돔 한가운데에 있는 특정한 지점에 빛을 비출 수 있기 때문에 내가 서 있는 위치에서는 모두 같은 위치로 보일 것이다. 그러므로 각도나 빛의 밝기에 약간의 차이가 있을 수 있지만 당신이 서 있을 위치에 대한 나의 예측은 모두 추정이 될 수밖에 없다. 게다가 빛이 돔에 도달하기 전에 거울과 같이 빛이 반사되는 표면을 거치기라도 했다면 나는 훨씬 혼란스러워질 것이다. 뇌의 전기 신호도 마찬가지다. 뇌의 표면이나 홈(뇌구) 안 깊은 곳에서 다양한 원인으로 발생하는 신호는 두피 밖에 있는 전극에 도달하기 전에 뇌구에서 반사될 수 있다. 그래도 음악적 움직임을 이해할 때는 EEG가 유용하다. 음악은 시간을 바탕으로 하고 EEG는 인간의 뇌를 연구할 때 흔하게 사용되는 도구 중에서 가장 좋은 시간 해상도를 가지기 때문이다.

슈테판 쾰슈Stefan Koelsch와 앙겔라 프리더리치Angela Friederici의 연구팀이 시행한 여러 시험을 통해 음악적 구조에 관여하는 신경 회로에 대해 배울 수 있다. 이 실험에서 실험자는 표준적이고 도식적인 방식으로 해결되는 화음 배열과 예상치 못한 화음으로 끝나는 배열 중에 하나를 연주한다. 화음이 시작되면 음악적 구조에 관여하는 뇌의 전기 활성도는 150~400밀리초 이내로 나타나고 음악적 의미와 관련된 활성도는 그보다 약 100~150밀리초 늦게 등장한다. 구조적 처리 과정, 즉 음악적 구성을 처리하는 영역은 브로카 영역과 같이 언어적 구성을 처리하는 양측 반구의 전두엽 영역과 일치하거나 겹치며 이 결과는 청자가 음악적 교육을 받았는지 여부와 관계없이 나타난다. 음악 의미론에 관여하는 영역, 즉 의미에 대한 음렬은 양측 반구의 측두엽 뒤쪽 부분, 즉 베르니케 영역 근처에서 나타난다.

뇌의 음악 체계의 작동은 언어 체계 작동과 기능적으로 서로 영향을 받지 않는 것으로 보인다. 외상 후 둘 중 한쪽 능력만 상실한 환자의 많은 사례 연구가 이를 뒷받침해준다. 그중 헤르페스 뇌염에 걸려 뇌손상을 입은 음악가이자 지휘자 클라이브 웨어링Clive Wearing의 사례가 가장 잘 알려져 있다. 올리버 색스Oliver Sacks의 보고에 따르면 클라이브는 음악과 아내에 대한 기억을 제외한 모든 기억을 상실했다. 환자가 언어와 다른 기억을 유지한 채 음악에 대한 기억만 잃은 사례도 있다. 왼쪽 피질 일부가 망가진 작곡가 라벨은 음고에 대한 감각을 선택적으로 상실했지만 음색에 대한 감각은 남아 있었기 때문에 그 결핍에서 영감을 얻어 음색의 다양함을 강조한 〈볼레로〉를 작곡했다. 아주 간단히 설명하자면 사실 음악과 언어는 일부 공통적인 신경 자원을 공유하는 동시에 서로에게 영향을 주지 않는 경로를 가지고 있다. 전두엽과 측두엽에서 언어와 음악을 처리하는 영역이 가깝게 위치하고 부분적으로 겹치기도 한다는 사실을 보면 음악과 언어에 활용되는 신경 회로가 처음에는 분화되지 않은 상태로 시작됐음을 알 수 있다. 신경세포 개체군의 기능은 서로 굉장히 비슷하게 시작하지만 경험이 쌓이고 정상적인 발달 과정을 겪으면서 분화된다. 그래서 아주 어린 나이의 아기들은 서로 다른 감각에서 들어오는 정보를 분리하지 못해 모든 감각이 환각적으로 조합된 공감각으로 세상을 경험한다. 아기들은 숫자 5를 빨강으로 보고 체다 치즈를 D플랫으로 맛보며 장미 향기를 삼각형으로 맡을지 모를 일이다.

뇌가 성숙 과정을 거치면 신경 경로에 연결을 잘라내거나 가지치기하면서 차이가 발생한다. 처음에는 시각과 청각, 미각, 촉각, 후각에 동일하게 반응하던 뉴런 무리가 특화된 네트워크로 변하는 것이다. 그러므로 음악과 언어도 모두 같은 신경생물학적 근원을 가지고 동일한 영역에서 시작돼 같은 특정 뉴런 네트워크를 사용했을지 모른다. 감각을 접하고 경험하는 횟수가 늘어가면서 발달 과정을 거치는 유아는 결과적으로 음악 전용 경로와 언어 전용 경로를 분화시킨다. 이렇듯 애니 파텔Ani Patel의 '구성적 통합 자원의 공유 가설'이라는 강력한 주장에 따르면 신경 경로들은 일부 공통 자원을 공유한다.

스탠퍼드 의학대학교의 시스템신경과학자인 비너드 메넌Vinod Menon은 나의 친구이자 공동 연구자로서 나와 같이 퀼슈와 프리더리치의 발견을 명확히 증명하고 파텔의 구성적 통합 자원의 공유 가설에 대한 확고한 증거를 발견하고자 했다. 이를 위해 우리는 뇌를 연구할 새로운 방법을 사용해야 했다. EEG의 공간 해상도는 음악적 구성의 신경 중심을 잡아낼 만큼 정교하지 못했기 때문이다.

혈액의 헤모글로빈은 약간의 자성을 띠기 때문에 자성의 변화를 추적할 수 있는 장치로 혈류의 변화를 추적할 수 있다. 이 장치를 자기 공명 화상법(MRI, magnetic resonance imaging machine) 장치라 하며 거대한 전자석으로 자성의 차이를 보여주는 기록을 뽑아 특정 시점에 혈액이 몸속 어디에서 흐르는지 알 수 있다. 참고로 영국 회사 EMI는 비틀스 앨범에서 얻은 상당한 이익을 재정으로 최초의 MRI 스캐너를 개발하는 연구를 수행했다. 비틀스의 노래

'아이 원 투 홀드 유어 핸드I Want to Hold Your Hand'에 '아이 원 투 스캔 유어 브레인I Want to Scan Your Brain'이라는 부제를 붙여도 좋을 것이다.

뉴런이 생존하려면 산소가 필요하고, 혈액은 산소를 붙잡은 헤모글로빈을 운반하기 때문에 우리는 뇌에서도 혈액의 흐름을 추적할 수 있다. 활발하게 발화하는 뉴런은 휴식 중인 뉴런에 비해 많은 산소를 필요로 하므로 우리는 특정 시점에 특정한 인지 작업에 관여하는 뇌의 영역에 혈액의 흐름이 늘어날 것이라 추정했다. 뇌 영역의 기능을 연구하기 위해 MRI 장치를 사용하는 이런 방식의 기술을 기능적 MRI(fMRI)라 한다.

fMRI 영상을 통해 우리는 뇌가 사고하는 동안 활발하게 기능하는 모습을 볼 수 있다. 상상으로 테니스 서브를 연습하면 혈액의 흐름이 운동 피질로 움직이는 모습을 볼 수 있다. fMRI는 공간 해상도가 아주 뛰어나서 움직이는 팔을 제어하는 운동 피질 부분을 관찰할 수 있을 정도다. 수학 문제를 풀기 시작하면 혈액은 전두엽과 계산 관련 문제 해결에 관여하는 특정 영역을 향해 움직이며 우리는 이러한 혈액의 움직임 후에 전두엽에 혈액이 몰리는 모습을 fMRI 스캔으로 볼 수 있다.

방금 설명한 프랑켄슈타인에나 어울릴 법한 과학, 즉 뇌 영상 과학이 인간의 마음을 읽을 수 있게 해줄까? 나는 당당히 그렇지 않으리라고 말할 수 있다. 적어도 가까운 미래에는 확실히 아니다. 뇌의 사고는 너무 복잡하고 굉장히 다양한 영역이 관여하기 때문이다. 예를 들어 나는 fMRI로 당신이 무성영화가 아니라 음악을 듣고 있다는 사실을 알 수 있다. 하지만 어떤 노래를 듣고 있는지, 무슨 생각을 하는지는 제쳐두고 듣는 노래의 장르가 힙합인지, 혹은 그레고리오 성가인지도 알 수 없다.

fMRI는 높은 공간 해상도 덕분에 뇌의 어디에서 무슨 일이 일어나는지

1~2밀리미터 단위로 알 수 있다. 문제는 혈액이 뇌에서 재분배되는 데 걸리는 시간의 길이, 즉 혈류역학적 지연 때문에 fMRI의 시간 해상도가 굉장히 좋지 않다는 점이다. 그러나 '언제' 음악적 구성과 구조가 처리되는지는 이미 연구됐기 때문에 우리는 그곳이 '어디'이고 언어에 기능한다고 알려진 영역과 어떤 연관이 있는지를 알아내려 했다. 결과는 정확히 우리가 예측한 대로였다. 우리는 뇌가 음악을 듣고 음악의 구성적 형질(구조)을 처리할 때, 안와부, 혹은 브로드만 영역 47이라고도 하는 좌반구 전두피질의 특정 영역이 활성화된다는 사실을 밝혀냈다. 연구에서 우리가 발견한 영역은 이전에 언어 구조 연구에서 활성화된 영역과 일부 겹치면서도 독특한 활성도를 보였다. 좌반구 활성화에 더해 우리는 우반구의 유사한 영역에서도 활성화를 발견했다. 이를 통해 음악 구조를 처리할 때 뇌의 양쪽을 모두 사용하고 언어 구조를 처리할 때는 좌측만 사용한다는 사실을 알 수 있었다.

가장 놀라운 점은 청각이 손상된 사람들이 수화로 대화를 나눌 때, 음악적 구조를 추적할 때 활성화된다고 밝혀진 좌반구 영역이 똑같이 활성화된다는 사실이다. 이를 통해 우리가 확인한 뇌의 영역이 단순히 화음 배열에만 반응하거나 구어 문장만 처리하지 않음을 알 수 있다. 우리가 확인한 영역은 시각, 즉 미국 수화 언어로 전달되는 단어를 시각적으로 조직했다. 다시 말해 시간에 따라 뇌에 전달되는 구조를 전반적으로 처리하는 뇌 영역이 존재한다는 증거였다. 이 영역으로 입력된 정보는 서로 다른 신경세포 집단에서 들어오지만 출력된 정보는 반드시 특정 네트워크를 통과했다. 그리고 이 영역은 시간에 따라 들어오는 정보를 조직해야 하는 모든 임무에서 항상 등장했다.

이처럼 음악을 담당하는 신경 조직에 대한 청사진은 점점 명확해지고 있다. 모든 소리는 고막에서 시작한다. 이 소리는 곧바로 음고로 분리된다. 곧이

어 음성과 음악은 별개의 처리 회로로 나뉜다. 음성 회로는 개별 음소, 즉 문자와 음성 체계를 구성하는 자모음을 분별하기 위해 신호를 분해한다. 음악 회로는 신호를 분해해 음고와 음색, 음조곡선, 리듬을 각각 분석하기 시작한다. 이러한 작업을 수행한 뉴런의 결과물은 전두엽 영역으로 옮겨가는데 전두엽은 이 결과물을 모두 하나로 합친 후, 결과의 시간 패턴에 어떤 질서나 구조가 있는지 확인한다. 전두엽은 해마와 측두엽의 안쪽 부위에 접속해 신호를 이해하는 데 도움이 될 만한 내용이 기억 창고에 있는지 확인한다. 이 소리 패턴을 들어본 적이 있는가? 있다면 언제인가? 이 패턴은 무엇을 의미하는 것일까? 현재 내 앞에 펼쳐진 음은 의미를 가진 더 큰 음렬의 일부일까?

지금까지 음악적 구조와 기대감에 대한 신경생물학적 기제를 일부 파헤쳐 봤다. 이제 우리는 정서와 기억의 바탕이 되는 뇌 기제에 대해 알아볼 준비를 마쳤다.

5장

전화번호부에서 이름을 검색해주세요

우리는 음악을 어떻게 분류할까?

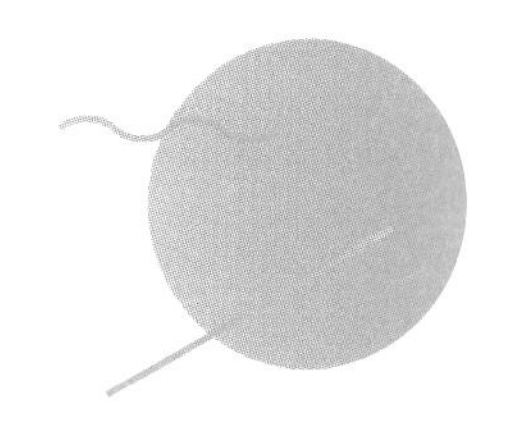

내가 기억하는 최초의 음악은 세 살 때 그랜드 피아노 밑에 누워서 듣던 어머니의 연주다. 나는 피아노 아래 복슬복슬한 녹색 양털 카펫 위에 누워 있었고 페달을 위아래로 움직이는 엄마의 다리밖에 볼 수 없었지만 그 소리에 완전히 사로잡혔다! 오른쪽에서는 낮은음, 왼쪽에서는 높은음의 소리가 바닥과 함께 내 몸을 통해 진동했다. 베토벤은 나에게 웅장하고 밀도가 높은 화음을, 쇼팽은 춤을 추듯 곡예를 부리는 음을, 어머니와 같은 독일인 출신인 슈만은 엄격하고 군인다운 리듬을 선보였다. 이렇듯 음악에 대한 첫 기억은 나를 무아지경에 빠트렸고 처음 경험하는 감각의 세계로 이끌었다. 음악이 연주되는 동안에는 시간조차 멈춘 것 같았다.

음악에 대한 기억은 다른 기억들과 무엇이 다를까? 어째서 음악은 사라지거나 잊힌 기억을 자극할까? 그리고 기대감은 어떻게 음악에서 정서적 경험을 불러일으킬까? 우리는 어떻게 전에 들었던 노래를 인식할 수 있을까?

곡조를 인식할 때에는 기억과 상호 작용하는 수많은 뉴런 연산이 복잡하게 관여한다. 이때 우리 뇌는 특정한 특징은 무시하면서 언제나 변하지 않는 특징에 초점을 맞추는 방식으로 노래에서 불변하는 특성을 추출해야 한다. 즉,

뇌의 연산 체계는 우리가 들을 때마다 일회성으로 변형되거나 특정한 상황에만 국한된 측면을 노래 안에서 일정하게 존재하는 측면과 구분할 수 있어야 한다. 만약 그렇지 않으면 우리는 노래의 음량을 바꿀 때마다 완전히 새로운 곡으로 느끼게 될 것이다! 노래의 근본적인 독자성과는 관계없이 변형될 수 있는 변수는 음량 말고도 많다. 예를 들어 악기 편성과 빠르기, 음고는 곡조 인식과는 무관한 특징으로 간주한다. 뇌는 노래의 독자성에 필수적인 특징을 추출하는 처리 과정에서 이러한 특징에 변화가 생기더라도 무시해야 한다.

곡조를 인식할 때는 음악 처리에 필요한 신경 체계가 굉장히 복잡하게 작동한다. 불변하는 특성을 순간의 특성과 분리하는 작업에는 연산 능력이 많이 소모되기 때문이다. 나는 1990년대 후반에 MP3 파일을 구별하는 소프트웨어 개발 회사에서 일한 적이 있다. 사실 많은 사람들이 컴퓨터에 사운드파일을 저장하지만 그중에는 파일명이 잘못돼 있거나 이름이 아예 없는 경우가 많다. 그러나 'Etlon John'처럼 잘못 적힌 스펠링을 고치거나 엘비스 코스텔로Elvis Costello의 '마이 에임 이즈 트루My Aim Is True'라고 적인 제목을 '앨리슨Alison'으로 고치기 위해 파일을 하나하나 살피고 싶어 하는 사람은 아무도 없다. '마이 에임 이즈 트루'를 노래 제목으로 많이 알고 있지만, 이는 후렴구에 반복되는 가사다.

노래에 자동으로 이름을 지정하는 작업은 생각보다 쉽게 해결할 수 있다. 각 노래에는 디지털 '지문'이 있기 때문에 올바르게 노래를 가려내려면 수십만 곡의 데이터베이스에서 노래를 효과적으로 검색하는 법만 알면 된다. 컴퓨터 과학에서 '순람표'라 부르는 이 방법은 출생일과 이름을 가지고 데이터베이스에서 주민등록번호를 검색하는 법과 비슷하다. 하나의 이름과 생년월일에는 보통 하나의 주민등록번호만이 주어진다. 마찬가지로 하나의 노래에는 그 노래에서 나타나는 특정 연주의 전체적인 소리를 표현하는 특정한 연속 디지털양이 주어진다. 프로그램은 이를 이용해 노래 제목을 기가 막히게 찾아낸다. 하지만 이 프로그램으로는 데이터베이스에서 같은 노래의 다른 버전을 찾을 수 없다. 예를 들어 내 하드드라이브에 8가지 버전의 '미스터 샌드맨Mr. Sandman'이 들어 있다고 할 때, 쳇 앳킨스Chet Atkins의 버전을 입력해서 짐 캠필롱고Jim Campilongo나 코데츠the Chordettes와 같은 다른 버전을 찾을 수는 없다. MP3 파일을 시작하게 해주는 숫자로 된 디지털 스트림은 우리가 선율과 리듬, 음량으로 쉽게 번역할 만한 정보를 주지 못하며 이런 번역을 가능하게 할 방법도 없기 때문이다. 프로그램은 연주에 따라 달라지는 세부 사항은 무시하고 선율과 리듬의 간격에서 상대적으로 불변하는 속성만 구별해낼 수 있어야 한다. 우리 뇌는 이러한 작업을 쉽게 할 수 있지만 현재까지 개발된 컴퓨터로는 시도조차 하지 못하고 있다.

컴퓨터와 인간의 능력 차이는 인간이 가진 기억의 기능과 본질에 대한 논쟁으로 연결된다. 여기서 최근의 실험들은 음악적 기억에 대한 실체를 가려낼 수 있는 결정적인 단서를 제공한다. 지난 백 년간 기억이론가들은 인간과 동물의 기억이 관계적인지, 아니면 절대적인지에 대해 격론을 펼쳤다. 관계적 기억 학파는 우리 기억 체계가 대상 자체에 대한 세부 내용이 아니라 대상과 개념 사이의 관계 정보를 저장한다고 주장한다. 이 견해는 우리가 기억에서 감각의 특성이 아니라 관계만으로 현실의 표상을 '구성'한다는 의미를 담고 있기 때문에 '구성주의'라고도 부른다. 그리고 이때 여러 세부 내용들은 즉석에서 채워지거나 재구성된다고 한다. 구성주의자들은 기억의 기능이 핵심을 보존하면서 무관한 세부 내용을 걸러내는 것이라고 믿는다. 이에 반대되는 이론은 '기록 보존' 이론이다. 이 견해를 지지하는 사람들은 기억이 테이프 녹음기나 디지털 비디오카메라와 같이 우리의 모든, 혹은 대부분의 경험을 정밀하고 완벽에 가깝게 보존한다고 주장한다.

여기서 음악은 논쟁에 불을 지피는 역할을 한다. 게슈탈트 심리학자들이 백 년 전에 주목했듯이 선율은 음고의 관계로 정의할 수 있으나 한편으로는 정밀한 음고로 구성되기 때문이다. 전자는 구성주의 관점을 뒷받침하며 후자는 음고가 기억으로 부호화되는 경우에만 해당하긴 하지만 그래도 기록 보존의 견해를 따른다.

현재까지 두 견해를 지지하는 수많은 증거들이 축적됐다. 구성주의에 대한 증거는 참가자들에게 음성을 듣도록 하거나(청각 기억) 문장을 읽어달라고 한 뒤(시각 기억) 그들이 듣고 읽은 내용을 기록한 연구에서 확인할 수 있다. 여러 번의 연구 결과 사람들은 문자 그대로 재현하는 능력이 뛰어나지 않았다. 즉, 전반적인 내용만을 기억할 뿐 세세한 글귀는 기억하지 못했다.

그 밖에도 기억의 순응성을 암시하는 몇 가지 연구가 있다. 순응성이란 기억을 검색할 때 사소하게 느껴지더라도 간섭이 있으면 정확성에 강력한 영향을 미친다는 개념이다. 이와 관련해 법정에서 증인의 증언에 대한 정확성에 관심을 가진 워싱턴대학교의 엘리자베스 로프터스Elizabeth Loftus는 중요한 일련의 연구를 수행했다. 로프터스는 실험 대상에게 비디오테이프를 보여주고 그 내용에 대해 유도형 질문을 던졌다. 예를 들어 차 두 대가 부딪힐 듯이 지나가는 장면을 보여줬을 때는 실험 대상의 한 집단에 이렇게 물었다. "차가 서로 스쳐 지나갈 때 얼마나 빨랐나요?" 다른 집단에게는 이렇게 물었다. "차가 서로 부딪혔을 때 얼마나 빨랐나요?" 이렇게 표현 하나를 교체했을 때 두 차의 속도에 대한 목격자의 추정에 극적인 차이가 발생했다. 그 뒤 로프터스는 일주일 후 실험 대상들을 불러 이렇게 물었다. "유리창은 몇 개가 깨졌나요?” 참고로 해당 장면에서 유리창은 깨지지 않았다. ‘부딪혔을 때’라는 표현으로 질문을 받았던 실험 대상들은 비디오에서 깨진 유리를 ‘기억한다’고 보고한 비율이 높았다. 즉, 실제로 무엇을 보았는지에 대한 그들의 기억은 실험자가 일주일 전에 물었던 간단한 질문을 바탕으로 재구성됐다는 의미다.

이와 같은 발견을 바탕으로 연구자들은 인간의 기억은 별로 정확하지 않으며 불명확하고 단편적인 조각으로 구성된다는 결론을 내렸다. 기억 검색은 (어쩌면 기억 저장도) 인지적 완성이나 메우기와 비슷한 처리 과정을 거친다. 아침 식사를 하면서 전날 꾼 꿈에 대해 말해본 적이 있는가? 보편적으로 꿈에 대한 우리의 기억은 영상적인 파편으로 나타나며 장면의 전환이 명확하지 않은 경우도 있다. 그러므로 꿈을 이야기할 때는 공백이 있음을 알아차리더라도 빈 곳을 메우며 이야기를 전개할 수밖에 없다. 예를 들어 당신은 이렇게 이야기를 시작할 수 있다. “내가 사다리 위에 선 채로 야외에서 시벨리우스 연주회를 듣고 있는데 하늘에서 사탕이 비처럼 떨어지는 거야…” 하지만 다음 장면에서는 당신이 사다리를 반쯤 내려와 있다. 그리고 꿈을 되짚을 때 사라진 정보는 자연스럽게 자동으로 채운다. “나는 사탕 비를 피하려면 피신처로 가야겠다고 생각해서 사다리를 내려가기 시작했어…”

좌뇌에서는, 그리고 어쩌면 왼쪽 관자놀이 바로 뒤에 있는 안와전두피질이라는 영역도 이런 방식으로 말한다. 우리가 지어내는 이야기는 거의 항상 좌뇌를 통해 나온다. 좌뇌는 뇌에서 습득한 제한된 정보를 바탕으로 이야기를 구성한다. 좌뇌는 최대한 일관성 있게 들리도록 노력하기 때문에 보통은 이야기를 바로잡을 수 있다. 마이클 가자니가Michael Gazzaniga는 난치성 뇌전증을 완화하기 위해 경계절제술로 양측 반구를 외과적으로 분리한 환자들을 다루며 이러한 특징을 발견했다. 우리 몸에서 입력과 출력은 대부분 대측성을 가지기 때문에 좌뇌는 우리 몸의 오른쪽에 대한 움직임을 제어하며 오른쪽 눈으로 들어온 정보를 처리한다. 이를 이용해 가자니가는 환자의 오른쪽 눈을 통해 좌뇌에 닭의 발톱 사진을 보여주고 왼쪽 눈을 통해 우뇌에 눈 덮인 집 사진을 보여줬다. 이때 양 눈 사이에는 가림막을 세워 사진이 하나씩만 보이도록 했다. 그리고 환자에게 여러 그림 중에서 방금 본 사진과 가장 연관된 것을 고르게 하자 환자의 좌뇌는 오른손으로 닭을 가리키게 하고 우뇌는 왼손으로 삽을 가리키게 했다. 닭과 발톱, 눈 덮인 집과 삽은 연관성이 있기 때문에 여기까지는 좋다. 하지만 가자니가가 가림막을 치운 뒤 환자에게 왜 삽을 골랐냐고 묻자 환자의 좌뇌는 닭과 삽을 본 뒤 두 그림과 일치하는 이야기를 만들어냈다. "닭장을 청소하려면 삽이 필요하니까요." 환자는 이렇게 대답하면서도 자신이 비언어적인 우뇌를 통해 눈 덮인 집을 봤고, 즉석에서 변명을 만들어내고 있다는 사실을 인식하지 못했다. 구성주의자들의 득점이 1점 추가되는 순간이다.

1960년대 초기에 MIT에서 게슈탈트 심리학자의 중심축을 담당하던 벤저민 화이트Benjamin White는 음고와 박자에 조옮김이 일어났음에도 노래가 어떻게 독자성을 유지할 수 있는지 의문을 가졌다. 화이트는 '덱 더 홀'과 '마이클, 로 유어 보트 어쇼어Michael, Row Your Boat Ashore'와 같이 잘 알려진 노래를 체계적으로 변환했다. 화이트는 모든 음고를 조옮김하거나 음조곡선을 유지하면서 음정 크기를 줄이거나 늘려 음고 거리를 바꾸었으며 곡조를 거꾸로, 앞으로 연주하고 리듬을 바꾸기도 했다. 그러나 거의 모든 경우에 사람들은 변형된 곡조를 예상보다 더 쉽게 인식했다.

화이트는 대부분의 청자들이 오류 없이 바로 조옮김을 알아차릴 수 있음을 보여줬다. 청자들은 원래 곡조가 어떤 식으로 변형이 되더라도 인식할 수 있었다. 구성주의자들의 해석에 따르면 기억 체계는 노래에 대한 일반적이고 변함없는 정보를 일부 추출하고 저장한다. 기록 보존에 관한 설명이 옳다면 우리는 조옮김된 노래를 들을 때마다 실제 연주에 관해 우리 뇌에 저장된 단일한 표상과 새로운 버전을 비교하면서 새로 계산을 해야 한다. 하지만 이 연구 결과를 보면 우리 뇌는 기억에서 추상적인 개념을 추출해두고 나중에 사용하는 것으로 보인다.

기록 보존에 관한 설명은 내가 좋아하는 게슈탈트 심리학자들이 말했듯 '모든 경험은 뇌에 흔적과 잔재를 남긴다'는 오래된 발상을 따른다. 게슈탈트 심리학자들은 경험이 흔적으로 저장되고 우리가 기억에서 경험을 검색할 때 그 흔적이 재활성화된다고 말한다. 수많은 실험적 증거 역시 이 이론을 뒷받침하고 있다. 그중 한 실험에서 로저 셰퍼드는 사람들에게 수백 장의 사진을 각각 몇 초씩 보여줬다. 일주일이 흐른 뒤 그는 실험 대상들을 다시 실험실로 데려와 이전에 봤던 사진 몇 장과 함께 보지 못한 새로운 사진 몇 장을 함께 보여줬다. 대부분의 '새로운' 사진은 돛단배 돛의 각도나 배경에 세워 놓은 나무의 크기가 이전 사진과 미묘하게 달랐다. 그러나 실험 대상들은 놀라운 정확도로 일주일 전에 봤던 그림을 기억할 수 있었다.

더글러스 힌츠먼Douglas Hintzman은 사람들에게 서체와 대소문자를 다르게 사용하는 글자를 보여줬다. 예를 들어 'Flute'와 같은 글자를 제시했을 때 실험 대상들은 핵심 기억에 대한 연구와 정반대로 특정한 서체까지 기억할 수 있었다.

또한 우리는 사람들이 수천까지는 아니어도 수백 가지 목소리를 구별할 수 있음을 경험을 통해 알고 있다. 우리는 단어 하나만 들어도 정체를 밝히지 않은 사람이 엄마라는 사실을 알아차린다. 배우자의 목소리를 알아차리는 것은 물론이고 음색만으로도 감기에 걸렸는지, 화가 났는지 알 수 있다. 게다가 잘 알려진 목소리는 수백까지는 아니더라도 수십 가지 정도를 쉽게 구별할 수 있다. 우디 앨런이나 리처드 닉슨, 드루 배리모어, W. C. 필즈, 그루초 막스, 캐서린 헵번, 클린드 이스트우드, 스티브 마틴을 예로 들 수 있다. 우리는 그 사람들이 특정 문장이나 유행어를 말할 때마다 목소리를 기억에 담아둔다. 이처럼 우리가 핵심 내용이 아닌 특정한 단어와 목소리를 기억한다는 사실은 기록 보존 이론을 뒷받침한다.

반면 유명인의 목소리를 흉내 내는 코미디 공연 속 재미있는 농담 중에는 종종 실제 유명인이 절대 하지 않은 구절이 들어가기도 한다. 이 코미디가 먹히려면 우리는 한 사람의 목소리 음색을 실제 단어와 독립적인 일종의 기억 흔적으로 저장해야 한다. 이는 우리가 기억에 특정 세부 내용이 아닌 목소리의 추상적인 특성만을 부호화함을 뜻하기 때문에 기록 보존 이론과 상충한다. 하지만 여기서 음색이 다른 소리의 특성들과 분리 가능하다고 주장할 수도 있다. 뇌가 특정한 음색값을 기억 속에 부호화한다고 하면 기억의 '기록 보존' 이론을 유지할 수 있고 처음 들어보는 노래를 연주하는 클라리넷 소리를 구별할 수 있는 이유 역시 설명할 수 있다.

신경심리학 문헌에서 가장 유명한 사례를 뽑자면 이니셜 S로만 알려진 러시아 환자의 예를 들 수 있다. S는 A. R. 루리아A. R. Luria라는 내과의사에게 기억을 모두 잃는 기억상실증과 정반대로 모든 것을 기억하는 기억과잉장애 진단을 받았다. 기억과잉장애 환자는 한 사람이 취하는 여러 모습이 동일한 사람에게서 비롯한다는 사실을 인식할 수 없다. 예를 들어 환자들은 한 사람의 웃는 얼굴과 찌푸린 얼굴을 각각 다른 얼굴로 인식한다. S는 여러 각도에서 보이는 사람의 얼굴들과 다양한 얼굴 표정을 동일한 사람의 일관된 표상으로 통합하는 데도 어려움을 겪었다. 그는 루리아 박사에게 이렇게 하소연했다. "사람들은 표정이 너무 많아요!" S는 오직 기록 보존 체계만 멀쩡했기 때문에 추상적인 개념을 형성하지 못했다. 우리가 구어를 이해하려면 사람에 따라 단어를 발음하는 방식에서 오는 차이와 문맥에 따라 한 사람이 주어진 음소를 발음하는 방식의 차이를 무시해야 한다. 기록 보존 이론으로 이러한 현상을 어떻게 설명할 수 있을까?

과학자들은 세상을 체계적으로 정리하고 싶어 한다. 과학적으로 두 이론이 각각 다른 예측을 하도록 두길 원하지 않는다. 다시 말해 논리적 세상을 잘 다듬어 여러 이론 중에 하나만 선택하거나 모든 현상을 설명할 수 있는 통합된 세 번째 이론을 만들기를 원한다. 그렇다면 어떤 이론이 옳을까? 기록 보존일까, 아니면 구성주의일까? 간단히 답하자면 둘 다 아니다.

앞서 설명한 연구와 비슷한 시기에 범주와 개념에 대한 새롭고 획기적인 연구가 탄생했다. 범주화는 생명체의 기본 기능이다. 모든 대상은 고유하지만 우리는 각각의 대상을 어떤 부류나 범주의 구성원으로 취급하곤 한다. 이와 관련해 아리스토텔레스는 인간이 어떻게 개념을 형성하는지에 대한 방법론으로 현대 철학자와 과학자들이 사고하는 방식의 기초를 다졌다. 아리스토텔레스는 특징의 목록을 규정함으로써 범주를 정의할 수 있다고 주장했다. 예를 들어 우리는 '삼각형' 범주에 대한 내적 표상을 마음속에 가지고 있다. 이 범주에는 우리가 지금껏 본 모든 삼각형의 그림, 혹은 심적 영상이 포함되며 새롭게 상상한 삼각형도 들어갈 수 있다. 삼각형 범주의 본질에서 범주를 구성하고 범주의 자격에 대한 경계를 결정하는 정의는 다음과 같다. '삼각형은 세 개의 변으로 이루어진 도형이다.' 수학 교육을 받은 사람이라면 좀 더 자세한 정의를 내릴 수 있다. '삼각형은 세 변을 가진 닫힌 도형으로 내각을 더하면 180도가 된다.' 이 정의에 다음과 같은 삼각형의 하위 범주를 더할 수 있다. '이등변삼각형은 두 변의 길이가 같다. 정삼각형은 세 변의 길이가 같다. 직각삼각형에서 두 변의 제곱을 더한 값은 빗면의 제곱과 같다.'

우리는 모든 종류의 생물과 무생물을 범주화한다. 아리스토텔레스의 주장에 따르면 우리는 새로운 삼각형이나 이전에 본 적 없는 강아지와 같이 새로운 항목을 발견했을 때 범주의 정의와 비교하고, 대상의 특성에 대한 분석을 바탕으로 특정 범주에 배치한다. 아리스토텔레스에서 로크를 거쳐 현재에 이르기까지, 우리는 범주를 논리의 문제로 판단했고 특정 대상들을 범주의 밖이나 안에 배치했다.

그렇게 범주라는 주제에 대해서 괄목할 만한 발전 없이 2,300년이 흘렀을 때 루트비히 비트겐슈타인Ludwig Wittgenstein은 간단한 질문 하나를 던졌다. 게임이란 무엇인가? 이 질문은 범주 형성에 대한 실증주의 연구의 르네상스를 열었다. 엘리너 로쉬Eleanor Rosch는 오리건주의 포틀랜드의 리드 칼리지에서 비트겐슈타인에 대한 철학 학사논문을 쓴 뒤 이 논쟁에 참여했다. 로쉬는 수년간 철학과 대학원에 진학할 계획을 세우고 있었지만 비트겐슈타인을 연구한 1년 동안 철학을 통해 완전히 '치유'됐다고 말했다. 현대의 철학이 막다른 길에 부딪혔음을 느낀 로쉬는 어떻게 하면 철학적 발상을 실증적으로 연구할 수 있을지, 새로운 철학적 사실을 어떻게 발견할 수 있을지 의문을 가졌다. 내가 UC 버클리에서 교직에 섰을 때 교수였던 로쉬는 철학이 이미 뇌와 마음의 문제에서 할 수 있는 모든 연구를 마쳤으며 앞으로 나아가기 위해서는 실험적 연구가 필요하다고 말했다. 오늘날 로쉬의 뒤를 잇는 많은 인지심리학자들은 자신들의 분야를 적절하게 표현한 말로 '실증적 철학'을 떠올린다. 즉,

전통적으로 철학자들의 무대였던 문제와 질문에 실험적으로 접근한다는 뜻이다. 마음의 본질은 무엇일까? 사고는 어디서 비롯할까? 로쉬는 결국 하버드 인시심리학과에서 박사 학위를 받았나. 그리고 로쉬의 박사 학위 논문은 범주에 대한 과학자들의 생각을 바꿔놓았다.

비트겐슈타인은 범주가 무엇인지에 대한 엄격한 정의에 문제를 제기하며 아리스토텔레스의 이론에 타격을 줬다. 비트겐슈타인은 '게임'이라는 범주를 예로 들어 모든 게임을 포괄할 수 있는 정의는 없다고 주장했다. 예를 들어 우리는 게임을 다음과 같이 설명할 수 있다. (1) 재미나 오락을 위한 활동, (2) 여가 행위, (3) 아이들이 주로 하는 활동, (4) 특정한 규칙이 있는 활동, (5) 어떤 방식으로든 경쟁하는 행위, (6) 두 명 이상의 사람이 참여하는 행위. 하지만 각 정의는 그에 대한 반대 사례로 인해 무너질 수 있다. (1) 올림픽에서 운동선수들은 재미를 느끼는가? (2) 프로축구는 여가 행위일까? (3) 스쿼시나 포커는 아이들이 주로 하지 않는다. (4) 아이들이 재미로 벽에 공을 던지는 활동에는 규칙이 있는가? (5) 링-어라운드-로지(자리 차지하기 놀이)에서는 누구도 경쟁하지 않는다. (6) 카드 게임 솔리테르는 두 명 이상의 사람이 참여하지 않는다. 어떻게 하면 이와 같은 정의에서 벗어날 수 있을까? 대안은 없을까?

비트겐슈타인은 범주 조건을 정의가 아니라 '가족 유사성'으로 결정해야 한다고 제안했다. 우리는 이전에 게임이라고 불렀던 항목들과 유사한 행위를 게임이라고 부른다. 만약 우리가 비트겐슈타인 가족 모임에 참석한다면 가족 구성원들이 공유하는 특정한 특징을 찾을 수 있을 것이다. 그러나 가족 구성원이 절대적으로, 분명하게 가져야 하는 신체적 특징은 없다. 사촌은 고모 테시의 눈을 닮고 다른 누군가는 비트겐슈타인의 턱을 가졌을 수 있다. 일부 가족 구성원은 할아버지의 이마를 닮고 다른 구성원은 할머니의 빨간 머리색을 물려받을 수 있다. 이처럼 대상에게 범주의 정의에 대한 고정된 목록을 적용하는 대신 가족 유사성에서 활용하는 특징들은 대상에게 존재하거나 존재하지 않을 수 있다. 또한 특징의 목록은 변동될 수 있다. 예를 들어 어느 시점에 빨간색 머리가 혈통에서 사라졌다면 우리는 특징의 목록에서 해당 항목을 제외하면 된다. 만약 몇 세대 이후에 다시 이 특징이 튀어나온다면 우리의 개념 체계에 해당 특징을 다시 포함할 수도 있다. 이와 같은 선구적인 발상은 현대 기억 연구에서 가장 강력한 이론으로 꼽히는 더글러스 힌츠먼의 '다중 흔적 기억 모형'의 기초가 됐으며 최근에는 애리조나대학교의 스티븐 골딩거Stephen Goldinger라는 훌륭한 인지과학자가 그 뒤를 이어받았다.

'음악'은 어떻게 정의할 수 있을까? 헤비메탈이나 클래식, 컨트리와 같은 음악의 종류는 어떻게 정의할까? 이러한 시도는 '게임' 범주에서처럼 분명 실패할 것이다. 예를 들어 우리는 헤비메탈을 다음과 같은 음악 장르로 정의할 수 있다. (1) 디스토션 일렉트릭기타 소리가 들어간 음악, (2) 묵직하고 시끄러운 드럼 소리가 들어간 음악, (3) 스리 코드나 파워 코드로 구성된 음악, (4) 섹시한 리드보컬이 보통 상의를 탈의한 채로 땀을 흘리며 무대 위에서 마이크 스탠드를 밧줄처럼 돌리는 음악, (5) 이름에 움라우트(··)가 들어간 그룹이 연주하는 음악. 하지만 이러한 엄격한 정의는 쉽게 무너트릴 수 있다. 대부분의 헤비메탈 노래에 나오긴 하지만 디스토션 일렉트릭기타는 마이클 잭슨의 '비트 잇Beat It'과 같은 노래에서도 등장한다. 실제로 헤비메탈의 신으로 불리는 에디 반 헤일런이 이 노래에서 기타 솔로를 연주했다. 심지어 카펜터스 노래에도 디스토션 기타 소리가 등장하지만 누구도 이 노래를 '헤비메탈'이라고 부르지 않는다. 반대로 헤비메탈 장르를 탄생시킨 전형적인 헤비메탈 밴드 레드 제플린의 노래 중에는 디스토션 기타 소리가 전혀 들어가지 않는 경우가 여럿 있다. 예로 '브로니로 스톰프Bron-Yr-Aur Stomp', '다운 바이 더 시사이드Down by the Seaside', '고잉 투 캘리포니아Goin' to California', '더 배틀 오브 에버모어The Battle of Evermore'가 있다. 레드제플린의 '스테어웨이 투 헤븐Stairway to Heaven'은 전형적인 헤비메탈 노래이지만 노래의 90퍼센트가 진행될 동안 무겁고 시끄러운 드럼이 (그리고 디스토션 기타 소리도) 등장하지 않으며 스리 코드만 있지도 않다. 게다가 라피Raffi의 곡 대부분을 포함해 많은 노래들은 헤비메탈이 아니면서도 스리 코드와 파워 코드가 나온다. 또한 메탈리카는 분명 헤비메탈 밴드이지만 누구도 리드보컬이 섹시하다고 말하지 않는다. 모틀리 크루Mötley Crüe, 블루 오이스터 컬트Blue Öyster Cult, 모터헤드Motörhead, 스파이널 탭Spiñal Tap, 퀸스라이크Queensrÿche에는 쓸데없이 움라우트가 붙어 있지만 레드 제플린, 메탈리카, 블랙 사바스, 데프 레파드, 오지 오스본, 트라이엄프 등 그렇지 않은 밴드도 많다. 이처럼 음악 장르에 대한 정의는 별로 유용하지 않다. 우리는 그저 가족 유사성에 따라 헤비메탈과 비슷한 음악을 헤비메탈이라고 부른다.

비트겐슈타인에 대한 지식으로 무장한 로쉬는 대상이 범주 구성원에 가깝거나 동떨어져 존재할 수 있다고 주장했다. 그리고 아리스토텔레스가 믿었던 흑백논리와 달리 구성원을 떠올리게 하는 특성이 있더라도 범주에 들어맞는 정도가 서로 다르며, 미묘한 차이가 있을 수 있다고 생각했다. 울새는 새일까? 대부분의 사람들을 그렇다고 답할 것이다. 그렇다면 닭은 새일까? 펭귄은 어떨까? 대부분의 사람들은 약간의 망설임 뒤에 그렇다고 답하면서도 닭과 펭귄은 새의 좋은 예, 혹은 범주의 전형적인 예가 아니라고 덧붙일 것이다. 이런 특징은 "닭은 '엄밀히 따지면' 새지."라던가 "맞아, 펭귄은 새야, 하지만 다른 새들처럼 날지는 못해."와 같이 우리가 일상적인 대화에서 언어적 방벽을 세우는 식으로 반영된다. 로쉬는 비트겐슈타인의 뒤를 따라 범주가 항상 명확한 경계를 설정하지는 않기에 경계가 흐릿할 수 있다는 사실을 밝혔다. 그러므로 구성원을 결정하는 질문에는 논란과 의견 차이가 발생할 수 있다. 흰색도 색으로 볼 수 있을까? 힙합은 정말 음악일까? 프레디 머큐리Freddie Mercury 없이 남은 멤버들이 공연을 한다면 퀸이라고 할 수 있을까? 혹은 그 공연에 150달러를 쓸 가치가 있을까? 로쉬는 '오이가 과일인가, 채소인가?'와 같은 질문에서처럼 사람에 따라 범주화에 대한 의견이 불일치할 수 있고 같은 사람의 경우에도 '아무개가 내 친구인가?'와 같이 같은 사람에게도 때에 따라 범주가 달라질 수 있다고 설명했다.

다음으로 로쉬는 이전까지 범주를 연구한 실험이 모두 실제 세상과 전혀 관련이 없는 인위적인 개념과 자극을 사용했음을 간파했다. 게다가 이렇게 제어된 실험은 의도치 않게 실험자의 이론에 편향되는 방식으로 구성됐다! 이러한 문제점은 실증적 과학에서 항상 과학자들을 괴롭혀온 문제, 즉 실험적으로 철저하게 제어한 환경과 실제 환경 사이에서 무엇을 선택할지와 관련된 갈등을 분명히 보여준다. 과학자는 이따금 하나를 이루려면 다른 하나와는 타협을 해야 하는 균형 문제에 부딪힌다. 과학적인 실험에서는 연구의 바탕이 되는 현상에 대해 확고한 결론을 이끌어내기 위해 가능한 모든 변수를 통제해야 한다. 하지만 통제를 하다 보면 종종 실제 세상에서는 절대 마주칠 수 없는 자극과 상황, 다시 말해 타당하지 않으며 실제 세상과 크게 동떨어진 상황으로 이어질 수 있다. 이와 관련해 영국의 철학자 앨런 와츠Alan Watts는 《불안이 주는 지혜The Wisdom of Insecurity》에서 이렇게 기술했다. "강을 연구하고 싶다면 강가에서 물을 한 양동이를 퍼낸 뒤 바라만 봐선 안 된다. 강은 물이 아니며 강에서 물을 떠내는 순간 강은 움직임이나 활성, 흐름과 같은 필수적인 특성을 잃게 된다." 로쉬는 과학자들이 인위적인 방식으로 범주를 연구하면서 범주의 흐름을 망친다고 생각했다. 지난 십 년간 음악에 대한 여러 신경과학 연구에서 발생한 문제도 이와 다르지 않다. 너무도 많은 과학자들이 인위적인 소리를 이용한 인위적인 선율을 연구하고 있다. 그 소리들은 무얼 연구하고 있는지도 불분명할 정도로 음악에서 너무 동떨어져 있다.

마지막으로 로쉬는 우리의 지각 체계나 개념적 체계에서 지배적인 위치를 차지하고 있는 특정 자극이 범주의 원형이 된다는 통찰력을 보여줬다. 그리고 이 원형을 중심으로 범주가 형성된다. 우리의 지각 체계에서 '빨간색'과 '파란색'과 같은 범주는 망막의 생리 작용으로 발생한다. 이때 어떤 빨간색은 다른 색보다 보편적으로 좀 더 선명하고 주요한 색으로 여겨지는데, 빛의 특정한 파장이 우리 망막에 있는 '빨간색' 수용체를 최대로 발화시키기 때문이다. 우리는 이처럼 주요하고 중심이 되는 색을 중심으로 범주를 형성한다. 로쉬는 언어에 색을 뜻하는 단어가 '밝다'와 '어둡다'를 뜻하는 밀리mili와 몰라mola 두 개밖에 없는 뉴기니의 다니 부족 사람들을 대상으로 이 이론을 실험했다.

로쉬는 우리가 빨간색이라고 부르고 가장 붉다고 생각하는 색이 문화적으로 결정되거나 학습되지 않는다는 사실을 확인하고 싶었다. 즉, 다양한 빨간색들을 보고 우리가 특정한 색을 고르는 이유는 특정한 색이 가장 붉다고 배웠기 때문이 아니라 감각의 생리 작용이 그 색에 지배적인 지각 위치를 부여했기 때문이라고 생각했다. 실험 대상인 다니 부족은 언어에 빨간색이라는 단어가 없으며 가장 붉은색과 덜 붉은색이 무엇인지 훈련받은 적이 없었다. 로쉬는 실험 대상들에게 다양한 명암의 빨간색을 칠한 조각을 수십 가지 보여주고 해당 색을 대표하는 조각을 고르도록 했다. 그 결과 미국인이 골랐던

'빨간색'을 압도적으로 많이 택했으며 해당 색을 더 잘 기억했다. 다니 부족이 이름을 구별하지 않던 녹색이나 파란색과 같은 다른 색들도 결과는 같았다. 이 결과를 통해 로쉬는 다음과 같은 사실을 밝혔다. (1) 범주는 원형을 중심으로 형성되며, (2) 원형은 생물학적, 혹은 생리적 작용을 바탕으로 하고, (3) 범주 구성원이 무엇인지는 다른 대상들에 비해 얼마나 원형에 '가까운' 특징을 가졌는지에 따라 판단한다. (4) 새로운 항목은 원형과 비교해 판단하고 그 결과 범주 구성원의 변동 범위가 만들어진다. 마지막으로 (5) 범주에는 모든 구성원이 공통적으로 공유하는 어떤 속성도 필요치 않으며 경계가 명확할 필요도 없다는 주장으로 아리스토텔레스 이론을 반박했다.

우리 연구 팀 역시 비공식적으로 음악 장르에 대한 실험을 통해 비슷한 결과를 얻은 바 있다. 사람들이 '컨트리 음악'이나 '스케이트 펑크', '바로크 음악'과 같은 음악의 범주에서 원형이 되는 노래가 무엇인지 합의할 때도 같은 원리를 적용한다. 사람들은 특정 노래나 집단을 원형에 비해 좋지 않은 예로 취급하는 경향이 있다. 예를 들어 카펜터스 음악은 '진정한' 록 음악이 아니고 프랭크 시나트라 음악은 '진짜' 재즈가 아니라거나 적어도 존 콜트레인만큼 재즈답지 않다는 식으로 말한다. 심지어 사람들은 예술가 한 명에 대한 범주 안에서도 원형 구조와 비슷하게 등급을 매긴다. 만약 당신이 비틀스 노래를 한 곡 골라달라고 했을 때 내가 '레볼루션 9 Revolution 9'을 선택했다면 당신은 내가 비협조적으로 군다고 생각하며 이렇게 불평할 것이다. "그래요… '원칙적으로' 이 곡이 비틀스 작품인 건 맞지만, 그런 의미로 말한 게 아니잖아요!" 참고로 이 곡은 존 레넌이 엮은 실험적인 테이프 작업으로, 원래 음악에 선율과 리듬이 없으며 아나운서가 '넘버 9, 넘버 9'을 반복하며 시작한다. 마찬가지로 1950년대 두왑으로 구성된 앨범 〈에브리바디스 록킹 Everybody's

Rockin'〉은 닐 영Neil Young을 대표하지 않으며 닐 영의 전형적인 앨범도 아니다. 조니 미첼Joni Mitchell이 찰스 밍거스Charles Mingus와 함께 만든 재즈 역시 우리가 조니 미첼을 떠올릴 때 보통 생각하는 재즈가 아니다. 실제로 닐 영과 조니 미첼은 각자의 양식과 다른 노래를 만들었다는 이유로 각각 음반사에게 계약 해지 위협을 받기까지 했다.

우리는 우리를 둘러싼 세상을 이해할 때 한 명의 사람이나 한 그루의 나무, 노래 한 곡과 같이 개별적인 특정한 사례에서 시작한다. 그리고 세상을 경험하면서 우리 뇌는 거의 매번 이러한 대상들을 특정 범주의 구성원으로 처리한다. 로저 셰퍼드는 지금까지 언급한 논의에서 발생한 일반적인 쟁점을 진화의 관점에서 설명했다. 그의 의견에 따르면 모든 고등 동물들은 해결해야 할 기본적인 세 가지 외형—현실 문제에 부딪힌다. 생존을 위해, 먹을 만한 음식과 물, 쉴 곳을 찾기 위해, 포식자를 피하기 위해, 짝짓기를 하기 위해 개체들은 이 세 가지 상황을 처리해야만 한다.

첫째, 대상의 외양이 비슷하더라도 본질은 다를 수 있다. 즉, 대상들이 우리의 고막과 망막, 미뢰, 촉각 감지기에서 동일하거나 거의 흡사한 자극 패턴을 만들어내더라도 실제로는 완전히 다른 대상일 수 있다. 예를 들자면 나무 위에서 내가 본 사과는 지금 내 손에 쥐고 있는 사과와 다른 사과일 수 있다. 교향곡에서 들리는 각각의 바이올린 소리는 모두 같은 음을 연주하고 있더라도 서로 다른 악기들로 이루어져 있다.

둘째, 대상의 외양이 다르더라도 본질은 같을 수 있다. 사과는 위에서 보거나 옆에서 볼 때 완전히 다른 모습으로 보인다. 대상을 성공적으로 인지하려면 이렇게 분리된 시점을 일관된 대상의 표상으로 통합할 수 있는 연산 체계가 필요하다. 즉, 감각 수용체에 들어온 활동 패턴들이 독특하고 서로 겹치지 않더라도 결정적인 정보를 추출해서 단일 대상에 대한 표상을 만들어낼 수 있어야 한다. 예를 들어 직접 두 귀로만 들어온 누군가의 목소리가 전화기 너머로 한쪽 귀를 통해 들릴 때에도 둘 다 같은 목소리임을 인식해야 한다.

셋째, 외양—현실과 관련된 문제는 고차원의 인지 처리 과정을 일으킨다. 앞의 두 문제는 단일한 대상이 다양한 시점으로 발현되거나 여러 대상이 거의 동일한 시점을 표현할 수도 있다는 사실을 이해하는 지각 처리였다. 세 번째는 다르게 표현되는 대상을 같은 종류로 판단하는 문제다. 다시 말해 범주화에 관한 쟁점으로 가장 강력하고 진보한 원리라고 할 수 있다. 모든 고등 포유동물과 여러 하등 포유동물을 비롯한 새, 심지어 물고기까지도 범주화를 사용한다. 범주화 능력은 서로 다르게 보이는 대상을 같은 종류로 취급하는 능력을 포함한다. 예를 들어 우리는 빨간 사과와 녹색 사과가 다르게 보이더라도 둘 다 사과로 인식하고 어머니와 아버지는 생김새가 다르지만 둘 다 위급한 상황에서 의지할 수 있는 부양자로 분류할 수 있다.

이때 개인이 환경에 적응하기 위해 사용하는 기술인 적응 행동은 연산 체계를 활용해 표면적인 감각에서 얻은 정보를 다음의 두 요소로 분석할 수 있다. (1) 외적 대상과 장면에서 변하지 않는 속성과 (2) 대상과 장면이 발현하는 순간에 따라 달라지는 환경이다. 레오나드 메이어Leonard Meyer는 작곡가와 연주자, 청자가 음악에서 관계성을 통제하는 기준을 내면화할 때 분류 능력이 결정적인 역할을 한다고 기술했다. 그 결과 우리는 양식적인 기준에서 발생한 일탈을 감지하고 패턴들이 암시하는 바를 이해할 수 있다. 셰익스피어가 〈한여름 밤의 꿈〉을 통해 말했듯 분류에 대한 우리의 욕구는 "실체가 없는 것에 거주지와 이름을" 부여한다.

셰퍼드는 범주화 문제를 진화와 적응의 문제로 재구성해 정의했다. 같은 시기에 로쉬의 업적이 연구 단체를 술렁이게 만들었으며 수십 명의 중견 인지심리학자들이 로쉬의 이론에 도전하는 연구를 시작했다. 그중 포즈너와 킬은 사람들이 원형을 기억에 저장한다는 사실을 밝혔다. 둘은 사각형 안에 점이 그려진 형태의 모양을 만들어 기발한 실험을 진행했다. 이 모양은 주사위 면처럼 생겼지만 각 면에 점이 많거나 적게 무작위로 들어가 있었다. 그리고 원형이라 칭한 이 모양에서 점 몇 개를 1밀리미터 간격으로 이리저리 이동시켜 원형과 관계성이 달라진 원형의 왜곡 형태, 즉 변형을 만들었다. 무작위 변형이었기 때문에 일부 토큰은 어떤 원형에서 바뀐 것인지 쉽게 구별할 수 없을 정도로 왜곡이 아주 심했다.

이 방식은 재즈 연주자가 잘 알려진 노래나 표준적인 곡을 연주할 때 사용하는 기법과 비슷하다. 우리는 프랭크 시나트라의 '어 포기 데이A Foggy Day'와 엘라 피츠제럴드가 루이 암스트롱과 함께 부른 버전을 비교할 때 음과 리듬이 일부는 같고 일부는 다르다는 사실을 안다. 또한 원래 작곡가가 쓴 음악에서 달라지더라도 훌륭한 가수가 선율을 자신만의 방식으로 해석해서 불러주길 기대한다. 바로크와 계몽시대에 유럽 궁정에서는 바흐와 하이든과 같은 연주자들이 정기적으로 주요 선율을 변주해 연주하기도 했다. 어리사 프랭클린의 '리스펙트Respect'는 오티스 레딩Otis Redding이 작곡하고 연주한 버전에서 흥미로운 방식으로 변주를 했지만 우리는 여전히 둘을 같은 노래로 간주한다. 이 현상으로 원형과 범주에서 어떤 본질을 확인할 수 있을까? 우리는 변주곡들이 서로 가족 유사성을 공유한다고 말할 수 있을까? 각 버전의 노래는 이상적인 원형의 변형일까?

포즈너와 킬은 범주와 원형에 대한 일반적인 질문을 점 자극을 이용해 설명했다. 둘은 실험 대상에게 다양한 패턴으로 점이 찍힌 사각형을 그린 종이를 차례대로 보여줬는데 이때 변형 형태 이전의 원형은 보여주지 않았다. 대상들은 이러한 패턴이 어떻게 구성됐는지 듣지 못했고 다양한 변형 형태에 대한 원형이 존재한다는 사실도 몰랐다. 연구자는 그로부터 일주일 후에 새로운 패턴을 섞어 더 많은 종이를 실험 대상들에게 보여준 뒤 전에 본 패턴이 무엇인지 선택하도록 했다. 그 결과 실험 대상들은 이전에 본 모양과 보지 못한 모양을 잘 구별했다. 여기서 포즈너와 킬은 실험 대상이 모르는 사이에 모든 도형이 만들어지기 이전의 원형을 끼워 넣었다. 그런데 놀랍게도 일부 참가자들은 이전에 보지 못했던 두 원형을 이전에 보았던 도형이라고 답했다. 이 현상은 원형이 기억에 저장된다는 주장에 근거가 된다. 그렇지 않고서야 보지도 않은 모양을 봤다고 확신한 이유가 무엇이겠는가? 보지 않은 무언가를 기억에 저장하기 위해서는 기억 체계가 분명 자극을 이용해 어떤 작업을 수행해야 한다. 틀림없이 일부 단계에서는 제시된 정보를 단순히 보존하는 형태를 넘어서 특정한 처리 과정이 있을 것이다. 이 경우 기록 보존 이론은 폐기돼야 한다. 만약 원형이 기억에 저장된다면 기억은 구성적이어야만 하기 때문이다.

벤저민 화이트와 그 뒤를 이은 텍사스대학교의 제이 다울링Jay Dowling을 비롯한 연구진의 연구로 우리는 기초적인 특징의 왜곡과 변형이 일어나도 인간이 음악을 상당히 분명하게 인식한다는 사실을 알게 됐다. 사람들은 노래에서 사용된 모든 음고를 바꾸고(조옮김), 빠르기, 악기 구성을 변화시켜도 여전히 같은 곡으로 인식한다. 음정과 음계, 심지어 조성을 장조에서 단조로, 혹은 그 반대로 바꿔도 마찬가지다. 블루그래스에서 록으로, 헤비메탈에서 클래식으로 편곡을 해도, 레드 제플린의 노래 가사처럼 '노래는 변하지 않는다(the song remains the same).' 나는 블루그래스 그룹인 오스틴 라운지 리자즈Austin Lounge Lizards가 프로그레시브 록 그룹인 핑크 플로이드의 '다크 사이드 오브 더 문Dark Side of the Moon'을 벤조와 만돌린으로 연주한 음반을 가지고 있다. 런던 심포니 오케스트라가 롤링 스톤스와 예스Yes의 노래를 연주한 음반도 있다. 이처럼 극적인 변화 속에서도 노래는 여전히 동일하게 인식된다. 우리의 기억 체계는 이러한 변형에 상관없이 노래를 인식할 수 있게 해주는 어떤 공식, 혹은 연산적 표현 방식을 추출하는 것으로 보인다. 구성주의자들의 주장은 음악을 상당히 잘 설명할 수 있으며 포즈너와 킬의 경우에는 시각 인지 부분에서도 잘 맞아떨어지는 듯하다.

1990년에 나는 스탠퍼드에서 음악학과와 심리학과에서 공동으로 주최한 '음악가를 위한 음향심리학과 인지심리학'이라는 강의를 수강했다. 이 강의는 존 차우닝과 맥스 매슈스, 존 피어스, 로저 셰퍼드, 페리 쿡과 같은 인기 교수들이 모두 함께 진행했다. 각 학생들은 연구 프로젝트를 완성해야 했는데 페리 교수는 나에게 사람들이 얼마나 음고를 잘 기억하는지, 특히 음고에 임의로 이름을 붙일 수 있는지 연구해보자고 했다. 이 실험은 한마디로 기억과 범주화를 통합하는 실험이었다. 우세한 이론에 따르면 사람들이 조옮김된 곡을 아주 쉽게 인식할 수 있기 때문에 절대적인 음고 정보를 간직할 필요가 없을 것으로 예측할 수 있다. 실제로 만 명 중에 한 명에 해당하는 절대음감을 제외하면 대부분의 사람들은 음이름을 알지 못한다.

절대음감이 드물게 나타나는 이유는 무엇일까? 절대음감을 가진 사람들은 우리 대부분이 큰 노력 없이도 색이름을 말하듯 음이름을 말할 수 있다. 예를 들어 절대음감인 사람에게 피아노로 C샵을 들려주면 C샵을 들었다고 말할 수 있다. 물론 대부분의 사람들은 그런 능력이 없으며 대부분의 음악가들조차도 건반을 누르는 손을 보지 않으면 음이름을 말하지 못한다. 대부분의 절대음감 소유자들은 차 경적 소리나 형광등이 윙윙거리는 소리, 수저가 접시에 부딪히는 소리와 같은 여러 소리의 음고도 말할 수 있다. 앞에서 살펴봤듯이 색깔은 심리적인 허구다. 즉, 실제로 색은 존재하지 않지만 우리 뇌는 광파 주파수의 1차원적 연속체에 빨간색 혹은 파란색이라는 넓은 범위로 범주적인 구조를 부여한다. 음고 또한 심리적인 허구이며 우리 뇌에서 음파 주파수의 1차원적 연속체에 구조를 부여한 결과로 발생한다. 그렇다면 우리는 왜 색을 보자마자 이름을 구별할 수 있는 반면, 소리에 대해서는 그러지 못할까?

사실 우리 대부분은 색을 구별하는 것만큼 쉽게 소리를 구별할 수 있다. 단지 음고가 아니라 음색에 따라 구별할 뿐이다. 우리는 소리를 듣고 곧바로 "차 경적 소리네." "할머니께서 감기에 걸리셨나 봐." 혹은 "저건 트럼펫 소리야."라고 말할 수 있다. 이처럼 우리는 음고가 아닌 음색을 구별할 수 있다. 그렇다 해도 어째서 일부 사람들은 절대음감을 가지는데 나머지는 그렇지 못하는가에 대한 의문은 풀리지 않는다. 작고한 미네소타대학교의 딕슨 워드Dixon Ward는 이를 비꼬아 '왜 소수의 사람들만 절대음감을 소유하는가?'가 아니라 '우리는 모두 절대음감이 아닐까?'라는 질문이 옳다고 말했다.

나는 절대음감에 대해 읽을 수 있는 모든 문헌을 읽어봤다. 절대음감을 주제로 한 연구 논문은 1860년대부터 1990년대까지 130년간 대략 백 편이 발표됐다(1990년대부터 15년간 발표된 논문도 이와 비슷한 숫자다!). 그리고 나는 절대음감 실험에서 항상 음악가들만 알 수 있는 음이름과 같이 전문적인 어휘를 실험 대상에게 사용하도록 했음을 알아차렸다. 비음악가들을 대상으로 절대적인 음고를 실험할 방법은 없다고 생각한 듯하다. 정말 그럴까?

페리 교수는 특정 음고에 '프레드'나 '에델'과 같은 임의의 이름을 붙였을 때 일반인들이 음고의 이름을 구별하는 법을 얼마나 쉽게 배울 수 있는지 알아보자고 제안했다. 우리는 피아노와 조율피리를 비롯한 모든 종류의 악기 소리 중에 어떤 것을 사용할지 고민한 끝에 소리굽쇠 한 묶음을 구해 비음악가들에게 나눠주기로 결정했다. (카주는 당연히 제외했다.) 실험 대상들에게는 일주일 동안 하루에 몇 회씩 소리굽쇠를 무릎에 두들겼다가 귀에 갖다 댄 후 소리를 기억하도록 지시했다. 우리는 실험 대상의 절반에게 그 소리를 프레드라고 부르게 했고 나머지 절반에게는 에델이라고 부르도록 했다. 참고로 프레드와 에델은 미국의 시트콤 〈아이 러브 루시I Love Lucy〉에서 루시와 리키의 이웃 이름을 따서 지은 것이다. 우리는 둘의 성이 헤르츠와 발음이 비슷한 '메르츠'라는 신기한 우연을 몇 년이 지나고서야 알게 됐다.

우리는 절반의 실험 대상에게 중앙 C음으로 조율된 소리굽쇠를, 나머지 절반에게는 G음으로 조율된 굽쇠를 줬다. 소리굽쇠를 회수한 뒤에는 실험 대상들을 일주일 동안 자유롭게 지내도록 한 뒤 실험실로 다시 불렀다. 그리고 실험 대상의 절반에게는 '자신이 맡았던 음고'를 부르게 하고 나머지 절반에게는 내가 키보드로 연주한 세 음 중에서 해당 음고를 고르게 했다. 그중 압도적으로 많은 실험 대상들이 '자신의' 음을 인식하고 재현할 수 있었다. 이 결과는 평범한 사람들도 임의의 이름으로 음고를 기억할 수 있음을 보여준다.

이 실험으로 나는 기억에서 이름이 어떤 역할을 하는지에 대해 생각하게 됐다. 강의가 끝나고 학기말 과제를 제출했음에도 나에게는 아직 이 현상에 대한 궁금증이 남아 있었다. 그때 로저 셰퍼드는 나에게 음고에 이름이 없는 상태에서도 비음악가들이 노래의 음고를 기억할 수 있는지 물었고, 나는 안드레아 핼펀Andrea Halpern의 연구를 소개했다. 핼펀은 비음악가들에게 '생일 축하 노래'나 '자고 있나요?'와 같이 잘 알려진 노래를 서로 다른 시기에 부르게 하는 실험을 진행했다. 그 결과 사람들은 서로 각자 다른 조성으로 노래를 했지만 개개인은 언제나 일관되게 같은 조성으로 노래를 부르는 경향이 있음을 확인했다. 이 결과는 사람들이 장기 기억에 노래의 음고를 부호화한다는 사실을 보여준다.

반대론자들은 음고를 기억하지 않아도 실험 대상들이 매번 성대의 위치에 대한 근육 기억을 활용한다면 같은 결과가 나올 것이라고 주장했다. 내 생각에는 근육 기억도 기억의 한 형태이기 때문에 현상의 이름표를 바꾼다 해도 결과는 바뀌지 않을 것 같았다. 하지만 워드와 워싱턴대학교의 에드 번스Ed Burns가 이전에 수행한 연구에 따르면 근육 기억은 실제로 썩 쓸 만하지 않다. 둘은 훈련된 가수들에게 악보를 보고 절대적인 음고로 즉석에서 노래를 하도록 했다. 즉, 가수들은 처음 보는 노래를 악보로 보고 절대음감 지식과 악보를 읽는 능력을 활용해 노래를 해야 했다. 훈련된 가수들은 이런 일에 아주 능숙하고 전문 가수들은 시작 음고만 주면 즉석에서 노래를 할 수 있다. 하지만 악보를 보고 올바른 조성으로 노래하는 것은 오직 절대음감을 가진 전문 가수들만이 가능하다. 해당 가수들이 특정 음에 어떤 이름과 소리가 적용되는지를 판단하는 내적 견본, 혹은 기억을 가지고 있기 때문인데 우리는 이것을 절대음감이라 한다. 워드와 번스는 절대음감 가수들에게 헤드폰을 씌우고 소음을 들려주어 자신이 노래하는 소리를 들을 수 없게 했다. 이렇게 가수들이 자신의 근육 기억에만 의존하게 만들자 놀랍게도 근육 기억은 제대로 작동하지 않았다. 실험 결과 평균적으로 올바른 음에서 한 옥타브 음정의 3분의 1이내로밖에 성공하지 못했다.

우리는 비음악가들이 일관적으로 노래하는 경향이 있다는 사실을 알게 됐다. 하지만 이 개념을 좀 더 파헤치고 싶었다. 일반인들은 어떻게 음악을 정확하게 기억할까? 헬펀은 실험에서 '올바른' 조성을 가지고 있지 않으면서 잘 알려진 노래를 사용했다. '생일 축하 노래'를 부를 때마다 우리는 각기 다른 조성으로 노래한다. 누군가 머리에 떠오르는 아무 음고에서나 노래를 시작하면 나머지도 따라 부를 수 있다. 특히 민요나 축제 노래는 아주 많은 사람들이 굉장히 자주 부르기 때문에 객관적으로 올바른 조성이 없다. 이러한 노래의 기준이라고 판단할 만한 표준 음반이 없다는 사실이 이를 반증한다. 우리 분야의 전문 용어로 말하자면 하나의 정본(canonical version)이 존재하지 않는 것이다.

그러나 록이나 팝송은 정반대의 특징을 보인다. 롤링 스톤스나 폴리스, 이글스, 빌리 조엘Billy Joel의 노래에는 하나의 정본이 존재한다. 대부분의 경우 하나의 표준 음반이 있고 모든 사람은 해당 버전의 노래만을 듣는다(이따금 술집에서 노래하는 밴드나 라이브 공연은 예외다). 아마도 우리는 이런 노래들을 '텍 더 홀'만큼 많이 들어왔을지도 모른다. 그런데 M. C. 해머의 '유 캔트 터치 디스U Can't Touch This'나 U2의 '뉴 이어스 데이New Year's Day'는 들을 때마다 같은 조성이기 때문에 정본이 아닌 다른 버전으로 노래를 떠올리기가 어렵다. 이렇게 노래를 수천 번 듣고 나면 실제 음고가 기억에 부호화되진 않을까?

이 의문을 연구하기 위해 나는 헬펀의 방법처럼 사람들에게 자신이 좋아하는 노래를 부르게 했다. 워드와 번스를 통해 나는 사람들의 근육 기억이 그다지 뛰어나지 않다는 사실을 알았다. 그러므로 실험 대상들이 올바른 조성을 재현하기 위해서는 머릿속에 음고에 대한 안정적이고 정확한 기억 흔적을 유지하는 수밖에 없다. 나는 캠퍼스 주변에서 40명의 비음악가를 모집한 뒤 실험실로 불러 좋아하는 노래 중 기억나는 것을 불러달라고 부탁했다. 여러 버전이 있는 노래나 한 번 이상 녹음된 노래, 즉 현실에서 하나 이상의 조성으로 존재하는 노래는 제외했다. 그 결과 결국 단 하나의 표준, 혹은 기준으로 존재하는 유명한 음반들만 남게 됐다. 예를 들면 마돈나의 '라이크 어 버진Like a Virgin'과 빌리 조엘의 '뉴욕 스테이트 오브 마인드New York State of Mind'를 비롯해 (1990년대였으므로) 바시아Basia의 '타임 앤 타이드Time and Tide', 폴라 압둘의 '어퍼지츠 어트랙트Opposites Attract'와 같은 노래가 포함됐다.

나는 모집한 실험 대상들에게 '기억에 관련된 실험'이라고만 모호하게 설명했다. 그리고 10분에 5달러씩 지급했다. 인지심리학자들은 보통 이런 식으로 캠퍼스 주변에 공고를 걸어 실험 대상을 모집한다. 뇌 영상 연구는 비좁고 시끄러운 스캐너 안에서 진행하므로 다소 불편하기 때문에 50달러 정도로 좀 더 많이 지급한다. 많은 실험 대상들은 실험의 세부 내용을 알고는 크게 불평했다. 그리고 자신은 가수가 아니기 때문에 음정을 맞출 줄 모른다며 실험을 망칠 수도 있다고 우려했다. 나는 어떻게든 실험 대상들이 시도를 해보도록 설득했는데 그 결과는 놀라웠다. 실험 대상들은 자신들이 선택한 노래의 절대적인 음고에 아주 근접하게 노래를 했으며 노래를 다시 불렀을 때도 여전히 결과는 같았다.

이 실험은 사람들이 절대적인 음고 정보를 기억에 저장한다는 주장에 대한 설득력 있는 증거였다. 실험 대상들은 기억 표상에 노래의 추상적인 개념뿐 아니라 공연의 특별한 세부 내용도 포함했다. 올바른 음고를 노래하면서 공연의 뉘앙스를 넣거나 실제 가수의 발성까지 훌륭히 재현한 것이다. 예를 들어 마이클 잭슨의 '빌리 진'에 가성으로 '으' 하는 추임새를 넣거나 마돈나의 '라이크 어 버진'에서는 열정적으로 '헤이!'를 외쳤다. 캐런 카펜터의 '톱 오브 더 월드Top of the World'에서는 당김음으로 노래를 하고 브루스 스프링스틴Bruce Springsteen의 '본 인 디 유에스에이Born in the U.S.A'에서 첫 단어를 긁는 듯한 목소리로 불렀다. 나는 실험 대상들의 노래를 스테레오 시그널의 한 채널에 녹음하고 다른 한 채널에는 실제 음반을 녹음해 테이프로 만들었다. 그러자 마치 실험 대상들이 녹음본의 노래를 따라 부르는 것처럼 들렸다. 우리는 녹음 음반을 실험 대상에게 틀어주지 않았기 때문에 실험 대상들은 자신의 머릿속에 있는 기억 표상을 따라 노래를 불렀다는 결론을 내릴 수 있다. 그리고 그 기억 표상은 놀라울 정도로 정확했다.

또한 페리와 나는 대다수의 실험 대상들이 정확한 빠르기로 노래한다는 사실을 발견했다. 우리는 사람들이 기억 속에 단순히 일반적인 빠르기 하나만을 부호화하는지 보기 위해 모든 노래를 항상 같은 빠르기로 부르는지 확인했다. 하지만 확인 결과 사람들은 노래마다 다양한 빠르기로 노래를 했다. 게다가 실험에 대해 주관적인 의견을 전달할 때 사람들은 머릿속에 존재하는 '영상' 혹은 '음반에 따라 노래했다'고 말했다. 신경적인 관점에서 이 실험 결과를 어떻게 설명할 수 있을까?

내가 마이크 포즈너와 더글러스 힌츠먼과 함께 대학원에 있었을 때, 항상 신경학적 타당성을 중요시하는 포즈너는 나에게 피터 자네타의 새로운 연구를 소개해줬다. 피터는 음악을 듣거나 떠올릴 때 인간의 뇌파를 추적하는 연구를 막 끝마친 상태였다. 그는 EEG를 이용해 두피 표면 전반에 센서를 붙여 뇌에서 나오는 전기 활성도를 측정했다. 피터와 나는 데이터를 통해 사람들이 노래를 듣는지, 아니면 노래를 떠올리는지조차 알 수 없다는 사실에 놀랐다. 뇌 활성도의 패턴으로는 사실상 구별이 불가능했다. 즉, 사람들이 음악을 지각할 때와 기억할 때 같은 뇌 영역을 사용한다는 의미다.

이 현상은 정확히 어떤 의미를 담고 있을까? 우리가 무언가를 지각할 때 특정 자극은 특정 방식으로 특정 패턴의 뉴런 발화를 일으킨다. 예를 들어 우리가 장미와 썩은 달걀 냄새를 맡을 때 두 냄새는 모두 후각 체계를 촉진하지만 각기 다른 신경 회로를 사용한다. 여기서 뉴런이 서로 수백만 가지 방식으로 연결될 수 있다는 사실을 떠올려보자. 단일한 후각 뉴런 집단이 특정 배열을 이루면 '장미'라는 신호가 되고 다른 배열은 '썩은 달걀'의 신호가 된다. 좀 더 복잡하게 설명하자면 같은 뉴런 집단이라도 현실에서 일어나는 각각의 사건마다 설정을 다르게 할 수 있다. 지각 행동은 상호 연결된 뉴런 집합을 특정한 방식으로 활성화되도록 만들어 현실에 존재하는 대상에 대한 심적 표상을 일으킨다. 기억이란 단순히 우리가 회상을 하는 동안 심적 영상을 형성하기 위해 지각 과정에서 사용된 뉴런 집단을 다시 모집하는 과정일지 모른다. 즉, 우리가 기억을 떠올리면(remembering) 뇌는 지각 과정에서 활성화됐던 원래 뉴런들을 각자의 장소에서 모두 다시 선별해 같은 구성원으로 재구성(re-member)한다.

음악에 대한 지각과 기억에 바탕이 되는 일반적인 신경 기제를 살펴보면 특정한 노래가 우리 머릿속에서 떠나지 않는 이유를 설명할 수 있다. 과학자들은 이처럼 머릿속에서 노래가 사라지지 않는 현상을 독일어의 오르부름Ohrwurm에서 따와 '귀벌레(ear worms)'라 부른다. 상대적으로 이 주제에 대해서는 과학적 연구가 적은 편이다. 그러나 과학자들은 음악가들이 비음악가보다 귀벌레의 공격을 받기 쉬우며 강박장애 환자들이 귀벌레로 인한 문제를 많이 겪는다는 사실을 알아냈다. 그래서 일부 경우에 강박장애 치료제로 귀벌레 증상을 줄일 수 있다. 최대한 정확하게 설명하자면 귀벌레 현상은 노래를 재현하는 신경 회로가 '재생 모드'에 멈춰 노래 전체, 심하게는 몇 구절이 계속해서 반복 재생되는 현상이다. 설문 조사에 따르면 곡 전체가 머릿속에 남는 경우는 드물고 노래의 일부, 즉 청각 능력에서 단기 기억(음향 기억)의 길이인 약 15초에서 30초인 경우가 많았다. 또한 단순한 노래나 광고 음악이 복잡한 음악 작품보다 더 자주 머릿속에 박힌다. 이처럼 단순한 음악에 치우치는 경향성은 우리가 음악적 선호도를 형성할 때도 적용된다. 이에 대해서는 8장에서 알아볼 예정이다.

사람들이 정확한 음고와 빠르기로 자신이 좋아하는 노래를 불렀던 나의 실험은 다른 실험실에서도 재현됐으므로 그 결과가 단지 우연이 아니라고 할 수 있다. 뉴웨이브 그룹인 마사 앤 더 머핀스Martha and the Muffins의 원년 멤버인 토론토대학교의 글렌 셸린버그Glenn Schellenberg는 나의 연구를 확장해 사람들에게 인기 노래 40곡의 한 토막을 들려주는 실험을 진행했다. 그 한 토막은 10분의 1초 정도로 손가락을 딱 하고 튕기는 시간 정도밖에 되지 않았다. 실험 대상들은 노래명이 적힌 목록에서 방금 들었던 노래 한 토막을 선택했다. 해당 실험에서는 길이가 너무 짧아 노래를 구별하기 위해 선율이나 리듬을 활용할 수 없었으며 모든 경우 한 토막은 한 음 혹은 두 음 정도였다. 실험 대상들은 노래의 전체적인 소리, 즉 음색만을 활용해야 했다. 도입부에서 나는 작곡가들과 프로듀서에게 음색이 얼마나 중요한지에 대해 언급했다. 폴 사이먼이 그의 음반이나 다른 프로듀서들의 음악을 들을 때 우선 음색을 듣는다는 내용이었다. 음색은 우리 모두의 마음속에서도 지배적인 위치를 차지하고 있기 때문에 셸린버그의 연구에 참여한 비음악가들은 엄청나게 짧은 노래를 듣고도 오직 음색 단서만을 이용해 구별할 수 있었다. 심지어 노래 한 토막을 거꾸로 재생해서 익숙한 특성이 분명하게 망가졌을 때에도 여전히 노래를 인식했다.

우리는 우리가 알고 좋아하는 노래에 대해 생각할 때 어떤 직관적인 감각을 만들어낸다. 다시 말해 선율과 특정 음고, 리듬과는 별도로 어떤 노래들은 그야말로 포괄적인 소리, 즉 소리의 색을 가지고 있다. 음색은 캔자스와 네브라스카 평원을, 북캘리포니아와 오리건, 워싱턴 연안의 산림을, 콜로라도와 유타의 산간 지대를 각 범주로 묶어주는 특성과 비슷하다. 우리는 각 지역의 사진을 볼 때 어떤 세부 사항을 인식하기 전에 아주 비슷하게 보이는 것들을 전체적인 장면과 풍경으로 파악한다. 이처럼 청각적 풍경, 즉 음 풍경에도 우리가 듣는 음악 대부분에서 고유하게 나타나는 표현물이 있다. 이러한 특징은 노래 자체에만 국한되지 않는다. 모르는 노래라도 우리가 음악적 소리의 집합을 구별할 수 있는 이유가 여기에 있다. 예를 들어 비틀스의 초기 앨범은 특정 음색의 특성을 가지고 있다. 그래서 많은 사람들이 무슨 노래인지 즉시 인식하지 못하더라도, 심지어 처음 들어보는 노래일지라도 비틀스의 앨범이라는 사실을 알 수 있다. 우리는 이러한 특성 덕분에 〈몬티 파이선Monty Python〉에서 에릭 아이들Eric Idle과 동료들이 비틀스를 풍자하는 러틀스Rutles라는 가상의 밴드를 결성했을 때 그 밴드가 비틀스를 모방한다는 사실을 알아챌 수 있다. 러틀스는 비틀스 음 풍경의 여러 독특한 음색 요소를 결합해 비틀스처럼 연주하는 현실적인 풍자 밴드를 완성했다.

전체적인 음색 표현, 즉 음 풍경은 시대 전체에 적용되기도 한다. 예를 들어 1930년대와 1940년대 초기의 클래식 음반에는 당시의 음반 기술력 문제로 인한 독특한 소리가 들어가 있다. 1980년대 록과 헤비메탈, 1940년대 댄스홀 음악, 1950년대 후반 로큰롤은 상당히 균질한 시대 장르를 공유한다. 음반 프로듀서들은 음 풍경과 관련해 스튜디오에서 어떤 마이크를 사용하고 악기를 어떻게 혼합할지 등의 세부 내용을 세세하게 조절함으로써 이런 소리를 재현할 수 있다. 그리고 우리는 대부분 노래를 듣고 어느 시대의 음악인지 정확하게 추측할 수 있다. 그중 단서로 쓰이는 한 가지는 보컬에 사용되는 에코,

혹은 반향이다. 예를 들어 엘비스 프레슬리와 진 빈센트Gene Vincent는 아주 독특한 '슬랩-백' 에코를 사용했다. 슬랩-백 에코는 보컬 주자가 방금 노래한 음정을 바로 반복하듯이 들리게 하는 기술이다. 진 빈센트와 리키 넬슨Ricky Nelson의 '비밥바룰라Be-Bop-A-Lula', 엘비스 프레슬리의 '하트브레이크 호텔Heartbreak Hotel', 존 레넌의 '인스턴트 카르마'에서 슬랩-백 에코를 들을 수 있다. 반면 에벌리 브라더스Everly Brothers의 '캐시스 클라운Cathy's Clown'이나 '웨이크 업 리틀 수지Wake Up Little Susie'에서는 타일로 이루어진 거대한 방에서 녹음한 듯 풍성하고 강한 에코를 느낄 수 있다. 우리가 만들어진 시대로 구별하는 음반의 전체적인 음색에는 이와 같은 독특한 요소가 많이 들어 있다.

모두 종합해보면 대중음악을 활용한 기억 연구는 음악의 절대적인 특징이 기억에 부호화된다는 강력한 증거로 볼 수 있다. 게다가 음악적 기억이 시각이나 후각, 촉각, 미각 기억과 다르게 기능한다는 근거는 없기 때문에, 기록 보존 가설은 충분히 기억의 작동 방법에 대한 모형으로 받아들여질 것으로 보인다. 그렇다면 구성주의 이론을 뒷받침한 증거들은 어떻게 되는 것일까? 사람들은 굉장히 쉽게 노래의 조옮김을 인식하기 때문에 과학자들은 이러한 정보를 어떻게 저장하고 추출하는지 설명할 필요가 있다. 그리고 두 이론으로는 아직 우리 모두에게 익숙한 음악에 대한 또 다른 특징을 설명할 수 없다. 즉, 우리는 특정 노래를 우리 마음속으로 스캔해서 그 노래의 변형을 상상할 수 있는 뇌의 능력을 설명해줄 만한 적절한 기억 이론이 필요하다.

이 현상을 안드레아 핼펀이 수행한 실험을 바탕으로 설명해보겠다. 미국을 상징하는 곡인 '성조기여 영원하라'에서 'at'이라는 단어가 등장할까? 다음 문장을 읽기 전에 생각해보라.

당신이 평범한 미국인이라면 머릿속에 존재하는 노래를 '스캔'한 뒤 빠르게 불러 "What so proudly we hailed, the twilight's last gleaming."라는 문장을 찾을 것이다. 이제 여기서 수많은 흥미로운 현상이 발생한다. 우선, 당신은 이미 들어본 노래를 머릿속으로 빠르게 불렀을 것이다. 그러나 만약 우리가 기억 속에 저장된 특정한 버전으로만 노래를 재생할 수 있다면 이는 불가능하다. 다음으로, 당신의 기억은 테이프 녹음기와 다르다. 만약 노래를 빠르게 재생하기 위해 테이프 녹음기나 비디오, 혹은 필름의 속도를 높이면 음고도 함께 올라간다. 하지만 머릿속에서는 음고와 빠르기가 독립적으로 변할 수 있다. 마지막으로, 머릿속에서 내가 제시한 질문에 대답하기 위해 목표로 한 'at'이라는 단어에 마침내 도달했을 때 당신은 나머지 구절인 'the twilight's last gleaming'을 계속 부를 수밖에 없었을 것이다. 음악에 대한 우리 기억이 서열적 부호화와 연관되기 때문이다. 또한 노래에서 모든 단어가 똑같이 중요하게 취급되지 않고 음악 구절의 모든 부분이 같은 서열을 가지지 않음을 보여준다. 우리의 기억은 음악에서 특정 구절로 이루어진 입구와 출구를 가진다. 다시 말하지만 테이프 녹음기와는 다른 특성이다.

음악가를 대상으로 한 실험들을 통해 서열적 부호화 개념을 또 다른 방식으로 확인할 수 있다. 대부분의 음악가들은 자신이 아는 음악 작품을 임의의 아무 위치에서나 연주할 수 없다. 음악가들은 서열적 구절 구조에 따라 음악을 배우기 때문이다. 이때 음의 집합으로 실질적인 단위를 만드는데 이 작은 단위들이 모이면 큰 단위가 되고 궁극적으로 구절이 된다. 구절이 모이면 벌스와 코러스와 같은 구조, 혹은 악장이 되며 궁극적으로 모든 요소들이 함께 묶여 음악 작품이 탄생한다. 그러므로 심지어 악보가 있는 상황에서도 연주자는 자연적인 악구 경계에서 몇 음 뒤나 앞에서 연주를 시작해달라는 요청을 들어줄 수 없다. 또 다른 실험에서는 음악 작품에 나타나는 음이 악구의 중간이나 약박이 아니라 악구의 시작점이나 센박에 있을 때 음악가들이 더 빠르고 정확하게 떠올렸다. 심지어 악음은 음악 작품에서 '중요한지'에 따라 범주의 종류가 달라진다.

아마추어 가수들은 음악 작품의 모든 음을 기억에 저장하지 않는 경우가 많다. 우리는 음악 교육을 전혀 받지 않았더라도 모두 중요한 음에 대해 정확하고 직관적인 감각을 가지고 있기에 '중요한' 음과 음조곡선을 기억에 저장한다. 그래서 일반인들은 노래를 할 때 각각의 음을 분명히 기억하지 못하기 때문에 음에서 음으로 이동할 때 빈자리에 소실된 음을 채운다. 이런 방식을 이용하면 기억 부하를 상당히 줄이고 효율을 높일 수 있다.

이 모든 현상을 통해 우리는 지난 수백 년간 기억 이론이 개념과 범주에 대한 연구로 수렴하는 지대한 발전이 있었음을 확인할 수 있다. 현재까지 한 가지 확실한 것은 구성주의와 기록 보존/테이프 녹음기 이론 중에 어떤 기억 이론이 옳은가에 대한 결정이 범주화의 이론에 영향을 미치리라는 사실이다. 범주화 이론에 따르면 우리는 좋아하는 노래의 새로운 버전을 들을 때 비록 표현 방식은 달라도 근본적으로 같은 곡이라는 사실을 인식할 수 있으며, 우리 뇌는 새로운 버전을 이미 들었던 모든 버전과 같은 범주에 놓는다.

당신이 음악을 정말 좋아한다면 습득한 지식을 기반으로 다른 버전을 원형으로 대체할 수도 있다. '트위스트 앤 샤우트 Twist and Shout'라는 노래로 예를 들어보겠다. 이 노래는 여러 술집이나 휴양지 호텔에서 수없이 많이 들을 수 있으며 비틀스의 음반과 마마스 앤 파파스 Mamas and the Papas의 음반 버전으로도 들을 수 있다. 그리고 두 곡 중 하나를 당신의 원형으로 설정할 수도 있다. 하지만 비틀스의 음반이 나오기 2년 전에 아이슬리 브라더스 Isley Brothers가 이 곡으로 먼저 인기를 얻었다는 사실을 알게 된다면 당신은 새로운 정보를 수용하기 위해 범주를 재조직할 것이다.

여기서 당신은 하향 처리 과정을 기반으로 이러한 재조직을 수행한다. 이를 통해 범주를 구성할 때 로쉬의 원형 이론의 주장이 전부가 아님을 알 수 있다. 원형 이론은 기억 흔적으로, 혹은 범주의 중심 기억으로 저장되는 모든 경우에 개별적 사례를 버리고 핵심이나 추상적인 개념을 저장한다는 점에서 구성주의 이론과 밀접한 관계가 있다.

기록 보존 이론은 범주화 이론과도 연관성이 있으며 본보기 이론이라고 부른다. 이 이론은 원형 이론만큼이나 중요하고 인간의 직관과 범주 형성에 대한 실험 내용을 모두 설명할 수 있지만 1980년대부터 과학자들이 문제점을 발견하기 시작했다. 에드워드 스미스Edward Smith와 더글러스 메딘Douglas Medin, 브라이언 로스Brian Ross의 주도로 연구자들은 본보기 이론에서 일부 취약점을 확인했다. 우선 범주가 광범위하고 범주 구성원이 서로 차이가 클 때는 원형을 어떻게 설정할지에 대한 문제가 발생한다. 예를 들어 '도구'라는 범주를 생각해보자. 도구의 원형은 무엇인가? 혹은 '가구'의 범주는 어떨까? 한 여성 팝 가수가 부른 노래의 원형은 무엇일까?

스미스와 메딘, 로스를 비롯한 연구자들은 이렇게 혼성의 구성원으로 이루어진 범주에서는 맥락이 원형 설정에 강력한 영향력을 끼친다는 사실을 깨달았다. 예를 들어 자동차 정비소에서는 도구의 원형이 망치보다는 렌치일 가능성이 높지만 건축 공사장에서는 낮다. 교향악단에서 악기의 원형은 무엇일까? 분명 '기타'나 '하모니카'는 아닐 것이다. 캠프파이어에서 같은 질문을 한다면 '프렌치 호른'이나 '바이올린'이라는 답은 나오지 않을 것이다.

맥락에 관한 정보는 범주와 범주 구성원에 대한 우리의 지식의 일부이며 원형 이론으로는 설명할 수 없다. 예를 들어 우리는 '새'라는 범주 안에 주로 몸집이 작고 노래를 하는 동물이 들어간다는 사실을 안다. '내 친구'의 범주는 내가 차를 빌려줄 수 있는 사람과 그렇지 않은 사람으로 나뉜다(사고 이력이 있는지와 면허증이 있는지 여부를 바탕으로 결정할 것이다). '플리트우드 맥의 노래' 범주에는 크리스틴 맥비Christine McVie가 부른 노래 몇 곡과 린지 버킹엄의 몇 곡, 스티브 닉스Stevie Nicks의 몇 곡이 포함된다. 이때 플리트우드 맥만의 독특한 세대 변화에 대한 지식이 필요할 수 있다. 바로 피터 그린Peter Green이 기타를 쳤던 블루스의 세대와 대니 커완Danny Kirwan과 크리스틴 맥비, 밥 웰치Bob Welch가 노래를 썼던 팝의 세대, 버킹엄과 닉스가 합류한 마지막 세대로 나뉘는 3대다. 그래서 플리트우드 맥의 원형에 대해 물을 때는 맥락이 중요해진다. 다시 말해 만약 내가 플리트우드 구성원의 원형이 무엇인지 묻는다면 당신은 대답을 포기하고 질문에 문제가 있다고 말할 것이다!

일단 믹 플리트우드Mick Fleetwood와 존 맥비John McVie는 드럼과 베이스 연주자로 유일하게 처음부터 참여한 두 명이다. 하지만 잘 알려진 노래를 부르지도, 쓰지도 않은 드럼과 베이스 연주자를 원형으로 뽑기엔 조금 적절하지 않다는 생각이 든다. 반대로 폴리스의 경우 우리는 노래를 쓰고, 부르고, 베이스도 연주했던 스팅을 구성원의 원형이라고 말할 수 있다. 그러나 그렇게 답했을 때 스팅이 가장 잘 알려지고 중요한 구성원이긴 하지만 구성원의 원형은 아니라고 강력하게 주장하는 사람이 있을 수 있다. 이처럼 우리가 폴리스라고 알고 있는 트리오는 작지만 구성원이 혼성인 범주이기 때문에 원형의 본질에 부합하지 않아 구성원의 원형을 정할 수 없다. 원형은 집중 경향성을 가지며 평균적이고 범주에서 가장 전형적인 대상이어야 한다. 스팅은 어떤 종류의 평균이라는 관점에서 볼 때 폴리스의 전형이 아니다. 오히려 나머지 두 구성원인 앤디 서머스Andy Summers와 스튜어트 코플랜드Stewart Copeland보다 훨씬 뛰어나다는 점에서 이례적이라고 할 수 있다. 폴리스 이후에 나머지 둘과는 확연히 다른 길을 걸었던 스팅의 이력을 보더라도 마찬가지 결론을 내릴 수 있다.

또한 로쉬가 명쾌하게 밝히지 않았지만 로쉬의 범주는 형성하는 데 시간이 걸린다는 문제가 있다. 로쉬는 애매한 경계를 인정하고 특정 대상이 하나 이상의 범주에 포함될 가능성을 받아들였지만 인간이 즉석에서 새로운 범주를 구성할 수 있다는 사실에 대해서는 명확한 설명이 없었다. 예를 들어 '닭'은 '새'와 '가금류', '가축', '음식'의 범주에 모두 들어갈 수 있다. 그러나 우리는 항상 즉석에서 새로운 범주를 구성한다. 이런 현상은 우리가 MP3 플레이어에 재생 목록을 구성하거나 장거리 운전을 할 때 들을 CD를 차에 챙길 때 아주 분명하게 확인할 수 있다. '지금 듣고 싶은 노래'라는 범주는 확실히 언제나 새롭고 쉽게 변할 수 있다. 또는 이런 질문을 생각해볼 수도 있다. 아이들과 지갑, 강아지, 가족사진, 차 열쇠라는 항목들의 공통점은 무엇일까? 이 질문에 대해 많은 사람들은 '불이 났을 때 챙겨야 할 물건들'이라고 답할 것이다. 우리는 이처럼 물체의 집합을 두고 즉석에서 범주를 형성하는 데 능숙하다. 위와 같은 범주는 실제 세상의 물체에 대한 지각 경험이 아니라 개념적 훈련을 통해서 형성된다.

예를 들어 나는 다음의 이야기에서 즉석으로 범주를 형성할 수 있다. '캐럴은 난처한 상황에 처했다. 가진 돈을 모두 썼는데 3일 후에야 급료를 받을 수 있기 때문이다. 집에는 먹을 음식조차 없다.' 여기서 문제는 '앞으로 3일 동안 음식을 얻을 수 있는 방법'이라는 즉석의 기능적인 범주로 이어진다. 범주에는 '친구 집에서 지내기'와 '부도 수표 쓰기', '돈 빌리기', '지금 읽고 있는 책 팔기'가 포함될 수 있다. 결국 우리는 특성을 서로 어떻게 연결할지뿐만 아니라 대상들이 서로 어떻게 연관되는지에 대해 생각함으로써 범주를 형성한다. 우리가 원하는 범주 형성 이론은 다음과 같은 특성을 설명할 수 있어야 한다. (1) 명확한 원형이 없는 범주, (2) 맥락 정보, (3) 인간이 언제나 즉석에서 새로운 범주를 형성할 수 있는 능력이다. 위의 임무를 완수하기 위해서는 우리 뇌가 대상에 대한 원래 정보의 일부를 보유하고 있어야 한다. 언제 해당 정보가 필요할지 모르기 때문이다.

만약 구성주의에 따라 내가 추상적이고 일반적인 핵심 정보만을 저장한다면 '제목에 **사랑**이라는 단어를 포함하지 않으면서 가사에 **사랑**이 들어간 노래'와 같은 범주를 구성할 수 있을까? (해당 범주에 포함되는 노래에는 비틀스의 '히어, 데어 앤 에브리웨어 Here, There and Everywhere'와 블루 오이스터 컬트의 '돈 피어 더 리퍼 Don't Fear the Reaper', 프랭크와 낸시 시나트라 Nancy Sinatra의 '섬싱 스투피드 Something Stupid', 엘라 피츠제럴드와 루이 암스트롱의 '칙 투 칙 Cheek to Cheek', 벅 오언스 Buck Owens의 '헬로 트러블(컴 온 인) Hello Trouble(Come On In)', 리키 스캐그스 Ricky Skaggs의 '캔트 유 히어 미 콜링 Can't You Hear Me Callin''이 있다.)

원형 이론은 우리가 마주치는 자극이 추상적인 개념으로 저장된다는 구성주의 관점을 지지한다. 이에 대한 대안으로 스미스와 메딘은 본보기 이론을 제시했다. 본보기 이론의 뚜렷한 특징은 우리가 듣는 모든 단어, 나누는 모든 키스, 관찰한 모든 대상, 들었던 모든 노래가 기억에 흔적으로 부호화된다는 것이다. 소위 게슈탈트 심리학자들이 제시한 기억의 유수 이론을 이어받는다고 할 수 있다.

본보기 이론은 우리가 어떻게 그토록 많은 세부 내용을 정확하게 보유하는지 설명할 수 있다. 이론에 의하면 세부 내용과 맥락은 개념적 기억 체계에 저장된다. 우리는 어떤 대상이 그 범주를 대체할 수 있는 경쟁 범주와 비교해 해당 범주에 속하는 다른 구성원들을 닮았을 때, 그 대상을 범주의 구성원으로 판단한다. 본보기 이론은 원형이 기억에 저장된다고 주장했던 실험 역시 간접적으로 설명할 수 있다. 우리는 다른 범주 구성원과 비교했을 때 어떤 모양이 범주의 구성원이 될 수 있는지를 판단한다. 우리가 마주친 모든 범주 구성원에 대한 기억과 우리가 구성원을 마주쳤던 횟수를 고려하는 것이다. 그래서 포즈너와 킬의 실험처럼 이전에 보지 못했던 원형이 주어지더라도 저장된 다른 모든 예와 최대로 닮았기 때문에 우리는 신속하고 정확하게 그 원형을 범주화할 수 있다. 원형은 자신이 속한 범주에서 뽑아온 다른 예와는 비슷하고 대체 범주의 예와는 비슷하지 않기 때문에 원래의 범주를 연상시킨다. 정의에 따라 원형은 집중 경향성과 평균적인 특징을 가지는 범주 구성원이기에 우리는 이전에 보았던 모든 예 중에서도 원형이 범주에 가장 잘 맞아 떨어진다고 느낀다. 이 개념은 6장의 주제로서 우리가 이전에 들어보지 못했던 새로운 음악을 즐길 수 있고 새로운 노래를 듣자마자 좋아할 수 있는 능력에 강력한 영향을 미친다.

본보기 이론과 기억 이론은 통칭 '다중 흔적 기억 모형'이라는 상대적으로 새로운 이론의 형태로 수렴한다. 이 모형에서 우리의 각 경험은 장기 기억 체계에 굉장히 정확하게 보관된다. 하지만 기억을 검색하는 처리 과정에서 기억 왜곡과 작화가 일어날 수 있다. 왜곡과 작화는 세부 내용이 미세하게 다른 흔적이 우리의 주의를 끌기 위해 경쟁하며 방해를 하거나 원래 기억 흔적이 일상적인 신경생물학적 처리 과정에 의해 해체됐을 때 발생한다.

이 이론이 사실인지 확인하려면 원형과 구성적 기억의 자료를 예측하고 설명할 수 있는지, 조옮김된 노래를 인식할 때처럼 추상적 정보를 형성하고 기억하는 현상을 설명할 수 있는지를 알아봐야 한다. 그리고 신경 영상 연구를 통해 이 이론의 신경적 타당성을 실험할 수 있다. 미국 국립 보건국의 뇌 연구소장인 레슬리 웅거라이더Leslie Ungerleider와 연구진은 범주의 표상이 뇌의 특정 부분에 위치함을 보여주는 fMRI 연구를 수행했다. 그 결과 얼굴과 동물, 탈 것, 음식 등은 대뇌피질의 특정 영역을 차지한다고 밝혀졌다. 또한 뇌손상 연구를 통해 다른 범주는 멀쩡하면서 일부 범주 구성원의 이름을 대는 능력을 잃은 환자들을 발견했다. 이 연구 자료들은 뇌에 개념적 구성과 개념적 기억이 있음을 보여준다. 그러나 우리 뇌에서 세부적인 정보를 저장하는 능력과 신경 체계가 추상적 정보를 저장하는 듯한 행동의 원인은 어떻게 설명할 수 있을까?

이렇게 인지과학에서는 신경심리학적 자료가 부족할 때 이론 검증을 위해 때때로 뉴런 네트워크 모형을 사용한다. 이 검증은 본질적으로 뉴런 모형으로 뉴런 연결과 발화를 표현하는 컴퓨터 뇌 모의실험을 통해 이뤄진다. 모형은 뇌의 병렬식 특징을 재현하기 때문에 병렬식 분산 처리(parallel distributed processing), 혹은 PDP 모형이라고도 부른다. 스탠퍼드대학교의 데이비드 룸멜하트David Rumelhardt와 카네기멜론대학교의 제이 매클레랜드Jay McClelland는 이런 종류의 연구에서 선두주자다. PDP는 일반적인 컴퓨터 프로그램이 아니다. PDP 모형은 실제 뇌처럼 병렬식으로 작동하고 대뇌피질처럼 여러 층의 처리 단위를 가지고 있다. 실제 뉴런처럼 재현된 뉴런은 무수히 많은 방식으로 연결될 수 있으며 정보가 들어오면 뇌가 뉴런 네트워크를 변경하듯 재현된 뉴런이 필요에 따라 네트워크에서 가지치기되거나 네트워크에 포함된다. 그래서 우리는 PDP 모형에 범주화나 기억 저장, 검색 문제를 해결하도록 제시해 문제가 되는 이론의 타당성을 확인할 수 있다. PDP 모형이 사람과 같은 방식으로 행동한다면 우리는 사람에게도 같은 방식으로 작동하리라는 근거를 얻은 셈이다.

더글러스 힌츠먼은 다중 흔적 기억 모형의 신경적 타당성을 보여주는 아주 중대한 PDP 모형을 만들었다. 그의 모형은 1986년에 도입됐으며 로마 신화에 등장하는 지식의 신의 이름을 따 미네르바라고 불렀다. 미네르바는 접촉한 자극의 개별적 예를 저장할 수 있었고 원형과 추상적 개념으로만 자극을 저장하는 체계처럼 행동할 수도 있었다. 미네르바는 스미스와 메딘이 언급한 방식처럼 새로운 예를 저장된 예와 비교하는 방식으로 작업을 수행했다. 스티븐 골딩거는 청각 자극에서 다중 흔적 모형이 특정 목소리가 말한 단어를 중심으로 추상적 정보를 만들어낸다는 증거를 추가로 발견했다.

이제 기억 연구가들 사이에서는 기록 보존이나 구성주의 관점이 틀리며 두 이론을 혼합한 제3의 이론인 다중 흔적 기억 모형이 옳다는 주장으로 의견이 모이고 있다. 음악적 특성을 기억하는 정확성에 대한 실험 역시 힌츠먼/골딩거의 다중 흔적 모형과 일치한다. 마찬가지로 과학자들 사이에 옳다고 여겨지고 있는 범주의 본보기 이론과 가장 흡사한 모형이라고도 할 수 있다.

다중 흔적 기억 모형은 우리가 노래를 들을 때 선율의 불변하는 특성을 추출하는 현상을 어떻게 설명할까? 선율에 주의를 기울일 때 우리는 분명히 절대적인 값과 음고와 리듬, 빠르기, 음색과 같은 세부적인 값의 표현을 기록하고 선율을 계산한다. 또한 선율의 음정과 빠르기를 제외한 리듬 정보를 계산한다. 이러한 뇌의 특징은 로버트 자토르Robert Zatorre와 맥길의 연구진이 수행한 신경 영상 연구로 뒷받침할 수 있다. 귀 바로 위에 있는 배측 측두엽의 선율 '계산 중추'는 우리가 음악을 들을 때 음고 사이의 거리와 음정 크기에 주의를 기울인다. 그리고 음고를 무시하고 조옮김된 노래를 인식하기 위해 필요한 바로 그 선율값의 견본을 제작한다. 나는 신경 영상 연구를 진행하며 익숙한 음악을 들으면 선율 계산 중추와 함께 기억 부호화/검색에 필수적으로 알려진 뇌의 깊숙한 중심에 있는 해마가 모두 활성화된다는 사실을 확인했다. 이러한 발견을 종합하면 우리 뇌가 추상적 정보와 선율을 포함하는 특정한 정보를 모두 저장한다는 사실을 알 수 있다. 청각 외에 모든 종류의 감각 자극에서도 마찬가지일 것이다.

다중 흔적 기억 모형은 맥락을 보존하기 때문에 왜 우리가 이따금 오래되고 거의 잊힌 기억을 회상하는지 역시 설명할 수 있다. 길을 걷다가 갑자기 익숙한 냄새를 맡고 그때의 사건에 대한 기억이 떠오른 적이 있는가? 혹은 라디오에서 옛날 노래를 듣고 불쑥 그 노래가 처음 인기를 얻을 때 일어났던 깊이 묻어둔 기억을 회상해본 적은 없는가? 이런 현상은 기억이 의미하는 바가 무엇인지 확실히 보여준다. 우리는 대부분 사진첩이나 스크랩북처럼 다룰 수 있는 기억의 집합을 가지고 있다. 여기에는 우리가 친구나 가족들에게 주로 이야기하는 특정 이야기, 힘들거나 슬플 때, 즐겁거나 스트레스 받을 때 우리가 누구이고 어디에 있는지를 떠올리기 위해 혼자 회상하는 특정한 과거의 경험이 해당된다. 이런 기억은 음악가의 연주 목록이나 연주자가 늘 연주하는 음악 작품처럼 우리가 자주 재생하는 기억의 목록으로 간주할 수 있다.

다중 흔적 기억 모형에 따르면 모든 경험은 잠재적으로 기억에 부호화된다. 뇌는 창고와는 달리 특정 장소가 아니라 뉴런의 집단으로 경험을 부호화한다. 이 부호를 적절한 값과 특정 방식으로 설정하면 우리 마음속 극장에서 떠올려 재생할 수 있는 기억이 된다. 우리가 원하는 기억을 떠올릴 때 어떤 문제가 발생했다면, 그것은 경험이 기억에 저장되지 않았기 때문이 아니라 기억에 접속하고 우리 신경 회로를 적절하게 설정할 올바른 단서를 찾지 못했기 때문이다. 우리가 기억에 자주 접속할수록 회상과 기억 회로가 쉽게 활성화되고 해당 기억에 접근할 때 필요한 단서를 쉽게 얻을 수 있다. 이론적으로는 올바른 단서를 얻기만 하면 우리는 어떤 과거 기억에도 접속할 수 있다.

3학년 시절의 선생님을 떠올려보라. 아마도 당신은 그 기억을 오랫동안 생각하지 않았겠지만 순간 기억에 남아 있을 것이다. 만약 계속해서 선생님과 학급에 대해 생각하다 보면 교실의 책상이나 복도, 친구들과 같이 3학년 시절에 대한 다른 기억도 떠오를지 모른다. 이러한 단서는 포괄적이며 그다지 선명하지 않다. 하지만 만약 내가 당신에게 3학년 시절의 사진을 보여준다면 친구의 이름이나 수업 때 배웠던 과목, 점심시간에 했던 놀이처럼 잊고 있던 모든 종류의 기억들이 갑자기 떠오르기 시작할 것이다. 노래 재생 역시 아주 특정하고 선명한 기억 단서의 집합이 될 수 있다. 다중 흔적 기억 모형은 맥락이 기억 흔적으로 부호화된다고 추정하기 때문에 우리가 인생의 여러 시기에 듣는 음악은 그 시기의 사건들과 교차 부호화된다. 즉, 음악은 특정 시기의 사건과 연결되고 그 사건 역시 음악에 연결된다.

기억 이론에서는 기억을 가장 효과적으로 불러오려면 고유한 단서가 필요하다고 한다. 그래서 특정한 단서가 여러 항목이나 맥락에 많이 연결될수록 특정한 기억을 불러오기가 어려워진다. 만약 당신이 인생의 특정 시기에 특정 노래를 들었다면 쉽게 연관 지을 수 있지만 만약 그 노래를 반복해서 많이 들었거나 익숙하다면 기억을 효과적으로 떠올릴 단서로 사용할 수 없다. 이런 현상은 고전 록 방송이나 '대중적인' 클래식 음악 작품의 한정된 레퍼토리에 의존하는 라디오 클래식 음악 방송에서 발견할 수 있다. 그러나 우리가 인생의 특정 시기부터 접하지 못한 노래를 다시 들었을 때는 그 즉시 수문이 열리듯 기억의 파도가 밀려올 것이다.

노래는 그 노래에 대한 기억과 연관된 모든 경험과 시간, 장소를 열어주는 열쇠이자 독특한 단서로 작동한다. 게다가 기억과 범주화는 서로 연결돼 있기 때문에 우리는 노래를 통해 특정 기억뿐 아니라 더욱 일반적인 범주 기억에도 접속할 수 있다. 이 때문에 우리는 빌리지 피플Village People의 'YMCA'와 같은 1970년대 디스코음악을 들으면 알리시아 브리지스Alicia Bridges의 '아이 러브 더 나이트라이프I Love the Nightlife'나 밴 매코이Van McCoy의 '더 허슬The Hustle'과 같은 해당 장르의 다른 노래들을 머릿속에 떠올린다.

기억은 음악을 듣는 경험에 너무도 깊은 영향력을 끼치기 때문에 기억 없이는 음악도 없다는 말은 과장이 아니다. 이론가들과 철학자들을 비롯해 작곡가 존 하트퍼드John Hartford가 자신의 노래 '트라잉 투 두 섬싱 투 겟 유어 어텐션Tryin' to Do Something to Get Your Attention'에서 말하듯 음악은 반복을 기본으로 한다. 음악은 우리가 방금 들었던 음을 기억해서 지금 연주되는 음과 연결시킬 수 있기 때문에 존재한다. 이러한 음의 집단, 즉 악구는 후에 변주나 조옮김 형태로 나타나 우리 기억 체계를 자극함과 동시에 우리의 정서 중추를 활성화시킨다.

지난 10여 년간 신경과학자들은 우리 기억 체계가 정서 체계와 얼마나 밀접하게 연관돼 있는지 밝혀왔다. 오랫동안 포유류의 정서 중추로 여겨졌던 편도체는 기억 회상이 아닌 기억 저장에 중요한 구조로 여겨지는 해마와 인접한 위치에 있다. 이제 과학자들은 편도체가 기억에 관여하며 특히 강한 정서적 요소가 있는 모든 기억과 경험에 의해 쉽게 활성화된다는 사실을 안다. 우리 실험실에서 진행한 모든 신경 영상 연구 결과에서도 편도체는 음악에는 활성화되지만 무작위로 조합된 소리나 음에는 반응하지 않았다. 작곡의 대가들이 정교하게 짜 넣은 반복은 이런 우리의 뇌를 정서적으로 만족시키면서 기분 좋은 감상의 경험을 만들어낸다.

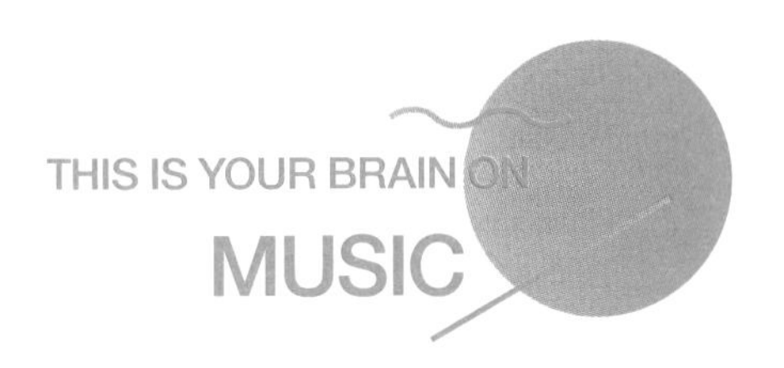
THIS IS YOUR BRAIN ON
MUSIC

6장

디저트를 먹은 후에도 크릭은 아직도 나와 네 자리 떨어진 곳에 있었다

음악과 정서, 파충류의 뇌

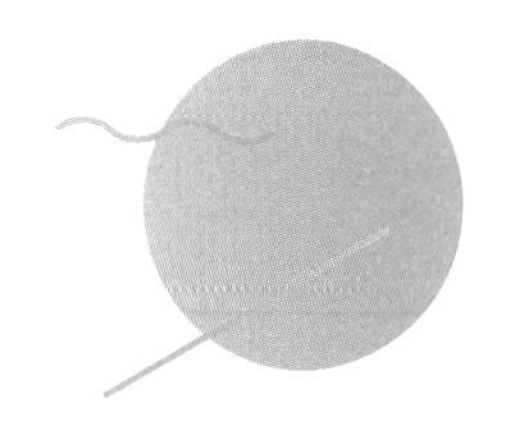

앞에서 논했듯이 우리는 대부분의 음악에 맞춰 발을 구를 수 있다. 우리는 펄스가 있는 음악을 듣고 그에 맞춰 실제로 발을 구르거나 적어도 마음속으로 구를 수 있다. 극히 일부 경우를 제외하고 펄스는 박자 안에 고르고 규칙적으로 깔려 있다. 규칙적인 펄스는 박자의 특정 시점에 일어날 사건을 기대하게 만든다. 마치 철로의 덜컹거림처럼 우리가 계속해서 앞으로 나아가고 있으며 모두 잘 작동하고 있다는 사실을 알게 해준다.

베토벤 〈교향곡 5번〉의 첫 몇 마디에서처럼 작곡가들은 가끔 펄스를 느끼도록 긴장을 조성한다. '밤-밤-밤-빠아암'하고 음악이 멈추면 우리는 언제 음악이 다시 시작할지 확신할 수 없다. 베토벤은 각기 다른 음고를 사용해 이 악구를 반복하는데 두 번째 악구가 끝난 뒤에는 규칙적으로 발을 구를 수 있는 박자로 진행한다. 다른 구간에서는 명확하지만 의도적으로 약하게 펄스를 표현한 뒤 극적인 효과를 일으킬 수 있도록 묵직한 연주 기법을 사용한다. 롤링 스톤스의 '홍키 통크 위민'은 카우벨로 시작해 드럼, 일렉트릭기타로 이어진다. 극적인 효과를 위해 카우벨은 헤드폰 한쪽에서만 소리가 나온다. 이때 박자와 우리의 박(비트) 감각은 동일하지만 강한 강박이 전개된다. 이 특징은 헤비메탈과 록에서 전형적으로 발견할 수 있다. AC/DC의 '백 인 블랙'은 하이햇 심벌, 스네어드럼 소리와 아주 닮은 뮤트 기타 화음으로 시작해 8박 동안 이어진 후 일렉트릭기타가 들어와 맹렬히 연주를 펼친다. 지미 헨드릭스 역시 '퍼플 헤이즈Purple Haze'에서 이와 비슷하게 노래를 시작한다. '퍼플 헤이즈' 도입부에서는 기타와 베이스가 박자를 명확하게 맞춰 4분 음표를 8번 울리며 미치 미첼Mitch Mitchell의 천둥 같은 드럼 소리를 안내한다. 가끔은 작곡가들이 박자에 대한 기대감을 설정한 뒤 무너트리고 다시 강력하게 끝을 내는 방식으로 우리를 놀리기도 한다. 청자를 대상으로 한 일종의 음악적 농담이라고 할 수 있다. 예를 들어 스티비 원더의 '골든 레이디Golden Lady'와 플리트우드 맥의 '힙노타이즈드Hypnotized'는 나머지 악기가 들어올 때 박자를 변화시킨다. 특히 프랭크 자파Frank Zappa는 이러한 기술의 대가였다.

어떤 음악은 다른 음악보다 좀 더 리듬이 돋보인다. 예를 들어 〈아이네 클라이네 나흐트무지크〉와 '스테잉 얼라이브Stayin' Alive'는 둘 다 같은 박자이지만 비지스 노래가 좀 더 사람들을 춤추고 싶게 만든다. 적어도 1970년대에는 그랬다. 음악을 이용해 신체적으로, 정서적으로 감동을 느끼게 하려면 박을 쉽게 예측할 수 있어야 한다. 작곡가들은 이 목표를 달성하기 위해 다양한 방식으로 박을 세분화하고 일부 음에만 강세를 준다. 물론 여기에는 연주도 큰 역할을 한다.

음악에 좋은 '그루브'가 있다는 말은 박을 세분화함으로써 강한 추진력이 생겼다는 뜻이다. 1960년대를 배경으로 한 영화 〈오스틴 파워〉에서 멋지다는 표현으로 외치는 '베이비'와는 다르다. 그루브는 손에서 내려놓지 못하는 책의 매력처럼 노래가 앞으로 나아가게 해주는 특성이다. 좋은 그루브가 있는 노래는 우리를 계속 머물고 싶어지는 소리의 세계로 초대한다. 이때 우리는 외부의 시간이 멈춘 듯 노래의 파장만 지각할 수 있고 노래가 영원히 끝나지 않기를 바라게 된다.

그루브는 악보가 아니라 특정 연주자나 특정 연주와 연관된다. 연주의 미묘한 특성으로 같은 연주자가 연주를 하더라도 그때그때 나타났다가 사라지기도 한다. 물론 청자들 사이에서도 어떤 노래가 멋진 그루브를 가졌는지에 대해서 의견이 갈리겠지만 대부분의 사람들은 공통적으로 아이슬리 브라더스의 '샤우트Shout'나 릭 제임스Rick James의 '수퍼 프릭Super Freak', 피터 가브리엘의 '슬레지해머Sledgehammer'가 멋진 그루브를 가졌다는 사실에는 동의한다. 브루스 스프링스틴의 '아임 온 파이어I'm On Fire'나 스티비 원더의 '수퍼스티션', 프리텐더스의 '오하이오Ohio'는 멋진 그루브를 가지고 있으면서도 서로 굉장히 다른 특징을 가지고 있다. 하지만 멋진 그루브를 만드는 법에 대한 공식은 없다. 템테이션스Temptations와 레이 찰스Ray Charles의 음악들과 같은 R&B의 고전적인 그루브를 흉내 내려 노력해본 사람이라면 모두 무슨 뜻인지 알 것이다. 멋진 그루브를 가진 곡이 상대적으로 적다는 사실은 그루브를 흉내 내는 일이 그만큼 쉽지 않다는 증거다.

'수퍼스티션'에서 멋진 그루브를 만드는 한 가지 요소는 스티비 원더의 드럼 연주다. 처음 몇 초 동안 하이햇 심벌만을 연주할 때 우리는 이 노래의 그루브에 대한 비밀을 조금 엿볼 수 있다. 드럼 연주자는 하이햇을 박자를 맞추는 용도로 간주한다. 악절이 시끄러워 하이햇이 들리지 않더라도 연주자는 언제나 하이햇을 박자의 기준으로 사용한다. 스티비 원더는 하이햇으로 연주를 하는 부분에서 어떤 박도 완전히 같은 방식으로 연주하지 않으며 박 사이에 추가로 박을 넣거나 때리거나 쉰다. 게다가 심벌로 연주하는 모든 음은 약간씩 음량을 다르게 해 긴장감을 증가시키는 미묘한 변화를 일으킨다. 스네어드럼은 '붐-(쉬고)-붐-붐-파'로 시작해 아래의 하이햇 패턴으로 이어진다.

둣-둣-둣-두타 두타-둣-둣-두타

둣-닷-둣-두타 둣-두타-두타-둣

그의 천재성은 연주를 할 때마다 패턴이 변하면서도 방향성과 기반을 일정하게 유지함으로써 듣는 이가 마음속으로 발을 구르게 만든다. 여기서 두 행의 앞 파트는 리듬이 같지만 각 행의 뒤 파트는 리듬이 바뀌며 '주고받기(call-and-response)' 패턴이 만들어진다. 스티비 원더는 드럼 기술을 활용해 핵심음 하나의 하이햇 음색을 바꾸기도 한다. 이 핵심 음은 두 번째 행의 두 번째 음으로, 리듬은 앞 행과 같지만 심벌을 두드리는 방식을 달리해 다른 목소리로 '말하는' 듯이 표현한다. 즉, 심벌을 목소리에 비유하면 말할 때 모음의 소리를 변형시키는 것과 같다고 할 수 있다.

연주자들은 보통 메트로놈에 엄격하게 박을 맞출 때, 즉 완벽한 기계처럼 박이 일정할 때는 그루브가 제대로 생기지 않는다고 말한다. 프린스의 '1999'나 폴라 압둘의 '스트레이트 업'과 같이 춤추기 좋은 노래들은 드럼 소리를 내는 드럼머신으로 만들어진 경우가 많다. 그러나 보통은 음악의 미적 특징과 미묘한 정서에 맞추어 조금씩 빠르기에 변화를 주는 드럼 연주를 그루브의 전형으로 본다. 우리는 이때 리듬 트랙에서 드럼이 '호흡을 한다'고 표현한다. 스틸리 댄은 앨범 〈투 어겐스트 네이처Two Against Nature〉에서 드럼머신을 사용해 사람이 직접 연주하듯 안정된 호흡의 그루브를 만들기 위해 편집을 했다가 재편집하고 옮기고 넣고 빼면서 몇 달을 보냈다고 한다. 이렇게 전체적인 빠르기가 아닌 부분적인 변화를 주면 펄스의 기본 구조인 박자는 변하지 않는다. 박이 둘, 혹은 셋, 넷으로 모여 구성하는 전체적인 노래의 속도가 아니라 박이 발생하는 정확한 순간만을 바꾸기 때문이다.

우리는 보통 클래식 음악의 맥락에서는 그루브라는 용어를 사용하지 않지만 오페라와 교향곡, 소나타, 협주곡, 현악4중주도 대부분 분명한 박자와 펄스가 있으며 이 박자는 보통 지휘자의 몸짓으로 나타난다. 지휘자는 몸짓으로 박의 위치를 연주자들에게 알려주고 정서적 표현을 위해 박을 늘리거나 줄인다. 실제로 대화를 나누거나 간절하게 용서를 구할 때, 분노를 표현할 때, 구애를 할 때, 이야기를 전달할 때, 무언가를 계획할 때, 아이를 다룰 때 사람들은 메트로놈처럼 박자를 딱딱 맞춰 말하지 않는다. 음악은 우리 삶의 정서적 역동성과 사람 사이의 상호 교류를 반영하기 때문에 팽창과 수축, 가속과 감속, 정지와 반영을 표현할 수 있어야 한다. 우리가 박자 변화를 느끼고 알아차리려면 박이 발생하는 시점에 대한 정보를 뇌의 연산 체계에서 추출해야만 한다. 그리고 음악에서 일정한 펄스를 벗어나는 시점을 알아차리기 위해서는 뇌가 지속적인 펄스의 모형, 즉 도식을 형성할 필요가 있다. 선율이 변형될 때도 비슷한 규칙이 적용된다. 연주자가 마음껏 선율을 바꿀 때 이를 알아차리고 이해하기 위해서는 선율에 대한 심적 표상이 있어야 한다.

어떤 펄스가 등장했고 펄스가 언제 나타나는지를 인식하게 해주는 박자 추출 능력은 음악에서 느껴지는 정서에 결정적인 역할을 한다. 음악은 체계적인 기대감 위반을 통해 우리와 정서적으로 소통한다. 이러한 위반은 음고와 음색, 음조곡선, 리듬, 빠르기 등 모든 영역에서 가능하지만 꼭 필요한 위치에서 발생한다. 음악은 조직된 소리지만 예상치 못한 요소가 전혀 없다면 정서적으로 밋밋하고 기계적으로 들리게 된다. 반대로 과하게 조직된 음악은 원칙적으로는 여전히 음악이지만 누구도 듣길 원하지 않을 것이다. 예를 들어 음계는 조직적이지만 부모들은 대부분 아이들이 연주하는 음계를 5분 이상 견디지 못한다.

박자 추출에 대한 신경적 기초는 무엇일까? 뇌손상 연구를 통해 과학자들은 리듬과 박자 추출이 자연적으로 서로 연관돼 있음을 알게 됐다. 좌뇌가 손상된 환자들은 리듬을 지각하고 만들어내는 능력을 상실하지만 여전히 박자를 추출할 수 있으며 우뇌가 손상된 환자 역시 그 반대의 패턴을 보일 수 있다. 두 경우 모두 선율 처리에는 신경적으로 문제가 없었다. 로버트 자토르는 좌측 측두엽보다 우측 측두엽의 뇌손상이 선율 지각에 큰 영향을 준다는 사실을 발견했다. 이사벨 페레츠 Isabelle Peretz 는 뇌의 우반구는 다음에 인식하기 위해 선율의 윤곽을 그려두고 분석하는 음조곡선 처리 회로가 있으며 이 회로는 리듬이나 박자 회로와는 별개라는 사실을 알아냈다.

기억에 관한 연구에서 살펴봤듯이 우리는 컴퓨터 모형의 도움을 얻어 뇌의 내적 작동을 파악할 수 있다. 네덜란드의 페테르 데사인 Peter Desain 과 헨크얀 호닝 Henkjan Honing 은 음악 작품에서 박을 추출할 수 있는 컴퓨터 모형을 개발했다. 박자는 규칙적인 간격으로 교대로 등장하는 강박과 약박으로 정의하는데 컴퓨터 모형은 주로 진폭을 활용한다. 과학에서도 쇼맨십의 가치를 중요시 여겼던 둘은 자신들의 컴퓨터 체계의 효율성을 입증하기 위해 신발 안에 작은 전기 모터를 고정시키고 출력 장치를 연결했다. 박자 추출을 시연하자 신발은 (더 정확하게는 신발의 금속 막대가) 실제 음악 작품에 박자를 맞췄다. 나는 1990년대 중반에 CCRMA에서 이 시연을 관중했는데 굉장히 인상적이었다. 구경꾼들이 데사인과 호닝에게 CD를 주면 둘의 신발은 노래를 몇 초간 '들은' 뒤 합판 조각을 두드리기 시작했다. 내가 구경꾼이라 칭한 이유는 컴퓨터와 270사이즈의 남성용 윙팁 구두에 달린 금속 막대가 뱀처럼 꼬불꼬불한 선으로 연결된 모습이 꽤나 볼만했기 때문이다. 시연이 끝난 뒤 페리 쿡은 둘에게 다가가 말했다. "아주 멋지네요… 그런데 갈색 구두로도 가능한가요?"

흥미롭게도 데사인과 호닝의 컴퓨터 모형은 살아 있는 실제 인간과 같은 약점을 가지고 있다. 전문 연주자들과 비교해 두 배, 혹은 0.5배 지점에서 박이 있다고 느끼고 발을 굴렀던 것이다. 아마추어들은 항상 이와 같은 실수를 한다. 컴퓨터 모형이 인간과 비슷한 실수를 한다면 우리는 이 프로그램으로 인간의 사고, 혹은 적어도 사고의 밑바탕이 되는 연산 체계를 복제할 수 있다는 더 확실한 근거를 얻은 셈이다.

소뇌는 시간과 신체 움직임의 협응력에 밀접하게 관여하는 뇌의 한 부분이다. '소뇌'라는 단어는 '작은 뇌'를 뜻하는 라틴어에서 비롯됐으며 실제로 목덜미 쪽에 있는 소뇌는 크기가 더 크고 뇌의 주요 부분인 대뇌 밑에 매달린 작은 뇌 모양을 하고 있다. 소뇌는 대뇌처럼 두 반구를 가졌으며 각각 하위 영역으로 나뉜다. 유전적 단계의 위쪽과 아래쪽에 있는 각 동물들의 뇌를 연구하는 계통발생학 연구를 통해 우리는 소뇌가 뇌에서 진화적으로 가장 오래된 부분이라는 사실을 알게 됐다. 흔히 파충류 뇌라고 부르기도 하는 부위다. 뇌의 나머지 영역 무게의 10퍼센트밖에 되지 않지만 전체 뉴런 수의 50에서 80퍼센트를 포함한다. 뇌에서 가장 오래된 부분인 소뇌의 기능은 음악에서 결정적으로 작용하는 박자 감각이다.

소뇌는 전통적으로 움직임을 관장하는 뇌 영역으로 알려져 있었다. 동물들은 대부분 반복적이고 왕복하는 특성의 움직임을 만든다. 예를 들어 사람은 걷거나 달릴 때 비교적 일정한 속도로 움직이는 경향이 있다. 즉, 우리 몸은 일정한 걸음걸이에 정착해 이를 유지한다. 물고기가 헤엄치거나 새가 날 때도 지느러미와 날개를 비교적 일정한 비율로 퍼덕거리는 경향이 있다. 소뇌는 이 비율과 걸음걸이를 유지하는 데 관여한다. 파킨슨병 환자들은 걸음에 어려움을 겪는 특징이 있는데 현재 과학자들은 이 병이 소뇌의 퇴화를 동반한다는 사실을 알고 있다.

그렇다면 음악과 소뇌는 어떤 관계일까? 실험실에서 우리는 사람들이 음악을 들을 때 소뇌가 강하게 활성화되지만 소음을 들을 때는 그렇지 않다는 사실을 발견했다. 소뇌는 박을 추적하는 과정에 관여하는 것으로 보인다. 또한 소뇌는 사람들에게 좋아하는 음악과 싫어하는 음악, 혹은 익숙한 음악과 낯선 음악을 듣게 했던 다른 맥락의 연구에서도 등장한다.

나를 포함해 많은 사람들은 소뇌가 좋아하는 음악과 친숙한 음악에서 활성화되는 현상이 오류가 아닐까 하는 의심을 가졌다. 그러던 중 2003년 여름 비너드 메넌이 하버드대학교의 교수 제러미 슈마만Jeremy Schmahmann의 연구를 소개해줬다. 슈마만은 소뇌가 시간과 움직임 외에 아무것도 담당하지 않는다고 말하는 전통주의라는 물살을 거스르는 연구를 진행하고 있었다. 슈마만과 추종자들은 부검과 뇌 영상 관찰, 사례 연구, 다른 동물 종의 연구를 통해 소뇌가 정서에도 관여한다는 설득력 있는 증거를 축적했다. 이러한 슈마만의 연구로 사람들이 좋아하는 음악을 들을 때 소뇌가 활성화되는 이유를 설명할 수 있다. 슈마만은 소뇌가 뇌의 정서 중추들, 즉 정서적 사건을 기억하는 데 관여하는 편도체를 비롯해 계획과 충동 조절에 관여하는 전두엽에 강하게 연결된다는 사실에 주목했다. 정서와 움직임 사이에는 어떤 연결성이 존재하며 왜 굳이 뱀과 도마뱀에서도 발견되는 소뇌 영역에서 이 기능을 담당할까? 확실하진 않지만 DNA를 공동으로 발견한 제임스 왓슨James Watson과 프랜시스 크릭Francis Crick의 연구에서 일부 원인을 추측할 수 있다.

롱아일랜드에 위치한 콜드스프링하버 연구소는 첨단 기술을 활용하는 선진 기관이며 신경과학과 신경생물학, 암 연구를 비롯해 노벨상 수상자인 제임스 왓슨이 연구소장으로 있는 기관답게 유전학을 전문으로 한다. 또한 뉴욕주립 스토니브룩대학교를 통해 해당 분야에 대한 학위와 선진 교육을 제공한다. 나의 동료인 아망딘 페넬Amandine Penel은 이 기관에서 2년간 박사 후 과정을 이수했다. 그녀는 내가 오리건대학교에서 박사 과정을 이수하는 동안 파리에서 음악인지 전공으로 박사 학위를 받았다. 우리는 음악인지 연례 학회에서 서로를 알게 됐다. 콜드스프링하버 연구소는 종종 특정한 주제를 전공한 과학자들이 집중적으로 모이는 학회를 개최한다. 과학자들은 며칠 동안 모두 실험실에서 먹고 자며 함께 모여서 채택된 과학 문제의 끝을 보기 위해 하루 종일 논쟁을 벌인다. 이 학회는 논쟁에서 서로 반대 관점을 가지고 있는 각 분야 최고의 전문가들이 모여 어떤 문제에 대해 일종의 합의를 이루면 과학이 좀 더 빠르게 진보할 수 있으리라는 믿음을 기반으로 하며 유전체학, 식물유전학, 신경생물학 분야에서 유명하다.

언젠가 나는 맥길대학교에서 기말 시험 스케줄과 일상적인 학부과정 커리큘럼 위원회에 대한 이메일에 집중하고 있다가 4일간의 콜드스프링하버 학회에 참석해달라는 초대장을 보곤 깜짝 놀랐다. 내가 메일에서 확인한 글을 첨부한다.

시간 패턴의 처리 과정과 신경적 표상

시간은 뇌에서 어떻게 표현될까요? 복잡한 시간 패턴은 어떻게 지각되고 형성될까요? 시간 패턴을 처리하는 능력은 감각 기능과 운동 기능의 기본 요소입니다. 우리가 주변 환경과 상호 작용 할 때 내재된 시간 특성을 활용한다는 점을 고려하면 뇌를 이해하기 위해서는 뇌가 시간을 처리하는 방법에 대한 이해가 선행돼야 합니다. 우리는 이 분야에서 세계 최고의 심리학자와 신경과학자, 이론학자들을 모시려 합니다. 우리의 목표는 두 가지입니다. 첫째, 공통적으로 박자 감각에 초점을 맞추는 각 분야의 연구자들을 모시고 상호 의견을 나누는 유익한 시간을 보낼 예정입니다. 둘째, 지금까지는 대부분의 위대한 연구에서 단일한 시간 간격의 처리 기능에 초점을 맞췄습니다. 미래를 위해 우리는 이러한 연구를 통해 깨우침을 얻는 동시에 다중 간격으로 구성된 시간 패턴의 처리 기능으로 논의를 확장하려 합니다. 시간 패턴 지각 연구는 여러 학문을 아우르는 분야로 성장하고 있습니다. 이 학회가 여러 학문에 걸친 연구 의제를 설정하고 논하는 데 도움이 되기를 기대합니다.

처음에 나는 내 이름이 수신자 목록에 포함된 것을 주최자의 실수라고 생각했다. 이메일 초청자 목록에 있는 이름은 모두 내가 아는 이름이었다. 그들은 박자 감각 연구에서만큼은 음악의 거장인 조지 마틴George Martin과 폴 매카트니, 세이지 오자와Seiji Ozawa와 요요 마Yo-Yo Ma에 비할 수 있는 대가들이었다. 캘리포니아대학교 샌프란시스코 캠퍼스의 폴라 탈랄Paula Tallal은 동료 연구자 마이크 메르체니Mike Merzenich와 함께 어린이의 난독증이 청각 체계에서 박자 감각 장애로 이어질 수 있다는 사실을 발견했다. 또한 그녀는 언어 능력과 뇌에 관한 유력한 fMRI 연구를 발표해 뇌의 음성 처리가 어디에서 발생하는지를 밝혔다. 리치 아이브리Rich Ivry는 나와 같은 세대인 인지신경과학자 중에 가장 총명한 지식인 동기다. 그는 오리건대학교의 스티브 킬Steve Keele 밑에서 박사 학위를 받았으며 소뇌와 운동 조절의 인지적 측면에 관해 획기적인 연구를 수행했다. 아이브리는 신중하고 철저한 태도로 면도날처럼 예리하게 과학적 논쟁의 핵심을 찌른다.

랜디 갤리스텔Randy Gallistel은 인간과 쥐의 기억과 학습 처리 과정에 대한 모형을 설계한 성상급 수학 심리학사나. 나는 그의 논문을 샅샅이 읽어봤다. 브루노 레프Bruno Repp는 아망딘 페넬의 박사 후 과정 지도 교수를 맡았고 내가 발표한 첫 논문 두 개를 검토했다. 사람들이 거의 정확한 음고와 빠르기로 팝송을 불렀던 바로 그 실험이다. 음악적 박자 감각에 관한 또 한 명의 세계적 권위자인 마리 라이스 존스Mari Reiss Jones 역시 초대됐다. 그녀는 음악 인지에서 주의력의 역할에 대한 아주 중요한 연구를 수행했다. 음악적 강세와 박자, 리듬, 기대감이 어떻게 수렴해 음악 구조에 대한 우리의 지식을 형성하는지에 대한 유력한 모형도 만들었다. 그리고 PDP 뉴런-네트워크 모형에서 가장 중요하게 분류되는 호프필드 망의 고안자인 존 호프필드John Hopfield도 참석할 예정이었다! 내가 콜드스프링하버에 도착했을 때 나는 1957년 엘비스의 콘서트 무대 뒤에 서 있는 소녀가 된 기분이었다.

학회는 열정적이었다. 참석한 연구자들은 진동 감지 기능과 박자 감지 기능을 어떻게 구별할지, 소리 없이 시간 길이를 측정할 때와 달리 규칙적인 펄스로 채워진 박자의 길이를 측정할 때는 어떤 신경 처리 기능이 관여하는지와 같은 기본적인 문제에 합의를 보지 못했다.

주최자의 바람처럼 우리는 과학 분야에서 진정한 진보를 가로막는 장애물은 대부분 같은 것에 서로 다른 용어를 사용하면서 발생한다는 사실을 깨달았다. 많은 경우 '박자 감각'과 같은 하나의 단어를 서로 아주 다른 의미로 사용함으로써 기본적인 추정이 크게 달라질 수 있다.

예를 들어 누군가 신경 구조인 '측두평면'과 같은 단어를 사용했다면 당신은 그가 이 단어를 당신과 같은 의미로 사용했다고 생각할 것이다. 하지만 음악에 대한 과학 연구에서 이런 추정은 치명적인 문제를 일으킬 수 있다. 누군가는 측두평면을 해부학적으로 정의하고 다른 사람은 기능적으로 정의하기 때문이다. 우리는 회백질보다 백질이 중요한지, 그리고 두 사건이 동시다발적으로 일어난다는 의미가 무엇인지, 다시 말해 실제로 정확히 동시에 일어나야만 하는지, 혹은 그냥 동시에 일어난다고 지각할 수만 있으면 되는지에 대해 논쟁을 했다.

날이 저물어 우리는 저녁 식사에 맥주와 와인을 양껏 차려놓은 뒤 먹고 마시면서 계속해서 토론을 했다. 나의 박사 과정 학생인 브래들리 바인스Bradley Vines는 참관인으로 참석해 모두 앞에서 색소폰을 연주했다. 나는 연주자들로 구성된 일부 사람들과 함께 기타를 연주했고 아망딘은 노래를 했다.

박자 감각에 관한 모임이었기 때문에 거기 있는 대부분의 사람들은 슈마만의 연구나 소뇌와 정서 사이의 연관성에 대해서는 큰 관심을 보이지 않았다. 하지만 아이브리는 이미 슈마만의 연구를 알고 있었고 흥미를 가지고 있었다. 나와 토론을 하면서 그는 내가 아직 실험에서 확인하지 못했던 음악 지각과 운동 동작 계획의 유사한 특징을 언급했다. 그는 음악의 수수께끼에서 핵심은 분명 소뇌와 관련돼 있을 것이라는 의견에 동의했다. 내가 왓슨을 만났을 때 그 역시 소뇌와 박자 감각, 음악, 정서 간에 그럴듯한 연관성이 있음을 느낀다고 말했다. 하지만 그 연관성은 무엇일까? 그와 관련된 진화적 기초는 무엇일까?

몇 달 뒤 나는 친한 동료 연구가인 우르술라 벨루지Ursula Bellugi가 있는 캘리포니아 라호야의 소크 연구소The Salk Institute를 방문했다. 소크 연구소는 태평양이 내려다보이는 자연과 어우러진 위치에 세워졌다. 1960년대 하버드의 석학 로저 브라운 교수의 학생인 우르술라는 소크 연구소에서 인지신경과학 연구실을 운영하고 있었다. 우르술라는 수많은 '최초의' 발견을 이루었지만 그중에서도 수화가 즉석에서 지어내거나 체계적이지 못한 몸짓의 집합이 아니라 구문 구조를 가진 진짜 언어임을 최초로 증명한 획기적인 연구를 수행했다. 이를 통해 그녀는 촘스키의 언어 모듈이 음성 언어에만 해당하지 않는다는 사실을 밝혔다. 또한 공간 인지와 몸짓, 신경발달 장애, 뉴런이 기능을 바꾸는 능력, 즉 신경형성성에 대한 획기적인 연구도 수행했다.

우르술라와 나는 음악성의 유전적 기초를 밝히기 위해 10년간 함께 연구했다. 왓슨과 함께 DNA의 구조를 발견한 프랜시스 크릭이 소장으로 있는 소크 연구소보다 연구에 적합한 곳이 또 있을까? 나는 소크 연구소에 가서 매년 함께 데이터를 살펴보고 논문을 준비했다. 우르술라와 나는 함께 같은 방에 앉아 같은 컴퓨터 스크린을 살펴보곤 했다. 우리는 염색체 도표를 집어가며 뇌 활성도를 살펴보고 결과가 우리 가설에서 어떤 의미를 갖는지도 이야기했다.

일주일에 한 번씩 소크 연구소에서는 소장인 프랜시스 크릭과 함께 존경받는 과학자들이 큰 사각 테이블에 앉아 '교수들의 점심' 시간을 갖는다. 방문자들은 거의 허락되지 않지만 과학자들이 자유롭게 추론할 수 있는 사적인 토론장이다. 나는 과학자들의 꿈과 같은 그 토론장의 소식을 듣고 꼭 참석하기를 바랐다.

크릭이 자신의 책《놀라운 가설The Astonishing Hypothesis》에서 주장한 바에 따르면 의식은 뇌에서 발생하고 우리의 사고와 믿음, 욕망, 느낌은 뉴런과 아교세포를 비롯해 그것들을 구성하는 분자와 원자의 활동에서 나온다. 흥미로운 가설이지만 앞에서 언급했듯이 나는 마음의 지도 자체를 그리는 일보다는 뇌라는 기계가 어떻게 사람의 경험을 만들어내는지에 대한 편향된 관심을 가지고 있다.

내가 크릭에게 정말 관심을 가진 이유는 DNA와 관련한 그의 놀라운 업적이나 소크 연구소 경영, 혹은 책《놀라운 가설》 때문도 아니다. 크릭이 과학을 시작한 초기에 대해 쓴《열광의 탐구What Mad Pursuit》가 계기였다. 정확히는 아래의 구절에 매료됐는데 나 역시 인생에서 다소 늦게 과학계에 발을 들였기 때문이다.

> 마침내 전쟁이 끝나고 나는 무엇을 할지 몰라 헤매고 있었다. … 나는 나의 자질을 되돌아봤다. 그리 좋지 않은 학위는 해군에서 이룬 업적으로 다소 보완할 수 있었다. 자기학과 유체역학의 일부 한정적인 영역에 대한 지식은 있지만 둘 중 어느 전공에서도 작은 열의 한 줌 느끼지 못했다. 발표한 논문은 전혀 없었다. … 점차 나는 자질의 부족이 장점이 될 수 있음을 느꼈다. 대부분의 과학자들은 30대에 이르면 자신의 전문 지식에 갇히게 된다. 과학자들은 한 가지 특정 분야에 너무도 많은 노력을 투자했기 때문에 그때쯤이면 자기 분야에서 근본적인 변화를 이루기가 극히 어려워지곤 한다. 반면에 나는 다소 구식인 물리학과 수학에 대한 기본 지식 말고는 아무것도 없었지만 새로운 일을 시작할 재량이 있었다. … 나는 기본적으로 아무것도 몰랐기 때문에 거의 완벽하게 자유로운 선택을 할 수 있었다. …

크릭의 고찰은 나의 경험 부족이 오히려 인지신경과학에서 남들과는 다른 사고를 할 수 있게 해주는 요소라는 격려이자 노력을 통해 얕은 내 이해력의 한계를 넘을 수 있는 동기 부여였다.

어느 날 일찍 아침을 시작한 나는 호텔에서 우르술라의 연구실로 차를 몰왔다. 나에게는 오전 7시도 '이른' 시간이었지만 우르술라는 이미 6시부터 연구실에 있었다. 함께 사무실에서 일하며 컴퓨터 자판을 두드리던 중 우르술라는 커피잔을 내려놓고 장난꾸러기처럼 눈을 반짝이며 나를 바라보았다. "오늘 프랜시스 소장님 만나볼래요?" 불과 몇 달 전에 우연히 크릭과 함께 노벨상을 공동 수상한 왓슨을 만났던 경험은 나에게 아주 인상적이었다.

불현듯 떠오른 예전 기억이 내 머리를 때리며 나는 패닉에 빠졌다. 내가 음반 프로듀서로 막 일을 시작했을 때 샌프란시스코의 정상급 음반 스튜디오 오토매트의 매니저였던 미셸 재린Michelle Zarin은 금요일 오후마다 측근들만 사무실에 초대해 와인과 치즈를 곁들여 어울리곤 했다. 나는 어플릭티드 앤 더 다임스the Afflicted and the Dimes와 같은 무명 밴드들과 넉 달 동안 일하면서 록의 거물들이 그녀의 사무실 앞에 줄지어 있는 모습을 보았다. 거기엔 카를로스 산타나와 휴이 루이스Huey Lewis, 프로듀서 짐 게인스Jim Gaines와 밥 존스톤Bob Johnston도 있었다. 어느 금요일에 그녀는 나에게 론 네비슨Ron Nevison이 들를 예정이라고 말했다. 그는 내가 가장 좋아하는 레드 제플린 음반을 엔지니어링 했고 그룹 후와도 함께 일했다. 미셸은 나를 사무실로 데려가 둥근 반원 모양으로 서 있는 사람들 사이에서 내가 있을 위치를 알려줬다. 사람들은 음료를 마시며 이야기를 나눴고 나는 존경심을 담아 그 대화를 듣고 있었다. 하지만 네비슨은 그토록 만나고 싶어 했던 내 마음을 모르는 듯했다. 시계를 보자 15분이 지나 있었다. 구석의 오디오에서는 다른 손님인 보즈 스캐그스Boz Scaggs의 '로다운Lowdown'과 '리도Lido'가 흘러나오고 있었다. 20분이 지났다. 내가 네비슨을 만날 수는 있을까? '위어 올 얼론We're All Alone'이 흘러나오자 영화처럼 가사가 내 심금을 울렸다. 나는 이 사태를 직접 해결하기로 했다. 네비슨에게 걸어가 직접 내 소개를 한 것이다. 그는 나와 악수를 했고 다시 돌아가 다른 사람과 대화를 나눴다. 그것으로 끝이었다. 미셸은 그런 식으로 해서는 안 된다며 나를 나무랐다. 만약 섣부르게 다가가지 않고 기다렸더라면 미셸은 네비슨에게 이전에 소개해주고 싶다고 했던 신입이 바로 나라고 상기시키면서 나를 잠재력도 있고 공손하고 생각 깊은 젊은이로 소개해줬을 것이다. 나는 그 후로 네비슨을 다시 볼 수 없었다.

점심시간에 우르술라와 나는 샌디에이고의 따뜻한 봄바람을 맞으며 걸어갔다. 머리 위로 갈매기 우는 소리가 들렸다. 우리는 태평양이 가장 잘 보이는 소크 캠퍼스 모퉁이로 걸어가 교수들의 점심 식사 장소를 향해 계단을 세 개 올라갔다. 크릭은 80대 후반으로 90대를 바라볼 나이였기에 꽤 노쇠해 보였지만 나는 그를 즉시 알아볼 수 있었다. 우르술라는 크릭의 오른쪽에서 네 자리 떨어진 자리로 나를 안내했다.

점심 식사는 대화로 시끌벅적했다. 나는 얼마 전 밝혀낸 암 유전자와 오징어 시각 체계의 유전체 해독에 대해 이야기하는 교수들의 대화를 들었다. 누군가는 알츠하이머와 관련된 기억 손실을 늦추는 약물 처방법에 대해 추정했다. 크릭은 대체로 듣고만 있다가 이따금 말을 했는데 목소리가 너무 작아서 나는 한 단어도 듣지 못했다. 교수들은 식사를 마쳤고 식당도 한산해졌다.

디저트를 먹은 뒤 크릭은 여전히 나와 네 자리가 떨어져 있었고 왼쪽 사람과 활발히 이야기를 나누느라 우리를 등지고 있었다. 나는 그를 만나《놀라운 가설》에 대해 이야기하고 인지와 정서, 운동 조절 간의 관계성에 대해 어떻게 생각하는지 묻고 싶었다. 그리고 DNA 구조의 공동 발견자인 크릭은 음악의 유전적 기초에 대해 어떻게 말할지 궁금했다.

내 조급증을 느낀 우르술라는 나가면서 크릭에게 나를 소개해주겠다고 말했다. 나는 "반갑습니다, 또 봐요."와 같은 대화를 예상하고 실망했다. 우르술라는 내 팔을 붙잡았다. 그녀는 키가 고작 150센티미터 정도였기에 내 팔을 잡으려면 올려 잡아야 했다. 그녀는 동료와 함께 렙톤leptons과 뮤온muons에 대해 이야기하고 있던 크릭에게 나를 끌고 간 뒤 이렇게 말했다. "교수님, 제 동료인 댄 레비틴을 소개드리고 싶어서요. 맥길대학교에서 왔고 저와 함께 윌리엄스 증후군과 음악에 대해 연구하고 있습니다." 크릭이 말문을 열기 전에 우르술라는 내 팔을 잡고 문 쪽으로 나를 끌고 갔다. 그때 크릭이 눈을 빛내며 의자에 바로 앉았다. "음악이라," 그는 렙톤 교수를 제쳐두고 말했다. "언젠가 이야기를 나눌 수 있으면 좋겠군요." 그러자 우르술라가 능청스레 대답했다. "그러시다면 저희는 지금이라도 시간이 있는데요."

크릭은 우리에게 음악 연구에서 신경 영상을 사용한 적이 있는지 물어봤고 나는 음악과 소뇌 연구에 대해 설명했다. 그는 우리의 결과에 관심을 보였고 소뇌가 음악 정서에 관여할 가능성에도 흥미를 보였다. 당시 연주자와 지휘자가 음악에서 박자를 추적하고 일관된 빠르기를 유지하는 데 소뇌가 한 역할을 담당한다는 사실은 잘 알려져 있었다. 또한 많은 사람들이 청자들의 박자 추적에도 소뇌가 관여한다고 추측하고 있었다. 하지만 정서 기능은 어디에서 관여할까? 정서와 박자 감각, 움직임 사이에는 어떤 진화적 연결성이 있을까?

그보다 먼저 정서의 진화적 기초란 무엇일까? 과학자들은 정서가 무엇인지에서조차 합의를 이루지 못하고 있다. 우리는 정서(어떤 외적 사건이나 존재, 기억이나 기대의 결과로 주로 나타나는 일시적인 상태)와 기분(외적인 원인을 가질 수도, 가지지 않을 수도 있는 일시적이지 않고 좀 길게 지속되는 상태), 특성('그 여자는 대체로 즐거운 사람이다' 혹은 '그 남자는 절대 만족하지 않는다'와 같이 특정 상태를 표현하는 경향이나 추세)을 구별한다. 어떤 과학자들은 우리의 내적 상태가 적극성인지 소극성인지를 구별하는 유의성을 '정동'이라는 단어로 표현하고 특정 상태를 가리킬 때는 '정서'라는 단어를 사용한다. 정동은 적극성과 소극성의 오직 두 가지 상태를 뜻하는데 '무감정 상태'까지 포함하면 세 가지로 나눌 수 있다. 각 정동에는 다양한 정서가 포함된다. 적극적 정서는 즐거움과 만족이, 소극적 정서에는 두려움과 분노가 있다.

크릭과 나는 진화 과정에서 정서가 어떻게 동기 부여와 밀접한 관계를 맺게 됐는지에 대해 이야기를 나눴다. 크릭은 나에게 인류의 고대 조상들의 정서가 주로 생존을 위해 행동을 유발하는 신경화학적 상태였다는 사실을 일깨워줬다. 예를 들어 우리가 사자를 보면 신경전달물질들과 발화 비율이 특정하게 반응한 결과로 인해 그 즉시 두려움이라는 내적 상태, 즉 정서가 일어난다. '두려움'이라고 부르는 이 상태는 아무 생각 없이 우리가 하던 일을 멈추고 도망치도록 유도한다. 우리가 상한 음식을 먹고 역겨운 정서를 느끼면 혹시나 독성 악취를 마시지 않도록 코를 잡거나, 불쾌한 음식을 거부하기 위해 혀를 내미는 등의 특정 생리적 반사 작용이 즉시 튀어나온다. 또한 위 안으로 들어가는 음식의 양을 제한하기 위해 목구멍을 수축시킨다. 몇 시간 동안 헤맨 뒤에 물을 찾았을 때는 기쁨을 느끼고 물을 실컷 마시고 나면 만족과 행복감을 느낀다. 그리고 이 정서들은 다음에도 우리가 물웅덩이의 위치를 기억할 수 있도록 유도한다.

모든 정서적 활동이 그렇지는 않지만 중요한 정서들은 대부분 운동 동작으로 이어진다. 그중에서도 달리기가 가장 중요하다. 이때 규칙적으로 뛰면 넘어지거나 균형을 잃지 않으면서 훨씬 빠르고 효과적으로 달릴 수 있다. 여기서 소뇌는 분명한 역할을 한다. 그리고 이를 통해 정서가 소뇌의 뉴런과 연결돼 있을지 모른다는 개념 역시 설명할 수 있다. 대부분의 필수적인 생존 활동은 포식자로부터 도망치거나 도망치는 먹이를 향해 다가갈 때와 같이 달리기와 연관된 경우가 많다. 그리고 우리 조상들은 상황을 분석하고 최선의 조치가 무엇인지 연구하는 과정 없이도 빠르게 즉각적으로 반응해야 했다. 그로 인해 우리 조상 중에 선천적으로 정서 체계가 운동 체계와 직접적으로 연결된 조상들은 더욱 빠르게 반응을 할 수 있었고 그 결과 번식을 할 때까지 살아남아 다른 세대로 유전자를 전달할 수 있었다.

크릭이 정말 흥미를 가졌던 부분은 행동의 진화적 기원이나 그와 관련한 연구 자료가 아니었다. 크릭은 인기가 없거나 그저 잊힌 여러 낡은 이론들을 부활시키려 노력했던 슈마만의 연구를 언급했다. 그중 하나가 소뇌가 흥분과 주의력, 수면 조절에 연관된다고 주장했던 1934년의 논문이었다. 1970년대에는 소뇌의 특정 영역에 손상이 생기면 흥분 정서에 극적인 변화가 일어난다는 사실이 밝혀졌다. 소뇌의 한 부분에 손상이 생긴 원숭이는 분노를 느꼈는데 과학자들은 이 현상을 거짓 분노라고 불렀다. 그와 같은 반응을 이끌어낼 만한 환경 요인이 전혀 없었기 때문이다. 물론 수술로 뇌의 일부에 손상을 일으켰기 때문에 원숭이가 충분히 격분할 수 있다고 생각할 수 있지만 실험 결과 원숭이들은 해당 부위의 소뇌 손상이 있을 때만 분노를 보였다. 소뇌의 다른 부분에 손상을 일으키면 차분해지는 특성을 임상적으로 조현병을 약화시키는 데 이용하기도 한다. 소뇌충부라고 하는 소뇌 중앙에 얇은 띠 조직을 전기로 자극하면 사람에게도 공격성이 일어나며 다른 부위를 자극하면 불안이나 우울증을 줄일 수 있다.

크릭은 앞에 놓여 있던 디저트 그릇을 밀어내고 얼음물 잔을 손에 쥐었다. 나는 피부 아래로 혈관이 비친 그의 손을 바라봤다. 그 순간 나는 맥박이 뛰는 모습까지 볼 수 있을 것만 같았다. 잠시 그는 조용히 한곳을 바라보며 생각에 잠겼다. 식당은 이제 완전한 침묵에 잠겼고 열려 있는 창문 너머 아래로 파도가 부딪히는 소리가 들렸다.

그 뒤 우리는 1970년대에 그 전까지의 믿음과 달리 내이가 청각 피질에만 연결되지 않는다는 사실을 밝힌 신경생물학자의 연구에 대해 토론했다. 고양이나 쥐처럼 청각 체계가 잘 알려져 있고 사람과 유사한 특징을 가진 동물들은 내이에서 소뇌까지, 즉 귀에서 소뇌로 신경이 연결된다. 이를 통해 이 동물들은 특정 공간에서 청각 자극이 발생할 때 그쪽을 향해 방향을 돌릴 수 있다. 소뇌에 있는 위치 민감성 뉴런도 소리 출처를 향해 고개나 몸을 효과적으로 즉시 돌릴 수 있도록 돕는다. 그다음으로 연결되는 전두엽의 하전두피질과 안와전두피질 영역은 비너드 메넌과 우르술라와 함께 진행한 연구에서 언어와 음악 모두를 처리할 때 활성화된다고 밝혀졌다. 여기서는 무슨 일이 벌어지고 있을까? 왜 귀는 곧장 소리를 받아들이는 중추 영역인 청각 피질 대신 운동 중추인, 어쩌면 정서 중추일 수도 있는 소뇌로 신경섬유 다발을 보내는 것일까?

기능의 중복과 배분은 신경 구조의 필수 원리다. 유기체는 개체가 번식을 거쳐 유전자를 전달할 때까지 오래 살아야 한다는 본질을 가진다. 그러나 살면서 마주치는 위험 요소로 인해 머리를 부딪쳐 뇌 기능을 일부 잃는 사고가 발생할 수 있다. 이때 뇌손상 후에도 기능을 이어가려면 뇌의 한 부분이 사라져도 전체 체계가 무너지지 않아야 한다. 이 때문에 뇌의 중요한 체계는 추가적으로 보충 경로를 갖도록 진화했다.

변화는 위험이 임박했음을 알리는 신호이기 때문에 우리의 지각 체계는 환경 변화를 감지하도록 정교하게 조율됐다. 그중에서도 우리의 시각 체계는 수백만 가지 색을 인식하고 광자가 100만 개 중 한 개인 극한 어둠 속에서도 사물을 인식할 수 있을 정도로 갑작스러운 변화에 가장 민감하다. 시각 피질의 전체 영역인 내측두(MT) 영역은 움직임을 감지하는 데 특화돼 있다. 이 영역의 뉴런은 우리의 시야에서 물체가 움직일 때 발화한다. 누구나 한 번쯤 벌레가 목 위에 앉자마자 손으로 내려쳐본 경험이 있을 것이다. 이렇듯 우리의 촉각 체계는 피부 위에서 극도로 미묘한 압력 변화를 감지할 수 있다. 주로 아이들 만화에서 볼 수 있는 장면이지만 이웃집에서 식히려고 창턱에 올려놓은 사과파이에서 공기 중으로 냄새가 퍼지듯 냄새의 변화는 우리의 지향 반응과 경계 반응을 일으키는 힘이 있다. 하지만 전형적으로 놀람 반응을 가장 크게 일으키는 감각은 소리다. 갑작스러운 소음은 우리를 의자에서 뛰어오르거나 고개를 돌리거나 몸을 숨기거나 귀를 막게 만든다.

청각적 놀람은 인간의 놀람 반응 중에서 가장 빠르고 중요하다고 할 수 있다. 쉽게 이해하자면 우리가 존재하는 대기로 둘러싸인 세상에서는 물체, 특히 큰 물체가 갑자기 움직일 때 공기에 교란이 발생한다. 이러한 공기 분자의 움직임은 우리에게 소리로 지각된다. 중복 원리에 따라 우리 신경 체계는 부분적으로 손상됐을 때에도 입력된 소리에 반응할 수 있어야 한다. 뇌를 더 깊이 들여다볼수록 우리는 이전에는 알아차리지 못했던 중복 경로와 잠복 회로, 체계들 간의 연결성을 발견할 수 있다. 이 부차적 체계는 중요한 생존 기능을 맡고 있다. 최근 과학 문헌에서는 시각 경로가 차단된 사람들이 여전히 세상을 '볼' 수 있다는 내용의 논문이 등장했다. 그들은 사실상 시각 장애 판정을 받아 의식적으로 무언가를 본다고 느낄 수는 없지만 여전히 물체를 향해 방향을 돌리고 일부 경우에는 무엇인지 알아맞혔다.

보조적인 흔적 기관의 청각 체계도 소뇌에 관련된 것으로 보인다. 이 기관은 잠재적 위험성을 가진 소리에 대해 정서적으로, 움직임으로 즉각적인 반응을 보이도록 만드는 능력을 관리한다.

습관화 회로는 변화에 민감하게 반응하는 청각 체계와 놀람 반사에 관해 설명할 때 빼놓을 수 없는 주제다. 냉장고가 윙윙거릴 때 그 소리에 익숙해져서 더 이상 인식하지 못하는 현상을 습관화라 한다. 굴에서 잠을 자는 쥐가 굴 위에서 나는 큰 소리를 들었다고 가정해보자. 그 소리가 포식자의 발소리라면 쥐는 마땅히 놀라야 한다. 하지만 바람에 흔들리는 나뭇가지가 굴 위의 땅을 반복적으로 때리고 있을지도 모른다. 집 지붕을 때리는 나뭇가지 소리가 수십 번 들리고 나면 쥐는 자신이 위험하지 않다는 사실을 깨닫고 위협이 되지 못하는 소리를 무시해야 한다. 그러나 소리의 강도나 빈도가 변한다면 환경 조건이 변했다는 뜻이기 때문에 다시 소리를 인식해야 한다. 어쩌면 바람이 속도를 더하며 계속 들이쳐 나뭇가지로 쥐의 주거지를 찔러댈 수 있다. 아니면 바람이 잦아들어 빗발치는 바람에 날아갈 걱정 없이 음식과 짝짓기 상대를 찾으러 나갈 정도로 안전해졌을 수도 있다. 이처럼 습관화는 위협과 위협이 되지 않은 상황을 분리해주는 중요하고 필수적인 처리 과정이다. 소뇌는 박자 감각 기능을 가졌기 때문에 소뇌에 손상이 생기면 감각 자극의 규칙성을 추적하는 능력을 제대로 발휘하지 못해 습관화가 사라진다.

우르술라는 윌리엄스 증후군 환자들이 소뇌 형성 방식에 결함을 가진다는 것을 발견한 하버드대학교의 앨버트 갈러버다Albert Galaburda의 연구 내용을 크릭에게 소개했다. 윌리엄스 증후군은 7번 염색체에서 유전자가 20개가량 부족할 때 발생한다. 이보다 더 잘 알려져 있는 발달 장애인 다운 증후군은 4명 중 1명 수준으로 흔한 반면, 윌리엄스 증후군은 2만 명 중에 1명 수준으로 발생한다. 다운 증후군과 같이 윌리엄스 증후군도 태아 발달 초기 단계에서 유전자 전사에 오류가 있을 때 발생한다. 우리가 가진 2만 5천 개가량의 유전자 중에서 이 20개의 손실은 치명적이며 윌리엄스 증후군에 걸린 사람들은 엄청난 지적 장애를 가지게 된다. 윌리엄스 증후군 환자 중 소수만이 숫자를 세고 시간을 보고 글을 읽을 수 있다. 그러나 언어 능력이 비교적 온전하고 뛰어난 음악성을 가지며 특별히 외향적이고 유쾌한 성격을 가진다. 이들은 남들보다 더 정서적이고 평균적인 사람들보다는 확실히 더 상냥하고 사교적이다. 그들이 가장 좋아하는 두 가지는 음악을 만들고 새로운 사람을 만나는 일이다. 슈마만은 소뇌에 손상을 입으면 윌리엄스 증후군처럼 갑자기 지나치게 외향적으로 바뀌고 낯선 사람들에게 과도하게 친근함을 표시하게 된다는 사실을 발견했다.

몇 년 전 나는 윌리엄스 증후군을 가진 십 대 소년 케니에게 초대를 받은 적이 있다. 케니는 외향적이고 명랑했으며 음악을 사랑했지만 IQ는 50이 넘지 않았다. 일곱 살 아이의 정신 연령을 가진 열네 살 소년이었다는 뜻이다. 윌리엄스 증후군을 가진 대부분의 사람들과 같이 케니는 눈과 손의 협응력이 굉장히 떨어져 엄마가 도와줘야만 스웨터 단추를 잠글 수 있었고 신발 끈을 스스로 매지 못해 끈 대신 벨크로를 달았다. 심지어 계단을 오르거나 접시의 음식을 입으로 가져가는 데도 어려움을 느꼈다. 하지만 케니는 클라리넷을 연주할 수 있었다. 몇 가지 작품을 익혔으며 연주에 여러 복잡한 손가락 움직임도 활용할 수 있었다. 그러나 음이름을 말하지는 못했고 작품의 어떤 지점에서 어떤 동작을 하는지도 말하지 못했다. 마치 손가락이 따로 자아를 가진 듯했다. 연주를 시작할 때만 갑자기 눈과 손의 협응력 문제가 사라졌다! 하지만 연주를 멈추면 곧 케니는 클라리넷을 넣기 위해 악기 상자를 열 때조차 도움을 받아야 했다.

스탠퍼드 의학대학교의 앨런 라이스Allan Reiss는 윌리엄스 증후군 환자들의 경우 소뇌에서 가장 최근에 형성된 신소뇌 부위가 일반인보다 더 크다는 사실을 발견했다. 그리고 윌리엄스 증후군 환자들은 음악과 관련해 움직일 때 일반적인 움직임과 다른 양상을 보였다. 윌리엄스 환자들의 소뇌의 형태가 일반인들과는 다르다는 사실은 소뇌가 '자아'를 가지고 있을 가능성을 보여준다. 또한 소뇌가 윌리엄스 증후군이 아닌 일반 사람들의 음악 처리 과정에 어떤 영향을 주는지에 대한 단서를 제공한다. 소뇌는 놀람과 두려움, 분노, 안정, 사교성의 정서에 관한 중추다. 거기다 이제는 청각 처리 과정에도 연관이 있음이 드러났다.

점심 식사가 끝나고 한참 뒤에도 나와 함께 앉아 있던 크릭은 인지신경과학에서 가장 어려운 문제로 손꼽히는 '결합 문제'에 대해 언급했다. 우리는 대부분의 대상이 가진 수많은 각각의 특징들을 독립적 신경 하부 체계에서 처리한다. 시각적 대상의 경우 이 특징은 색과 모양, 움직임, 대조, 크기 등이다. 어떤 이유로 뇌는 이 각각의 독특한 지각 요소들을 단일한 단위로 '함께 결합'한다. 나는 앞서 인지과학자들이 왜 지각을 구성적 처리 과정으로 믿고 있는지에 대해 기술했다. 그런데 뉴런은 실제로 이 특징들을 하나로 묶기 위해 무슨 일을 할까? 우리는 발린트 증후군Balint's syndrome과 같이 특정한 신경적 질병이나 손상이 있는 환자들을 연구하면서 이 질문을 떠올리게 됐다. 발린트 증후군은 대상의 특징을 한두 개만 인식하고 특징들을 하나로 묶을 수 없는 질병이다. 일부 환자들은 대상이 자신의 시야에 있는지 말할 수 있지만 그 색은 말할 수 없거나 그 반대 증상을 보이기도 한다. 음색과 리듬은 듣지만 선율을 들을 수 없거나 그 반대 경우인 환자들도 있다. 이사벨 페레츠는 절대음감을 가졌는데도 음치인 환자를 발견하기도 했다! 환자는 음이름을 완벽하게 말했지만 노래를 전혀 하지 못했다.

크릭은 결합 문제를 해결하기 위해 피질 전체에서 뉴런을 동시다발적으로 발화시키는 방법을 제안했다. 크릭의 책《놀라운 가설》에는 40헤르츠에서 뇌의 뉴런들이 동시다발적으로 발화하면서 의식이 발생한다는 내용이 적혀 있다. 신경과학자들은 일반적으로 소뇌가 '전의식적' 수준에서 작동한다고 생각했다. 소뇌는 달리기와 걷기, 잡기, 손 뻗기와 같이 보통 의식적 제어로 이루어지지 않는 작업을 조절하기 때문이다. 크릭은 소뇌의 뉴런 역시 40헤르츠에서 발화하면서 의식에 기여하지 않을 이유는 없다고 말했다. 물론 우리는 보통 인간의 전유물인 의식이 파충류와 같이 소뇌만 가진 생명체에도 존재할 것이라 생각하진 않는다. 크릭은 말했다. "연결성을 살펴보세요." 크릭은 소크에서 신경해부학을 독학하면서 인지신경과학에 관한 많은 연구들이 근본 원리를 충실히 지키지 않고 뇌를 가설에 대한 제약으로 여긴다는 사실을 깨달았다. 그는 그런 연구들을 참을 수 없으며 진정한 진보는 뇌 구조와 기능에 대한 세부 내용을 철저히 연구할 때에만 이뤄진다고 말했다.

그때 렙톤 교수가 돌아와 크릭에게 약속 시간이 얼마 남지 않았다고 말했다. 모두 함께 일어나 자리를 뜨려 할 때 크릭은 몸을 돌려 나에게 마지막으로 반복해 말했다. "연결성을 살펴보세요…" 나는 그 후로 다시 그를 보지 못했고 몇 달 후 크릭은 세상을 떠났다.

소뇌와 음악 사이의 연결성은 그리 어렵지 않게 확인할 수 있다. 콜드스프링하버의 학회 참석자들은 인간에게서 가장 발달한 인지 중추인 전두엽이 어떻게 가장 원시적인 뇌 부분인 소뇌와 곧바로 연결돼 있는지에 대해 토론했다. 이 연결은 양방향으로 이루어져 각 구조가 서로에게 영향을 준다. 폴라 탈랄이 연구하던 말소리의 정확한 차이를 구별할 수 있게 도와주는 전두엽 영역 역시 소뇌와 연결된다. 아이브리는 동작 제어에 관한 연구를 통해 전두엽과 후두피질(그리고 운동 피질), 소뇌가 서로 연관됨을 확인했다. 그런데 피질 깊숙한 곳에 자리한 구조 하나가 이러한 신경계의 교향곡에 또 하나의 연주자로 참여한다는 사실이 밝혀졌다.

몬트리올 신경학 연구소에서 로버트 자토르와 함께 박사 후 과정 연구를 수행한 앤 블러드Anne Blood는 1999년 획기적인 연구를 통해 실험 대상들이 '전율과 오싹함'이라고 기술한 강렬한 음악적 정서가 보상과 동기, 흥분에 관여하는 뇌 영역과 연관이 있다는 사실을 밝혔다. 복측선조체와 편도체, 중뇌, 전두엽 영역이 여기에 해당한다. 나는 특히 중격의지핵을 가진 복측선조체에 관심을 가졌는데 중격의지핵이 쾌락과 중독에 중요한 역할을 하는 뇌의 보상 중추이기 때문이다. 중격의지핵은 도박꾼이 도박에서 이겼을 때, 마약중독자가 좋아하는 마약을 했을 때 활성화된다. 신경전달물질인 도파민을 분비하는 능력을 가지고 있어 뇌에 오피오이드를 전달하는 과정에도 밀접하게 관련된다. 아브람 골드스타인Avram Goldstein은 1980년대에 중격의지핵에서 도파민을 방해한다고 알려진 날록손nalaxone을 투여하면 음악을 들을 때 쾌락을 느낄 수 없다는 사실을 확인했다. 하지만 블러드와 자토르가 사용한 양전자 방사 단층 촬영법은 공간 해상도가 좋지 않아 작은 중격의지핵이 실제로 관여하는지 여부는 감지할 수 없었다. 비너드 메넌과 나는 고해상도를 가진 fMRI로 많은 데이터를 수집했으며 음악을 들을 때 중격의지핵이 관여하는지를 집어낼 수 있는 해상력을 손에 넣었다. 하지만 뇌가 어떻게 음악에 반응해 쾌락이 일어나는지에 대한 원리를 제대로 풀어내려면 중격의지핵이 음악을 듣는 동안 뉴런 구조 배열을 소집하는 정확한 시점에 관여한다는 사실을 밝혀야 했다. 가설이 맞는다면 중격의지핵은 음악적 구조와 의미를 처리하는 전두엽의 구조가 활성화된 후에 역할을 해야 했다. 도파민을 조절하는 중격의지핵의 역할을 확인하기 위해서 우리는 도파민을 전파하고 생산하는 다른 뇌 구조가 활성화하는 시점에 중격의지핵이 같이 활성화된다는 사실을 확인할 방법을 찾아야 했다. 그러지 않으면 중격의지핵의 역할이 우연이 아니라는 우리의 주장은 설득력을 잃게 된다. 최종적으로 소뇌에 도파민 수용체가 있음을 가리키는 증거들이 그토록 많았기 때문에 우리도 분석을 통해 이를 확인할 수 있어야 했다.

메넌은 칼 프리스톤Karl Friston을 비롯한 연구자들의 논문을 읽었다. '기능적이고 효율적인 연결성의 분석'이라는 새로운 수학 기술에 대한 논문이었는데 이 기술을 통해 각각의 뇌 영역이 인지 작동 과정 동안 상호 작용 하는 방법을 밝히면 우리의 의문을 해결할 수 있을 것으로 예상했다. 또한 새로운 연결성 분석법은 우리가 전통적인 기술로는 풀 수 없었던 음악 처리 과정에서 신경 영역들이 갖는 연관성을 감지하게 해줄 것으로 보였다. 뇌의 영역들이 해부학적으로 어떻게 연결되는지에 대한 우리의 지식을 바탕으로, 특정 뇌 영역과 영역 사이의 상호 작용을 측정하는 기술을 활용하면 음악으로 매 순간마다 활성화된 뉴런 네트워크를 검사할 수 있을 터였다. 분명 크릭은 이 연구 결과를 확인하길 원했을 것이다. 물론 그 과정은 쉽지 않았다. 뇌 스캔 실험은 한 단계만 해도 평범한 컴퓨터 하드드라이브를 가득 차지할 정도로 어마어마한 데이터를 만들어낸다. 우리가 의도한 새로운 분석 방법이 아니라 활성화되는 영역을 확인하는 표준적인 방법으로 데이터를 분석하면 몇 달이 걸릴 수도 있었다. 게다가 이러한 새로운 분석법에 맞는 '기성' 통계 프로그램도 없었다. 메넌은 이 분석법에 필요한 공식을 연구하느라 두 달을 보냈고 작업을 끝마치고 나서는 사람들에게 클래식 음악을 들려주고 수집했던 연구 자료를 재분석했다.

결과는 우리가 기대하던 바와 일치했다. 음악을 들을 때 뇌 영역이 특정한 순서에 따라 차례대로 활성화된 것이다. 우선, 청각 피질이 소리의 구성 성분을 먼저 처리한다. 그리고 브로드만 영역 44와 47과 같은 전두엽 영역이 활성화된다. 우리는 앞서 이 영역들이 음악 구조와 기대감을 처리한다는 사실을 확인했다. 마지막으로 흥분과 쾌락, 오피오이드 전파, 도파민 생성에 관여하는 중변연계 영역의 네트워크가 중격의지핵를 활성화시키면서 끝이 난다. 이때 소뇌와 대뇌기저핵 전체가 활성화되는데 아마 리듬과 박자의 처리를 돕는 것으로 보인다. 그리고 중격의지핵의 도파민 수치가 증가하고 전두엽과 변연계에 연결된 소뇌가 정서를 조절하면서 음악 듣기의 보상과 강화 측면에 영향을 준다. 현재 신경심리학적 이론에서는 긍정적인 기분과 정동을 도파민 수치 증가와 연관 짓는다. 새로운 항우울제 대부분이 도파민 체계에 작동하도록 설계되는 이유에는 이러한 원리가 포함된다. 이렇듯 음악은 사람의 기분을 분명하게 개선시킬 수 있으며 이제 그 원인까지 밝혀졌다.

음악은 언어의 일부 특징을 흉내 내고 언어적 소통과 같은 정서의 일부를 전달하지만 지시 대상이 없고 불특정한 방식으로 전달된다. 또한 언어와 동일한 신경 영역의 일부를 자극하지만 언어와는 달리 동기와 보상, 정서에 관여하는 원시 뇌 구조를 자극한다. '홍키 통크 위민'의 도입부에 카우벨을 두드리는 소리, 〈세헤라자데Scheherazade〉의 첫 몇 음만으로도 뇌의 연산 체계는 음악의 펄스에 따라 뉴런 진동자를 동기화하며 다음 강박이 어디서 나올지를 예측하기 시작한다.

음악이 전개되면서 뇌는 새로운 박이 어디서 나타나는지에 대한 추정을 계속해서 업데이트한다. 또한 실제 박과 심적 박이 일치하면 만족감을 느끼고 능숙한 연주자가 기대감을 흥미로운 방식으로 위반하면 즐거움을 느낀다. 이 기대감 위반은 청자가 함께하는 음악적 농담의 일종으로 볼 수 있다. 음악이 실제 세상과 같이 호흡하고 속도를 오르내릴 때 소뇌는 동기화한 상태를 유지하기 위해 음악에 맞춰 스스로를 조절하며 쾌락을 찾는다.

그루브와 같은 음악의 효과는 미묘한 박자 감각의 위반에서 온다. 쥐가 자신의 집을 때리는 나뭇가지의 리듬 위반에 대해 정서적 반응을 일으켰듯이 우리는 음악에서 박자 감각의 위반에 대해 정서 반응을 보이는데 이것이 바로 그루브다. 맥락 없이 박자 감각이 변화할 때 쥐는 변화를 두려움으로 경험한다. 그러나 우리는 문화와 경험을 통해 음악이 위협이 아니라는 사실을 알며 우리 인지 체계는 이러한 위반을 쾌락과 즐거움으로 해석한다. 그루브에 대한 정서적 반응은 귀에서 청각 피질로 이르는 회로가 아닌 귀에서 소뇌, 중격의지핵, 변연계로 이르는 회로에서 일어난다. 그루브에 대한 우리의 반응은 주로 전두엽이 아니라 소뇌를 거치기 때문에 전의식, 혹은 무의식적이다. 놀라운 사실은 이런 모든 각각의 경로가 노래 한 곡에 대한 우리의 경험으로 통합된다는 점이다.

음악을 들을 때 우리 뇌에서 벌어지는 일들은 뇌에서 가장 오래된 영역과 가장 최근에 형성된 영역을 비롯해 머리 뒤쪽에 있는 소뇌와 눈 바로 뒤에 있는 전두엽까지 모두 관여하는 정교한 오케스트라 공연과 다름없다. 이때 신경화학물질은 논리적 예측 체계와 정서적 보상 체계 사이에서 방출과 흡수를 통해 연출에 참여한다. 우리가 어떤 음악 작품을 즐겁게 들을 때 그 음악은 우리가 들었던 다른 음악을 떠올리게 하며 우리 인생에서 정서적인 시기에 발생한 기억 흔적을 활성화한다. 음악을 듣는 우리의 뇌는 프랜시스 크릭이 점심 식사를 마치고 떠날 때 반복한 말처럼 모두 연결성이 전부라고 할 수 있다.

THIS IS YOUR BRAIN ON
MUSIC

7장

무엇이 음악가를 만드는가?

전문 능력 파헤치기

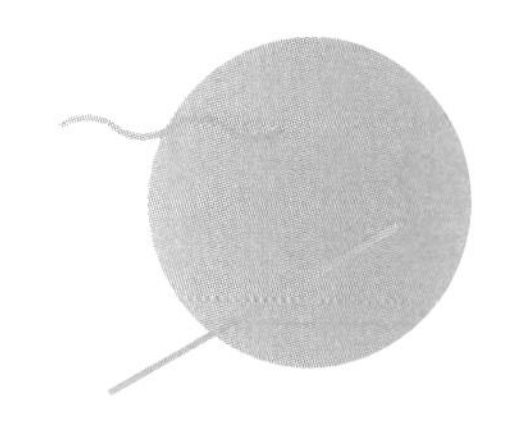

프랭크 시나트라는 자신의 앨범 〈송스 포 스윙잉 러버스Songs for Swinging Lovers〉에서 정서 표현과 리듬, 음고를 절묘하게 가지고 논다. 사실 나는 시나트라의 광팬은 아니다. 그가 발매한 200장이 넘는 앨범 중에 내가 가진 것은 고작 대여섯 개뿐이고 그가 출연한 영화도 좋아하지 않는다. 솔직히 말하면 나는 시나트라의 노래가 대부분 좀 지나치게 감상적이며 1980년대 이후 나온 곡은 하나같이 너무 겉멋을 부린다고 생각한다. 몇 년 전 음악 잡지사 〈빌보드〉는 나에게 보노Bono, 글로리아 에스테판Gloria Estefan을 포함한 인기 가수들과 함께한 듀엣 곡이 수록된 시나트라의 마지막 앨범 리뷰를 맡긴 적이 있다. 그때 나는 이렇게 적었다. "프랭크는 누군가를 죽인 한 남자의 만족감을 그러모아 노래한다."

그럼에도 이 앨범에서 그가 노래한 모든 음은 박자와 음고에 완벽하게 배치된다. '완벽하다'는 말은 악보를 엄격하게 따랐다는 의미가 아니다. 악보를 기준으로 보면 그의 리듬과 박자는 완전히 어긋났지만 형용할 수 없는 정서를 완벽하게 표현하고 있다. 그의 구절법(phrasing)에는 불가능에 가깝도록 섬세하고 미묘한 뉘앙스가 존재한다. 어떻게 이렇게 세세한 부분에 주의를 기울이고 통제할 수 있는지 상상하기 힘들 정도다. 앨범에 수록된 곡 중 아무 노래나 골라 따라 불러본다면 알 수 있을 것이다. 나는 그의 구절법에 딱 맞춰 노래할 수 있는 사람을 한 번도 보지 못했다. 한마디로 그의 노래는 변덕스러울 정도로 미묘한 변화가 과하게 가미돼 있으며 지나치게 독특하다.

전문 음악가는 어떻게 탄생하는 것일까? 어릴 때 음악 교육을 받은 수많은 사람 중에서 어른이 된 후에도 음악을 계속 연주하는 사람이 상대적으로 적은 이유는 무엇일까? 내가 직업을 소개했을 때 많은 사람이 자기도 음악 듣기를 좋아하지만 음악 교육은 '소용이 없었다'고 말하곤 한다. 나는 이 사람들이 자신에게 너무 냉혹하다고 생각한다. 우리 문화권에서 음악 전문가와 평범한 연주자 사이에 발생한 깊은 골은 사람들을 좌절하게 만든다. 어떤 이유에서인지 이러한 현상은 음악에서 유독 심하다. 우리 대부분은 샤킬 오닐처럼 농구를 잘하거나 줄리아 차일드처럼 요리를 잘하지 못함에도 여전히 뒷마당에 농구대를 두고 게임 하기를 즐기고 친구와 가족을 위해 명절 음식을 요리한다. 음악 연주와 관련된 단절은 문화적 요소로 보이며 특히 현대 서구 사회에서 두드러진다. 그러나 인지신경과학자들은 음악 교육이 소용없었다는 많은 사람들의 발언과 반대의 결과를 얻었다. 실험에 따르면 우리 뇌는 어릴 때 약간의 음악 교육에만 노출돼도 훈련을 받지 않은 사람들에 비해 더 효과적이고 향상된 음악 처리 기능을 할 수 있는 신경 회로를 형성한다. 음악 교육을 통해서 음악을 더 잘 듣는 법을 깨우치고 음악 구조와 형식을 파악할 수 있는 능력을 향상시켜 좋아하는 음악과 좋아하지 않는 음악을 더 쉽게 구별할 수 있게 된다.

그런데 우리가 모두 진정한 음악 전문가로 인정하는 알프레트 브렌델Alfred Brendel과 사라 장Sarah Chang, 윈턴 마살리스Wynton Marsalis, 토리 에이머스Tori

Amos와 같은 부류의 사람들은 어떨까? 이들은 어떻게 우리 대부분이 가지지 못한 비범한 연주 능력을 가지게 됐을까? 이들은 나머지 사람들이 가지지 못한 완전히 새로운 능력, 혹은 신경 구조를 가졌을까, 아니면 우리 모두가 지닌 기본 능력을 더 많이 가졌을까? 즉, 능력의 종류가 다른 것일까, 능력의 정도가 다른 것일까? 그리고 작곡가들의 능력은 연주자들과 근본적으로 다를까?

전문 능력에 대한 과학 연구는 지난 30년 동안 인지과학 분야에서 주요 주제였다. 음악의 전문 능력은 주로 일반적인 맥락에서 연구하는 추세였다. 지금까지 거의 모든 경우에 음악 전문 능력은 기술적인 측면, 즉 악기 숙련도나 작곡 능력으로 정의해왔다. 작고한 마이클 하우Michael Howe를 비롯해 그와 협업한 제인 데이비드슨Jane Davidson, 존 슬로보다John Sloboda는 '재능'이라는 개념을 과학적으로 설명할 수 있느냐는 질문으로 국제적인 논쟁을 불러일으켰다. 그리고 이에 대한 해답을 두 가지 선택지로 추정했다. 높은 수준의 음악적 성취는 우리가 '재능'이라고 칭하는 타고난 뇌 구조를 바탕으로 형성되거나, 혹은 단순히 훈련과 연습의 결과다.

이들은 재능을 다음과 같이 정의한다. (1) 유전적 구조에서 발생한 것 (2) 특출한 수준의 성과를 이루기 전이라 해도 초기 단계부터 훈련된 사람들이 인식해 판별할 수 있는 것 (3) 누가 탁월하게 성장할 가능성이 있는지를 예측할 때 사용되는 것 (4) 모두가 '재능'이 있다면 이 개념은 의미가 없으므로 오직 소수에게만 있다고 판별할 수 있는 것. 연구자들은 초기 판별을 강조하면서 아이들의 기술 발달을 연구한다. 또한 음악과 같은 영역에서 '재능'은 아이들마다 서로 다른 방식으로 나타날 수 있음을 덧붙인다.

분명 일부 아이들은 다른 아이들보다 기술을 빠르게 습득한다. 걷기와 말하기, 배변 훈련을 시작하는 나이는 아이에 따라 굉장히 다를 수 있는데 같은 가족이라도 마찬가지다. 유전적 요인이 있을 수 있지만 부수적인 요인, 즉 동기 부여나 성격, 가족 역동성과 같은 환경적 요인도 무시할 수 없다. 이와 같은 요소들은 음악 발달에도 영향을 주기 때문에 음악적 능력에 대한 유전적 요인의 기여도가 드러나지 않기도 한다. 지금까지의 뇌 연구로는 결과에서 원인을 분리시키기 어려워 이러한 원인들을 선별하는 데 큰 도움을 얻을 수 없었다. 하버드의 고트프리트 슈라우크Gottfried Schlaug는 절대음감을 가진 개개인의 뇌 스캔 사진을 정리한 결과, 절대음감인 사람들은 청각 피질의 측두평면이 일반 사람들에 비해 크다는 사실을 확인했다. 이로써 측두평면이 절대음감에 관여한다는 사실은 보여주지만 측두평면이 큰 사람이 결과적으로 절대음감을 가지게 되는 것인지, 아니면 절대음감을 획득하면 측두평면이 커지는 것인지는 확실하지 않다. 그러나 능숙한 근육 동작에 관여하는 뇌의 영역들은 그 인과관계가 좀 더 분명하다. 토머스 엘버트Thomas Elbert는 바이올린 연주자를 대상으로 한 연구에서 바이올린을 연주할 때 가장 정밀해야 할 왼손을 움직이는 뇌 영역이 연습을 통해 커진다는 사실을 알게 됐다. 하지만 원래 크기보다 뇌가 커지는 경향성이 일반 사람들과 달리 일부 연주자에게 이미 존재할 가능성도 배제할 수 없다.

이처럼 일부 사람들이 다른 사람들보다 빠르게 음악 전문 능력을 습득한다는 사실은 재능이 존재한다는 주장에 대한 강력한 증거다. 이에 반대되는, 즉 연습이 완벽함을 만든다는 관점을 지지하는 견해는 전문가를 비롯해 높은 성과를 보이는 사람들이 실제로 얼마나 많은 훈련을 했는지 알아보는 연구를 통해 확인할 수 있다. 수학이나 체스, 운동 전문가들처럼 음악 전문가들도 진정한 성과를 이루기 위해 필요한 기술을 얻으려면 오랜 기간 동안 지도를 받고 연습을 해야 한다. 여러 조사 결과 음악 학교에서 가장 훌륭한 학생들은 누구보다 연습을 많이 한 이력이 있었다. 특히 실력이 좋지 못한 학생들과 연습량이 두 배까지 차이 나는 사례도 있었다.

한 연구에서는 편견을 가지지 못하도록 학생들에게 밝히지 않은 채로 교사가 평가한 능력과 재능에 따라 학생들을 몰래 두 집단으로 나누었다. 이 실험에서 몇 년 후 높은 성과를 기록한 학생들은 '재능' 집단에 배정된 학생들이 아니라 연습을 많이 한 학생들이었다. 이 결과는 연습이 성과와 관련이 있을 뿐만 아니라 성과를 일으키는 원인임을 보여준다. 더 나아가 재능은 순환 방식으로 사용되는 꼬리표일 뿐임을 뜻한다. 다시 말해 누군가 재능이 있다고 표현할 때 우리는 그 사람이 뛰어난 인물이 될 타고난 경향성을 가졌다고 생각하지만 사실은 그가 놀라운 성과를 이룬 뒤에 회고적으로 적용하는 용어일 뿐이다.

플로리다 주립대학교의 앤더스 에릭손Anders Ericsson과 그 동료들은 보편적으로 사람들을 전문가로 만들어주는 요소에 대한 인지심리학의 일반 문제로 음악 전문 능력에 접근했다. 쉽게 말하자면 이들은 연구를 시작하기에 앞서 '모든 분야'에서 전문가가 될 수 있게 해주는 공통적인 특성이 있을 것이라고 가정했다. 이 가정을 이용하면 우리는 전문 작가나 체스 선수, 운동선수, 예술가, 수학자, 음악가에 대한 연구를 통해 음악 전문 능력을 배울 수 있다.

여기서 '전문가'란 무엇을 뜻할까? 일반적으로 전문가란 다른 사람들보다 상대적으로 높은 기량에 도달한 사람을 말한다. 따라서 전문가는 사회적인 개념이며 한 사회의 일부 구성원을 더 큰 인구와 비교해 서술하는 용어다. 또한 기량은 보통 우리가 관심을 가지는 분야로 판단한다. 슬로보다가 지적했듯이 나는 내 팔을 구부리거나 내 이름을 발음하는 능력에서 전문가가 될 수 있지만 일반적으로 체스를 두거나, 포르쉐를 고치거나, 영국 왕실의 보석을 들키지 않고 훔쳐내는 전문가들과는 동등한 취급을 받지 못할 것이다.

이러한 연구를 통해 어떤 분야라도 세계적인 수준의 전문가가 되는 데 필요한 숙달 수준에 도달하려면 1만 시간의 연습이 필요하다는 의견이 부상하고 있다. 작곡가와 농구 선수, 소설가, 빙상 선수, 피아노 연주자, 체스 선수, 범죄의 대가 등을 대상으로 한 수많은 연구에서 1만 시간이라는 숫자가 계속해서 등장한다. 1만 시간은 대략 하루에 3시간씩, 혹은 일주일에 20시간을 연습한다고 할 때 10년 이상에 해당하는 시간이다. 물론 이 사실만으로는 왜 어떤 사람들은 연습을 해도 소득이 없는 반면, 일부는 연습으로 많은 능력을 얻는지 설명할 수 없다. 하지만 이보다 적은 시간을 투자하고도 세계적인 수준의 전문가로 성공한 사례는 어디에도 없었다. 다만 뇌가 알아야 할 모든 내용을 흡수해 진정으로 숙달되려면 이 정도의 시간이 걸리는 것으로 보인다.

1만 시간의 이론은 뇌가 어떻게 학습하는지에 대한 과학자들의 의견과도 부합한다. 학습을 하려면 신경 조직에서 정보를 강화하고 흡수해야 한다. 즉, 우리가 무언가를 많이 경험할수록 그 경험에 대한 기억과 학습 흔적은 강해진다. 사람마다 신경에서 정보를 강화하는 데 걸리는 시간은 각기 다르지만 연습량을 늘리면 증가한 신경 흔적들이 결합해 더 강한 기억 표상을 형성한다는 사실은 분명하다. 다중 흔적 이론과 기억의 신경해부학 이론 중 어떤 쪽을 지지하더라도 이 사실에는 변함이 없다. 한마디로 기억의 힘은 해당 자극을 얼마나 많이 경험하는지에 달려 있다.

기억의 힘은 우리가 그 경험에 얼마나 관심을 두는지에 따라서도 달라진다. 기억과 관련된 신경화학적 인식표는 기억에 중요성을 표시하는데, 우리는 긍정적이거나 부정적인 감정이 많이 담긴 쪽을 중요한 기억으로 부호화하는 경향이 있다. 그래서 나는 학생들에게 시험을 잘 보고 싶다면 공부하는 내용을 정말 주의 깊게 살펴봐야 한다고 말한다. 교육 초반에 새로운 기술을 배우는 속도에 개인차가 발생하는 이유 역시 관심의 차이로 설명할 수 있다. 예를 들어 내가 어떤 음악 작품을 정말 좋아한다면 그 곡을 좀 더 연습하고 싶을 것이다. 그리고 뇌에서는 내가 관심을 기울이는 기억에 중요하다는 표시로 신경화학적 인식표를 부여할 것이다. 음악 작품의 소리를 비롯해 손가락을 움직이는 방식, 관악기라면 숨을 쉬는 방식까지 모든 요소는 내가 중요하다고 부호화한 기억 흔적의 일부가 된다.

마찬가지로 내가 좋아하는 소리의 악기를 연주한다면 음의 미묘한 차이와 차이를 조절하는 방식에 주의를 기울여야만 악기에서 나오는 음이 좋아질 것이다. 이러한 요소들의 중요성은 아무리 강조해도 지나치지 않다. 관심을 가지면 주의를 기울이게 되고 그 결과 뚜렷한 신경화학적 변화가 발생한다. 또한 정서 조절과 각성, 기분에 관련된 신경전달물질인 도파민이 분비되고 도파민에 반응하는 체계는 기억 흔적을 부호화하는 데 도움을 준다.

음악 수업을 듣는 사람들 중 일부는 다양한 요인 때문에 연습에 동기 부여를 덜 받게 된다. 이런 경우엔 연습을 해도 동기 부여와 주의력 문제 때문에 효과가 줄어들게 된다. 1만 시간에 관한 이론은 여러 분야에 걸친 수많은 연구에 등장한다는 점에서 설득력이 있다. 과학자들은 질서와 단순함을 좋아하기 때문에 여러 맥락에서 동일하게 등장하는 하나의 숫자나 공식을 근거로 선택하는 경향이 있다. 하지만 많은 과학적 이론들과 같이 1만 시간의 이론도 허점이 있으며 이에 대한 반론과 반증을 설명할 필요가 있다.

1만 시간 이론에 대한 고전적인 반증은 이렇다. "그럼 모차르트는 어떻게 설명하나요? 듣기로는 네 살 때 교향곡을 작곡했다던데요! 모차르트가 태어난 날부터 일주일에 40시간씩 연습을 했어도 1만 시간이 되기엔 부족하잖아요." 우선 이 설명에는 사실 관계의 오류가 있다. 모차르트는 여섯 살까지는 작곡을 시작하지 않았으며 첫 교향곡은 여덟 살 이후에 작곡했다. 그래도 여덟 살에 교향곡을 작곡했다면 이례적이긴 하다. 모차르트는 어려서부터 조숙했지만 그렇다고 해서 전문가였다는 뜻은 아니다. 모차르트 외에도 음악 작품을 쓰는 아이들은 많고 일부는 여덟 살에 규모가 큰 작품을 쓰기도 한다. 게다가 모차르트는 당시 유럽 전역에서 음악 교사로 널리 유명했던 아버지에게 폭넓은 훈련을 받았다. 우리는 모차르트가 얼마나 많이 연습했는지 알지 못하지만 만약 두 살에 시작해서 일주일에 32시간씩 연습을 했다면 여덟 살 무렵에는 1만 시간을 채울 수 있었을 것이다. 그의 아버지가 엄격한 감독관이라는 소문이 자자했다는 점을 볼 때 충분히 가능성이 있다. 1만 시간에 관해 주장한다고 해도 교향곡 하나를 작곡하는 데 1만 시간이 필요하다는 뜻이 아니므로 모차르트가 그만큼 연습을 하지 않았을 수도 있다. 분명 모차르트는 최종적으로 전문가가 됐지만 첫 교향곡을 썼을 때부터 전문가였을까? 아니면 그 후에 음악 전문가 수준의 능력을 얻었을까?

이와 관련해 카네기멜론대학교의 존 헤이스John Hayes는 이런 의문을 던졌다. 모차르트의 〈교향곡 1번〉은 음악 전문가의 작품 수준을 갖췄을까? 다시 말해 만약 모차르트가 이 작품 외에 다른 곡을 쓰지 않았더라면 이 교향곡은 우리에게 음악 천재의 작품이라는 인상을 줬을까? 어쩌면 〈교향곡 1번〉은 그다지 좋은 작품이 아니며 우리가 이 곡에 대해 알고 있는 유일한 이유는 이 곡을 쓴 꼬마가 자라서 모차르트가 됐다는 사실일지 모른다. 즉, 우리는 이 곡의 미학이 아니라 역사에 관심을 가진다. 헤이스는 음악가들이 훌륭한 음악 작품을 그렇지 않은 작품보다 좀 더 자주 연주하고 녹음할 것이라는 가정 아래, 일류 오케스트라의 연주 프로그램과 상업적 음반 카탈로그를 분석했다. 그는 모차르트의 초기 작품을 연주하거나 녹음하는 횟수가 많지 않다는 사실을 발견했다. 음악학자들은 이러한 작품들을 주로 골동품처럼 간주할 뿐, 결코 앞으로 탄생할 대가의 작품이라고 예측하지 않았다. 음악학자들이 정말 위대하다고 여기는 모차르트의 작품들은 대부분 1만 시간 동안 노력한 후에 쓴 작품들이다.

기억과 범주화에 관한 논쟁에서처럼 천성과 교육 사이의 논쟁에서 진실은 서로 맞서는 두 가설이 결합하는 양 극단의 중간쯤에 놓여 있다. 두 가설이 어떻게 조합되는지, 그 조합을 통해 어떤 예측이 가능한지 이해하려면 우리는 유전학자들이 하는 말을 좀 더 세세히 들여다볼 필요가 있다.

유전학자들은 관찰된 특성에 어떤 유전자 집단이 연관되는지를 연구한다. 유전학자들은 유전자가 음악에 기여하는 바가 있다면 서로 유전자의 50퍼센트를 공유하는 형제자매들 사이에 그 특성이 나타날 것이라고 가정한다. 하지만 이런 접근법으로는 유전자의 영향력을 환경의 영향력에서 분리하기가 어렵다. 환경은 자궁의 환경까지도 포함하며 엄마의 식습관, 흡연, 음주를 비롯해 여러 요소들이 태아가 받는 영양분과 산소의 양에 영향을 줄 수 있다. 심지어 일란성 쌍둥이조차도 태아가 차지한 공간과 움직일 수 있는 여유 공간, 위치에 따라 자궁 안에서 서로 다른 환경을 경험하게 된다.

음악과 같이 학습의 성격을 가지고 있는 기술에서는 환경적 영향력과 유전적 영향력을 구별하기가 어렵다. 음악은 집안 내력으로 이어지는 경향이 있다. 하지만 음악가 부모를 둔 아이는 비음악가 집안에서 태어난 아이에 비해 초기에 음악 교육에 원조를 받기 쉬우며 아이의 형제자매도 비슷한 수준의 지원을 받을 가능성이 높다. 비유하자면 프랑스어를 하는 부모들은 아이가 프랑스어를 하도록 키우기 쉽고, 프랑스어를 쓰지 않는 부모는 그렇지 않을 확률이 높다. 그러나 프랑스어가 '집안 내력'이라고 말할 수는 있겠지만 누구도 프랑스어가 유전된다고 주장하지는 않을 것이다.

과학자들은 특성이나 기술의 유전적 바탕을 확인하는 한 가지 방법으로 일란성 쌍둥이, 그중에서도 특히 따로 양육된 쌍둥이를 연구한다. 심리학자 데이비드 리켄David Lykken과 토머스 부샤드Thomas Bouchard를 비롯한 연구진은 미네소타의 쌍둥이 등록 자료를 보관하고 있다가 따로 양육되거나 함께 자란 일란성과 이란성 쌍둥이를 추적했다. 이란성 쌍둥이는 유전자의 50퍼센트를 공유하고 일란성 쌍둥이는 100퍼센트를 공유하기 때문에 과학자들은 천성과 교육의 상대적인 영향력을 분리할 수 있다. 쉽게 말해 어떤 특성이 유전적 요소를 가졌다면 그 특성은 이란성 쌍둥이보다 각 일란성 쌍둥이들에게 잘 나타날 것이라 예상할 수 있다. 한 발 더 나아가 일란성 쌍둥이가 완전히 분리된 환경에서 자랐더라도 이러한 특성이 나타날 것이라 예상할 수 있다. 행동유전학자들은 이런 방식으로 패턴을 찾아내고 특정한 특성의 유전력에 대한 이론을 만든다.

새로운 접근 방식으로 유전자의 연관성을 살펴보기도 한다. 어떤 특성이 유전된다고 판단한다면 우리는 그 특성에 연관된 유전자를 분리해낼 수 있다. 참고로 나는 유전자가 '특성을 담당한다'고 표현하지 않는다. 유전자 사이에는 매우 복잡한 상호관계가 존재하기 때문에 하나의 유전자가 한 가지 특성을 '일으킨다'고 단정할 수 없다. 그러나 어떤 특성과 연관되면서도 활성화되지 않는 유전자도 있기 때문에 유전자를 분리하는 작업은 쉽지 않다. 우리가 가진 유전자는 모두 항상 '켜'지거나 발현되지 않는다. 이때 유전자 칩 발현 분석법을 이용해 주어진 시간 동안 발현되거나 발현되지 않는 유전자를 확인할 수 있다. 무슨 의미일까? 대략 2만 5천 개에 달하는 우리의 유전자들은 우리 몸과 뇌에서 모든 생물학적 기능을 수행하는 단백질의 합성을 조절한다. 유전자들은 머리카락의 성장과 머리색, 소화액과 침의 생성을 조절하고 키가 2미터까지 자랄지, 아니면 1.5미디에서 끝날지를 결정한다. 한창 성장하는 사춘기 무렵에는 우리 몸이 성장하고, 그로부터 5~6년 후에는 멈추도록 명령할 무언가가 필요하다. 이 무언가가 바로 유전자이며 유전자는 무엇을 하고 어떻게 해야 할지에 대한 지시사항을 담고 있다.

유전자 칩 발현 분석법을 이용하면 RNA 견본을 분석할 수 있다. 그리고 살펴야 할 항목만 알고 있다면 지금 당신의 몸속에서 어떤 성장 유전자가 활성화됐는지, 즉 발현됐는지도 알 수 있다. 그러나 현재까지 뇌의 유전자 발현 분석법은 뇌 조직을 분석해야 가능하다. 또한 대부분의 사람들이 이 절차를 힘들어하기 때문에 실용성이 떨어진다.

과학자들은 따로 양육된 일란성 쌍둥이를 연구한 뒤 놀라울 정도로 유사성이 있음을 발견했다. 일부 경우에 쌍둥이들은 생후에 곧바로 헤어졌고 서로의 존재에 대해서도 알지 못했다. 쌍둥이들은 메인과 텍사스, 네브라스카와 뉴욕처럼 지리적으로 멀리 떨어져 살았고 재정적 측면이나 종교, 문화적 요인이 크게 다른 환경에서 자랐다. 그럼에도 20여 년 뒤에 추적했을 때는 유사성이 놀랍도록 많이 발견됐다. 한 여성은 해변에 가기를 즐겼고 해변에 가면 뒷걸음을 치며 물속에 들어가곤 했는데 서로 만난 적이 없는 그녀의 쌍둥이도 정확히 같은 행동을 했다. 한 남성은 생명보험 영업직으로 일했고 교회 성가대에서 노래를 했으며 론스타 맥주라고 쓰인 벨트를 착용했다. 출생할 때부터 완전히 분리돼 있던 그의 일란성 쌍둥이도 같은 특징을 보였다. 이러한 연구는 음악성과 종교적 성향, 범죄 성향에 강한 유전적 요소가 있음을 보여준다. 그렇지 않고서야 이러한 우연을 어떻게 설명하겠는가?

그러나 이 결과는 통계적 의미로 해석할 수 있으며 다음과 같이 반론할 수 있다. “열심히 살펴보고 충분히 비교한다면 실제로는 아무런 의미도 없는 이상한 우연을 찾을 수 있다.” 아담과 이브를 공동 조상을 두었다는 점을 제외하고는 서로 아무런 관계가 없어 보이는 사람 두 명을 길거리에서 무작위로 선정한다고 가정해보겠다. 둘의 특성을 꼼꼼히 살펴보면 이전까지는 보이지 않던 몇몇 공통점을 찾아낼 수 있을 것이다. “세상에나! 당신도 공기로 숨을 쉬는군요!”와 같은 말을 하는 게 아니다. 예를 들면 다음과 같다. “화요일과 금요일에 머리를 감는데 화요일에는 왼손에만 허브 샴푸를 묻혀 감고 린스는 쓰지 않습니다. 금요일에는 린스 기능이 있는 호주 샴푸를 써요. 그 뒤에는 잡지 〈뉴요커〉를 읽으며 푸치니를 듣죠.” 과학자들이 둘의 유전자와 환경이 전혀 다르다고 확신하더라도 이런 공통점이 있다면 두 사람 사이에 연결성이 깔려 있다고 할 수 있다. 하지만 사람들은 모두 서로 수없이 다양한 방식으로 존재하며 각자 버릇을 가지고 있다. 때때로 우리는 서로 공통점을 발견하고 놀라움을 느끼지만 통계적으로 볼 때는 한 명이 1부터 100 사이의 숫자를 하나 떠올리고 상대방이 그 숫자를 맞추는 마술과 비슷한 확률이다. 즉, 처음에는 맞추기 힘들겠지만 충분히 오랫동안 게임을 진행하다 보면 어쩌다 한 번은 맞추게 될 것이다. 정확히 확률은 매 회 1퍼센트다.

앞의 연구 결과는 사회심리학적으로도 설명이 가능하다. ‘겉모습’을 유전적 요인으로 본다면 사회심리학적으로 겉모습은 쌍둥이들이 받는 대우에 영향을 준다. 보통 생명체들은 대상의 외양에 따라 특정한 방식으로 행동한다. 이와 같은 직관적 개념은 문학에서 시라노 드 베르주라크부터 슈렉에 이르는 폭넓은 역사를 가지고 있다. 문학 속에서 거부감을 일으키는 외적인 모습 때문에 타인에게 소외당하는 사람들은 자신의 내적인 모습과 진가를 보여줄 기회를 거의 얻지 못한다. 문화적으로 우리는 이런 이야기를 낭만적으로 묘사하고 훌륭한 사람이 어쩔 수 없는 외모 때문에 고통 받는 모습에 비극적인 감정을 느낀다.

외양은 반대의 결과를 일으키기도 한다. 이때 외양은 잘생긴 사람이 돈을 더 많이 벌고 좋은 직장을 얻으며 더 많은 행복을 느끼게 만든다. 누군가가 매력적인가 아닌가의 문제를 차치하더라도 사람의 외양은 다른 사람들과 맺는 관계에도 영향을 준다. 예를 들어 큰 눈과 처진 눈썹과 같이 일반적으로 신뢰성과 연관 짓는 얼굴의 특성을 타고난 사람들은 신뢰를 받는 경향이 있다. 키가 큰 사람들은 작은 사람보다 좀 더 존중받을 것이다. 이렇듯 내가 평생 동안 마주치는 우연은 어느 정도 남들이 나를 바라보는 방식에 의해 형성된다.

그러므로 일란성 쌍둥이들은 당연히 비슷한 성격과 특성, 습관, 버릇을 발달시킬 수 있다. 눈꼬리가 올라간 사람은 언제나 화가 나 있는 것처럼 보이기 때문에 세상은 그 사람을 늘 그런 사람으로 대할 것이다. 허점투성이로 보이는 사람은 이용당하고 깡패처럼 생긴 사람은 살면서 시비를 거는 상황을 많이 맞닥트리면서 결국 공격적인 성격으로 변할 것이다. 몇몇 배우들에게 이런 원리가 적용되는 경우를 볼 수 있다. 휴 그랜트Hugh Grant와 저지 라인홀드Judge Reinhold, 톰 행크스Tom Hanks, 에이드리언 브로디Adrien Brody는 얼굴에서 순수함이 느껴진다. 배신이나 사기라곤 모르는 듯한 얼굴을 가진 사람은 아무런 변명을 하지 않아도 "에이, 저런 얼굴로 설마."라는 반응을 이끌어낸다. 위와 같은 추론에 따르면 일부 사람들은 특별한 모습을 가지고 태어나며 자신의 생김새에 대한 주변의 반응이 그 사람의 성격 발달에 큰 부분을 차지한다고 할 수 있다. 여기서 유전자는 성격에 영향을 주더라도 오로지 간접적이고 부차적인 방식으로만 작용한다.

음악가, 특히 보컬 주자에게도 같은 추론을 적용할 수 있다. 덕 왓슨Doc Watson의 목소리는 굉장히 진실하고 순수하게 들린다. 실제 성격도 그런지는 모르겠지만 이 단계에서 그 사실은 중요하지 않다. 그가 타고난 목소리에 대한 주변의 반응 덕분에 예술가로 성공했을 가능성이 있다는 것이 핵심이다. 타고난 목소리란 목소리에 표현력이 있다는 의미로, 엘라 피츠제럴드나 플라시도 도밍고처럼 '훌륭한' 목소리를 가지고 태어났거나 획득해서 목소리 자체를 훌륭한 악기로 사용할 수 있는지 여부와는 별개다. 나는 가끔씩 에이미 만Aimee Mann이 노래할 때 연약하고 순수한 작은 소녀의 목소리를 느낀다. 그리고 그녀가 마음속 깊은 곳으로 들어가 오직 가까운 친구들에게 표현할 법한 감정을 고백하는 느낌이 들어 감동을 받는다. 에이미가 이런 표현을 전달하려 의도했는지, 혹은 실제로 그렇게 느꼈는지는 알 수 없다. 아마도 그녀는 경험 여부에 관계없이 청자들로 하여금 이러한 감정을 느끼도록 만드는 목소리 특성을 가지고 태어났을 것이다. 결국 음악 연주의 핵심은 정서를 전달하는 능력이다. 예술가가 그것을 느꼈는지, 아니면 그저 그렇게 느끼는 것처럼 들리도록 연주하는 능력을 가지고 태어났는지는 중요하지 않다.

내가 언급한 배우나 음악가들이 열심히 노력하지 않아도 성공할 수 있다는 뜻은 아니다. 내가 아는 한, 자신의 자리에 오르기까지 열심히 노력하지 않고도 성공한 음악가는 아무도 없다. 손쉽게 성공을 얻은 사람도 없다. 내가 알기로 흔히 언론에서 '벼락스타'라고 부르는 많은 예술가는 그렇게 되기까지 5년에서 10년을 노력했다! 그러나 유전은 한 사람의 성격이나 경력, 경력을 쌓으면서 결정하는 특정한 선택에 영향을 주는 시작점으로 작용한다. 톰 행크스는 위대한 배우이지만 주로 유전적 재능의 차이 때문에 아놀드 슈워제네거Arnold Schwarzenegger와 같은 역할을 맡을 가능성이 낮다. 슈워제네거도 보디

빌더의 몸을 가지고 태어나지는 않았을 테니 열심히 노력했겠지만 그렇게 되기 쉬운 유전적 성향을 가졌을 것이다. 마찬가지로 키가 180센티미터가 넘는 사람은 경마 기수보다는 농구 선수가 되기 쉬운 특성을 가진다. 하지만 단순히 키가 크다고 해서 무조건 농구장에 설 수는 없다. 전문가가 되려면 경기에 대해 공부하고 수년간 연습을 해야 한다. 전적으로는 아니지만 배우나 안무가, 음악가와 마찬가지로 농구 선수도 유전적 체형의 경향성을 띤다.

운동선수나 배우, 안무가, 조각가, 화가처럼 음악가들도 마음과 신체를 모두 사용한다. 신체는 악기 연주나 노래, 혹은 간혹 작곡이나 편곡에도 기여한다. 따라서 음악가가 연주할 악기를 선택할 때, 그리고 음악가가 될지, 말지를 결정할 때 유전적 성향이 크게 영향을 미친다.

우리 세대 사람들이 흔히 그렇듯 나는 여섯 살 무렵에 〈에드 설리반 쇼〉에서 비틀스를 보고 기타를 연주하기로 결정했다. 고지식했던 우리 부모님은 기타를 '진지한 악기'로 보지 않으셨고 대신 피아노를 연주하라고 하셨다. 하지만 나는 기타를 간절히 연주하고 싶었다. 나는 잡지에서 안드레스 세고비아Andrés Segovia와 같은 클래식기타 연주자의 사진을 잘라 집 곳곳에 두었다. 여섯 살 무렵, 나는 혀 짧은 소리를 심하게 냈다. 단어를 말하는 방식을 바꾸기 위해 2년 동안 일주일에 3시간씩 가르쳤던 공립학교 언어치료사에게 부끄러울 만큼, 4학년이 된 열 살까지도 발음을 고치지 못했다. 나는 비틀스가 베벌리 실즈Beverly Sills나 로저스와 해머스타인, 존 길구드John Gielgud처럼 유명한 예술가들과 같은 무대에 섰으니 같은 급으로 대해야 한다고 혀 짧은 소리로 열심히, 집요하게 주장했다.

내가 여덟 살이 된 1965년에는 기타가 대중화됐다. 샌프란시스코에서 불과 24킬로미터 떨어진 곳에 살던 나는 문화와 음악에서 일어난 혁명을 느낄 수 있었고 그 중심에 기타가 있었다. 부모님은 여전히 내가 기타를 배우는 일에 열의를 보이지 않으셨는데 아마도 히피와 마약을 연상시키기 때문이었던 것 같다. 혹은 내가 바로 전해에 피아노 연습을 부지런히 하지 않았기 때문이었을지도 모른다. 마침내 비틀스가 〈에드 설리반 쇼〉에 네 번 출연하고 나서야 부모님은 마지못해 친구 한 분에게 조언을 구하기로 하셨다. 어머니는 어느 날 저녁 식사 자리에서 아버지에게 이렇게 말하셨다. "잭 킹이 기타를 치던데. 대니가 기타 수업을 시작해도 좋을 나이인지 물어보면 되겠네." 부모님의 오랜 대학 친구인 잭은 어느 날 퇴근길에 우리 집에 들렀다. 그의 기타 소리는 텔레비전이나 라디오에서 나를 매혹시켰던 소리와는 달랐다. 그 기타는 로큰롤의 어두운 화음을 만들 수 없는 클래식기타였다. 스포츠머리를 한 잭은 몸집이 크고 손도 컸다. 잭이 아기를 안듯이 기타를 팔에 올렸을 때 나는 악기의 곡선을 따라 구부러진 복잡한 나뭇결을 볼 수 있었다. 잭은 우리를 위해 무언가를 연주했다. 잭은 내게 기타를 잡게 하는 대신 손을 뻗어보라고 하고는 내 손바닥에 자신의 손바닥을 대보았다. 나를 쳐다보거나 말을 걸지 않았지만 그가 어머니에게 하는 말은 분명하게 들을 수 있었다. "기타를 잡기엔 손이 너무 작은데."

지금은 나도 3/4 사이즈나 1/2 사이즈 기타가 있다는 사실을 알고 그중 한 대는 이미 보유하고 있다. 그리고 역대 최고의 기타 연주자로 손꼽히는 장고 라인하트Django Reinhardt가 왼손 손가락 두 개만 멀쩡히 움직인다는 사실도 안다. 하지만 여덟 살 아이에게 어른의 말은 돌파할 수 없는 장벽처럼 느껴졌다. 좀 더 성장한 뒤 1966년에 비틀스가 '헬프Help'에서 일렉트릭기타 선율로 나를 충동질했지만 나는 클라리넷을 연주하며 그렇게나마 음악을 할 수 있다는 사실에 만족했다. 나는 열여섯 살이 돼서야 마침내 첫 기타를 샀고 연습을 통해 어느 정도 연주 실력을 갖추게 됐다. 사실 내가 연주한 록과 재즈는 클래식 기타처럼 손이 클 필요가 없었다. 내가 배운 첫 노래는 우리 세대라면 누구나 쳐봤을 법한 레드 제플린의 '스테어웨이 투 헤븐'이었다. 여전히 나와 손 크기가 다른 기타 연주자가 연주하는 몇몇 음악은 연주하기가 어렵지만 다른 악기라고 해도 사정은 다르지 않을 것이다. 캘리포니아의 할리우드 대로에는 위대한 록 음악가들 몇 명의 손자국이 시멘트 바닥에 남겨져 있다. 나는 지난 여름에 내가 정말 좋아하는 기타 연주자인 레드제플린의 지미 페이지Jimmy Page가 남긴 손자국에 내 손을 올려봤는데 그의 손이 내 손보다 크지 않다는 사실에 놀랐다.

몇 년 전 나는 위대한 재즈 피아노 연주자인 오스카 피터슨Oscar Peterson과 악수를 했다. 그의 손은 엄청나게 컸다. 적어도 내 손보다 두 배는 컸고 내가 악수를 해본 사람 중에 가장 컸다. 오스카는 1920년부터 유행한 연주 스타일, 즉 왼손으로 옥타브가 넘는 간격을 연주하고 오른손으로는 선율을 연주하는 스트라이드 피아노 연주로 경력을 시작했다. 훌륭한 스트라이드 연주자가 되려면 움직임을 최소화하면서 멀리 떨어진 건반을 누를 수 있어야 한다. 그런데 오스카는 한 손으로 무려 한 옥타브 반을 누를 수 있었다! 연주 방식에 따라 오스카는 작은 손을 가진 사람이 연주할 수 없는 화음도 연주할 수 있다. 만약 오스카가 어렸을 때 억지로 바이올린을 배우려 했더라도 손이 커서 불가능했을 것이다. 그처럼 두꺼운 손가락으로는 상대적으로 좁은 바이올린 목에 있는 반음을 연주하기 어렵기 때문이다.

이처럼 일부 사람들은 특정한 악기나 노래를 익히기 쉬운 생물학적 경향성을 타고난다. 그뿐만 아니라 눈과 손의 뛰어난 협응력과 근육 제어, 운동 신경, 끈기, 인내심, 특정 종류의 구조와 패턴에 대한 기억, 리듬과 박자 감각처럼 성공한 음악가에게 꼭 필요한 기술들을 만들기 위해 특정 유전자 집단이 협동할 가능성도 있다. 좋은 음악가가 되기 위해서는 이러한 기술들을 보유해야만 한다. 그중 일부, 특히 결정력과 자신감, 인내심은 어떤 분야에서든 성과를 이룰 때 필요한 기술이다.

또한 과학자들은 성공한 사람들이 그렇지 못한 사람에 비해 평균적으로 많은 실패를 겪는다는 사실을 알아냈다. 언뜻 모순적으로 느껴진다. 어떻게 성공한 사람들이 다른 사람들보다 자주 실패를 할 수 있을까? 실패는 어쩔 수 없는 부분이며 가끔은 무작위로 일어난다. 여기서는 실패 후에 취하는 행동이 핵심이다. 성공한 사람들은 집요하며 중간에 관두지 않는다. 페덱스 사장부터 소설가 저지 코진스키Jerzy Kosinsky, 반 고흐, 빌 클린턴, 플리트우드 맥에 이르기까지 성공한 사람들은 수많은 실패를 겪었지만 실패로부터 배우고 계속 전진했다. 이들의 특성은 부분적으로 천성일 가능성이 있지만 분명 환경적 요인이 함께 작용했을 것이다.

최근 과학자들은 유전자와 환경이 각각 복잡한 인지행동을 대략 50퍼센트씩 담당한다는 최선의 추측을 내놓고 있다. 다시 말해 유전자는 인내심이나 눈과 손의 뛰어난 협응력, 열정과 관련된 경향성을 전달하지만 인생에서 어떤 특정 사건이 발생하는가에 따라 유전적 성향이 실현되거나 실현되지 않을 수 있다. 여기서 사건이란 넓은 의미에서 의식적인 경험이나 기억뿐만 아니라 우리가 먹는 음식과 자궁 속에 있을 때 엄마가 먹는 음식까지 포함한다. 부모를 잃거나 신체적, 정서적 학대를 당하는 등 인생 초기에 겪는 트라우마는 환경적 영향으로 인해 유전적 성향이 강조되거나 억압되는 명백한 예일 뿐이다. 이러한 상호관계 때문에 우리는 인간의 행동에 대해서는 개개인이 아닌 인구 집단 수준에서만 예측할 수 있다. 즉, 누군가 범죄 행동에 대한 유전적 성향을 가지고 있다 해도 그가 앞으로 5년 안에 교도소에 있게 될지 여부를 결코 예측할 수 없다. 반면 백 명의 사람들이 이러한 성향을 가지고 있다는 사실을 안다면 정확히 누구일지는 모르지만 그중 일부가 교도소 신세를 지게 되리라고 예측할 수 있다. 그러나 일부는 전혀 문제를 일으키지 않을 것이다.

언젠가 발견하게 될지 모를 음악 유전자에도 이와 같은 원리를 적용할 수 있다. 우리는 음악 유전자를 가진 집단이 전문 음악가를 배출해낼 가능성이 높다고 말할 수 있을 뿐, 어떤 사람이 전문가가 될지는 알 수 없다. 게다가 이러한 결론에는 우리가 음악 전문 능력의 유전적 상관관계를 확인할 수 있으며 음악 전문 능력이 무엇으로 이루어져 있는지에 대해 모두가 합의했다는 가정이 깔려 있다. 그러나 음악 전문 능력에는 엄격한 기술 이상의 무언가가 있다. 음악성에는 음악을 듣고 즐기는 능력과 음악 기억력, 음악에 몰두하는 정도 역시 포함된다. 그러므로 우리는 음악성을 판단할 때 넓은 의미로는 음악 능력이 있지만 좁은 의미에서는 기술적 감각이 없는 사람을 빠트리지 않기 위해 가능한 한 폭넓은 접근법을 취해야만 한다. 실제로도 많은 위대한 음악가들이 기술적 감각 면에서 뛰어나지 않았다고 알려져 있다. 예를 들어 20세기 가장 성공한 작곡가로 손꼽히는 어빙 벌린Irving Berlin은 악기 연주 실력이 형편없었으며 피아노를 거의 연주하지 못했다.

심지어 일류 엘리트 클래식 음악가들에게도 뛰어난 기술 이상으로 그들을 음악가로 만들어주는 무언가가 있었다. 한 예로 아르투르 루빈스타인과 블라디미르 호로비츠Vladimir Horowitz는 20세기의 위대한 피아노 연주자로 널리 알려져 있지만 놀랍게도 사소한 기술적 실수를 자주 범했다. 틀린 음을 치거나 급하게 음을 누르고 음을 제대로 누르지 않기도 했다. 하지만 한 비평가는 이 음악가에 대해 이렇게 기술했다. "루빈스타인의 음반에는 일부 실수가 있다.

하지만 나는 음을 연주할 줄 알아도 의미를 전달하지 못하는 스물두 살짜리 피아노 기술의 귀재보다는 열정으로 가득한 그의 연주를 택하겠다."

대부분의 사람들은 정서적인 경험을 위해 음악을 듣는다. 우리는 잘못된 음을 찾기 위해 연주를 분석하지 않는다. 사색을 깨트리는 정도만 아니면 대부분 알아차리지도 못한다. 그럼에도 그동안 그토록 많은 연구들을 통해 음악 전문가의 정서 표현력이 아닌 손재간이라는 엉뚱한 성취에만 집중했다. 나는 최근에 북미 최고 수준의 음악 학교 학장에게 이러한 모순에 대해 질문했다. 교과과정 중 정서와 표현력을 가르치는 부분이 있는가? 그녀는 가르치지 않는다고 답했다. "정식 교과과정에서 다뤄야 할 내용이 너무 많아요." 그녀는 이어 설명했다. "연주 목록과 합주, 독주 연습, 시창, 암보, 음악 이론을 가르치다 보면 표현력을 가르칠 시간이 부족하거든요." 그렇다면 표현력 있는 음악가는 어떻게 탄생하는가? "몇몇 학생은 이미 청자의 마음을 움직이는 법을 깨닫고 학교에 오죠. 보통 음악가들은 음악을 배우면서 스스로 알아내요." 나는 놀라움과 실망감을 감출 수 없었고, 그녀는 거의 속삭이듯이 덧붙였다. "가끔은, 특출한 학생이 있을 때 마지막 학기의 끝 무렵에 음악의 정서를 가르치는 시간을 갖기도 해요. 보통 그런 학생들은 이미 오케스트라에서 독주 연주를 하고 있기 때문에 연주에서 표현력을 좀 더 끌어내도록 도와줍니다." 그러니까 최고의 음악학교로 손꼽는 곳에서도 음악이 존재하는 이유에 대해 가르치는 시간은 선택받은 소수에게만, 그것도 5, 6년이라는 교육과정의 마지막 몇 주 동안만 주어지고 있다는 얘기다.

성격이 굉장히 완고하고 분석적인 사람들조차도 셰익스피어와 바흐의 작품에는 감동을 받는다. 우리는 천재들의 숙달된 재주, 즉 언어나 소리로 표현되는 재능에 감탄하지만 궁극적으로 그 재능은 다양한 종류의 소통을 돕는 목적으로 쓰여야 한다. 예를 들면 재즈 팬들은 마일스 데이비스나 존 콜트레인, 빌 에번스 시대에서 시작한 빅 밴드 이후의 재즈 영웅들에게서 많은 것을 기대한다. 재즈 팬들은 자신의 진정한 본모습과 정서에서 벗어난 연주를 하는 시시한 재즈 음악가들의 음악을 들으면 영혼을 느낄 수 없으며 단순히 음악으로 관객들을 기쁘게 하려 하는 '허풍과 속임수'에 불과하다고 말한다.

그렇다면 일부 음악가들이 다른 음악가들에 비해 기술이 아닌 정서적 측면에서 우월한 과학적 이유는 무엇일까? 이 거대한 수수께끼는 아직 아무도 확실히 밝히지 못했다. 기술적 문제 때문에 아직까지 뇌 스캐너 안에서 감정을 담아 연주한 음악가는 없었다. 베토벤과 차이코프스키부터 루빈스타인, 번스타인, 비비 킹B. B. King, 스티비 원더에 이르는 음악가들의 일기와 인터뷰 내용을 볼 때 정서를 소통하는 과정 일부에는 기술적이고 기교적인 요소가 관여함을 알 수 있지만 일부는 아직 수수께끼로 남아 있다.

피아노 연주자인 알프레트 브렌델은 무대 위에 있을 때는 음에 대해 생각하지 않고 경험을 창조하는 데 집중한다고 말했다. 스티비 원더는 연주할 때 노래를 쓸 당시의 정신적 배경과 '심경의 배경'으로 들어가기 위해 노력한다고 말했다. 그리고 동일한 감정과 기분을 포착하고자 노력하면 연주를 전달하는 데 도움이 된다고 말했다. 이러한 노력이 그가 부르는 노래와 색다른 연주 방식에 어떤 영향을 주는지는 아무도 모른다. 그러나 신경과학적 관점에서 이 발언은 상당히 그럴듯하다. 이미 살펴봤듯이 음악을 기억할 때 뇌는 음악 작품을 지각하면서 활성화됐던 뉴런을 본래 상태로 되돌리도록 설정한다. 즉, 특정한 연결성의 패턴으로 재활성화해 가능한 한 원래 수준과 가깝게 발화율을 맞춘다. 이때 주의력과 계획 중추인 전두엽이 뉴런 교향악단을 조직해 해마와 편도체, 측두엽으로 뉴런들을 소집한다.

신경해부학자 앤드루 아서 애비Andrew Arthur Abbie는 움직임과 뇌, 음악 사이의 연결성을 1934년에 이미 짐작했다. 그는 뇌간과 소뇌에서 전두엽으로 이어지는 경로가 모든 감각 경험과 정확한 근육 동작을 조직해 '균일한 직물'로 엮어내는 능력을 가졌다고 기술했다. 그리고 그 결과 "인간의 가장 강력한 힘이 예술로 표현된다."라고 기술했다. 그의 발상에 따르면 이 신경 경로는 창조적 목적을 반영하거나 포함하는 운동 동작에 전념한다. 나의 박사 과정 학생이었고 현재 하버드에 있는 브래들리 바인스와 맥길대학교의 마르셀로 완덜리Marcelo Wanderley는 비음악가인 청자들이 음악가들이 만드는 신체적 몸짓에 굉장히 민감하다는 사실을 밝혀냈다. 소리가 꺼진 음악 연주 장면을 보여주어 연주자의 팔이나 어깨, 몸통과 같은 움직임에 주의하도록 했을 때 일반 청자들은 음악가가 표현하고자 하는 의도에 대해 많은 정보를 감지할 수 있다. 여기에 소리를 추가하면 새로운 특성들이 드러난다. 즉, 소리로만 듣거나, 혹은 시각 영상으로만 볼 때 얻을 수 있는 특성을 넘어서 음악가의 표현적 목적을 이해할 수 있게 된다.

만약 음악이 신체적 몸짓과 소리의 상호관계를 통해 감정을 전달한다면 음악가들은 표현하고자 하는 정서적 상태에 자신의 뇌 상태를 맞출 필요가 있다. 아직 이에 관한 연구는 이루어지지 않았지만 나는 기꺼이 비비 킹이 블루스를 연주할 때와 블루스를 느낄 때 신경적 특징이 아주 유사할 것이라고 장담한다. 물론 차이도 있을 것이다. 과학 기술의 난관으로 음악을 듣고 운동 신경에 명령을 내리는 처리 과정과 그냥 의자에 앉아 머리를 싸매고 울적한 기분을 느낄 때의 처리 과정을 비교할 수는 없다. 청자로서 우리의 뇌 상태 일부가 연주하고 있는 음악가의 뇌 상태와 일치할 것이라는 믿음에는 충분한 이유가 있다. 음악을 듣는 뇌에서 반복되는 주제로 알 수 있듯이 음악 이론과 연주에 대해 특별히 훈련을 하지 않은 사람들도 음악적인 뇌를 가졌으며 전문적인 청자가 될 수 있기 때문이다.

음악 전문 능력에 대한 신경행동학적 배경을 비롯해 일부 사람들이 나머지보다 뛰어난 연주를 하는 원인을 이해하려면 우리는 음악 전문 능력이 여러 형태로 나타나며 가끔은 손재주와 관련된 기술로, 가끔은 정서적인 형태로 나타난다는 사실을 고려해야 한다. 우리를 음악으로 초대해 연주만 생각하도록 만드는 능력 역시 특별한 종류의 능력이다. 많은 연주자들이 다른 모든 능력들과는 별개로 자신만의 매력, 혹은 카리스마를 가지고 있다. 예를 들어 스팅이 노래할 때 우리는 귀를 막을 수 없다. 마일스 데이비스가 트럼펫을 연주하거나 에릭 클랩튼이 기타를 칠 때는 보이지 않는 힘이 끌어당기는 듯한 느낌을 받는다. 이 느낌은 그들이 노래하거나 연주하는 실제 음과는 별로 상관이 없다. 실제로 그들과 동일한 음을 연주하거나 노래하고, 어쩌면 더 능숙한 기술을 선보일 수 있는 훌륭한 음악가들은 수없이 많다. 오히려 이런 느낌은 음반사 간부들이 '스타의 자질'이라고 부르는 특성에 가깝다. 어떤 모델이 사진이 잘 받는다는 말은 스타의 자질이 사진에서 잘 드러난다는 뜻이다. 마찬가지로 음악가의 자질이 음반에서 나타날 때 나는 음반이 잘 받는다고 표현한다.

물론 유명인과 전문가는 분명하게 구별해야 한다. 유명인이 되기 위한 요소는 전문가가 되기 위한 요소와 다르며 둘은 전혀 관계없을 가능성이 높다. 언젠가 닐 영은 자신이 음악가로서 특별히 재능이 없으며 오히려 운 좋게 상업적으로 성공한 사람 중 하나라고 내게 말했다. 소수의 사람들만이 주요 음반사의 문턱을 넘을 수 있고 닐 영처럼 수십 년간 경력을 유지하는 사람은 더욱 드물다. 하지만 닐 영은 스티비 원더와 에릭 클랩튼과 같이 자신이 이룬 성공은 대부분 음악적 능력이 아니라 좋은 기회 덕분이라고 말한다. 폴 사이먼도 이에 동의한다. "저는 전 세계의 아주 뛰어난 몇몇 음악가들과 일할 수 있는 행운을 누렸습니다. 그리고 그중 대부분은 아무도 이름을 알지 못하는 사람들이죠."

프랜시스 크릭은 교육이 부족하다는 단점을 일생의 긍정적인 업적으로 승화했다. 과학적 도식에 얽매이지 않는 그는 자신의 책에서 기술했듯 '완전히 자유롭게' 마음을 열어 과학에 파고들 수 있었다. 예술가가 이런 자유와 무구한 마음을 음악에 적용할 때 놀라운 결과가 나타나곤 한다. 우리 시대의 위대한 음악가들은 프랭크 시나트라와 루이 암스트롱, 에릭 클랩튼, 에디 반 헤일런, 스티비 원더, 조니 미첼과 같이 정식 교육을 받지 못한 경우가 많다. 클래식 음악계에서는 조지 거슈윈George Gershwin과 무소르그스키, 데이비드 헬프갓David Helfgott이 그랬으며 일기에 따르면 베토벤도 자신의 음악 교육이 보잘것없다고 여겼다.

조니 미첼은 공립학교 합창단에서 노래했지만 기타를 비롯해 어떠한 음악 수업도 받은 적이 없었다. 그녀의 음악은 클래식과 포크, 재즈, 록을 연결하는 전위적인 천상의 소리라는 등의 다양한 평가를 받을 만한 독특한 특성을 가지고 있다. 조니는 변칙 조율을 많이 사용했다. 즉, 관습적인 방식으로 기타를 조율하는 대신 자신이 선택한 음고로 현을 조율했다. 그렇다고 해서 다른 사람들이 연주하지 않는 음을 연주했다는 뜻은 아니다. 똑같이 음계의 12음을 사용했지만 손 크기에 상관없이 다른 기타 연주자들은 닿지 못하는 음 조합에 자신의 손가락이 쉽게 닿을 수 있게 했다는 의미다.

여기서 발생하는 가장 중요한 차이점은 기타 소리가 달라진다는 것이다.

기타의 각 6현은 특정한 음고로 조율된다. 기타 연주자가 다른 음을 연주하고 싶다면 한 개 이상의 현을 기타 목에서 좀 더 아래쪽을 짚으면 된다. 그러면 기타 현이 짧아지고 좀 더 빠르게 진동하면서 높은 소리가 난다. 현을 누르면 손가락 때문에 줄이 덜 움직여 누르지 않을 때와 다른 소리가 난다. 언프렛, 혹은 '개방'현은 좀 더 맑고 울리는 소리를 내며 프렛현보다 소리가 오래 울린다. 두 개 이상의 개방현이 함께 울리면 독특한 음색이 나타난다. 다시 앞으로 돌아가서 조니는 현이 개방됐을 때 연주되는 음의 배치를 바꿈으로써 보통 기타에서 울리지 않는 음과 일반적으로는 들을 수 없는 조합의 음을 연주한다. 그녀의 곡 '첼시 모닝Chelsea Morning'과 '레퓨즈 오브 더 로드Refuge of the Road'에서 이 소리를 확인할 수 있다.

데이비드 크로스비David Crosby나 라이 쿠더Ry Cooder, 레오 코트케Leo Kottke, 지미 페이지 등 많은 기타 연주자들이 자신만의 방식으로 조율을 하지만 조니 미첼의 음악에는 그 이상의 무언가가 있다. 언젠가 나는 조니와 로스앤젤레스에서 저녁 식사를 하면서 그녀와 함께 일했던 베이스 연주자에 대해 이야기를 나눴다. 조니는 자코 파스토리우스Jaco Pastorius와 맥스 베넷Max Bennett, 래리 클라인Larry Klein 등 우리 세대 최고의 연주자들과 일했고 찰스 밍거스와는 앨범 전체를 함께 쓰기도 했다. 조니는 흥미롭게도 변칙 조율을 반 고흐가 그림에 사용한 다양한 색에 비유하며 몇 시간 동안 열정적으로 설명했다.

메인 요리를 기다리는 동안 조니는 자코가 언제나 자신과 논쟁을 벌였고 반대 의견을 주장했으며 무대에 오르기 전에 늘 무대 뒤를 아수라장으로 만들었다고 말했다. 예를 들어 언젠가 로랜드 사에서 연주에 사용할 첫 재즈 코러스 앰프를 조니에게 직접 배달하러 왔을 때 자코는 앰프를 들고 무대 위 자신의 자리로 가져갔다. 그러고는 으르렁대며 "내 거야."라고 말했다. 조니가 다가가자 자코는 사납게 노려보았고 그렇게 아수라장이 됐다.

우리는 20분이 훌쩍 넘도록 자코에 대한 이야기를 나눴다. 나는 자코가 웨더 리포트Weather Report에서 연주를 할 때 그의 엄청난 팬이었기 때문에 실례를 무릅쓰고 음악적으로는 같이 일한 감상이 어땠는지 물었다. 조니는 자코가 자신이 함께 일했던 어떤 베이스 연주자와도 달랐다고 말했다. 당시 자코는 조니가 구현하려 했던 음악을 정확히 이해해준 최초의 베이스 연주자였다. 그래서 조니는 자코의 공격적인 행동을 견뎠던 것이다.

조니가 말했다. "처음 음악을 시작했을 때, 음반사는 내게 인기 앨범을 여러 번 발표했던 경험이 있는 프로듀서를 배정해주려 했어요. 하지만 데이비드 크로스비가 말했죠. '프로듀서는 쓰지 마세요. 프로듀서는 당신의 음악을 망칠 거예요. 내가 프로듀서를 맡을 거라고 말합시다. 나라면 음반사도 안심할 거예요.' 그래서 기본적으로는 크로스비를 프로듀서로 등록하고 음반사의 간섭 없이 내가 원하는 방식대로 음악을 만들 수 있었죠. 그런데 그다음엔 연주자들이 들어와 각자 자기가 원하는 연주 방식에 대해 토로했어요. 바로 '내' 앨범에 말이죠! 최악은 베이스 연주자들이었어요. 항상 화음의 근음이 무엇인지 물어봤거든요."

음악 이론에서 화음의 '근음'은 화음의 이름이 되는 음으로 화음의 바탕이다. 예를 들어 'C장조' 화음은 C를 근음으로 가지고 'E플랫 단조' 화음은 E플랫을 근음으로 한다. 정말 간단하다. 하지만 조니가 연주하는 화음은 독특한 작곡법과 기타 연주 방식 때문에 전형적인 화음과는 달랐다. 조니는 쉽게 분류할 수 없는 화음 방식으로 여러 음을 동시에 연주한다. "베이스 연주자는 그렇게 연주하도록 배워왔기 때문에 근음이 무엇인지 알아야 했겠죠. 하지만 나는 말했어요. '그냥 듣기 좋은 소리를 연주해요. 근음은 생각하지 말고요.' 그러면 연주자들은 이렇게 답했어요. '그럴 수는 없어요. 근음을 연주해야 소리가 제대로 나니까요.'"

조니는 음악 이론을 배우지 못했고 악보를 읽는 법을 몰랐기 때문에 근음이 무엇인지 말해줄 수 없었다. 그녀는 자신이 기타로 연주하는 음이 무엇인지 하나씩 말해줘야 했으며 베이스 연주자들은 한 번에 한 화음씩 공들여 스스로 알아내야만 했다. 하지만 여기서 심리적인 음향과 음악 이론이 크게 충돌한다. 대부분의 작곡가들이 사용하는 표준적인 화음인 C장조와 E플랫 단조, D7 등은 애매할 게 없다. 능숙한 음악가라면 이런 화음의 근음이 무엇인지 물어볼 필요도 없다. 여기서 근음은 명백하며 오직 한 가지 가능성으로만 존재한다. 그러나 조니는 근음이 두세 개 있는 모호한 화음을 만들어내는 천재성을 드러낸 것이다.

'첼시 모닝'이나 '스위트 버드Sweet Bird'처럼 기타에 베이스가 함께 연주되지 않는 부분에서 청자들은 폭넓은 미학적 가능성 상태를 접하게 된다. 각 화음은 두 가지 이상의 방식으로 해석될 수 있기 때문에 청자들은 전통적인 화음과 달리 다음에 무엇이 올지 정확하게 예측하고 기대할 수 없다. 게다가 이 모호한 화음을 여러 개 연결하면 화음적 복합성은 크게 증가한다. 각 화음 배열은 각 구성 요소가 어떻게 들리는지에 따라 수십 가지 다른 해석을 가질 수 있다. 그러면 현재 듣고 있는 소리를 단기 기억에 담아두고 귀와 뇌에 도착한 새로운 음악의 흐름에 통합시키게 된다. 그러므로 비음악가라 할지라도 주의 깊게 조니의 음악을 들으면 음악이 전개될 때 다중의 음악적 해석을 마음속에 쓰거나 새로 덮어 쓸 수 있다. 그리고 각 새로운 감상은 새로운 맥락 집합과 기대, 해석을 가져온다. 이런 면에서 조니의 음악은 내가 지금껏 들어온 어떤 음악보다 인상주의 회화와 닮았다.

그러나 베이스 연주자가 음 하나를 연주하는 순간, 해당 화음은 특정한 음악적 해석으로 고정되므로 작곡가가 솜씨 좋게 구축해놓은 섬세한 모호함이 망가진다. 조니가 자코와 일하기 전에 만났던 모든 베이스 연주자들은 근음, 혹은 자신이 근음이라고 지각한 음을 연주하길 고집했다. 조니가 말하길, 자코는 가능성의 여유 공간을 두고 연주해야 한다는 사실을 본능적으로 알 만큼 영리했다고 한다. 또한 각각의 화음 해석에 강세를 동일하게 두어 절묘하고 섬세한 모호함을 유지하면서도 균형을 유지했다고 말했다. 즉, 자코는 조니가 가진 폭넓은 특성을 하나도 망치지 않으면서 그녀의 노래에 베이스 기타를 도입하게 해줬다. 그날 저녁 식사를 하면서 그것이 조니의 음악을 다른 음악과 다르게 만드는 비밀 중 하나라는 사실을 깨달았다. 음악을 하나의 화성으로 고정해 해석하면 안 된다는 조니의 엄격한 주장으로 화음적인 복합성이 탄생한 것이다. 여기에 강렬하고 음반이 잘 받는 조니의 목소리가 더해져 우리는 다른 음악과는 다른 청각적 세계, 즉 음 풍경에 빠지게 된다.

또 하나의 음악 전문 능력으로 음악 기억력이 있다. 우리는 종종 남들은 기억하지 못하는 세세한 내용을 기억하는 사람들을 마주친다. 예를 들어 당일에 들었던 농담조차 다시 말하지 못하는 사람이 있는 반면, 살면서 들었던 모든 농담을 기억하는 친구도 있다. 내 동료이자 유명한 음악학자인 리처드 판컷Richard Parncutt은 오스트리아의 그라츠대학에서 음악인지 교수로 일하는데 주점에서 대학원 학비를 벌기 위해 피아노를 연주하곤 했다. 그는 나를 만나러 몬트리올에 올 때마다 우리 집 거실에 있는 피아노에 앉아 내가 노래를 하는 동안 반주를 해주곤 했다. 우리는 긴 시간 함께 연주를 했다. 판컷은 내가 노래 제목만 말하면 기억에서 노래를 떠올려 연주하고 노래의 다양한 버전을 연주할 수 있었다. 내가 그에게 '애니싱 고즈Anything Goes'를 연주해달라고 부탁하면 그는 시나트라의 버전을 원하는지, 아니면 엘라 피츠제럴드나 카운트 베이시를 원하는지 되물었다! 현재 나는 대략 100곡 정도를 기억을 통해 부르고 연주할 수 있다. 밴드나 오케스트라에 속해 있거나 연주를 해온 사람이라면 이 정도가 보통이다. 하지만 판컷은 화음과 가사까지 모두 포함해 수천 곡 이상을 외운 듯하다. 어떻게 이런 일이 가능할까? 나처럼 평범한 기억력을 가진 사람도 이렇게 많은 노래를 기억할 수 있을까?

보스턴의 버클리음악대학에 있을 때 나는 판컷과는 다르지만 똑같이 놀라운 형태의 음악 기억력을 가진 칼라를 만났다. 칼라는 음악 작품을 3~4초만 듣고도 이름을 맞출 수 있었다. 실제로 그녀가 얼마나 노래를 잘 기억하고 부르는지는 알지 못했다. 우리는 언제나 칼라를 당황하게 만들기 위한 선율을 생각해내느라 바빴고 그것만으로도 힘들었기 때문이다. 결국 칼라는 미 저작권 협회(ASCAP, American Society of Composers and Publishers)에 취업했다. ASCAP는 회원들의 저작권료를 책정하기 위해 라디오 방송국의 재생 목록을 추적 관찰하는 작곡가들의 권리 조직이다. ASCAP 직원들은 맨해튼의 사무실에서 하루 종일 전국의 라디오 방송 발췌분을 듣는다. 일을 효율적으로 하기 위해서는, 그리고 애초에 이 일자리에 취직을 하려면 3~5초 내로 연주자와 노래 제목을 알아맞힌 다음 일지에 기록하고 다음 곡으로 넘어갈 수 있어야 한다.

앞에서 나는 클라리넷을 연주하는 윌리엄스 증후군 소년 케니에 대해 언급했다. 언젠가 케니는 스콧 조플린Scott Joplin이 쓴 영화 〈스팅〉의 주제곡 '엔터테이너Entertainer'를 연주하던 중 특정 구절에서 애를 먹고 있었다. "다시 해봐도 될까요?" 케니는 윌리엄스 증후군 환자들의 특징적인 공손함을 담아 내게 물었다. 나는 "물론이지." 하고 답했다. 하지만 케니는 음악 작품의 몇 음이나 몇 초 앞으로 되돌아가는 대신 맨 처음부터 다시 연주를 시작했다! 나는 녹음 스튜디오에서 이런 현상을 경험한 적이 있다. 카를로스 산타나부터 클래시Clash에 이르는 거장 음악가들은 전체 음악의 처음까지는 아니더라도 악구의 처음으로 돌아가는 경향을 보이곤 했다. 마치 음악가들은 특정 근육 움직임의 배열을 기억에 저장하고 그 배열을 처음부터 시작해야만 실행할 수 있는 것처럼 보였다.

위의 세 가지 사례에서 공통점은 무엇일까? 판컷과 칼라처럼 굉장한 음악 기억력을 가진 사람들, 혹은 케니처럼 '손가락 기억력'을 가진 사람의 뇌에서는 어떤 일이 벌어지고 있을까? 이러한 뇌의 작동은 평범한 음악 기억력을 가진 사람들의 신경 처리 과정과 어떤 차이점, 혹은 공통점이 있을까? 모든 분야의 전문가들은 뛰어난 기억력을 가진다는 특징이 있지만 이 기억력은 그 사람의 특정 분야 안에서만 국한된다. 예를 들어 내 친구 판컷은 다른 분야에서는 기억력이 뛰어나지 않고 다른 사람들처럼 열쇠를 잃어버리곤 한다. 그랜드 마스터 체스 선수는 수천 가지 체스판과 게임 구성을 기억한다. 하지만 체스 선수들의 이례적인 기억력은 오직 체스 말의 적합한 위치로만 국한된다. 체스 판 위에 말을 무작위로 배열하고 기억하도록 하면 선수들은 초심자와 비슷한 기억력을 보인다. 다시 말해 그들의 머릿속에는 체스 말이 취할 수 있는 적합한 움직임과 위치에 대한 지식이 도식화된다. 마찬가지로 음악가들은 '적합'하거나 본인들이 경험한 화성 체계에서 타당한 화음 배열을 탁월하게 기억할 수 있지만 무작위 화음 배열을 학습할 때는 다른 사람들보다 나을 게 없다.

음악가들은 노래를 기억할 때 기억 속의 구조에 의존하며 세부 사항을 그 구조에 끼워 맞춘다. 이것은 뇌가 효율적이고 절약적으로 기능하는 방법이다. 모든 화음이나 음을 기억하는 대신 우리는 많은 노래들을 끼워 맞출 수 있는 틀, 혹은 수많은 음악 작품을 수용할 수 있는 심적 견본을 구성한다. 예를 들어 베토벤의 〈비창 소나타〉를 배울 때 피아노 연주자는 처음 8마디를 학습하고 나면 다음 8마디는 한 옥타브 위에서 같은 주제로 반복된다는 사실만 기억하면 된다. 모든 록 음악가들은 이전에 연주해본 적이 없더라도 '표준적인 16마디 블루스 진행'이라는 사실만 알려주면 비틀스의 '원 애프터 909 One After 909'을 연주할 수 있다. 이 악구는 수천 곡의 노래에 맞출 수 있는 틀이다. '원 애프터 909'의 뉘앙스는 이러한 틀의 변형으로 구성돼 있다. 무엇보다 음악가들은 일반적으로 특정 경험과 지식, 숙련 수준에 도달하면 새로운 작품을 배울 때 매번 한 음씩 익힐 필요가 없다는 것이 핵심이다. 그저 자신이 아는 이전 작품을 발판 삼아 표준적인 도식에서 변형된 부분에 주의할 뿐이다.

그러므로 음악 작품을 연주하기 위한 기억은 우리가 4장에서 살펴봤던 표준적인 도식과 기대감을 통해 음악을 들을 때와 아주 흡사한 처리 과정을 거친다. 추가로 음악가들은 체스 선수나 운동선수를 비롯한 여러 전문가들이 정보를 조직하는 방법과 유사한 청킹 chunking을 활용해 정보를 조직한다. '청킹'은 정보 단위를 집단으로 함께 묶는 처리 과정을 뜻하며 집단을 각각의 부분이 아니라 전체로 기억하는 방법이다. 우리는 긴 전화번호를 외워야 할 때 크게 의식하지 않고도 항상 청킹을 활용한다. 뉴욕에 있는 누군가의 전화번호를 기억하려 한다면 우리는 지역번호를 각각의 세 숫자로 기억할 필요 없이 212라는 하나의 단위로 기억한다. 마찬가지로 로스앤젤레스는 213, 애틀랜타는 404, 영국의 국가번호는 44라는 사실을 기억할 수 있다.

청킹이 중요한 이유는 우리 뇌가 활발하게 추적해갈 수 있는 정보의 양에 한계가 있기 때문이다. 우리가 아는 한 장기 기억에는 실질적인 한계가 없지만 방금 지각한 내용을 담아두는 작업 기억에서는 보통 9조각 정도로 정보량이 엄격하게 제한된다. 전화번호를 한 가지 정보 단위인 지역번호와 7자리 수가 합쳐진 숫자로 부호화하면 이러한 한계를 극복할 수 있다. 체스 선수들 역시 청킹을 사용해 체스 말들을 표준적이고 이름을 붙이기 쉬운 패턴으로 배열한 체스 판 구성으로 기억한다.

음악가들도 여러 가지 방법으로 청킹을 활용한다. 우선 화음의 개별 음 대신에 전체 화음을 기억으로 부호화한다. 다시 말해 개별 음인 C-E-G-B가 아니라 'C단조 7'로 기억한다. 여기에 화음을 구성하기 위한 규칙을 기억해 한 번의 기억 입력으로도 즉석에서 4음을 만들어낼 수 있다. 둘째, 음악가들은 개별 화음이 아닌 화음 배열을 부호화한다. '변격 종지', '에올리안 종지', 'V-I도로 전환하는 12마디 단조 블루스', '리듬 변화'는 음악가들이 다양한 길이의 화음 배열을 표현하는 약칭이다. 이러한 약칭의 의미에 대한 정보를 저장해 음악가들은 하나의 기억 입력으로도 커다란 정보 덩어리를 떠올릴 수 있다. 셋째, 노래를 들으며 양식적 규범에 대한 지식을 얻고 연주를 하며 이러한 규범을 만들어내는 법을 익힌다. 음악가들은 노래를 살사나 그런지, 디스코, 헤비메탈처럼 들리게 하기 위한 특정 지식, 즉 도식을 적용하는 법을 안다. 각 장르와 시대는 양식의 특징이나 특징적인 리듬, 음색, 화성 요소로 정의할 수 있다. 음악가들은 이런 요소들을 통째로 기억에 부호화해 이러한 특징들을 한 번에 회상할 수 있다.

리처드 판컷은 피아노에 앉아 수천 곡의 노래를 연주할 때 이러한 세 가지 형태의 청킹을 사용했다. 거기다 판컷은 음악 지식이 충분했고 다양한 양식과 장르에도 정통했기 때문에 실제로는 모르는 악절이라도 적절히 넘어갈 수 있다. 마치 배우가 잠시 대사를 깜박해도 대본에 없는 단어로 대체하듯이 판 컷은 음이나 화음이 확실하지 않아도 양식적으로 그럴듯한 음으로 교체할 수 있었다.

보통 사람은 이전에 들어본 음악 작품을 식별할 수 있게 해주는 '식별 기억력'이 얼굴이나 사진, 심지어 맛과 냄새에 대한 기억력과 비슷하다. 개인에 따라 변동성이 있어 다른 사람들보다 식별 기억력이 뛰어난 사람들이 존재한다. 또한 특정 영역에 이러한 기억력이 특화돼 있어 특정 감각 영역에 특출한 사람이 있는 반면 내 동기였던 칼라와 같이 음악에만 특히 뛰어난 사람들도 있다. 익숙한 음악 작품을 기억에서 빠르게 떠올릴 수 있는 능력은 하나의 기술이지만 칼라처럼 노래 제목이나 가수, 녹음년도와 같은 꼬리표를 노력 없이 빠르게 붙일 수 있는 능력에는 독립된 피질 네트워크가 관련된다. 여기에는 현재 절대음감과 관련된 측두평면과 감각적 인상에 동사를 붙일 때 필요하다고 알려진 하전두피질이 관여한다고 생각한다. 일부 사람들이 다른 사람들과 달리 왜 이런 능력을 가졌는지는 아직 알려지지 않았지만 뇌가 형성되는 방식에서 그러한 경향성이 내재되거나 타고난 결과로 보인다. 그리고 여기에는 부분적으로 유전적인 바탕이 깔려 있을 것이다.

새로운 음악 작품의 음 배열을 배울 때 음악가들은 때때로 억지 기법으로 접근해야 할 때가 있다. 우리 대부분은 어린 시절에 알파벳이나 국기에 대한 맹세, 주기도문과 같은 소리의 새로운 배열을 배울 때 이런 방법을 이용한다. 이때 우리는 단순히 지속적인 반복을 통해 정보를 기억한다. 이러한 주입식 기억법은 주로 내용이 서열에 따라 조직될 때 촉진된다. 4장에서 살펴봤듯이 문서의 특정 단어나 음악 작품의 음은 다른 단어나 음보다 구조적으로 중요하기 때문에 우리는 이 특정 단어를 중심으로 학습 과정을 조직한다. 이런 방식의 단순하고 낡은 암기법은 음악가들이 특정 작품을 연주하기 위해 필요한 근육 움직임을 학습할 때 사용한다. 케니와 같은 음악가들이 모든 음에서 연주를 시작하지 못하고 의미 있는 단위의 시작점, 즉 그들의 서열에 따라 조직된 덩어리의 시작점으로 돌아가는 경향성도 부분적으로 이러한 이유 때문이다.

전문 음악가를 탄생시키는 요소는 악기 연주의 재주나 정서적 소통, 창의력, 음악을 기억하는 특별한 심적 구조처럼 여러 형태로 나타난다. 전문 청자의 요소는 음악에서 미학적 경험의 핵심을 이루는 심적 도식을 활용해 음악 문화의 문법을 흡수하고 음악에서 기대감을 형성하는 형태로 나타난다. 우리 대부분은 여섯 살 무렵이면 이 능력을 획득한다. 이러한 모든 다양한 형태의 전문 능력이 어떻게 얻어지는지는 여전히 신경과학적 수수께끼로 남아 있다. 하지만 음악 전문 능력에는 하나 이상의 요소가 관여하며 음악 전문가들이 이런 다양한 요소들을 모두 공통적으로 갖추고 있지 않다는 점에는 모두 동의하는 추세다. 흔히 음악성의 근본 요소라고 생각하는 뛰어난 악기 연주 능력이 부족한 어빙 벌린과 같은 일부 음악가들처럼 말이다.

그렇다고 해서 음악 전문 능력이 다른 영역의 전문 능력과 완전히 성질이 다르다고 생각할 수는 없다. 음악은 확실히 다른 활동에서 사용하지 않는 뇌 구조와 신경 회로를 사용하지만 작곡가나 연주자와 같은 음악 전문가들은 다른 영역의 전문가들이 가져야 하는 특성과 동일한 성격 특성을 많이 갖춰야 한다. 특히 성실함과 인내심, 동기 부여를 비롯해 오랜 세월 동안 높이 평가받아온 끈기가 필요하다.

그러나 유명한 음악가가 되는 길은 완전히 결이 다르다. 본질적인 요인이나 능력보다는 카리스마나 기회, 운에 관계된 경우가 많다. 반복해서 말하자면 우리는 모두 자신이 좋아하거나 좋아하지 않는 음악을 미묘한 차이로 결정할 수 있는 전문적인 음악 청자라는 점이 핵심이다. 그 이유를 설명할 순 없지만 우리가 왜 특정 음악을 좋아하는지에 대해서는 과학으로 답할 수 있다. 그리고 여기에 더해 뉴런과 음 사이의 상호 작용이 관련된 또 다른 흥미로운 양상이 펼쳐진다.

THIS IS YOUR BRAIN ON
MUSIC

8장

내가 가장 좋아하는 음악

우리는 왜 그 음악을 좋아할까?

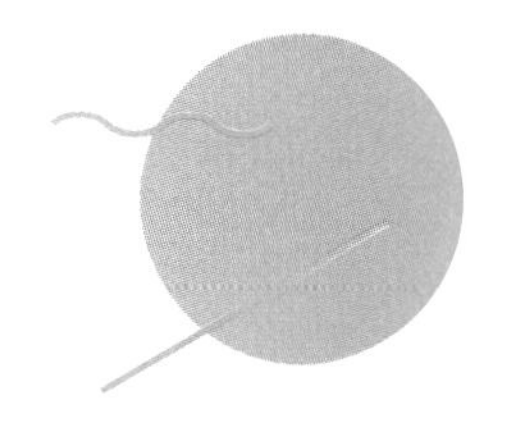

당신은 눈을 뜨며 깊은 잠에서 깨어난다. 주위가 어둡다. 멀리서 규칙적으로 박동하는 소리가 당신의 말초 청각신경으로 들어온다. 손으로 눈을 비벼 보지만 어떤 형태나 모양도 파악할 수 없다. 시간이 얼마나 흘렀을까? 30분? 아니면 한 시간? 이제 이전과는 명확히 다른 소리가 들리기 시작한다. 뚜렷한 형태 없이 꿈틀대며 빠르게 쿵쿵 울리는 소리가 발끝에 느껴진다. 소리는 이유 없이 시작하고 멈춘다. 명확한 시작과 끝이 없이 점차 커졌다가 수그러들며 함께 어우러진다. 당신은 이전에 들어본 적이 있는 이 익숙한 소리를 들으면 마음이 편안해진다. 소리를 들으며 당신은 어렴풋이 다음에 무엇이 올지 떠올린다. 물속에서처럼 소리가 뒤섞여 멀게 느껴질 때에도 당신은 소리를 예측할 수 있다.

양수로 가득한 자궁 안에서 태아는 소리를 듣는다. 때로는 빨라지고 때로는 느려지는 엄마의 심장 박동을 듣는다. 영국 킬대학교의 알렉산드라 라몬트Alexandra Lamont가 밝힌 바에 따르면 태아는 음악도 듣는다고 한다. 라몬트는 아이들이 자궁에서 음악에 노출되고 나면 생후 1년 뒤에도 그 음악을 인식하고 선호한다는 사실을 발견했다. 태아의 청각 체계는 수정 후 20주 정도가 되면 완전히 기능한다. 라몬트의 실험에서 산모들은 임신 중에 마지막 세 달 동안 반복적으로 아기에게 하나의 음악 작품을 들려줬다. 물론 아기들은 액체로 이루어진 자궁의 양수를 통과한 음악이나 대화, 환경 소음을 포함해 엄마의 일상생활에서 나는 모든 소리를 들을 수 있었다. 단, 모든 아기가 특정한 한 가지 음악을 주기적으로 들을 수 있도록 선별했다. 선별된 음악은 클래식(모차르트와 비발디)과 인기 상위 40곡(파이브Five, 백스트리트 보이즈Backstreet Boys), 레게(UB40, 켄 부스Ken Boothe), 월드비트(스피리츠 오브 네이처Spirits of Nature)를 포함했다. 아기 생후에는 실험에 사용된 노래를 들려주지 못하게 했다. 그리고 1년 뒤 라몬트는 자궁에서 들었던 노래를 양식과 빠르기가 비슷한 노래와 함께 아기에게 틀어줬다. 예를 들어 UB40의 레게음악 '매니 리버스 투 크로스Many Rivers to Cross'를 들었던 아기는 1년 뒤에 같은 노래를 프레디 맥그레거Freddie McGregor의 '스탑 러빙 유Stop Loving You'와 함께 들었다. 그리고 아기가 어떤 노래를 선호하는지 판단했다.

말을 하지 못하는 아기가 두 자극 중 어느 쪽을 선호하는지는 어떻게 알 수 있었을까? 대부분의 유아 연구자들은 '조건부 고개 돌리기'로 알려진 방법을 사용한다. 이 기술은 1960년대 로버트 판츠Robert Fantz가 개발했으며 존 콜럼보John Columbo와 앤 퍼날드Anne Fernald, 작고한 피터 저스직Peter Jusczyk을 비롯한 연구자들이 개량했다. 이 방법에 따르면 두 개의 스피커를 실험실에 설치하고 아기는 보통 엄마 무릎에 앉은 채로 양 스피커 사이에 있어야 한다. 이때 아기가 스피커 하나를 바라보면 음악이나 특정한 소리가 흘러나오기 시작하고 다른 스피커를 바라보면 다른 노래나 소리가 연주된다.

아기는 바라보기만 해도 어떤 노래가 나올지를 조절할 수 있다는 사실을 금세 배운다. 즉, 실험의 조건을 통제할 수 있다는 사실을 익힌다. 이때 실험자는 서로 다른 자극이 송출되는 위치를 임의로 정해 균형을 확실히 맞춰야 한다. 다시 말해 실험의 반이 진행될 동안 자극이 한 스피커에서 나왔다면 남은 절반에서는 반대쪽에서 나오도록 한다.

라몬트가 이와 같은 실험을 수행했을 때 아기들은 새로운 음악이 나오는 스피커보다 자궁에서 들었던 음악이 나오는 스피커를 오래 쳐다보는 경향을 보였다. 이를 통해 라몬트는 아기들이 출생 전에 노출된 음악을 더 선호한다는 사실을 확인할 수 있었다. 이전에 어떤 음악도 듣지 않았던 한 살짜리 대조군 아기들은 아무런 선호도도 보이지 않았기 때문에 음악 자체는 결과에 아무런 영향을 주지 않았다고 판단했다. 또한 라몬트는 모든 조건이 동등할 때 어린 아기들은 느린 음악보다는 빠르고 신나는 음악을 선호한다는 사실을 발견했다.

그러나 이러한 발견은 다섯 살 이전의 기억은 믿을 수 없다는 오랜 믿음, 즉 유아기 기억상실이라는 개념과 모순된다. 두세 살 무렵의 유아기에 대한 기억을 가지고 있다고 생각하는 사람은 많지만 그 기억이 본래 사건에 대한 진짜 기억인지, 아니면 이후에 그 사건에 대해 누군가가 말해줬던 기억인지는 확인하기 어렵다. 어린아이들의 뇌는 아직 발달이 덜 돼 기능적 특수화가 완성되지 않았으며 신경 경로가 아직 만들어지는 중이기 때문이다. 아이들의 뇌는 가급적 빠른 시간 안에 최대한 많은 정보를 흡수하려 한다. 하지만 아직 어떤 사건이 중요한지, 아닌지를 구별하고 경험을 체계적으로 부호화하는 법을 익히지 못했기 때문에 일반적으로 이 지점에서 사건에 대한 이해와 인지, 기억에 큰 격차가 발생한다. 그러므로 어린아이들은 암시에 걸리기 쉬워 남에게 들었던 이야기를 의도치 않게 자기만의 기억으로 부호화할 수 있다. 심지어 출생 전에 경험했던 음악도 기억으로 부호화하며 언어를 배우지 않은 상태에서 기억을 분명히 자각하지 못하더라도 부호화된 기억을 떠올릴 수 있는 것으로 보인다.

모차르트의 음악을 하루 십 분씩 들으면 똑똑해진다고 주장하는 '모차르트 효과' 연구가 신문과 아침 토크쇼에서 소개된 적이 있다. 특히 그 주장에 따르면 음악을 들은 직후에 공간 추리 과제에 대한 성취도가 향상된다고 한다. 몇몇 기자들은 수학적 능력도 함께 향상된다고 판단했다. 그 후 미국 조지아의 주지사는 조지아에서 갓 태어난 모든 아기들을 위해 모차르트 CD 구매 예산을 책정했고 의원들은 이 결의안을 통과시켰다. 이로 인해 대부분의 과학자들은 난처한 입장에 처했다. 과학자들은 직관적으로 음악이 다른 인지 기술을 향상시켜준다고 믿고 있으며 학교의 음악 프로그램에 더 많은 정부 예산이 배정된다면 좋은 일이라고 생각한다. 하지만 해당 주장의 근거가 된 실제 연구에는 많은 과학적 허점이 있다. 연구의 주장은 나쁘지 않았지만 그 동기가 틀렸다.

나는 개인적으로 이러한 모든 소란에서 조금 불쾌함을 느낀다. 은연중에 음악은 그 자체로, 혹은 그 자체를 위해 연구해선 안 되며 오직 '좀 더 중요한' 다른 분야를 잘하기 위해서만 연구해야 한다는 속뜻이 담겨 있기 때문이다. 이 말이 얼마나 터무니없게 들리는지 반대로 생각하면 알 수 있다. 내가 음악적 능력을 돕기 위해 수학을 공부해야 한다고 주장한다면 정책 담당자가 이를 근거로 수학에 예산을 쏟을까? 음악은 종종 공립학교에 예산 문제가 발생하면 제일 먼저 삭감되는 불쌍한 의붓자식 취급을 받아왔다. 음악 자체의 만족을 위해서가 아니라 음악의 부수적인 이익을 위해 음악을 정당화하는 경우도 빈번하다.

게다가 '음악은 당신을 똑똑하게 만든다'는 연구에는 분명한 문제점이 있다. 빌 톰슨Bill Thompson과 글렌 셸린버그 등의 분석에 따르면 해당 연구의 실험은 완벽히 통제가 되지 않았으며 두 집단 간에 발생한 미세한 공간 능력의 차이에서 변수는 모두 통제 작업의 종류였다고 밝혀졌다. 쉽게 말해 방에 앉아 아무것도 하지 않는 집단과 음악을 듣는 집단을 비교할 때는 꽤 결과가 좋았지만 실험 대상이 오디오북을 듣거나 책을 읽는 등 약간의 정신적 자극이 발생하는 통제 작업을 선택했을 때는 음악 듣기로 얻는 이점이 발견되지 않았다. 이 연구의 또 하나의 문제는 음악 듣기가 어떤 원리로 공간 추리력을 향상시키는지를 설명해줄 타당한 기제가 없다는 점이다.

셸린버그는 음악의 효과를 단기와 장기로 구별할 필요가 있다고 지적했다. 모차르트 효과는 즉각적인 이익에 주목했지만 음악 활동의 장기 효과를 밝히는 연구도 있다. 음악 듣기는 1차 청각 피질에서 수상 돌기의 연결성을 조밀하게 하는 특정 신경 회로 등을 향상시키거나 바꾼다. 하버드 신경과학자인 고트프리트 슈라우크는 음악가, 특히 음악 훈련을 조기에 받은 사람은 비음악가보다 양측 반구를 연결하는 섬유 조직 덩어리인 뇌량 전방부가 상당히 크다는 사실을 확인했다. 이는 음악가가 좌반구와 우반구 전체를 통해 신경 구조를 소집하고 조절하기 때문에 훈련을 할수록 좌우 뇌를 음악 작업에 활용하는 정도가 비슷해진다는 개념을 뒷받침한다.

몇몇 연구자들은 음악가들이 얻게 되는 운동 기술을 획득한 후에 시냅스의 밀도와 수가 증가하는 등 소뇌에서 미세구조의 변화가 일어난다는 사실을 발견했다. 슈라우크는 음악가들이 비음악가에 비해 소뇌가 크며 회백질의 밀도가 증가하는 경향성이 있음을 발견했다. 회백질은 세포체와 축삭돌기, 수상돌기를 포함하는 뇌의 한 부분이며 정보 전달을 담당하는 백질과 달리 정보 처리 과정을 담당한다고 알려져 있다.

이 구조가 뇌에서 변화하면 비음악 영역에서도 능력이 향상되는지는 밝혀지지 않았지만 음악 듣기와 음악 치료는 폭넓은 심리학적/신체적 문제를 극복하는 데 도움이 된다고 알려져 있다. 일단 좀 더 확실하게 밝혀진 음악적 취향에 대한 연구로 돌아가보면, 라몬트의 결과는 출생 전과 출생 직후 뇌가 기억을 저장하고 그 기억을 긴 시간 동안 회상할 수 있음을 보여줬다는 점에서 중요하다. 좀 더 실질적으로는 자궁이나 양수에 영향을 받더라도 환경이 아이의 발달과 선호도에 영향을 줄 수 있음을 뜻한다. 그러므로 음악적 선호도는 자궁에서부터 시작한다고 볼 수 있지만 분명 여기에는 좀 더 많은 요소가 작용할 것이다. 그렇지 않다면 아이들은 단순히 엄마가 좋아하는 음악이나 출산 교실에서 들었던 음악에만 끌리게 됐을 것이다. 확실한 사실은 자궁에서 들었던 음악이 음악적 선호도에 영향은 주지만 선호도를 결정하지는 않는다는 점이다. 아기는 문화적으로 적응하는 시기를 가지며 이때 태어난 문화권의 음악을 받아들인다. 몇 해 전 서양 문화를 기준으로 외래 문화권의 음악에 익숙해지기 전에는 모든 아기들이 문화나 인종에 관계없이 다른 음악보다 서양 음악을 선호한다는 보고가 있었다. 그러나 이 주장은 입증되지 않았으며 유아들이 불협화음보다 협화음을 선호한다는 사실만이 확인됐다. 불협화음의 진가를 알아보는 시기는 좀 더 이후에 나타나는데 이때 사람들마다 참을 수 있는 불협화음의 정도가 달라진다.

여기에도 신경적 기초가 있을 것으로 보인다. 협화음 음정과 불협화음 음정은 청각 피질에서 별개의 기제를 통해 처리된다. 최근 한 연구에서는 감각적 불협화음, 즉 화성이나 음악적 맥락이 아니라 주파수율 때문에 불협화음으로 들리는 화음에 대해 사람과 원숭이가 어떤 전기생리학적 반응을 보이는지 알아봤다. 그 결과에 따르면 소리를 처리하는 피질의 첫 번째 층인 1차 청각 피질의 뉴런은 불협화음에서 서로 발화율을 일치시켰지만 협화음에서는 그렇지 않았다. 이러한 결과가 어떻게 협화음에 대한 선호도를 불러오는지는 아직 확실하지 않다.

우리는 유아의 청각 세계에 대해 일부만을 파악하고 있다. 유아의 귀는 태어나기 4개월 전부터 완전히 기능할 수 있고 발달 과정에 있는 뇌가 완전한 청각 처리 능력을 갖추려면 몇 달에서 몇 년이 필요하다. 또한 유아들은 음고의 조옮김과 박자의 변화(빠르기 변화)를 인식할 수 있다. 이 사실은 아직까지 가장 성능이 좋은 컴퓨터도 해내지 못한 관계성 처리 능력이 유아에게 있음을 뜻한다. 위스콘신대학교의 제니 사프란Jenny Saffran과 맥마스터대학교의 로렐 트레이너Laurel Trainor는 유아들이 과제를 받았을 때 필요한 절대음감 단서에 주목하는 능력이 있다는 증거를 확보해 유아가 인지 유연성이라는 특성을 가졌음을 보여줬다. 즉, 유아는 당면한 문제를 해결하는 데 무엇이 가장 도움이 되는가에 따라 서로 다른 신경 회로에 영향을 받는 여러 처리 방식을 사용할 수 있다.

샌드라 트레헙Sandra E. Trehub과 다울링 등은 유아들이 음조곡선의 유사성과 차이점을 감지해 30초 이상의 음악을 기억할 수 있을 정도로 음조곡선을 음악의 가장 핵심적인 특성으로 삼는다는 사실을 확인했다. 앞에서 언급했듯이 음조곡선은 음정의 크기에 상관없이 선율에서 음고의 패턴, 즉 선율이 위아래로 취하는 연속성이다. 전적으로 음조곡선에만 주의를 기울이면 선율이 얼마나 올라가는지가 아니라 단지 올라가는지 여부만을 부호화하게 된다. 언어학자들이 운율이라고도 하는 억양은 질문과 감탄사를 구별하게 해준다. 유아는 음악적 음조곡선에 민감하듯 언어적인 억양에도 민감하다. 퍼날드와 트레헙은 모든 문화에서 공통적으로 부모들이 상대적으로 더 큰 아이들이나 성인에게 말할 때와 다르게 말한다고 기록했다. 아기들에게는 주로 좀 더 천천히, 다양한 음고로 말하며 전체적으로 높은 음고를 사용한다는 것이다.

엄마들은, 그리고 정도는 덜하지만 아빠도 분명한 지시 없이도 상당히 자연스럽게 연구자들이 '유아어' 혹은 '모성어'라고 부르는 과장된 억양을 사용한다. 과학자들은 모성어가 아기의 주의를 엄마의 목소리로 집중시키는 역할을 하며 문장 안에서 단어를 구분할 수 있게 해준다고 생각하고 있다. 어른에게 하듯 "이건 공이야."라고 말하는 대신 모성어를 사용하면 문장 끝의 음고를 올리며 "봐봐아?" 하는 식으로 말한다. 다양한 음고를 사용해 단어 끝을 올리며 "공이 보이지이?" 하고 말한다. 여기서 엄마는 질문이나 서술의 신호로 억양을 사용하며, 올라가고 내려가는 억양의 차이를 과장해 아이의 주의를 이끈다. 질문과 서술의 원형을 만들어 원형이 쉽게 인식되도록 하는 것이다. 또한 마찬가지로 엄마는 어떤 훈련 없이도 자연스럽게 감탄사를 이용해 혼을 낸다. 이때 엄마는 음고를 크게 변화시키지 않으면서 짧게 딱 잘라 "안 돼!" (쉬고) "안 돼! 이놈!" (쉬고) "안 된다고 했지!"하고 말하는 세 번째 종류의 원형적 서술을 만든다. 이처럼 아기에게는 특정한 음고 음정보다 앞서 음조곡선을 감지하고 추적하는 능력이 내재돼 있는 것으로 보인다.

또한 트레헙은 유아가 3온음과 같은 불협화음보다 완전4도나 완전5도와 같은 협화음을 좀 더 잘 부호화한다는 사실을 확인했다. 트레헙은 일정하게 배열되지 않은 음계의 음정을 유아들이 좀 더 이른 시기부터 쉽게 처리할 수 있다는 사실을 발견했다. 실험에서 트레헙과 동료들은 생후 9개월 아기에게 규칙적인 7음의 장음계와 그녀가 개발한 두 음계를 들려줬다. 개발한 음계 중 하나는 한 옥타브를 일정하게 11등분한 뒤 한 음정, 두 음정 패턴이 되도록 일곱 개의 음을 선택했고 다른 한 음계는 한 옥타브를 일정하게 7등분했다.

여기서 아기의 과제는 잘못 조율된 음을 찾는 것이었다. 실험 결과 성인은 장음계에서 과제를 잘 수행했지만 처음 들어보는 두 인공적인 음계에서 결과가 좋지 않았다. 반대로 아기들은 불균등한 조율 음계와 동등한 조율 음계에서 과제를 모두 잘 해결했다. 선행 연구에서 생후 9개월 아기는 장음계에 대한 심적 도식을 흡수하기 전이라는 사실을 밝혔기 때문에 이 결과를 통해 우리는 유아들이 일반적으로 우리가 사용하는 장음계처럼 불균등한 음정을 잘 처리할 수 있음을 알 수 있다.

즉, 우리 뇌는 우리가 사용하는 음계와 함께 진화했으며 우리가 사용하는 장음계가 독특하게도 비대칭적 음 배열이라는 사실은 우연이 아니라고 볼 수 있다. 이러한 배열에서 우리는 좀 더 쉽게 선율을 익힐 수 있다. 이는 소리가 발생하는 물리 법칙 때문이다. 앞서 배음렬에서 살펴봤듯이 우리가 장음계에서 사용하는 음 집합은 배음렬을 구성하는 음과 음고가 아주 비슷하다. 아주 어린 시절에 대부분의 아이들은 자발적으로 소리를 내기 시작하는데 이러한 초기의 발성은 노래 소리와 굉장히 비슷하게 들린다. 아기들은 주변 세상에서 들리는 소리에 반응하며 자신의 목소리의 범위를 탐색하고 음성을 만들어 보기 시작한다. 음악을 많이 들을수록 아기들의 자발적인 발성이 음고와 리듬 면에서 다양해질 가능성이 높다.

어린아이들은 특화된 언어 처리 과정을 발달시키기 시작하는 두 살 무렵부터 자신이 속한 문화권의 음악에 대한 선호도를 보이기 시작한다. 우선 아이들은 단순한 노래를 좋아하게 된다. 여기서 '단순하다'는 말은 (예를 들면 4성부 대위법과는 반대로) 명확한 주제로 정의할 수 있고 직접적이고 쉽게 예상할 수 있는 방식으로 풀리는 화성 진행이라는 뜻이다. 그러나 아이들은 성숙해지면서 쉽게 예상할 수 있는 음악에 질리기 시작하고 좀 더 실험적인 음악을 찾게 된다.

마이클 포즈너에 따르면 아이들은 전두엽과 전두엽 바로 뒤에서 주의력을 지휘하는 전측 대상회가 완전히 형성되지 않아서 동시에 여러 곳에 집중하는 능력이 부족하다고 한다. 그래서 주의력을 해치는 자극이 존재할 때 한 가지 자극에 주목하기 어려워한다. 여덟 살 이하의 아이들이 '리리리 자로 끝나는 말은'과 같은 돌림노래를 부르기 어려워하는 이유도 여기에 있다.

아이들의 주의력 체계 중에서도 특히 대상회(전측 대상회가 있는 커다란 구조)와 안와전두 영역을 연결하는 네트워크에서는 원하지 않거나 주의를 산만하게 만드는 자극을 정확하게 걸러낼 수 없다. 불필요한 청각 정보를 제외할 수 있는 발달 단계에 아직 이르지 못한 아이들은 모든 소리가 감각의 소나기처럼 연속해서 쏟아지는 복잡한 소리의 세상을 접하게 된다. 그래서 돌림노래에서 자신이 불러야 하는 노래 부분을 따라가려고 노력하다가도 다른 노래 부분이 들리면 주의력이 흩어져 실수를 할 수 있다. 포즈너는 NASA에서 사용하는 주의력과 집중력 게임을 변형한 훈련을 통해 아이들의 주의력 발달을 촉진할 수 있다는 사실을 확인했다.

아이들이 처음에 단순한 음악을 좋아하다가 좀 더 복잡한 노래를 좋아하게 된다는 발달 궤도 이론은 물론 일반화에 가깝다. 애초에 음악을 좋아하지 않는 아이도 있고 일부는 순전한 우연으로 색다른 음악에 대한 취향을 발전시키기도 한다. 나는 할아버지에게 2차 세계 대전 시대의 78회전 음반 모음집을 받았던 여덟 살 무렵에 빅밴드와 스윙 음악에 매료됐다. 처음에는 '싱코페이티드 클락The Syncopated Clock'이나 '우드 유 라이크 투 스윙 온 어 스타Would You Like to Swing on a Star', '테디 베어스 피크닉The Teddy Bear's Picnic', '비비디 바비디 부Bibbidy Bobbidy Boo'와 같이 아이들을 위해 만들어진 노블티 송(1910년 미국에서 시작된 유머러스하고 익살스러운 분위기의 대중음악 – 옮긴이)에 매료됐다. 하지만 프랭크 드 볼Frank de Vol과 르로이 앤더슨Leroy Anderson의 오케스트라를 많이 접하며 상대적으로 이국적인 화음 패턴과 발성이 나의 심적 배선에 깔린 후에는 모든 종류의 재즈를 듣게 됐다. 아이들을 위한 재즈로 나의 뉴런 출입구가 열려 전반적으로 재즈를 이해하고 즐길 수 있게 된 것이다.

연구자들은 십 대 시절을 음악적 선호도의 전환기라고 강조한다. 이전까지는 음악에 관심을 가지지 않던 아이들을 포함해 대부분의 아이들이 음악에 진정한 관심을 보이는 시기가 바로 10~11세 무렵이다. 어른이 돼 향수를 불러일으키는 음악, 혹은 '우리의' 음악이라고 느껴지는 음악들 역시 보통 이 무렵에 들었던 음악이다. 노인들이 신경 세포와 신경전달물질 수치의 변화를 비롯해 시냅스의 붕괴를 일으키는 알츠하이머에 걸리면 첫 번째 증상으로 기억 손실이 찾아온다. 병이 발전하면 기억 손실은 점점 극심해지지만 환자들은 대부분 열네 살 때 들었던 노래를 계속 기억해서 부를 수 있다. 왜 열네 살일까? 우리가 십 대 시절에 들었던 노래를 기억하는 한 가지 이유는 이 시기가 자아를 발견하면서 정서적으로 충만해지는 때라는 것이다. 그리고 정서적 요소를 포함하는 경험에는 편도체와 신경전달물질이 함께 중요하다는 '꼬리표'를 달기 때문에 일반적으로 기억에 남기 쉽다. 뉴런의 성숙과 가지치기 역시 원인이 될 수 있다. 다시 말해, 음악에 관한 뇌의 배선이 어른 수준으로 완성돼가는 시기가 바로 열네 살 무렵이다.

새로운 음악 취향을 받아들이는 기한은 없는 것으로 보인다. 그러나 대부분의 사람들이 열여덟에서 스무 살쯤에 자신의 음악 취향을 완성한다는 사실이 몇몇 연구를 통해 증명됐다. 이유는 확실하지 않지만 일반적으로 사람들이 나이를 먹으면서 새로운 경험에 대해 개방적이지 않은 태도를 취하기 때문인 것으로 보인다. 십 대 시절에 우리는 세상에 다양한 발상과 문화가 존재하며 사람들이 각자 다르다는 사실을 깨닫게 된다. 그리고 부모님이 가르친 대로, 혹은 자라온 방식대로 인생의 방향과 인격, 결정을 한정 지을 필요가 없다는 발상을 시험해본다.

이 시기에는 다양한 종류의 음악을 찾기도 한다. 서양 문화권에서는 어떤 음악을 선택하는지가 사회적으로 중요하므로 친구들이 듣는 음악을 듣고 싶어 하곤 한다. 특히 정체성을 확립해가는 어린 시절에는 닮고 싶거나 공통점이 있다고 믿는 사람들과 유대를 형성하고 같은 사회 집단을 맺길 원한다. 유대감을 표현하는 하나의 방법으로 비슷하게 옷을 입고 같은 활동을 공유하며 같은 음악을 듣는 것이다. 우리 집단은 이런 종류의 음악을 듣지만 저 아이들은 다른 종류의 음악을 듣는다는 식이다. 이러한 현상은 음악이 사회적 유대와 응집력을 위한 수단으로 진화했다는 발상과도 연결된다. 이렇듯 음악과 음악적 선호도는 개인과 집단의 정체성을 보여주고 서로를 구별하는 지표가 된다.

한 사람의 성격 특성은 그 사람이 좋아하는 음악의 종류와 어느 정도 관련이 있으며 성격에 따라 좋아하는 음악을 예측할 수 있다. 하지만 다소 우연에 따른 요소, 즉 어디서 학교를 다녔는지, 누구와 어울렸는지, 그들이 듣는 음악이 무엇이었는지 같은 부분에 의해 결정되는 경우도 상당하다. 어린 시절 내가 캘리포니아 북부에 살 때 같은 지방 출신인 크리던스 클리어워터 리바이벌CCR이 큰 인기를 얻었다. 그러나 내가 캘리포니아 남부로 이사를 갔을 때 CCR의 촌스러운 카우보이풍 음악은 비치 보이스와 과장된 연주로 유명한 데이비드 보위David Bowie와 같은 가수들을 수용하며 서핑과 할리우드 문화가 자리 잡은 그곳에 어울리지 않았다.

우리 뇌는 사춘기 기간 동안 새로운 연결을 폭발적인 속도로 형성하고 발전시키지만 경험을 통해 신경 회로를 구성하는 십 대의 형성기가 지나면 속도가 상당히 줄어든다. 이는 우리가 듣는 음악에도 적용되기 때문에 새로운 음악은 우리가 결정적인 시기에 들었던 음악의 틀 안에 흡수된다. 과학자들은 언어와 같은 새로운 기술을 습득하기 위한 결정적인 시기가 있다는 사실을 알아냈다. 만약 아이가 여섯 살 무렵에 모국어나 외국어와 같은 언어를 배우지 않으면 대부분의 원어민처럼 쉽게 말할 수 없다. 음악과 수학은 그보다 문턱이 낮은 편이지만 어느 정도 제약이 있는 편이다. 스무 살 이전에 음악이나 수학 훈련을 받지 않으면 그 후에 배우려 할 때 큰 어려움을 느끼게 되고 일찍 수학과 음악을 배운 사람처럼 '말할' 수 없다. 바로 시냅스 성장을 위한 생물학적 경로 때문이다. 뇌의 시냅스는 수년간 성장하면서 새로운 연결을 만들도록 설계돼 있다. 그 시기 후에는 가지치기로 넘어가 불필요한 연결을 제거한다.

신경가소성은 스스로를 재조직하는 능력이다. 지난 5년간 지금껏 불가능하다고 여겨온 뇌의 재조직이 가능하다는 내용의 인상적인 연구가 있었지만 대부분의 성인에게 발생할 수 있는 재조직의 양은 사춘기의 청소년과 어린아이에게 발생하는 양에 비해 상당히 적다.

물론 개인차는 존재한다. 뼈가 부러지거나 살이 베였을 때 회복 속도가 남들보다 빠른 사람이 있듯이 남들보다 쉽게 새로운 연결을 구축하는 사람도 있다. 그러나 일반적으로는 8~14세가 되면 고차원의 사고와 추리, 계획을 담당하는 중추이며 충동을 조절하는 전두엽에서 가지치기를 시작한다. 이 시기에는 축삭돌기를 감싸고 있는 지방질이면서 시냅스 전달 속도를 높이는 역할을 하는 미엘린myelin이 많이 형성된다. 그 덕분에 아이들은 일반적으로 나이를 먹으면서 빠르게 문제를 해결하고 좀 더 복잡한 문제를 해결할 수 있다. 뇌 전체에 미엘린이 형성되는 것은 일반적으로 스무 살 무렵에 완성된다. 그리고 몇 가지 퇴행성 질병 중 하나인 다발성경화증에 걸리면 뉴런을 감싼 미엘린 피복에 영향을 줄 수 있다.

음악의 단순성과 복잡성 사이의 균형 역시 음악에 대한 선호도에 영향을 미칠 수 있다. 예술적 작품의 복잡성이 해당 작품에 대한 선호도와 일정한 관계가 있다는 사실은 회화나 시, 무용, 음악과 같은 다양한 미학 영역에서 좋고 싫음을 분석한 과학 연구를 통해 확인할 수 있다. 물론 복잡성은 전적으로 주관적인 개념이다. 그렇기 때문에 이 주장이 힘을 얻으려면 우선 어떤 음악이 스탠리에게는 말도 안 되게 복잡하지만 올리버의 '취향을 저격'할 수 있다는 발상을 받아들여야 한다. 마찬가지로 배경이나 경험, 이해도, 인지적 도식에 따라 누군가는 어떤 음악을 진부하고 끔찍할 만큼 단순하다고 생각하지만 누군가는 이해하기 어려워할 것이다.

이런 의미에서 도식이 가장 중요하다고 할 수 있다. 도식은 이해의 틀을 세워 미학적 대상에 어떤 요소가 있고 해석이 가능한지를 저장해두는 체계다. 이 체계는 우리의 인지 모형과 기대감에 영향을 미친다. 예를 들어 특정 도식을 가진 사람은 말러의 〈교향곡 5번〉을 처음 들어보더라도 완벽하게 이해할 수 있다. 이 곡은 4악장으로 이루어진 교향곡 구조를 따르며 주요 주제와 하위 주제, 주제의 반복을 포함한 교향곡이다. 주제는 아프리카의 토킹드럼이나 퍼즈베이스가 아닌 오케스트라 악기로 연주된다. 〈교향곡 4번〉에 익숙한 사람은 〈교향곡 5번〉이 같은 주제에 음고까지 같은 변주로 시작한다는 사실을 알 수 있다. 말러의 작품을 잘 아는 사람이라면 말러가 자신의 가곡 중 세 곡을 인용했다는 사실도 알 수 있다. 음악 교육을 받는 청자들은 하이든에서

브람스, 브루크너에 이르는 대부분의 교향곡이 대체로 같은 조성에서 시작하고 끝난다는 사실을 인지하고 있을 것이다. 그러나 말러는 〈교향곡 5번〉에서 이러한 관습을 무시하고 C샵 단조에서 A단조를 거쳐 마침내 D장조로 끝낸다. 교향곡이 전개될 때 마음속으로 조성을 인지하는 법을 배우지 않았거나 평범한 교향곡의 진행 궤도를 알지 못하는 사람에게 이러한 사실은 아무런 의미가 없다. 하지만 노련한 청자는 말러가 관습을 무시할 때, 특히 조성이 거슬리지 않을 정도로 재치 있게 변화할 때 놀라움과 기대감의 위반이라는 보상을 얻는다. 적절한 교향곡의 도식이 없거나 인도의 라가 광팬이라 전혀 다른 도식을 가지고 있는 청자에게 말러의 교향곡은 장황하고 시시하게 느껴질 수 있다. 시작점이나 끝도 경계도 없어 통일성 있는 완전체를 이루지 못하고 하나의 음악 주제가 다음 주제로 애매하게 섞여 들어간다고 느껴질 것이다. 도식은 이렇게 우리의 지각과 인지 처리, 궁극적으로는 경험에 대한 틀을 세운다.

우리는 음악 작품이 지나치게 단순하면 시시하다며 좋아하지 않는 경향이 있다. 반대로 지나치게 복잡하면 예측할 수 없다며 좋아하지 않는다. 다시 말해 친숙한 음악과 공통점이 전혀 없다고 지각한다. 이처럼 우리가 음악을 비롯한 어떠한 예술 형태를 좋아하려면 단순성과 복잡성 사이에 올바른 균형이 유지돼야 한다. 단순성과 복잡성은 친숙함과 관련되며 '친숙함'은 도식을 뜻하는 또 하나의 표현법이라고 할 수 있다.

알다시피 과학에서는 용어를 정의하는 작업이 중요하다. 그렇다면 '너무 단순하다'거나 '너무 복잡하다'는 말은 무슨 뜻일까? 음악 작품이 뻔히 예측되거나 이미 경험해본 음악과 비슷할 때, 실험 정신이 전혀 없을 때 우리는 너무 단순하다고 말한다. 릴레이 빙고게임 틱택토를 예로 들어보자. 어린아이들이 이 게임에 큰 매력을 느끼는 이유는 아이 수준의 인지 능력에서 흥미를 자아낼 만한 요소가 많기 때문이다. 모든 아이들이 쉽게 파악할 수 있도록 분명한 규칙이 있고 상대편이 다음 차례에 정확히 어떤 행동을 할지 모르기 때문에 놀라움을 느낄 수 있으며 상대방의 행동에 따라 다음 행동을 정해야 하므로 역동적이다. 게임이 언제 끝날지, 누가 이기거나 비길지는 모르지만 아홉 번 행동한다는 큰 틀이 있다. 이러한 불확정성은 긴장과 기대감으로 이어진다. 게임이 끝나면 마침내 긴장이 해소된다.

그러나 아이들은 인지력이 정교해지면서 마침내 전략을 깨우치게 된다. 두 번째로 움직이는 사람은 능숙한 참가자를 이길 수 없고 잘해야 비기게 된다는 사실을 깨닫게 되는 것이다. 이렇게 게임의 수순과 끝이 예상 가능해질 때 이 게임은 매력을 잃는다. 물론 어른들도 아이들과 함께 게임을 즐길 수 있지만 아이들 얼굴에 떠오르는 즐거움이나 수년에 걸쳐 아이의 뇌가 발달하면서 게임의 수수께끼를 풀어나가는 과정을 보며 뿌듯해할 뿐이다.

마찬가지로 많은 성인들은 라피의 노래와 어린이 프로그램인 〈바니 더 다이너소어Barney the Dinosaur〉를 음악적 틱택토 게임으로 느낀다. 음악이 너무 예측 가능해서 결과가 명확하고 한 음, 혹은 화음에서 다음으로 가는 '움직임'에 놀라운 요소가 전혀 없을 때 우리는 음악에 실험성이 없고 단순하다고 판단한다. 음악이 연주될 때, 특히 정신을 음악에 집중할 때 뇌는 다음 음으로 어떤 음이 올 가능성이 있는지, 음악이 어디로 가는지 그 궤도와 방향, 궁극적인 종착점을 미리 떠올린다. 작곡가는 우리를 안심시켜 음악에 대한 신뢰와 안도감을 느끼도록 해야 하고 우리는 작곡가가 우리를 화성의 여정으로 이끌 수 있도록 허락해야 한다. 또한 여정 끝에 작곡가는 우리에게 충분한 보상, 즉 기대감의 완성을 제공해 질서와 공간감을 불러일으켜야 한다.

캘리포니아의 데이비스에서 샌프란시스코로 히치하이킹을 한다고 가정해 보자. 당신은 정상적인 경로인 80번 고속도로로 갈 사람이 필요하다. 이때 운선사가 지름길로 몇 번 들어간다 해도 친절하고 믿음직하거나 "고속도로가 공사 중이라 '자모라 도로'로 질러가려고 해요." 하는 식으로 솔직히 말한다면 견딜 수 있을 것이다. 하지만 아무런 설명도 없이 당신을 시골길로 데려간 끝에 더 이상 표지판도 보이지 않는 곳에 이른다면 당신의 안정감은 분명 무너질 것이다. 물론 사람마다 성격이 달라서 음악이나 차 운행과 같은 예상치 못한 여정에서 다른 반응을 보일 수 있다. 일부는 "스트라빈스키가 날 죽이려 한다!"며 공포에 휩싸이겠지만 모험심을 발휘해 새로운 발견에 열광하며 이렇게 말하는 사람도 있을 것이다. "콜트레인이 여기서 뭔가 이상한 연주를 하네. 아무렴 어때, 좀 더 들어도 해될 것 없겠지. 화성 정도는 내가 감당할 수 있으니까 필요할 때 언제든 음악적 현실로 돌아가는 길을 찾을 수 있을 거야."

게임에 관한 비유로 돌아가보자. 어떤 게임은 평균적인 사람들이 인내심을 갖고 배우지 못할 정도로 복잡한 규칙을 가지고 있다. 이런 경우, 주어진 차례마다 발생할 수 있는 가능성이 너무 많거나 예측하기 힘들어 초보자가 감당하기 어려워진다. 하지만 게임에서 다음에 일어날 일을 예측할 수 없을 때 오래 붙잡고만 있어봐도 흥미가 생기지는 않는다. 단순히 주사위를 굴려 무슨 일이 일어날지 보는 방식으로 진행되는 보드 게임처럼 아무리 많이 연습해도 완전히 예측할 수 없는 경우도 있기 때문이다. 한 예로 '슈츠 앤 래더스'와 '캔디 랜드'가 있다. 이 게임에서 아이들은 놀라움을 즐기지만 어른들은 지루해할 것이다. 주사위를 던져 무작위로 진행되는 형태로 다음에 무슨 일이 일어날지는 아무도 알 수 없지만 결과가 전혀 체계적이지 않은 데다 게임을 진행하면서 참가자의 능력을 전혀 발휘할 수 없기 때문이다.

화성이 너무 자주 변하거나 낯선 구조로 이루어진 음악을 들으면 청자들은 가까운 출구로 곧장 나가버리거나 음악 플레이어에서 '스킵' 버튼을 누른다. '고'나 '액시엄', '젠도' 같은 몇몇 게임 역시 초보자가 이해하기 너무 복잡하고 어려워 게임이 어느 정도 진행되기도 전에 많은 사람들을 포기하게 만든다. 게임 구조를 익히는 데 걸리는 시간이 너무 길기 때문에 초보자들은 그만한 시간을 투자할 가치가 있는지 확신할 수 없다.

마찬가지로 익숙하지 않은 음악과 음악 형태를 접할 때도 이와 같은 상황을 겪곤 한다. 누군가 쇤베르크가 천재적이라거나 트리키Tricky가 제2의 프린스가 될 것이라고 말했더라도 정작 당신이 그들의 작품을 듣고 1분 안에 음악을 이해하지 못한다면 음악에 들이는 노력을 정당화할 만큼 보상을 얻을 수 있을지 확신할 수 없을 것이다. 충분히 듣고 나면 친구들처럼 그 음악을 이해하고 좋아하게 될 것이라고 스스로를 다독일지도 모른다. 그러나 한 가수에게 귀중한 시간을 투자했음에도 매력에 빠질 수 없었던 지난 시간들이 떠오른다.

새로운 음악을 이해하는 과정은 시간이 걸리고 가끔은 속도를 올리고 싶어도 그럴 방법이 없다는 점에서 새로운 친구를 사귀는 과정과 비슷하다. 신경 수준에서 인지적 도식을 촉발하려면 몇 가지 표지물을 찾아야 한다. 완전히 새로운 음악을 충분히 오랫동안 들으면 그 결과로 우리는 음악의 일부를 뇌에서 부호화하고 표지물을 개발한다. 실력 있는 작곡가라면 자신의 의도대로 정확한 부분을 표지물로 부호화시킬 것이다. 작곡가는 인간의 지각과 기억에 대한 지식과 작곡 지식을 활용해 중독성 있는 '후크'를 만들어 궁극적으로 우리의 마음을 끌어당긴다.

구조 처리는 새로운 음악 작품을 이해하기 어렵게 만드는 한 가지 원인이 된다. 교향곡이나 소나타의 형식, 재즈 스탠더드의 AABA 구조를 이해하지 못하고 음악을 듣는다면 표지판 없이 고속도로를 달리는 격이라고 할 수 있다. 당신은 어디에 있는지, 언제 목적지에 도달할지, 혹은 목적지는 아니더라도 위치를 파악할 만한 지형지물이 있는 중간 지점이 어디인지 전혀 알 수 없을 것이다.

재즈의 매력을 이해하지 못하는 많은 사람들을 예로 들어보겠다. 이들은 재즈가 체계적이지 않고 광적이며 형식이 없는 즉흥 연주라고 표현한다. 누가 짧은 순간에 가능한 한 많은 음을 구겨 넣는지 시합하는 것처럼 느껴진다고도 한다. 사람들이 뭉뚱그려 '재즈'라고 부르는 장르에는 딕시랜드, 부기우기, 빅밴드, 스윙, 비밥, '스트레이트-어헤드', 애시드재즈, 퓨전, 메타피지컬 등 여러 하위 장르가 있다. '클래식재즈'로도 불리는 '스트레이트-어헤드'는 다소 표준적인 형태의 재즈로 클래식 음악의 교향곡이나 소나타, 혹은 록 음악에서 비틀스나 빌리 조엘, 템테이션스의 전형적인 노래에 비할 수 있다.

클래식재즈에서 연주자는 보통 브로드웨이에서 잘 알려진 노래나 이미 다른 사람이 불러 인기를 얻은 노래의 주요 주제로 연주를 시작한다. 이러한 노래를 '스탠더드'라고 하며 여기에는 '애즈 타임 고즈 바이As Time Goes By'나 '마이 퍼니 밸런타인My Funny Valentine', '올 오브 미All of Me'가 해당된다. 연주자는 노래의 완전한 형태를 한 번 연주한다. 전형적으로 두 개의 벌스와 '후렴구'라고도 하는 코러스에 또 하나의 벌스가 따라온다. 코러스는 전체에 걸쳐 규칙적으로 반복되는 노래의 한 부분이며 벌스는 변화하는 부분이다. 보통 AABA라고 표현하는데, 알파벳 A가 벌스를, 알파벳 B가 코러스를 의미한다. 즉, 벌스-벌스-코러스-벌스로 연주한다는 뜻이다. 물론 여러 다양한 형태로 변형될 수 있으며 브리지라고 부르는 C 부분이 있는 노래도 있다.

'코러스'라는 용어는 노래의 두 번째 부분뿐만 아니라 전체 형태를 한 번 연주한다는 의미로도 쓰인다. 즉, 노래에서 AABA 부분 전체를 한 번 연주하는 것을 '한 코러스를 연주한다'고 한다. 재즈를 연주할 때 누군가 "코러스를 연주하세요." 혹은 "코러스로 들어갑시다."라고 말한다면 우리는 모두 그 사람이 노래의 한 부분인 코러스를 말한다고 가정한다. 반대로 누군가 "한 코러스 연주합시다." 혹은 "두 코러스 해봅시다."라고 말할 때는 전체 형식을 의미한다.

프랭크 시나트라와 빌리 조엘의 '블루 문Blue Moon'은 AABA 형식으로 이루어진 노래의 한 예다. 재즈 연주자는 노래의 리듬이나 느낌을 맘대로 가지고 놀면서 선율에 장식을 가미한다. 노래의 형식을 한 번 연주한 뒤에 재즈 음악가들이 '헤드'라고 부르는 단계에서는 다른 합주단 구성원들이 돌아가며 원래 노래의 형식과 화음 진행에 새로운 음악을 즉흥적으로 연주한다. 즉, 연주자가 한두 코러스를 연주하면 다음 연주자가 이어받아 헤드의 첫 부분부터 연주한다. 즉흥 연주를 할 때 몇몇 연주자는 본래의 선율을 고수하지만 본래의 선율과는 많이 다른 이국적 느낌의 화성적 일탈을 더하는 연주자들도 있다. 모두 한 번씩 즉흥 연주를 하고 나면 밴드는 다시 헤드로 돌아가 장식 없이 깔끔하게 연주를 하고 마무리한다. 즉흥 연주는 몇 분씩 이어지기도 한다. 2~3분짜리 노래를 10~15분으로 늘리는 재즈 연주도 드물지 않다. 연주자가 교대하는 방식에도 전형적인 규칙이 있다. 보통 관악기가 먼저 연주한 뒤 피아노와 기타, 베이스 순으로 이어진다. 가끔은 드럼으로도 즉흥 연주를 하는데 이때는 베이스에 이어서 진행한다. 연주자가 코러스의 일부를 나누어 연주하는 경우도 있다. 연주자마다 4~8마디를 연주하고 솔로 연주를 다음 연주자에게 넘기는 일종의 음악 릴레이 경주라고 할 수 있다.

초보자에게는 이 모든 것이 혼란스럽게 느껴질 수 있다. 그러나 초보자 수준에서는 노래의 원래 화음과 형식 위에 즉흥 연주가 이루어진다는 사실만 알아도 연주자가 노래의 어디를 연주하고 있는지 방향을 가늠하는 데 큰 도움이 된다. 나는 재즈를 처음 듣는 사람들에게 즉흥 연주가 시작되면 그냥 마음속으로 주제 선율을 흥얼거려보라고 조언하곤 한다. 즉흥 연주자들도 종종 사용하는 방법인데, 이것만으로도 재즈를 상당히 풍요롭게 경험할 수 있다.

음악 장르에는 각 장르만의 규칙과 형식이 있다. 음악을 많이 들을수록 이러한 규칙은 우리의 기억에 내재화된다. 이런 구조에 익숙하지 않으면 좌절하기 쉽다. 좌절까진 아니더라도 음악을 제대로 이해할 수 없을 것이다. 하지만 장르와 양식을 이해하면 음악을 중심으로 만들어진 범주를 효과적으로 내재할 수 있고 그 범주의 구성원이나 구성원이 되지 않을 새로운 노래도 범주화할 수 있다. 혹은 일부 경우에 범주의 구성원이 되기에 '불완전'하거나 '애매'한 대상을 예외로 판단할 수 있다.

복잡성과 선호도 사이의 일정한 관계성을 설명하는 그래프를 그리면 뒤집어진 U자 형태가 된다. 음악 작품이 당신에게 얼마나 복잡한지를 x축에 표시하고 그 음악 작품을 좋아하는 정도를 y축에 표현한 그래프를 떠올려보자. 이 그래프의 영점에 가까운 왼쪽 하단에는 너무 단순해서 당신이 좋아하지 않는 음악이 있다. 음악이 복잡해지면서 당신의 선호도도 함께 증가한다. 두 변수는 그래프의 일정 구간 안에서 함께 변화한다. 즉, 복잡성이 증가하면 선호도도 증가하는데 개인의 역치를 넘어서면 극도로 싫어하던 음악이 실제로 조금 좋아지는 단계로 넘어간다. 하지만 특정 지점에서 복잡성이 증가하면 음악이 너무 복잡하게 느껴져 선호도가 줄어들기 시작한다. 이 지점부터 음악이 복잡해질수록 점점 더 음악에 대한 선호도가 줄어들고 또 하나의 역치를 넘기면 그 음악을 더 이상 좋아하지 않게 된다. 보통 이런 음악은 너무 복잡해서 당신이 극도로 싫어하는 음악이다. 이렇게 그래프의 모양은 뒤집어진 U자, 혹은 V자 형태가 된다.

뒤집어진 U자 가설은 음악 작품의 복잡성과 단순함이 음악을 좋아하거나 싫어하는 유일한 이유를 설명하는 근거는 아니다. 단지 두 변수의 관계를 설명할 목적일 뿐이다. 음악의 구성 요소 역시 새로운 음악 작품의 감상에 걸림돌로 작용할 수 있다. 음악이 너무 시끄럽거나 너무 조용하면 당연히 문제가 될 것이다. 어떤 사람에게는 작품의 가장 시끄러운 부분과 조용한 부분 사이의 차이를 나타내는 다이내믹 범위조차 음악을 거부할 이유가 될 수 있다. 특정한 방향으로 기분을 조절하기 위해 음악을 사용하는 사람들에게는 특히 그렇다. 음악으로 마음을 차분하게 하려는 사람이나 운동을 할 때 활기찬 기분을 느끼고 싶은 사람은 아마 음량 범위가 아주 조용한 소리에서 아주 시끄러운 소리까지 크게 움직이거나 슬픈 정서에서 명랑한 정서까지 모두 등장하는 음악은 듣고 싶지 않을 것이다. 대표적인 예로 말러의 〈교향곡 5번〉을 들 수 있다. 다이내믹 범위와 함께 정서적 범위도 지나치게 넓으면 진입 장벽이 될 수 있다.

음고 역시 선호도에 관여한다. 어떤 사람들은 현대 힙합의 쿵쿵대는 저음 비트를 참지 못하고 어떤 사람들은 바이올린의 높은 소리를 낑낑댄다고 표현하며 싫어한다. 이런 현상은 일부 생리적 기능의 문제일 수 있다. 말 그대로 사람마다 귀가 달라 각기 다른 주파수 범위를 전달받기 때문에 어떤 소리는 좋게 느껴지는 반면, 일부 소리는 불쾌하게 느껴질 수 있다. 다양한 악기에 따라서도 심리적으로 긍정적, 혹은 부정적 연관성이 생길 수 있다.

리듬과 리듬 패턴은 우리가 듣는 음악 장르나 작품을 이해하는 능력에 영향을 준다. 라틴 음악에 관심을 갖는 많은 음악가들은 리듬의 복잡성에 매료된다. 겉에서 볼 때는 그저 모두 같은 '라틴' 음악처럼 들리지만 특정 박이 다른 박에 비해 강하다는 미묘한 차이를 알아차릴 수 있는 누군가에겐 흥미로운 복잡성을 담은 하나의 세계로 느껴질 것이다. 보사노바와 삼바, 룸바, 비긴, 메렝게, 탱고는 모두 각각 완벽하게 별개로 인식할 수 있는 음악 양식이다. 물론 양식을 구분할 수는 없어도 순수하게 라틴 음악과 리듬을 즐기는 사람들도 있다. 하지만 리듬이 너무 복잡하고 예측할 수 없다고 생각되면 사람들은 신경을 끊어버린다. 반대로 내가 라틴 리듬을 한두 개만 가르쳐준다면 청자들은 라틴 음악을 이해하기 시작할 것이다. 여기서 모든 문제는 도식을 보유하고 도식을 기반으로 이해할 수 있는가에 따라 달라진다. 반면에 너무 단순한 리듬이 특정 음악 양식에 대한 걸림돌이 되는 청자들도 있다. 한 예로 로큰롤에 대한 우리 부모 세대의 전형적인 불평은 시끄럽다는 점을 제쳐두더라도 모든 비트가 같다는 것이었다.

음색은 많은 사람들에게 또 하나의 장벽이 된다. 1장에서 다루었듯이 음색의 영향력이 과거에 비해 분명해지고 있다. 존 레넌이나 도널드 페이건의 노래를 처음 들었을 때 나는 믿기 어려울 만큼 이상한 목소리라고 생각했다. 나는 그들을 좋아하고 싶지 않았다. 그러나 기묘함 비슷한 무언가 때문에 나는 계속해서 노래를 듣게 됐고 결국 둘의 목소리를 아주 좋아하게 됐다. 이제 두 목소리는 익숙함을 넘어 유일하게 내가 친밀하다고 부를 수 있는 수준이 됐다. 나는 둘의 목소리가 나의 존재에 흡수된 듯한 느낌을 받는데, 뉴런 수준에서 실제로 이런 일이 발생한다. 두 가수의 목소리를 수천 시간 동안 듣고 둘의 노래를 수만 번 재생하면서 나의 뇌는 수천 가지 다른 목소리 중에서 둘의 목소리를 골라낼 수 있는 회로망을 발전시켰다. 심지어 두 가수가 내가 한 번도 들어보지 못한 노래를 불렀더라도 나는 둘의 목소리를 구별할 수 있다. 나의 뇌에는 두 목소리의 모든 미묘한 차이와 장식적인 음색이 부호화돼 있기 때문에 앨범의 데모 버전인 〈존 레넌 컬렉션〉에서처럼 새로운 버전의 연주가 나의 장기 기억의 신경 경로에 저장된 노래에서 파생된 연주라는 사실을 즉시 알아차릴 수 있다.

다른 분야의 선호도가 그렇듯 음악적인 선호도 역시 우리의 이전 경험과 경험으로 얻은 긍정적이거나 부정적인 결과에 따라 영향을 받는다. 만약 호박을 먹었을 때 배가 아팠거나 나쁜 기억이 있었다면 앞으로는 호박에 손을 대기가 망설여질 것이다. 몇 번뿐이지만 브로콜리를 접했을 때 크게 긍정적인 경험을 했다면 브로콜리 수프와 같이 한 번도 먹어보지 않은 음식일지라도 새로운 브로콜리 요리법을 기꺼이 시도해볼 것이다. 그리하여 하나의 긍정적인 경험이 새로운 긍정적인 경험을 일으키게 된다.

우리가 즐기는 다양한 소리와 리듬, 음악적인 조화는 일반적으로 우리 인생에서 음악과 함께했던 이전의 긍정적인 경험의 연장이다. 좋아하는 음약을 듣는다는 것은 여러 즐거운 감각 경험과 아주 비슷하기 때문이다. 예를 들어 갓 딴 라즈베리와 초콜릿을 먹거나, 아침에 일어나 커피 향을 맡거나, 예술 작품을 보거나, 사랑하는 누군가가 평온하게 자고 있는 얼굴을 볼 때와 같다. 우리는 감각 경험에서 즐거움을 느끼고 그 경험의 익숙함에서 편안함을 느끼며 익숙함이 가져오는 안정감을 느낀다. 나는 잘 익은 라즈베리를 보고 향을 맡은 뒤 맛있을 것이라 기대한다. 그리고 맛을 보더라도 아프지 않고 안전하리라 예상할 것이다. 그리고 로건베리를 처음 보았더라도 라즈베리와 공통점이 많다는 사실을 알아차리고 맛을 보더라도 안전하리라 기대할 것이다.

안정감은 음악을 고를 때 큰 역할을 한다. 우리는 음악을 다소 무장해제 상태로 듣는 경향이 있다. 우리는 마음과 영혼을 담아 작곡가와 음악가를 신뢰하며 음악이 우리를 자아 밖의 어딘가로 데려가도록 허락한다. 우리는 대부분 위대한 음악을 들을 때 자신의 존재보다 거대한 무언가, 혹은 다른 사람들이나 신에게 연결되는 듯한 느낌을 받는다. 음악은 우리를 초월적인 징서의 공간으로 데려가거나 우리의 기분을 변화시킨다. 이때 우리는 당연히 경계를 늦추거나 정서적인 방어막을 해제하기를 꺼릴 것이다. 그러나 작곡가와 음악가가 안정감을 준다면 상황이 달라진다. 우리는 무방비하게 이용당하지 않으리라는 확신이 필요하다.

그토록 많은 사람들이 바그너의 음악을 꺼리는 이유가 바로 여기에 있다. 일부 사람들은 바그너가 해로운 반유대주의자이며 올리버 색스의 표현에 따르면 아주 천박한 마음을 가지고 있기 때문에, 혹은 그의 음악이 나치 정권과 관련됐기 때문에 그의 음악을 들을 때 안정감을 느끼지 못한다. 바그너는 음악뿐 아니라 그의 음악을 듣는다는 '생각'만으로도 언제나 나를 몹시 불편하게 만들었다. 나는 바그너처럼 내 마음속에 추악한 사고가 생겨날까 두려워서 그렇게 불편하고 위험한, 혹은 그의 정신이 만들어낸 헤아릴 수 없이 괴로운 음악의 유혹에 빠지기가 꺼려진다. 나는 위대한 작곡가들의 음악을 들을 때 어떤 면에서 그들과 하나가 되거나 그들의 일부를 내 속으로 들이는 느낌을 받는다. 대중음악에서도 이러한 불편함을 느낄 때가 있는데 팝 음악계에도 일부 교양이 없거나 성차별주의자나 인종차별주의자이거나 혹은 셋 모두에 해당되는 사람이 분명히 있기 때문이다.

지난 40년간 음악에 대한 무방비와 무장 해제의 특성은 록과 대중음악에서 가장 흔하게 발생했다. 이러한 관점에서 그레이트풀 데드와 데이브 매슈스 밴드Dave Matthews Band, 피시Phish, 닐 영, 조니 미첼, 비틀스, R.E.M, 아니 디프랑코Ani DiFranco와 같은 대중 음악가들을 둘러싼 팬덤을 설명할 수 있다. 우리는 이런 가수들이 우리를 들어 올렸다가 내던지고 편안하게 만들었다가 고무시키면서 우리의 정서를 통제하고 심지어 정치적 사상까지 통제하도록 허락한다. 우리는 아무도 없는 거실과 침실에 그들을 들인다. 세상 누구와도 소통하지 않을 때에도 이어폰과 헤드폰을 통해 우리 귀로 곧장 초대한다.

인간이 완전히 낯선 존재에게 이토록 연약해지는 일은 흔치 않다. 우리 대부분은 마음속 생각이나 느낌을 전부 불쑥 말해버리지 않기 위한 일종의 보호막을 가지고 있다. 누군가 "잘 지내?" 하고 물으면 우리는 방금 집에서 싸움을 하고 와서 우울하거나 경미한 신체 질병을 앓고 있더라도 "잘 지내지." 하고 답한다. 언젠가 우리 할아버지는 "어떻게 지내?" 하고 물었을 때 실제 기분을 말하는 사람은 지루한 사람이라고 말하시곤 했다. 가까운 친구 사이에도 소화 불량이나 변비, 회의감처럼 그냥 숨기는 문제들이 있다. 그러나 우리는 좋아하는 음악가에게는 기꺼이 연약함을 노출하고 음악가들도 종종 우리에게 연약함을 드러낸다. 음악가들은 예술을 통해 연약함을 전달한다. 실제로도 그러한지, 아니면 단순히 예술적인 표현인지는 중요하지 않다.

예술의 힘은 우리를 다른 사람들과 연결시켜주며 살아 있다는 것이 어떤 의미인지, 사람으로 산다는 것이 어떤 의미인지에 대한 거대한 진실에 도달하게 해준다.

노인이 내 삶을 보네, 당신은 나와 많이 닮았군…
낙원에서 혼자 살다 보니 둘을 생각하게 되네

우리는 닐 영의 이 노래를 들을 때 곡을 쓴 사람의 감정을 느낀다. 나는 낙원에 살아보진 않았지만 물질적인 성공을 얻었음에도 누구와도 기쁨을 나눌 수 없는 한 남자를 동정할 수 있다. 조지 해리슨이 마가복음과 마하트마 간디의 말을 함께 인용했듯이 "세상을 얻었지만 영혼을 잃었다."고 느끼는 한 남자의 마음을 공감한다.

혹은 브루스 스프링스틴이 '백 인 유어 암스Back in Your Arms'에서 잃어버린 사랑에 대해 노래할 때 우리는 닐 영에게 그랬듯 평범한 사람의 감정을 담은 가사에 자신을 투영한다. 그리고 우리는 세계적으로 수많은 사람들의 사랑을 받고 수많은 돈을 얻었지만 원하는 한 여자의 사랑을 얻을 수 없었던 스프링스틴에게 강한 비통함을 느낀다.

이처럼 우리는 예상치 못한 장소에서 연약함을 느낄 때 예술가와 좀 더 가까워졌다고 느낀다. 그룹 토킹 헤즈Talking Heads의 데이비드 번David Byrne은 지적이며 추상적이고 예술적인 가사로 유명하다. 그는 '릴리스 오브 더 밸리Lilies of the Valley'의 솔로 공연에서 홀로 남은 두려움을 노래했다. 데이비드 번에 대해 잘 안다면, 혹은 별나게 지적이며 두려움과 같은 명백한 날것의 감정을 내보이는 일이 거의 없을 것 같은 그의 이미지를 알고 있다면 이 노래의 가사를 좀 더 잘 이해할 수 있을 것이다.

예술가와 맺는 관계, 혹은 예술가가 표현하고자 하는 이미지는 우리가 음악에 갖는 선호도의 구성 요소가 된다. 불량한 이미지를 내세운 조니 캐시Johnny Cash는 교도소에서 많은 공연을 하면서 수감자들에 대한 연민을 표현했다. 엄밀히 말해서 수감자들은 음악적인 측면보다는 조니 캐시가 상징하는 모습에 끌려 음악을 좋아하거나 좋아하게 됐을 것이다. 하지만 뉴포트 포크 페스티벌에서 밥 딜런이 겪었듯이 팬들이 영웅을 따르는 데에는 한계가 있다. 조니 캐시는 교도소를 벗어나고 싶다고 노래하면서도 청자들이 소외감을 느끼지 않게 했다. 만약 그가 자신이 가진 자유를 즐기기 위해 교도소를 방문한다고 말했다면 의심할 여지없이 연민이 자기 자랑으로 바뀌었을 것이고 수감자들은 당연히 등을 돌렸을 것이다.

선호도는 음악을 접하는 순간부터 형성되며 우리 모두는 주어진 시간 동안 음악적 안전지대에서 얼마나 멀리 나갈 수 있는지에 대한 자신만의 '모험 지수'를 가지고 있다. 그리고 일부 사람들은 음악을 포함한 인생의 모든 분야에서 남들보다 실험적인 경험에 대해 열린 마음을 가지고 있다. 인생의 수많은 시간 동안 우리는 실험을 추구하거나 회피한다. 일반적으로 우리는 지루할 때 새로운 경험을 추구한다. 인터넷 라디오를 활용한 개인 음악 방송의 대중화가 대표적인 예다. 모두가 자신만의 개인 라디오 방송국을 가질 수 있어 컴퓨터 알고리즘의 통제를 통해 이미 좋아하는 음악과 아직 모르지만 취향에 가까운 곡들을 섞어 재생하는 것이다. 이러한 기술이 어떤 형태가 되든 중요한 사실은 오래된 노래와 새로운 음악, 혹은 평소에 듣던 음악과 새로운 음악을 얼마나 섞을지를 청자들이 모험의 손잡이를 돌려 통제하리라는 점이다. 그 비율은 사람에 따라 크게 다르고 같은 사람일지라도 매 시간마다 달라질 것이다.

우리는 음악을 분석하지 않고 수동적으로 듣기만 할 때에도 음악 듣기를 통해 음악 장르와 형식에 대한 도식을 만들어낸다. 그리고 우리 문화권의 음악에서 무엇이 적합한지를 이른 나이부터 인지한다. 많은 경우, 미래에 어떤 음악을 좋아하고 싫어할지는 어린 시절 동안 들었던 음악에서 형성된 인지 도식의 유형에 따라 결정된다. 우리가 어린 시절에 듣던 음악이 반드시 남은 인생 동안의 음악 취향을 결정한다는 의미는 아니다. 서로 다른 문화와 양식의 음악을 접하고 공부하면서 익숙해지면 그 음악의 도식을 익히게 되는 경우도 많다. 인생 초기에 접한 음악들이 마음 가장 깊은 곳에 자리 잡아 이후에 음악에 대한 이해의 기초가 되기 쉽다는 것이 핵심이다.

음악 선호도에는 가수와 연주자에 대한 배경지식을 비롯해 가족, 친구들이 어떤 음악을 좋아하는지, 음악이 무엇을 표현하는지를 기반으로 하는 거대한 사회적 요소가 포함된다. 역사적으로, 특히 진화적으로 음악은 사회 활동과 연관 지을 수 있다. 다윗의 시편에서 틴 팬 앨리Tin Pan Alley의 현대 음악에 이르기까지 음악에서 가장 보편적인 표현 양식이 사랑 노래이며 대부분의 사람들이 사랑 노래를 가장 좋아하는 이유가 바로 이 때문이다.

THIS IS YOUR BRAIN
MUSIC

9장

음악 본능

진화의 최고 히트작

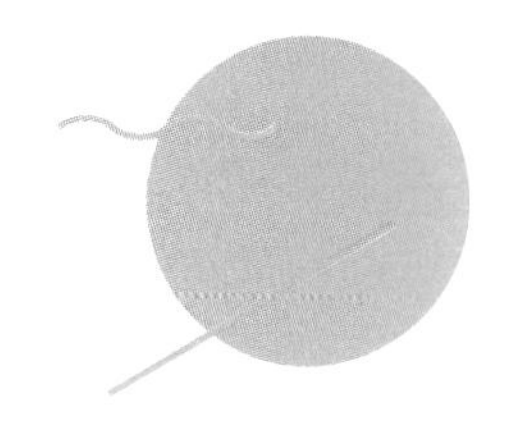

음악은 어디에서 시작됐을까? 음악의 진화적 기원에 대한 연구는 발군의 역사를 자랑한다. 그 시작은 음악이 자연선택을 통해 인간과 고대인들의 짝짓기 의식의 일부로 발전했다고 믿었던 다윈이다. 나는 이 믿음을 과학적으로 증명할 수 있다고 믿지만 동의하지 않는 과학자들도 있다. 1997년까지 수십 년간 이 주제에 대해 산발적으로 연구가 진행됐지만 인지심리학자이자 인지과학자인 스티븐 핑커가 논쟁을 제기하면서 갑작스럽게 관심이 집중됐다.

음악 지각과 인지를 최우선 연구 과제로 삼는 과학자들은 전 세계에 약 250여 명이 있다. 그리고 대부분의 학문 분야들처럼 우리도 일 년에 한 번씩 학회를 연다. 1997년에는 MIT에서 학회가 개최됐고 개회 연설자로 스티븐 핑커를 초청했다. 핑커는 인지과학의 주요 원리를 설명하고 통합한 《마음은 어떻게 작동하는가How the mind works》라는 영향력 있는 대규모 작품의 집필을 끝냈지만 아직 대중적인 관심은 받지 못한 상태였다. 기조연설에서 그는 이렇게 말했다. "언어는 명백한 진화 적응입니다. 인지심리학자와 인지과학자인 우리가 연구하는 인지 기제, 즉 기억이나 주의력, 범주화, 의사결정과 같은 기제들은 모두 확실한 진화적 목적이 있습니다." 그의 설명에 따르면 때때로 생명체는 진화적 기초가 확실하지 않은 행동이나 속성을 가진다. 이 속성은 진화의 힘이 특정한 목적을 위해 적응 특성을 전파할 때 함께 따라 발생한다. 스티븐 제이 굴드Stephen Jay Gould는 건축 용어에서 착안해 이 속성을 스팬드럴spandrel이라고 불렀다. 건축가가 네 개의 아치 위에 돔을 올릴 계획을 세웠다고 가정해보자. 이때 계획에는 없었지만 설계로 인한 부산물로 아치 사이에 반드시 공간이 발생하게 된다. 마찬가지로 새는 보온을 위해 깃털을 가지도록 진화했지만 비행이라는 다른 목적을 위해 사용하게 됐다. 이것이 바로 스팬드럴이다.

스팬드럴은 대부분 이로운 목적으로 사용되곤 하기 때문에 적응 특성인지 아닌지를 구별하기 어렵다. 건물의 아치 사이 공간 역시 예술가들이 천사와 같은 여러 장식물을 그려넣는 공간이 됐다. 건축가의 설계에서 부산물로 발생한 스팬드럴이 건물에서 가장 아름다운 부분으로 탈바꿈한 것이다. 핑커는 언어는 적응 특성이지만 음악은 스팬드럴이라고 주장했다. 또한 음악은 진화적으로 우연히 언어에 무임승차한 부산물에 불과하기 때문에 인간이 수행하는 인지 공정 중에서도 흥미가 덜한 연구 주제라고 말했다.

"음악은 청각적 치즈케이크와 같습니다." 그는 오만하게 말했다. "치즈케이크가 미각을 자극하듯이 음악 또한 우연히 쾌락을 일으키도록 우리 뇌의 가장 중요한 몇몇 부분을 자극할 뿐이에요." 인간은 치즈케이크를 좋아하도록 진화하진 않았지만 진화 과정에서 공급이 부족했던 지방과 설탕을 좋아하도록 진화했다. 다시 말해 사람은 설탕과 지방을 먹으면 특정 신경 기제로 보상 중추를 발화시키도록 진화했다. 설탕과 지방은 우리 삶에 도움이 됐지만 적은 양밖에 구할 수 없었기 때문이다.

식사와 섹스처럼 종의 생존에 중요한 대부분의 활동들도 쾌락을 일으킨다.

우리 뇌는 이러한 행동을 장려하고 보상하는 기제를 발전시켰다. 하지만 우리는 원래의 기능을 생략하고 곧바로 보상 체계에 도달하는 법을 깨닫게 됐다. 예를 들어 영양가가 없는 음식을 먹거나 피임 섹스를 하며 뇌에서 정상적인 쾌락 수용체를 자극하는 헤로인을 섭취한다. 이 모든 행동은 적응의 결과가 아니지만 변연계의 쾌락 중추에서는 그 차이를 구별하지 못한다. 핑커의 설명에 따르면 인간은 치즈케이크가 우연히 지방과 설탕을 위한 쾌락 버튼을 누른다는 사실을 발견했듯이, 음악이 단순한 쾌락 추구 행동일 뿐이며 적응 행동 중 하나인 언어 소통을 강화하도록 진화한 하나 이상의 쾌락 채널을 자극한다는 사실을 알게 됐다.

핑커는 이렇게 설교했다. "음악은 여러 면에서 언어 능력을 위한 버튼을 공유합니다. 음악은 청각 피질에 있는 버튼을 누름으로써 울먹거리거나 달콤하게 속삭이는 목소리의 정서적 신호에 반응하는 체계와, 걷거나 춤을 출 때 근육에 리듬을 주입하는 운동 조절 체계를 가동하죠."

핑커는《언어본능The Language Instinct》에서 썼던 말을 인용해 이렇게 말했다. "생물학적 인과관계로 볼 때 음악은 쓸모가 없습니다. 오래 살아남아 증손주를 보거나 세상을 정확하게 지각하고 예측하는 등의 목표를 이루기 위해 설계됐다는 흔적이 나타나지 않았어요. 언어와 시각, 사회 추론 능력, 신체 경험과 비교해서 음악이 사라지더라도 인류의 생활 양식은 실질적으로 바뀌지 않을 겁니다."

핑커처럼 훌륭하고 존경받는 과학자가 이렇게 논란이 있는 주장을 하자 과학계에서 주목했고 나를 비롯해 많은 동료들도 이제까지 의심 없이 당연하게 여겨온 음악의 진화적 기초에 대한 입장을 재조정하게 됐다. 핑커는 우리를 고민하게 만들었다. 그리고 일부 연구는 핑커의 이론이 음악의 진화적 기원을 조롱하는 유일한 가설이 아니라는 사실을 보여줬다. 우주론자인 존 배로John Barrow는 음악이 인류의 생존에 아무런 역할을 하지 않는다고 말했고 심리학자 당 스페르베르Dan Sperber는 음악을 '진화의 기생충'이라고 표현했다. 스페르베르는 인간이 인지 능력을 진화시켜 음고와 길이가 다른 복잡한 소리 패턴을 처리했는데 이 소통 능력은 언어가 없었던 원시시대에 처음 나타났다고 믿는다. 그의 의견에 따르면 음악은 진정한 소통을 위해 진화한 능력을 기생충처럼 착취하도록 발전했다. 케임브리지대학교의 이언 크로스Ian Cross는 이러한 주장을 이렇게 요약한다. "핑커와 스페르베르, 배로에게 음악은 단순히 그것이 주는 쾌락 때문에 존재한다. 그 근거는 순전히 쾌락적이다."

나는 핑커가 틀렸다고 생각하는데 근거를 통해 반박해보겠다. 우선 150년 전 다윈의 이야기로 돌아가보자. 유감스럽게도 영국의 철학자 허버트 스펜서Herbert Spencer가 전파해 우리 대부분이 학교에서 배우는 '적자생존'은 진화를 지나치게 단순화한 표현이다. 사실 진화론은 여러 가정 위에 세워졌다. 첫째, 외모와 생리적 특성, 일부 행동들과 같은 우리 표현형의 모든 속성은 유전자에 부호화돼 다음 세대로 전달된다. 유전자는 우리 몸에서 어떻게 단백질을 만들지 명령해 우리의 표현형 특성을 만들어낸다. 유전자는 유전자가 위치한 세포에 따라 다르게 행동한다. 유전자는 세포에 따라 유용하거나 유용하지 않은 특정 정보를 포함할 수 있다. 예를 들면 눈에 있는 세포에는 피부를 성장시키는 유전자가 필요하지 않다. 특정한 DNA 서열로 표현되는 우리의 유전자형은 특정한 신체적 특성으로 나타나는 표현형을 만든다. 요약하자면 유전자에는 한 종의 구성원들 간의 차이를 만들어내는 다양한 특성이 부호화되며 이 특성은 번식을 통해 전달된다.

둘째, 진화론에서는 사람들 사이에 자연적으로 유전적 변이성이 존재한다고 가정한다. 셋째, 우리가 짝짓기를 할 때 우리의 유전 물질은 새로운 존재를 만들어내기 위해 결합하며 유전 물질의 50퍼센트를 각각 부모에게 받는다. 마지막으로 때때로 자연적인 오류 때문에 실수나 돌연변이가 다음 세대로 전달될 수 있다.

현재 우리 몸속에 있는 유전자는 돌연변이화된 일부를 제외하고는 과거에 성공적으로 번식에 성공한 유전자다. 번식에 성공하지 못한 많은 유전자들은 자손을 남기지 못하고 죽어 없어지기 때문에 우리는 모두 유전적 무장 경쟁의 승리자라고 할 수 있다. 현재 살아 있는 모든 사람들은 오래도록 지속된 대규모의 유전자 경쟁에서 승리한 유전자로 구성돼 있다. '적자생존'이 지나친 일반화라고 할 수 있는 것은 숙주 생명체에게 생존의 이익을 주는 유전자가 유전 경쟁에서 승리한다는 왜곡된 관점으로 이어질 수 있기 때문이다. 그러나 오랫동안 행복하고 생산적인 삶을 살게 해주는 특성은 유전자로 전해지지 않는다. 생명체는 유전자를 전달하기 위해 번식을 한다. 진화의 가장 중요한 측면은 무슨 일이 있어도 번식에 성공해 그 자손이 똑같이 번식을 하도록 만들고, 또 그 후손이 번식할 수 있을 정도로 살아남기를 반복해야 한다는 것이다.

생명체가 번식할 만큼만 살 수 있고 그 자손들이 제대로 보호받아 번식할 수 있을 정도로 원기 왕성하기만 하다면 생명체가 그보다 오랫동안 살아야 할 진화적 이유는 사라진다. 일부 조류 종이나 거미들은 짝짓기 도중이나 이후에 죽는 이유도 이 때문이다. 자손을 보호하거나 자손을 위한 자원을 지키고 짝짓기 상대를 찾도록 돕는 일에 그 시간을 사용할 수 있지 않은 이상 짝짓기 이후의 삶은 생명체의 유전자가 생존하는 데 어떠한 이득도 주지 못한다.

즉, 유전자의 '성공'으로 이어지는 요소는 두 가지다. (1) 생명체가 성공적으로 짝짓기를 해 유전자를 전달하고, (2) 그 자손이 같은 일을 반복할 수 있도록 살아남아야 한다.

다윈은 자신의 자연선택 이론에 이와 같은 함의가 있음을 인지하고 성선택설을 제안했다. 생명체는 유전자를 전달하기 위해 번식을 해야 하기 때문에 결국 배우자를 매혹시킬 만한 특성이 유전체에 부호화돼야 한다. 잠재적인 배우자의 눈에 남성의 사각턱이나 튼실한 이두박근이 매력적인 특성이라면 이러한 특성을 가진 남자들은 좁은 턱이나 앙상한 몸을 가진 경쟁자보다 성공적으로 번식을 할 수 있을 것이다. 그로 인해 사각턱이나 큰 이두박근 유전자는 다음 세대로 많이 전파된다. 또한 생명체는 후손들이 커서 번식을 할 수 있도록 폭풍우와 포식자, 질병으로부터 보호하고 음식을 비롯한 여러 자원을 제공해야 한다. 그러므로 교미 후에 육아 행동을 촉진하는 유전자가 인류 전체에 퍼지고 육아 유전자를 가진 사람들의 후손 집단이 자원과 짝짓기 경쟁에서 앞서게 됐을 것이다.

음악이 성선택에 일조할 수 있었을까? 다윈은 그렇다고 생각했다. 그는 《인간의 유래 The Descent of Man》에서 이렇게 기술했다. "나는 인류의 남녀 조상들이 이성을 유혹하기 위해서 처음으로 악음과 리듬을 획득했을 것이라고 판단한다. 그러므로 악음은 동물이 느낄 수 있는 가장 강한 열정과 굳게 연결됐으며 그 결과 본능적으로 사용됐다." 배우자를 구할 때 의식적으로든 무의식적으로든 우리의 선천적인 욕구는 생물학적으로, 성적으로 건강하며 건강할 확률이 높은 아이를 낳게 해줄 사람, 배우자를 유혹할 만한 사람을 찾는다. 음악은 배우자를 유혹하는 목적으로 사용돼 생물학적, 성적 적격성을 나타냈을지 모른다.

다윈은 음악이 공작새의 꼬리처럼 구애의 수단으로서 언어보다 앞섰을 것이라 믿었다. 또한 성선택 이론을 통해 스스로를, 그리고 자신의 유전자를 매력적으로 만드는 목적 외에는 다른 직접적인 생존 이익을 제공하지 않는 특성이 발현될 수 있다고 생각했다. 인지심리학자인 제프리 밀러는 이러한 개념을 음악이 현대 사회에서 맡은 역할과 연관 지어 지미 헨드릭스에 대해 이렇게 적었다. "그는 수백 명의 열성팬과 성적인 관계를 맺었고 동시에 최소 2명의 여성과 긴 연애를 유지했으며 미국과 독일, 스웨덴에 적어도 3명의 아이를 두었다. 피임이 없었던 옛날과 같은 상황이었다면 더 많은 아이를 두었을 것이다."

레드 제플린의 리드 싱어인 로버트 플랜트Robert Plant는 1970년대 대형 순회공연을 이렇게 회상했다. "사랑을 나눴지. 항상. 어느 곳에 가든 아주 환상적인 성적 만남을 가졌어."

록 스타들과 성적 만남을 가진 여성의 수는 평범한 남성과 만남을 가진 경우보다 수백 배가 많으며 믹 재거Mick Jagger와 같은 정상급 록 스타에게는 외모조차 문제가 되지 않았다.

구애 기간 동안 동물들은 종종 최고의 배우자를 유혹하기 위해 자신의 유전자와 신체, 정신의 특성을 광고한다. 화술이나 음악 활동, 예술적 능력, 재치와 같이 인간에 특화된 많은 행동들은 주로 구애 기간 동안 지적 능력을 자랑하기 위해 진화했을 것이다. 밀러는 우리의 진화 역사의 상당 부분에서 음악과 춤은 긴밀하게 뒤얽힌 조건을 형성했으며 그 조건 아래 음악적 능력과 춤 실력이 두 가지 측면에서 성적 적격성을 보여주는 신호로 작용해왔다고 주장한다. 첫째, 노래하고 춤을 출 수 있는 사람은 누구든 전체적으로 건강한 신체와 정신을 가졌으며 체력이 좋다는 사실을 잠재적 배우자에게 광고할 수 있다. 둘째, 음악이나 춤 분야에서 전문가가 되거나 성과를 이룬 사람은 귀중한 시간을 순전히 쓸데없는 기술을 갈고닦는 데 낭비할 만큼 충분한 음식과 튼튼한 쉴 곳을 가지고 있다는 사실을 광고할 수 있다. 공작새의 아름다운 꼬리도 마찬가지다. 공작새의 꼬리 크기는 새의 나이와 건강, 전체적인 적격성과 관련된다. 알록달록한 꼬리는 공작새가 아주 건강해서 신진대사를 낭비할 여력이 있으며 순전히 과시와 미학적 목적에 추가로 자원을 투자할 만큼 자원적인 면에서 부유하다는 신호다.

현대 사회에서는 공들여 집을 짓거나 수십만 달러짜리 차를 타는 부자들의 모습에서 이런 특성을 확인할 수 있다. 성선택이 뜻하는 바는 확실하다. "나를 선택해줘. 나는 이런 사치품에 낭비할 정도로 음식과 자원을 아주 많이 가지고 있지." 미국에서 빈곤 계층에 가까운 많은 남자들이 낡은 캐딜락이나 링컨과 같이 무의식중에 소유자의 성적 적격성을 보여주는 실용성 없는 상류층의 차를 구매하는 현상도 단순한 우연이 아니다. 허세의 기원이나 남자들이 화려한 장신구를 착용하는 경향성에서도 이를 확인할 수 있다. 성적으로 가장 왕성한 청소년기가 되면 장신구와 자동차에 대한 남성들의 동경과 구매성향이 절정에 이른다는 사실 역시 이 이론을 뒷받침한다. 음악은 다수의 신체적, 정신적 기술과 관련 있기 때문에 공개적으로 건강함을 과시하는 수단이며 누군가 음악성을 개발할 시간이 있다는 사실은 그만큼 자원이 풍부하다는 뜻이다.

현대 사회에서는 음악에 대한 관심이 사춘기에 절정을 이룬다. 이 역시 음악의 성선택 가설에 대한 근거가 된다. 음악성과 선호도를 개발하는 데 쓸 시간은 40대 성인들이 더 많음에도 불구하도 19세 청소년들이 훨씬 더 많이 밴드를 만들고 새로운 음악을 닥치는 대로 듣는다. 밀러는 이와 관련해 이렇게 주장한다. "음악은 구애 과시를 위해 진화했고 지금도 여성을 유혹하기 위해 주로 어린 남성들이 널리 자신을 알리는 방식으로 같은 기능을 활용하고 있다."

음악을 성적 적격성을 과시하는 용도로 생각하는 발상은 일부 수렵 채집 사회에서 취해온 사냥 방식을 생각해보면 현실성을 반영한다. 일부 원시인들은 사냥을 나가면 창이나 돌과 같은 발사 무기를 사냥감에게 던지고 부상을 입어 기력을 소진해 쓰러질 때까지 인내심에 의존해 몇 시간씩 사냥감을 쫓았다. 과거 수렵 채집 사회의 춤이 현대 수렵 사회의 춤과 비슷하다면 당시의 춤은 보통 몇 시간 동안 지속되는 엄청난 유산소 운동이었을 것이다. 그러므로 현대의 부족 춤과 같이 사냥에 참여하고 주도하는 남성의 적격성을 과시하게 해주는 훌륭한 표식이 됐을 것이다. 대부분의 부족 춤은 발을 높이 올리고 쿵쿵 구르며 몸에서 가장 크고 에너지를 가장 많이 소비하는 근육을 사용해 높이뛰기를 반복한다. 최근에는 조현병과 파킨슨병과 같은 많은 정신 질병에 걸리면 춤을 추거나 리듬에 맞춰 움직이는 능력이 약화된다는 사실이 알려졌다. 대부분의 음악이 가진 특성처럼 일종의 리듬을 쓰는 춤과 음악은 모든 연령대에서 신체적, 정신적인 적격성뿐만 아니라 믿음직함과 성실성까지도 보장한다. 7장에서 살펴봤듯이 전문 능력을 발휘하려면 일종의 정신력이 필요하기 때문이다.

혹은 진화적으로 창조성을 일반적인 성적 적격성의 표식으로 선택했을 가능성이 있다. 음악과 춤이 결합된 공연에서 나타나는 즉흥성과 참신함은 무용수의 인지 유연성을 보여주며 사냥 중에 주도면밀하게 전략을 세울 수 있는 잠재력을 보여주는 신호다. 남성 구혼자의 물질적 부유함은 오랫동안 여성에게 가장 강렬한 유혹 요인으로 간주됐다. 부유함이 자손들에게 충분한 음식과 쉴 곳, 보호를 제공할 가능성을 높여준다고 추정했기 때문이다. 부자들은 공동체의 다른 구성원에게 음식이나 돈, 보석 같은 가치를 지불하고 그 대가로 보호를 받을 수 있었다. 부유함이 짝짓기에서 중요한 요소라면 음악은 상대적으로 중요하지 않아 보일지 모른다. 하지만 밀러와 그의 동료인 UCLA의 마티 해슬턴Martie Haselton은 적어도 인간 여성의 경우에는 창의성이 부유함을 이긴다는 사실을 확인했다. 그들의 가설에 따르면 자녀 양육에 있어서 누가 좋은 아빠가 될 것인지를 부유함으로 예측할 수 있다면 창의성은 아이의 아버지로서 누가 좋은 유전자를 제공할지를 예측할 수 있게 해준다.

과학자들은 다양한 평균 월경 주기를 가진 여성들을 대상으로 한 영리한 실험으로 이 가설을 확인했다. 실험자들은 생식 기능이 가장 좋은 시기의 여성들과 좋지 않은 시기의 여성들, 중간인 여성들에게 가상의 남성을 묘사한 자료를 보여주고 잠재적 배우자로 느끼는 매력도를 조사했다. 자료에는 풍부한 창조 능력을 가졌지만 운이 나빠 가난해진 예술가와, 반대로 평범한 창조 능력을 지녔지만 운이 좋아 부유해진 예술가가 있었다. 모든 자료에서 각 남성의 재정 상태는 선천적이지 않고 외인적이며 주로 우연에 의한 결과로 설정됐다. 반면, 창조 능력은 특성과 자질의 결과로 내인성이며 유전적, 선천적인 특성으로 분명하게 설계됐다.

실험 결과, 생식 기능이 최대일 때 여성들은 부유하지만 창조 능력이 없는 남성보다 가난하지만 창조 능력이 있는 예술가를 단기 배우자, 혹은 짧은 성적 만남의 대상으로 선호했다. 다른 월경 주기를 가진 여성들은 이러한 선호도를 보이지 않았다. 여기서 유념할 사항은 선호도가 의식적으로 통제하기 쉽지 않을 정도로 상당 부분 내재된 요소라는 것이다. 현재 여성들이 거의 완벽하게 피임을 해 임신을 피할 수 있다는 점은 우리 인류의 내적인 선호도에 어떠한 영향을 주기에는 너무 이른 개념이다. 남성이나 여성에게 가장 훌륭한 보호자가 될 자질이 있다고 해서 반드시 잠재적 자손에게 가장 좋은 유전자를 제공하지는 않는다. 사람들이 언제나 성적으로 가장 매력적인 사람하고만 결혼하지는 않으며 남녀의 50퍼센트는 외도를 한다고 보고된다. 마찬가지로 록 스타나 운동선수와 결혼하고 싶어 하기보다는 잠자리를 원하는 여성이 훨씬 많다. 즉, 생물학적 측면에서 좋은 아버지라고 해서 모두 자녀 양육에 뛰어나지는 않을 수 있다. 최근 유럽의 연구 결과에서 아빠가 아이를 자기 핏줄이라고 잘못 알고 키우고 있다고 답변한 엄마들이 10퍼센트로 나온 이유도 여기에 있다. 이처럼 오늘날 번식은 성관계의 동기라고 할 수 없다. 그러나 사회문화적으로 유발된 성적 대상에 대한 취향을 선천, 진화적으로 유발된 배우자에 대한 선호도와 따로 떼어놓기란 쉽지 않다.

오하이오 주립대학교의 음악인지학자인 데이비드 휴런David Huron은 음악 활동을 선보이는 사람과 그렇지 않은 사람이 어떤 이점을 만들 수 있는지를 진화적 기초에 대한 주요 질문으로 삼았다. 청각적 치즈케이크 이론에서처럼 음악이 적응이 아닌 쾌락 추구 행동이라면 아주 긴 진화의 시간 동안 지속되지는 못했을 것이라 예상할 수 있다. 휴런은 이와 관련해 이렇게 기술했다. "헤로인 사용자는 자신의 건강을 등한시하는 경향이 있기 때문에 높은 사망률로 이어진다고 알려져 있다. 게다가 이들은 자신의 자손들도 등한시해 나쁜 부모가 되기 쉽다." 자신의 건강과 아이의 건강을 등한시하는 행동은 미래 세대로 자신의 유전자를 전달할 가능성을 확실하게 감소시킨다. 그러므로 만약 음악이 적응 행동이 아니라면 음악을 사랑하는 사람들에게 어떤 진화적, 혹은 생존의 불이익이 있어야 한다. 그리고 음악은 아주 오랫동안 존재하지 않았어야 한다. 적응적 가치가 낮은 모든 활동은 인류의 역사에서 지속적으로 수행되거나 대부분의 개인 시간과 에너지를 잡아먹을 가능성이 낮다.

이처럼 지금까지의 모든 증거는 음악이 단순히 청각적 치즈케이크가 아니라고 말한다. 그만큼 음악은 인류에게 아주 오랜 기간 동안 존재해왔기 때문이다. 과학자들이 발견한 가장 오래된 유물 중에도 악기가 있다. 대표적인 예가 지금은 멸종된 유럽 곰의 대퇴골로 만든 뼈 피리인데, 5만여 년 전 슬로베니아 지역에서 쓰였던 것으로 보인다. 음악은 인간의 역사에서 농업보다 앞서 발달했다. 보수적으로 말해서 언어가 음악보다 앞선다는 구체적인 증거가 있다고 보기는 어렵다. 실제로 물리적인 증거들을 보더라도 그렇지 않다는 사실을 알 수 있다. 피리가 최초의 악기일 가능성은 낮기 때문에 음악이 5만 년 된 뼈 피리보다 오래 존재해왔으리라는 점은 명백하다. 피리보다는 드럼이나 셰이커, 방울과 같은 다양한 타악기들이 수천 년 앞서 사용됐을 가능성이 높다. 우리는 현대 수렵 채집 사회와 유럽의 침략 기록에서 발견된 토착 미국 문화를 통해 이 사실을 확인할 수 있다. 고고학 기록을 보면 인간이 존재하는 모든 장소와 모든 시대에서 음악이 끊임없이 등장했음을 확인할 수 있다. 물론 노래 역시 피리보다 앞서 탄생했을 가능성이 높다.

진화생물학의 원리를 다시 간추리자면 '인간이 번식할 수 있을 정도로 오래 살게 만들어주는 유전 돌연변이는 적응 특성이 된다.' 최대한 추정했을 때 어떤 특성이 인간 유전체에 적응 형태로 나타나려면 최소 5만여 년이 필요하다. 바로 진화적 지연 때문이다. 진화적 지연은 적응 특성이 개체의 일부에서 처음 나타난 후로 인구 전체에 널리 퍼질 때까지 걸리는 시간이다. 행동유전학자들과 진화심리학자들은 우리의 행동이나 겉모습에 대한 진화적 근거를 찾을 때 문제가 되는 적응 특성으로 인해 어떤 진화적 문제가 나타나는지를 고려한다. 하지만 문제가 되는 적응 형태는 진화적 지연 때문에 현재가 아니라 적어도 5만여 년 전의 환경에 대한 반응일 가능성이 높다. 우리의 수렵 채집 조상들은 이 책을 읽는 모든 사람들과는 아주 다른 생활 양식을 가졌으며 우선시하는 요소나 받았던 압력도 달랐다. 다시 말해 암과 심장 질병, 어쩌면 높은 이혼율까지 포함해 우리가 현재 마주하는 많은 문제들은 우리 몸과 뇌가 5만여 년 전의 삶에 대한 반응으로 설계된 결과로 발생했을지 모른다. 몇천 년의 차이는 있겠지만 지금으로부터 5만여 년 후인 5만 2000년이 되면 우리 인간 종은 포화 상태의 도시와 공기, 수질 오염, 비디오 게임, 폴리에스테르, 글레이즈드 도넛, 전 세계적인 자원 분배에서 발생한 엄청난 불균형이라는 현재 삶의 방식에 맞게 마침내 진화할 수 있을 것이다. 우리는 사생활 침해를 느끼지 않고 비좁은 장소에서도 살 수 있는 심리 기제와 일산화탄소와 방사능 쓰레기, 정제 설탕을 처리할 수 있는 생리적 기제를 발전시키고 지금은 쓸모없는 자원을 사용할 수 있는 방법을 깨우치게 될지도 모른다.

이런 이유로 음악의 진화적 기초라는 주제에서 브리트니나 바흐의 음악은 도움이 되지 않는다. 우리는 5만여 년 전에 음악이 어떤 형태였는지를 생각해야 한다. 고고학 유적지에서 복원한 악기들은 우리 조상들이 음악을 어떻게 만들었고 어떤 종류의 선율을 들었는지 이해할 수 있게 도와준다. 그리고 동굴 벽화와 도자기의 그림을 비롯해 그림을 이용한 공예품은 일상생활에서 음악이 어떤 역할을 했을지 말해준다. 우리는 문명으로부터 고립된 현대 사회, 즉 수천 년간 변하지 않고 유지된 수렵 채집 생활 방식으로 살아가는 집단을 통해서도 음악을 연구할 수 있다.

음악이 적응 특성이라는 의견에 반대하는 사람들은 음악을 오로지 육체에서 분리된 소리이며 더 나아가 전문가 수준에서 청중을 위해 연주하는 소리라고 생각한다. 하지만 음악이 관객을 위한 활동이 된 지는 5백여 년밖에 되지 않았다. '전문가' 계층이 관중의 감상을 위해 연주하는 음악 콘서트와 같은 방식은 인류의 역사에서 상당 시간이 흐를 동안 존재하지 않았다. 악음과 인간의 움직임 사이의 유대관계가 이렇게 축소된 지도 백여 년밖에 되지 않았다. 인류학자 존 블래킹John Blacking이 기술한 바에 따르면 시간과 문화를 넘어서는 음악의 특성으로 음악은 인간에게 내재화돼 있으며 동작과 소리는 불가분 관계다. 제임스 브라운James Brown의 콘서트에서처럼 교향곡 콘서트에서 청중들이 의자를 박차고 나와 박수를 치고 함성과 고함을 지르며 춤을 춘다면 우리는 대부분 충격을 받을 것이다. 하지만 제임스 브라운 콘서트를 찾은 청중의 반응은 분명 음악의 실제 본질과 아주 가깝다. 클래식 음악의 전통상, 음악이 의미하는 정서를 마음속으로 느끼고 육체적으로 표출해서는 안 된다는 이유로 음악에 대한 청중의 반응은 완전히 지적인 경험으로 변했다. 그러나 이러한 예의 바른 반응은 우리의 진화 역사와 모순된다. 아이들은 종종 우리의 본성에 가까운 반응을 보인다. 클래식 음악 콘서트에서조차 보통 느끼는 대로 몸을 흔들고 소리를 지르며 참여한다. 아이들이 '문명인답게' 행동하길 바란다면 교육을 해야 한다.

어떤 행동이나 특성이 종의 구성원들에게 널리 퍼졌을 때 우리는 적응인지 스팬드럴인지와 관계없이 이러한 특성들이 유전체에 부호화됐다고 본다. 블래킹은 아프리카 사회에서 음악을 만드는 능력이 보편적이라는 사실을 통해 "음악 능력은 드문 재능이 아니라 인간 종의 일반적인 특징"이라고 주장했다. 더욱이 크로스는 "음악적 능력을 오로지 생산 능력 측면에서만 정의할 수는 없다."고 기술했다. 사실상 우리 사회의 모든 구성원은 음악을 듣고 이해할 수 있는 능력을 가지고 있기 때문이다.

음악의 보편성과 역사, 구조는 차치하더라도 음악이 어떻게, 왜 선택됐는지는 반드시 이해하고 넘어가야 한다. 최근 밀러를 비롯한 학자들은 다윈이 제안한 성선택 가설을 발전시켰다. 이에 따라 추가적인 가능성이 제기되고 있다. 그중 하나는 바로 사회적 유대감과 응집력이다. 공동의 음악 제작을 통해 인간은 사회적 응집력을 강화한다. 인간은 사회적 동물이다. 음악은 역사적으로 집단의 동시성과 일체감을 촉진해왔으며 교대 행동과 같은 다른 사회적 행위에 대한 훈련 역할을 했을 것이다. 고대에 모닥불 주위에서 노래를 하는 행위는 밤을 새우며 포식자를 몰아내고 사회의 조직력과 집단 내에서 사회적 조직력을 발달시키는 역할을 했을 것이다. 인간이 사회적 작업을 하려면 사회적 연결성이 필요한데 음악이 그중 하나가 됐을 것으로 보인다.

나는 우르술라 벨루지와 함께 윌리엄스 증후군과 자폐 스펙스럼 장애와 같은 정신 질환 환자를 연구했고 음악이 주는 사회적 유대감에 대한 흥미로운 기초 증거를 확인할 수 있었다. 6장에서 살펴봤듯이 윌리엄스 증후군은 유전 질환이며 비정상적인 뉴런 발달과 인지 발달로 인한 지적 장애를 일으킨다. 그러나 이 환자들은 전체적으로 정신 장애가 있음에도 음악에 특별한 능력을 가졌고 아주 사회적이다.

자폐 스펙트럼 장애 환자들 역시 대부분 지적 장애가 있지만 반대 증상을 보인다. 이 질병에 유전적 원인이 있는지에 대해서는 논란으로 남아 있다. 자폐 스펙트럼 장애의 표식은 타인에게 공감하는 능력과 정서나 정서적 대화, 특히 타인의 정서를 이해하는 능력이 떨어진다는 점이다. 이 환자들도 분명 로봇이 아니기 때문에 화를 내거나 속상함을 느낄 수 있다. 하지만 다른 사람들의 정서를 '읽는' 능력은 상당히 손상돼 있다. 이로 인해 보통 예술이나 음악의 미학적 특성을 표현하는 능력이 상당히 떨어진다. 일부 환자들이 음악을 연주하고 높은 기술적 숙련도에 도달하기도 하지만 음악에 의해 정서적으로 감동을 받지는 못한다고 보고된다. 오히려 앞선 일화적인 증거들에 따르면 환자들은 주로 음악의 '구조'에 매료되는 것으로 보인다. 자폐증을 앓고 있는 템플 그랜딘Temple Grandin 교수는 음악이 '아름답다'고 생각하지만 일반적으로는 매력을 느끼지 못하거나 사람들이 음악에 왜 그렇게 반응하는지 이해하지 못한다고 기록했다.

윌리엄스 증후군과 자폐 스펙트럼 장애는 서로 상보적인 질병이다. 한쪽의 환자들은 아주 사교적이고 사회적이며 굉장히 음악적인 사람들이다. 반대편은 사회성이 떨어지고 그다지 음악적이지 않다. 음악과 사회적 유대가 연결돼 있다는 추정은 이와 같은 상보적 질병 사례로 명확히 할 수 있다. 신경과학자들은 이를 이중 해리라고 부른다. 이 주장에 따르면 외향성과 음악성에 모두 영향을 주는 유전자 집단이 존재할 것이다. 그리고 이 주장이 사실이라면 우리는 윌리엄스 증후군과 자폐 스펙트럼 장애에서처럼 한 능력값이 변할 때 다른 능력에도 함께 변화가 발생할 것이라 예상할 수 있다.

그리고 우리의 예상대로 두 질병에 걸린 환자의 뇌에서는 상보적인 장애가 발견된다. 앨런 라이스는 윌리엄스 증후군 환자의 소뇌에서 가장 나중에 발달한 신소뇌가 평균보다 크고 자폐 스펙트럼 장애 환자의 경우에는 작다는 사실을 밝혔다. 우리는 이미 음악 인지에서 소뇌가 중요한 역할을 하고 있다는 사실을 알고 있기 때문에 이와 같은 현상은 놀랍지 않다. 아직 밝혀지지 않은 유전적 장애 중 일부는 직간접적으로 윌리엄스 증후군의 뉴런 기형을 일으키며 자폐 스펙트럼 장애에서도 동일할 것이라 추정된다. 이 때문에 한쪽에서 음악적 활동이 비정상적으로 발달하는 반면 다른 쪽에서는 감소한다.

유전자는 복잡하고 상호적인 특성을 가지고 있기 때문에 음악성과 사회성에 관련된 유전 인자가 소뇌 외에도 분명 존재할 것이다. 유전학자 줄리 코렌

버그Julie Korenberg는 내향성과 대비되는 외향성과 관련된 유전자 집단이 존재하며 윌리엄스 증후군 환자들은 우리들이 가지고 있는 정상적인 억제 유전자가 부족해 제약 없이 음악 행동을 할 수 있게 된다고 추측했다. CBS 뉴스의 〈60분〉에서 십 년 이상 쌓인 비공식 보고와 올리버 색스가 내레이션을 맡은 윌리엄스 증후군에 관한 영화, 다수의 신문 기사에서 볼 수 있듯 윌리엄스 증후군 환자들은 일반적인 사람들보다 훨씬 음악에 몰입한다. 우리 실험실에서도 이러한 관점을 뒷받침하는 신경적 근거를 확인했다. 우리는 음악을 듣는 동안 뇌를 스캔해 윌리엄스 증후군 환자들이 평범한 사람들보다 방대한 범위의 뉴런 구조를 사용한다는 사실을 발견했다. 뇌의 정서 중추인 편도체와 소뇌 역시 '정상인'에 비해 상당히 강하게 활성화됐다. 어느 곳을 살펴보더라도 강하고 넓은 뉴런 활성화가 발견됐으며 뇌가 웅얼거리는 듯 보였다.

인간과 원시인들의 진화에서 음악이 우선시됐다는 발상과 관련된 세 번째 주장은 음악이 인지 발달을 촉진해주기 때문에 진화했다는 것이다. 원시 조상들이 현대인과 같은 인간이 되기 위해서는 음성을 이용한 소통과 인지구상에 따른 유연성이 필요했으며 음악은 이 능력들을 준비할 수 있도록 도와주는 활동이었을지 모른다. 노래를 하고 악기를 연주하는 행위는 인간이 운동 기능을 개선하고 음성 언어와 몸짓 언어에 필요한 근육 조절을 정교하게 발달시키는 데 도움이 됐을 것이다. 트레헙은 발달 중인 유아들이 복합적인 음악 활동의 도움으로 앞으로의 정신생활을 준비한다고 주장했다. 음악은 언어의 여러 특성을 공유하기 때문에 독립된 맥락에서 언어 지각을 '훈련'하는 방법이 될 수 있다. 누구도 외워서 언어를 배우지는 않는다. 아기들은 지금까지 들었던 모든 단어와 문장을 단순히 외우지 않는다. 새로운 언어를 지각하고 만들어낼 때 학습한 규칙을 적용한다. 이에 대한 근거에는 경험적인 근거와 논리적 근거가 있다. 경험적 근거는 언어학자들이 '과대 확장'이라고 부르는 개념에서 찾을 수 있다. 이 개념에 따르면 아이들은 학습한 언어의 규칙을 단순히 논리적으로만 적용하기 때문에 틀리곤 한다. 영어의 불규칙 동사 변화와 복수형에서 이 현상을 분명하게 확인할 수 있다. 발달하는 뇌에서 최우선 사항은 새로운 신경 연결을 만들고, 사용하지 않거나 정확하지 않은 오래된 연결을 가지치기하는 일이다. 그리고 뇌는 가능한 규칙을 예시화해 이 임무를 수행하려 한다. 아이들이 '가다(go)'라는 단어의 과거형을 쓸 때 'went' 대신 'goed'라고 말하는 이유가 바로 여기에 있다. 아이들은 대부분의 영어 단어 과거형에 'play/played'나 'talk/talked', 'touch/touched'와 같이 '~ed'를 붙인다는 논리적인 규칙을 적용한다. 이 규칙을 그럴듯하게 적용하면 'buyed'나 'swimmed', 'eated'와 같은 과대 확장으로 이어진다. 사실 똑똑한 아이들의 경우 보다 정교한 규칙 생성 체계를 가지고 있기 때문에 이런 실수를 발달상 이른 시기에 더 자주 일으킬 확률이 높다. 수많은 아이들을 비롯해 소수의 어른들까지도 이러한 언어적 오류를 만들어낸다는 사실은 아이들이 단순히 듣는 언어를 흉내 내지 않고 뇌에서 언어에 대한 이론과 규칙을 발전시켜 적용한다는 근거가 된다.

아이들이 언어를 단순히 외우지 않는다는 주장에 대한 두 번째 근거는 논리적 근거다. 우리는 모두 들어보지 못한 문장을 말할 수 있다. 즉, 우리는 이전에는 표현해보거나 들어보지 못한 사고와 발상을 무한한 수의 문장으로 표현할 수 있다. 한마디로 언어는 발생적이다. 아이들은 모국어를 능숙하게 구사하기 위해 고유한 문장을 만들어낼 수 있는 문법을 배워야 한다. 작은 예로 인간이 언어로 얼마나 많은 문장을 만들 수 있는지를 보여주기 위해 나는 어떤 문장에라도 '~하지 않는 것 같다'는 말을 붙일 수 있고 이를 통해 새로운 문장을 만들어낼 수 있다. '나는 맥주를 좋아한다'는 문장은 '나는 맥주를 좋아하지 않는 것 같다'가 된다. '메리는 맥주를 좋아한다고 말했다'는 문장은 '메리가 맥주를 좋아한다고 말하지 않은 것 같다'가 된다. 심지어 이 문장조차 '메리가 맥주를 좋아한다고 말하지 않은 것 같지 않다'가 될 수 있다. 어색한 문장이긴 하지만 새로운 생각을 표현할 수 있다는 점에는 변함이 없다. 이처럼 언어는 발생적이기 때문에 아이들은 언어를 기계적으로 학습할 수 없다. 음악 역시 발생적이다. 다시 말해 나는 어떤 악구를 듣더라도 악구의 앞과 끝, 중간에 음을 하나 추가해 새로운 악구를 만들 수 있다.

레다 코스미데스와 존 투비는 음악이 발달하는 아이들의 마음을 준비시켜 수많은 복잡한 인지와 사회활동을 할 수 있도록 도와주며 언어와 사회적 상호 작용에 필요한 준비를 하도록 뇌를 훈련시킨다고 주장했다. 음악은 지시 대상이 없기 때문에 공격적이지 않은 방식으로 기분과 감정을 표현할 수 있는 안전한 상징 체계로 작용한다. 유아들은 음악을 접하는 과정 속에서 언어를 배울 준비를 한다. 또한 발달 중인 뇌가 아직 발성을 처리할 준비가 되지 않았을 때에도 음악을 통해 언어적 운율을 위한 기초를 닦는다. 발달 중인 뇌에게 음악은 놀이의 형태로 탐구 능력을 육성하는 고차원의 통합 처리 훈련이다. 아이들은 옹알이를 통해 발생적인 언어 발달 과정을 준비하며 궁극적으로는 더욱 복잡한 언어와 유사 언어를 만들어낼 수 있게 된다.

음악과 관련된 엄마와 유아의 상호 작용에는 거의 항상 흔들거나 토닥이는 리듬 동작과 노래가 들어간다. 그리고 이 특징은 모든 문화에 보편적으로 나타난다. 7장에서 살펴봤듯이 생후 6개월 무렵까지 유아의 뇌는 단일한 지각 표상으로 혼합된 시각과 청각, 촉각이라는 감각의 출처를 명확히 구별하지 못한다. 청각 피질과 감각 피질, 시각 피질이 되는 뇌의 영역이 기능적으로 분화되지 않았기 때문에 다양한 감각 수용체에서 들어온 감각은 이후에 가지치기가 일어나기 전까지는 뇌의 여러 다양한 부분에 연결될 수 있다. 사이먼 배런-코언Simon Baron-Cohen이 설명한 바와 같이 이 모든 감각의 혼선 속에서 유아는 마약 없이도 완전한 환각 상태 속에서 살아간다.

이언 크로스는 시간과 문화의 영향으로 현재 음악의 모습이 5만 년 전과 어쩔 수 없이 다르다는 사실을 명확히 인지하면서 어떤 모습일 것이라 예상해서도 안 된다고 말했다. 그러나 고대 음악의 특징을 고려하면 어째서 그토록 많은 사람들이 리듬을 듣고 나서 말 그대로 몸을 움직이는지를 알 수 있다. 우리의 먼 조상들의 음악이 지극히 리듬적이었다는 사실은 거의 모든 증거를 통해 확인할 수 있다. 리듬은 우리 몸을 움직이고 조성과 선율은 우리 뇌를 움직인다. 리듬과 선율이 함께 뇌로 들어오면 운동을 조절하는 원시적이고 작은 우리의 소뇌에서 고도로 진화한 인간다운 대뇌 피질로 다리가 이어진다. 라벨의 〈볼레로〉와 찰리 파커Charlie Parker의 '코코Koko', 롤링스톤스의 '홍키통크 위민'은 이렇게 시간과 선율 공간을 절묘하게 조합해 은유적으로, 신체적으로 동시에 우리에게 영감을 주고 우리 몸을 움직인다. 록과 메탈, 힙합 음악이 지난 20년 전부터 세계에서 가장 대중적인 음악 장르가 될 수 있었던 이유 또한 여기에 있다.

컬럼비아 레코드사의 인재 발굴 대표인 미치 밀러Mitch Miller은 1960년대 후반에 로큰롤 음악이 곧 사라질 유행이라는 유명한 발언을 던졌다. 그러나 2007년인 현재도 로큰롤의 인기는 식지 않았다. 반면 1575부터 1950년까지 몬테베르디와 바흐, 스트라빈스키, 라흐마니노프 등이 작곡한 음악, 즉 우리 대부분이 클래식이라고 생각하는 음악은 이제 두 갈래로 분리되고 있다.

우선 현재 존 윌리엄스John Williams나 제리 골드스미스Jerry Goldsmith와 같은 작곡가들이 일부 훌륭한 클래식 양식의 음악을 영화 주제곡으로 작곡하고 있지만 안타깝게도 콘서트 장에서처럼 직접 듣기 위해서 만드는 경우는 아주 드물다.

두 번째 갈래로는 음악 학교에서 현대 작곡가들이 작곡하는 20세기 예술음악이 있다. 현재로서는 21세기 음악이라고 불러야 할지도 모르겠다. 이 곡들은 조성의 경계를 넘나들거나 대부분 조성이 없어 평범한 사람들이 받아들이기에 어렵고 도전적이다. 필립 글래스Philip Glass와 존 케이지, 그리고 그들보다 더 최근에 등장하고 덜 알려진 작곡가들의 작품은 사람들의 관심을 끌었지만 작품의 접근성이 다소 떨어지고 교향악단에서 거의 연주되지 않는다. 에런 코플랜드Aaron Copland와 번스타인이 곡을 썼을 때만 해도 오케스트라는 그들의 작품을 연주했고 대중들도 함께 즐겼다. 그러나 지난 40년간 이런 경향이 점점 줄어드는 듯 보인다.

현대 '클래식' 음악은 주로 대학교의 연습 용도다. 유감스럽게도 대중음악과 비교하면 거의 아무도 듣지 않는다고 할 수 있다. 클래식 음악은 대부분 화성과 선율, 리듬을 식별할 수 없도록 해체해서 연주한다. 접근하기 어려운 형태 때문에 클래식 음악은 순전히 지적 활동이 됐으며 이따금 전위 예술의 발레와 함께 등장할 때를 제외하고 누구도 춤추지 않는 음악이 됐다. 나는 이 사실에 안타까움을 느낀다. 클래식의 두 갈래에서 작곡된 음악 중에서도 뛰어난 음악이 정말로 많기 때문이다. 영화음악의 청자들은 많지만 주로 음악에 귀를 기울이지 않는다. 현대 예술 작곡가의 음악에 관심을 가지는 청자들이 점점 줄어들면서 작곡가와 그 작품을 연주하는 음악가들 역시 작품을 공유할 기회를 함께 잃고 있다. 결국 이로 인해 청자들이 새로운 클래식 '예술' 음악을 즐길 수 있는 능력이 점점 줄어드는 악순환이 만들어졌다. 앞서 살펴봤듯이 음악은 반복을 기반으로 하기 때문이다.

음악이 적응 특성이라는 네 번째 근거는 다른 동물 종에서 확인할 수 있다. 다른 동물들이 비슷한 목적으로 음악을 활용하는 모습을 볼 수 있다면 강력한 진화적 근거가 될 것이다. 하지만 동물의 행동을 사람에 빗대서 인간의 문화 관점에서만 해석하지 않도록 특히 조심해야 한다. 우리에게 음악이나 노래로 들리는 소리가 다른 동물들에게는 우리와 아주 다른 기능을 할 수 있기 때문이다. 청량한 여름 잔디에서 구르며 헥헥거리며 웃는 표정을 한 강아지를 볼 때 우리는 "스파이크가 아주 즐거워하는구나." 하고 생각한다. 잔디에 구르는 행동이 개라는 종과 스파이크에게 무언가 다른 의미가 있을지 모른다고 생각하는 대신 인간의 관점에서만 해석한다. 실제로 인간 아이들은 즐거울 때 잔디에서 구르고 재주를 넘으며 방방 뛴다. 그러나 수컷 개는 무언가 자극적인 냄새를 맡았을 때 잔디 위에서 구른다. 특히 죽은 지 얼마 되지 않은 동물의 냄새가 나면 그 냄새를 털에 스며들게 해서 다른 개들이 자신을 뛰어난 사냥꾼이라고 생각하도록 만든다. 마찬가지로 새의 노래는 우리에게 신나게 들리지만 지저귀는 새의 의도와 듣는 새가 해석하는 방식은 다를 수 있다.

동물 종의 모든 울음소리 중에서도 새의 소리는 경외심과 호기심을 일으키는 특별한 대상이다. 어느 봄날 아침에 새소리를 들었을 때 그 소리의 아름다움과 선율, 구조에서 매력을 느끼지 못할 사람이 몇이나 될까? 적어도 아리스토텔레스와 모차르트는 그렇게 생각했다. 두 학자들은 새의 노래가 모든 면에서 인간이 작곡한 노래만큼 음악적이라고 생각했다. 그렇다면 우리는 왜 음악을 쓰고 연주할까? 우리가 음악을 하는 동기는 동물들과 다를까?

새와 고래, 긴팔원숭이, 개구리를 비롯한 여러 동물들은 다양한 목적으로 발성을 활용한다. 침팬지와 프레리도그는 동료들에게 다가오는 포식자에 대해 경고하기 위해 경고 울음소리를 내는데 포식자에 따라 울음소리가 다르다. 침팬지는 독수리가 다가온다는 신호로 동료들에게 이딘가 밑으로 숨으라고 경고할 때 사용하는 발성과 뱀이 습격했을 때 친구들에게 나무 위로 올라가라고 경고하는 발성을 구분해서 쓴다. 수컷 새는 영역을 표시하기 위해 발성을 활용한다. 개똥지빠귀와 까마귀는 개나 고양이와 같은 포식자를 경고하기 위한 특정한 울음소리를 가지고 있다.

그 밖에 동물의 발성은 구애와 좀 더 밀접한 관련이 있다. 명금은 주로 수컷이 노래를 하는데 일부 종의 경우 종류가 다양한 소리를 낼수록 배우자를 유인하기 쉬워진다. 물론 크기 역시 중요하다. 크기는 암컷 명금에게 수컷 새의 지적 능력을 보여주고 더 나아가 잠재적으로 좋은 새 유전자를 가지고 있음을 나타내는 지표다. 발성과 관련된 특성은 암컷 새에게 스피커로 서로 다른 노래를 들려줬던 연구로 확인할 수 있다. 실험 결과, 명금의 노랫소리가 다양할수록 암컷 새가 빨리 배란을 했다. 이러한 이유로 일부 수컷 명금은 탈진해서 아래로 떨어져 죽을 때까지 구애의 노래를 부르기도 한다. 언어학자들은 인간의 노래에서 발생적인 본질, 즉 거의 무한대로 새로운 노래를 만들어낼 수 있는 능력에 주목한다. 그러나 이것이 인간에게만 고유한 특성은 아니다. 몇몇 새 종들은 기본 종류의 소리에서 새로운 선율과 변주를 만들어내며 가장 정교한 노래를 만드는 수컷은 보통 짝짓기에서 성공한다. 즉, 성선택에서 음악의 기능은 다른 동물 종에서도 유사하다.

음악의 진화적 기원은 음악이 모든 인간에게서 존재한다는 점에서 확고하다고 할 수 있다. 한 종에서 널리 존재해야 한다는 생물학자들의 기준을 만족하기 때문이다. 또한 음악은 단순한 청각적 치즈케이크라는 개념을 반박할 정도로 오랜 기간 동안 존재해왔다. 또한 다른 기억 체계가 실패했을 때 계속 해서 기능할 수 있는 전용 기억 체계를 포함해 특화된 뇌 구조를 활용한다. 뇌의 특정 생리적 체계가 모든 인간에서 발달할 때 우리는 그 체계가 진화적 기초를 가진다고 추정한다. 게다가 음악을 만드는 행동은 다른 동물 종에서도 유사하게 발견된다. 리듬 배열은 운동 피질과 소뇌, 전두엽 사이의 순환 고리를 포함해 포유류의 뇌에서 반복성 뉴런 네트워크를 최우선으로 자극한다. 조성 체계와 조옮김, 화음은 그 자체로 물리적 세계의 산물이자 진동하는 물체의 고유한 성질이 만들어낸 청각 체계의 특징으로 존재한다. 우리의 청각 체계는 음계와 배음렬 사이의 관계에 특정한 역할을 하면서 발달했다. 여기서 음악적 참신함은 주의력을 이끌고 지루함을 극복하게 해주어 기억력을 향상시킨다.

다윈의 자연선택 이론은 유전자의 발견, 특히 왓슨과 크릭의 DNA 구조 발견을 통해 혁신을 맞이했다. 아마도 우리는 사회적 행동이나 문화에 따른 진화라는 또 다른 혁신을 목격하고 있는지 모른다.

과거 20년 동안 신경과학에서 가장 많이 언급되는 연구는 의심할 여지없이 영장류의 뇌에서 발견된 거울 뉴런에 관한 내용이다. 자코모 리촐라티 Giocomo Rizzolatti와 레오나르도 포가시 Leonardo Fogassi, 비토리오 갈레세 Vittorio Gallese는 손을 뻗거나 움켜쥐는 원숭이의 움직임을 담당하는 뇌 기제를 연구했다. 이들은 원숭이가 음식에 손을 뻗을 때 하나의 뉴런에서 나오는 신호를 읽었다. 그런데 어느 순간 포가시가 바나나에 손을 뻗자 움직임에 관여하는 원숭이의 뉴런이 발화하기 시작했다. "원숭이가 움직이지도 않았는데 무슨 일이 일어난 것일까?" 리촐라티는 이때를 회상하며 이렇게 말했다. "처음에 우린 측정 오류나 기계 결함이라고 생각했어요. 하지만 확인해보니 모두 이상이 없었고 동작을 반복할 때마다 같은 반응이 나왔죠." 그 후 십 년간의 연구를 통해 영장류와 일부 조류, 사람들이 거울 뉴런, 즉 행동을 할 때와 누군가 그 행동을 할 때 항상 발화하는 뉴런이 있다는 사실을 밝혀냈다. 2006년에는 네덜란드 흐로닝언대학교의 발레리아 가촐라Valeria Gazzola가 단순히 다른 사람이 사과를 먹는 소리를 '듣기만' 해도 운동 피질 영역에서 입을 움직이게 하는 거울 뉴런을 발견했다.

거울 뉴런의 목적은 생명체가 이전에는 해보지 않았던 움직임을 준비할 수 있도록 이끌기 위한 것으로 추정된다. 우리는 말하기와 말하기를 배우는 능력에 직접적으로 관련하는 브로카 영역에서 거울 뉴런을 발견할 수 있다. 거울 뉴런은 유아들이 어떻게 부모가 만드는 표정을 흉내 낼 수 있는지에 관한 오래된 수수께끼를 설명할 수 있을지 모른다. 또한 음악의 리듬이 어떻게 우리를 정서적으로, 신체적으로 모두 움직이게 만드는지 설명해줄 수 있다. 아직 확실한 근거는 없지만 일부 신경과학자들은 음악가의 공연을 보거나 들을 때 뇌에서 그 소리가 만들어지는 원리를 알아내려고 노력하는 도중에도 거울 뉴런이 발화할 것이라 추정하고 있다. 나중에 그 소리를 신호 체계의 일부로 따라 할 수 있도록 준비해야 하기 때문이다. 거울 뉴런은 한 번만 들어도 악기로 악구를 연주할 수 있는 많은 음악가들의 능력에도 관여할 가능성이 높다.

유전자는 개인과 세대를 넘어 단백질 레시피를 전달한다. 현대의 악보를 보고 연주하는 콘서트나 CD, 아이팟처럼 거울 뉴런은 아마도 개인과 세대를 넘어 음악을 전달하는 기본 전달체일지도 모른다. 우리의 믿음과 강박, 모든 예술을 발전시켜 특별한 종류의 진화, 즉 문화적 진화를 가능케 하는 것이다.

혼자서 살아가는 많은 종들이 구애 기간에 특정한 적격성을 의례적으로 과시하는 능력을 가지게 됐다는 주장은 타당하다. 잠재적인 배우자가 각 경쟁자를 살피는 시간이 몇 분밖에 되지 않을 것이기 때문이다. 그러나 고도로 사회화된 사회에 사는 우리가 고도의 양식과 상징적인 의미를 담은 춤과 노래를 통해 적격성을 선보여야 하는 이유는 무엇일까? 인간은 사회적 집단을 이루면서 다양한 상황에서 오랜 기간 동안 서로를 관찰할 수 있는 충분한 기회를 얻는다. 그런데도 왜 음악으로 적격성을 표현해야 할까?

영장류는 고도로 사회화됐으며 집단을 이루어 살고 사회적 전략이 연관된 복잡한 장기적 관계를 형성한다. 인류의 구애는 아마도 장기간 지속되는 행위였을 것으로 보인다. 음악, 특히 기억에 남는 음악은 잠재적인 배우자의 마음속에 암시처럼 남아 구혼자가 긴 사냥을 떠났을 때조차 그를 떠올리게 했을 것이다. 그리하여 구혼자가 돌아왔을 때 잠재적 배우자는 그에게 마음을 주게 됐을지 모른다. 리듬과 선율, 음조곡선처럼 좋은 음악을 더 좋게 만들어 주는 다수의 신호들은 음악을 우리의 머리에서 떠나지 못하도록 만든다. 많은 고대 신화와 서사, 심지어 구약성서가 음악의 형태로 세대를 넘어 구전되는 이유도 여기에 있다. 특정 사고를 활성화하기 위한 도구로서 음악은 언어만큼 훌륭하지 않다. 그러나 감정과 정서를 불러일으키기 위한 도구로서는 음악이 언어보다 뛰어나다. 훌륭한 사랑 노래의 예에서 알 수 있듯이 언어와 음악의 조합은 가장 성공적인 구애 표현이 된다.

부록1

음악을 듣는 당신의 뇌

음악은 뇌 전체에 분산돼 처리된다. 다음의 두 페이지에 실린 그림은 뇌의 주요 연산 중추를 보여준다. 첫 그림은 옆에서 본 뇌의 모습으로 왼쪽이 뇌의 앞부분이다. 두 번째 그림은 처음 그림과 같은 시점에서 뇌의 내부를 보여준다. 이 그림들은 2001년 〈사이언스〉에 발표된 마크 트래모Mark Tramo의 그림을 기반으로 새로운 정보를 추가해 새로 그렸다.

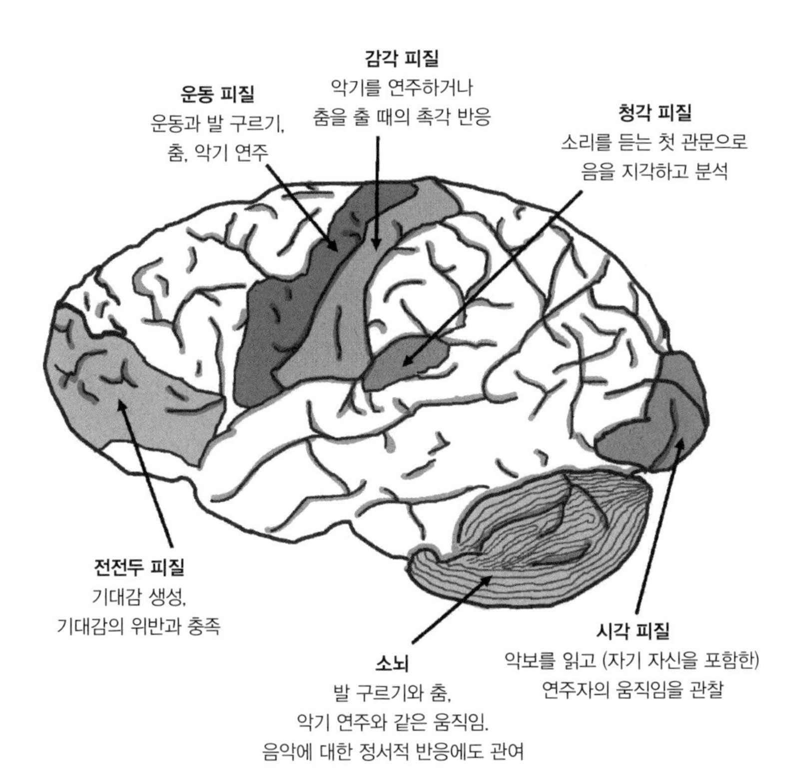
감각 피질
악기를 연주하거나
춤을 출 때의 촉각 반응
운동 피질
운동과 발 구르기,
춤, 악기 연주
청각 피질
소리를 듣는 첫 관문으로
음을 지각하고 분석
전전두 피질
기대감 생성,
기대감의 위반과 충족
시각 피질
악보를 읽고 (자기 자신을 포함한)
연주자의 움직임을 관찰
소뇌
발 구르기와 춤,
악기 연주와 같은 움직임.
음악에 대한 정서적 반응에도 관여

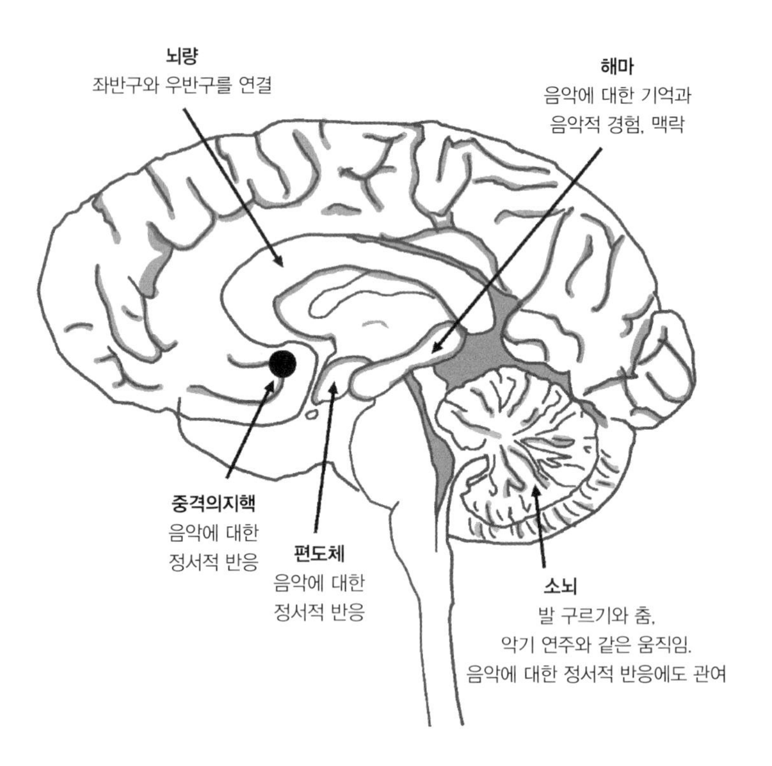
뇌량
좌반구와 우반구를 연결
해마
음악에 대한 기억과
음악적 경험, 맥락
중격의지핵
음악에 대한
정서적 반응
편도체
음악에 대한
정서적 반응
소뇌
발 구르기와 춤,
악기 연주와 같은 움직임.
음악에 대한 정서적 반응에도 관여

부록2

화음과 화성

C장조 안에서는 C장조의 음계로 이루어진 화음만이 적합한 화음이다. 이로 인해 어떤 화음은 장조가 되고 나머지는 단조가 된다. 이는 음계에서 음이 불균등하게 분리되기 때문이다. 음이 세 개인 표준적인 화음(3화음)을 만들 때는 C장조의 아무 음에서나 시작해 한 음을 건너뛰고 다음 음을 사용하고 또 한 음을 건너뛰고 다음 음을 선택한다. C장조의 첫 화음은 C-E-G으로 구성되며 C와 E사이에 형성된 첫 음정이 장3도이기 때문에 우리는 이 화음을 메이저코드(장화음), 특히 C메이저코드라고 부른다. 비슷한 방법으로 다음 화음은 D-F-A로 구성할 수 있다. D와 F 사이의 음정이 단3도이기 때문에 이 화음을 D마이너코드(단화음)이라고 부른다. 메이저코드와 마이너코드가 아주 다른 소리를 낸다는 사실을 기억할 필요가 있다. 그래서 대부분의 비음악가들은 화음을 듣고 이름을 말하거나 단조인지 장조인지 알 수 없더라도 연이어 들려주면 둘 사이의 차이를 알아차릴 수 있다. 수많은 연구에서 비음악가들이 메이저와 마이너코드, 장조와 단조에 대해 서로 다른 신체 반응을 보였다는 사실을 통해 뇌에서도 분명 이 차이를 알아차린다고 할 수 있다.

장음계에서 3화음을 앞에 기술한 표준적인 방법으로 구성하면 (제1음과 제4음, 제5음에서 시작하는) 메이저코드가 세 개, (제2음과 제3음, 제6음에서 시작하는) 마이너코드가 세 개, 단3도 음정 두 개로 구성된 (제7음에서 시작하는) 디미니시코드가 한 개 생긴다. 마이너코드가 세 개나 있음에도 C장조라고 부르는 이유는 근화음, 즉 음악에서 '집'으로 느껴지는 화음이 C메이저코드이기 때문이다.

일반적으로 작곡가들은 분위기를 조성하기 위해 화음을 사용한다. 이때 화음을 사용하고 화음을 묶어 엮는 방식을 화성이라 부른다. 또 다른 의미로 '화성'이라는 단어는 둘 이상의 가수나 악기 연주자들이 함께 서로 다른 음을 연주하면서 개념적으로는 같은 악상을 연주함을 뜻하는 용어로 더 잘 알려져 있다. 몇몇 화음 진행은 다른 화음보다 자주 사용되며 특정 장르에서 전형적으로 사용될 수 있다. 예를 들어 블루스는 특정한 화음 진행으로 정의한다. I로 표기하는 제1음의 메이저코드에 이어서 IV로 표기하는 제4음의 메이저코드, 다시 I, V로 표기하는 제5음의 메이저코드로 이어지고 선택적으로 IV를 연주한 뒤 다시 I로 이어진다. 이 화음 진행은 후에 크림이 커버한 로버트 존슨Robert Johnson의 '크로스로즈Crossroads'와 비비 킹의 '스위트 식스틴Sweet Sixteen', 스마일리 루이스Smiley Lewis, 빅 조 터너Big Joe Turner, 스크리밍 제이 호킨스Screamin' Jay Hawkins, 데이브 에드먼즈Dave Edmunds가 녹음한 '아이 히어 유 노킹I Hear You Knockin'' 같은 곡에서 발견할 수 있는 표준적인 블루스 진행이다. 그대로, 혹은 변주로 진행하는 블루스는 로큰롤 음악의 기초가 되며 수천 곡의 노래에서 발견된다. 대표적으로 리틀 리처드의 '투티 프루티Tutti Frutti'와 척 베리의 '로큰롤 뮤직', 윌버트 매리슨Wilbert Marrison의 '캔자스 시티Kansas City', 레드 제플린의 '로큰롤Rock and Roll', '크로스로즈'와 놀라울 만큼 유사한 스티브 밀러 밴드Steve Miller Band의 '제트 에어라이너Jet Airliner', 비틀스의 '겟 백Get Back'이 있다. 마일스 데이비스와 같은 재즈 연주자들이나 스틸리 댄과 같은 프로그레시브 록 연주자들은 이 화음 진행에 영감을 받아 표준 진행에 이국적인 화음을 창의적인 방식으로 더해 수십 곡의 노래를 썼다. 더 멋진 화음으로 탈바꿈하긴 했지만 그래도 이 곡들은 여전히 블루스 진행이다.

비밥 음악은 조지 거슈윈이 '아이브 갓 리듬I've Got Rhythm'에서 처음 쓴 특정 화음을 주로 사용한다. C 조성에서 기본 화음은 다음과 같다.

C메이저 – A마이너 – D마이너 – G7 – C메이저 – A마이너 – D마이너 – G7
C메이저 – C7 – F메이저 – F마이너 – C메이저 – G7 – C메이저
C메이저 – A마이너 – D마이너 – G7 – C메이저 – A마이너 – D마이너 – G7
C메이저 – C7 – F – F마이너 – C메이저 – G7 – C메이저

음 옆에 붙어 있는 7은 '4음 화음'을 뜻하는데 단순한 메이저코드 위에 네 번째 음을 더한 음이다. 맨 위 음은 화음의 세 번째 음 위로 단3도를 올린다. G7는 'G세븐', 혹은 'G도미넌트세븐'이라고도 부른다. 3화음 대신 4음 화음을 사용하면 훨씬 풍부한 음조 변화를 표현할 수 있다. 록과 블루스 음악은 도미넌트세븐만을 사용하는 경향이 있지만 각각 서로 다른 정서를 전달하는 두 가지 종류의 '세븐' 화음 역시 많이 사용된다. 그룹 아메리카America의 '틴 맨Tin Man'과 '시스터 골든 헤어Sister Golden Hair'는 특징적인 소리를 표현하기 위해 단3도를 올려 우리가 도미넌트세븐이라고 부르는 화음과 달리 장3화음 위에 장3도 음을 올린 메이저7코드를 사용한다. 비비 킹의 '더 스릴 이즈 곤The Thrill Is Gone'은 전체에 단3화음 위에 단3도를 올린 마이너세븐코드를 사

용한다.

도미넌트세븐코드는 장음계의 제5음에서 시작할 때 자연스럽게, 즉 온음계처럼 만들어진다. C장조에서 G7은 모두 하얀 건반을 연주하도록 구성된다. 도미넌트세븐은 한때 금지됐던 음정인 3온음을 포함하며 3온음은 이 조성에서 만들 수 있는 유일한 화음이다. 3온음은 서양 음악에서 화성적으로 가장 불안정한 음정이기 때문에 해결되고자 하는 아주 강한 지각적 욕구를 가지게 된다. 도미넌트세븐코드는 마찬가지로 가장 불안정한 음인 제7음(C 조성에서 B에 해당된다)도 포함하기 때문에 다시 근음인 C로 돌아가 해결하려는 욕구를 가지게 된다. 도미넌트세븐코드는 장음계의 제5음, 즉 C 조성에서는 V7코드나 G7에서 만들어졌기 때문에 음악이 근음으로 끝나기 바로 전에 자주 사용되는 가장 전형적이고 표준적인 화음이다. 즉, G7에서 C메이저코드로 이어지는 조합, 혹은 다른 조성을 이용했더라도 같은 효과를 주는 화음 조합은 우리에게 가장 불안정한 화음에 이어서 가장 안정한 화음을 선보인다. 이러한 구성은 우리가 긴장감과 해결성을 최대로 느끼게 해준다. 베토벤의 일부 교향곡을 보면 마지막 부분에서는 마무리가 계속해서 끝나지 않을 듯 이어지는데 작품이 마침내 근음에서 해결될 때까지 마에스트로가 두 화음 진행을 계속, 계속, 계속 반복하기 때문이다.

참고문헌

아래 내용은 내가 참고했던 여러 논문과 책의 일부에 대한 기록이다. 아래 목록이 완벽하다고 할 수는 없지만 이 책에서 제기된 주장에 대해 가장 관련 있는 추가 출처를 수록한다. 이 책은 과학자 동료들이 아닌 비전문가들을 위해 쓰였으며 과도한 일반화를 피하면서도 주제를 간략하게 설명하려 노력했다. 뇌와 음악에 대한 보다 완벽하고 상세한 설명은 아래 자료와 자료에 인용된 자료를 통해 얻을 수 있다. 아래 인용된 연구 중에는 전문 연구자들을 위해 쓰인 것도 있다. 전문적인 자료에는 별표(*)를 사용해 표시했다. 별표가 그려진 자료는 대부분 일차 자료이며 소수는 대학원 수준의 교재다.

머리말 내가 음악과 과학을 융합하고 싶어 하는 이유에 대하여

Churchland, P. M. 1986. *Matter and Consciousness.* Cambridge: MIT Press.

인류가 호기심으로 여러 위대한 과학의 수수께끼를 해결했다는 문구를 쓰면서 마음 철학에 관한 훌륭하고 고무적인 이 연구를 참고했다.

* Cosmides, L., and J. Tooby. 1989. Evolutionary psychology and the generation of culture, Part I. Case study: A computational theory of social exchange. *Ethology and Sociobiology* 10: 51 – 97.

두 선두 학자의 진화심리학 분야에 대한 훌륭한 총론이다.

* Deaner, R. O., and C. L. Nunn. 1999. How quickly do brains catch up with bodies? A comparative method for detecting evolutionary lag. *Proceedings of Biological Sciences* 266 (1420):687 – 694.

진화적 지연이라는 주제에 대한 최신 논문이다. 진화적 지연은 적응 특성이 인간 유전체에 부호화되기까지 오랜 시간이 걸리는 탓에 현재 우리의 몸과 마음은 5만 여 년 전의 세상과 생활 상태를 처리하기에 적합한 형태라는 개념이다.

Levitin, D. J. 2001. Paul Simon: The Grammy Interview. *Grammy* September, 42–46.

음악을 들을 때 소리를 듣는다는 폴 사이먼의 발언을 인용한 자료다.

* Miller, G. F. 2000. Evolution of human music through sexual selection. *In The Origins of Music*, edited by N. L. Wallin, B. Merker, and S. Brown. Cambridge: MIT Press.

진화심리학 분야를 선도하는 또 다른 연구자가 쓴 논문으로 9장에서 논의됐으며 1장에서 간략히 언급했던 여러 발상들을 논한다.

Pareles, J., and P. Romanowski, eds. 1983. *The Rolling Stone Encyclopedia of Rock & Roll.* New York: Summit Books.

애덤 앤 디 앤츠는 이 책에서 사진 한 장을 포함한 8단짜리 칼럼으로 수록됐다. U2는 3장의 앨범과 '뉴 이어스 데이'로 잘 알려져 있었지만 겨우 4단 칼럼에 사진도 없었다.

* Pribram, K. H. 1980. Mind, brain, and consciousness: the organization of competence and conduct. In *The Psychobiology of Consciousness*, edited by J. M. D. Davidson, R.J. New York: Plenum.

* ______. 1982. Brain mechanism in music: prolegomena for a theory of the meaning of meaning. In *Music, Mind, and Brain*, edited by M. Clynes. New York: Plenum.

프리브람은 모아둔 논문과 기록을 강의에 활용했다. 위의 두 논문은 그때 함께 읽은 것들이다.

Sapolsky, R. M. 1998. *Why Zebras Don't Get Ulcers,* 3rd ed. New York: Henry Holt and Company. – 《스트레스》, 로버트 새폴스키, 이지윤, 이재담 옮김, 사이언스북스, 2008

현대인들이 스트레스로 고통 받는 이유와 스트레스의 과학에 대해 즐겁게 읽을 수 있는 훌륭한 책이다. 이 책은 내가 9장에서 자세히 소개한 '진화적 지연'이라는 발상을 상세히 다루고 있다.

* Shepard, R. N. 1987. Toward a Universal Law of Generalization for psychological science. *Science* 237 (4820):1317–1323.

* ______. 1992. The perceptual organization of colors: an adaptation to regularities of the terrestrial world? In *The Adapted Mind: Evolutionary Psychology and the Generation of Culture*, edited by J. H. Barkow, L. Cosmides, and J. Tooby. New York: Oxford University Press.

* ______. 1995. Mental universals: Toward a twenty-first century science of mind. In *The Science of the Mind: 2001 and Beyond*, edited by R. L. Solso and D. W. Massaro. New York: Oxford University Press.

셰퍼드가 마음의 진화에 대해 논하는 내용이다.

Tooby, J., and L. Cosmides. 2002. Toward mapping the evolved functional organization of mind and brain. In *Foundations of Cognitive Psychology*, edited by D. J. Levitin. Cambridge: MIT Press.

진화심리학의 두 선두 학자가 쓴 또 하나의 논문으로 앞서 소개한 두 논문보다 좀 더 개괄적이다.

1장. 음악이란 무엇인가?

* Balzano, G. J. 1986. What are musical pitch and timbre? *Music Perception 3* (3):297 – 314.

음고와 음색 연구에 관련된 논쟁을 담은 과학 논문이다.

Berkeley, G. 1734/2004. *A Treatise Concerning the Principles of Human Knowledge*. Whitefish, Mont.: Kessinger Publishing Company.

신학자이자 철학자이며 클로인의 주교였던 조지 버클리는 이 책에서 "숲에서 나무 한그루가 쓰러졌을 때 그 소리를 들어줄 사람이 아무도 없다면 소리가 났다고 할 수 있을까?"라는 유명한 질문을 처음 제기했다.

* Bharucha, J. J. 2002. Neural nets, temporal composites, and tonality. In *Foundations of Cognitive Psychology: Core Readings,* edited by D. J. Levitin. Cambridge: MIT Press.

화음 인식을 담당하는 뉴런 네트워크에 관한 기록이다.

* Boulanger, R. 2000. The C-Sound Book: *Perspectives in Software Synthesis, Sound Design, Signal Processing, and Programming.* Cambridge: MIT Press.

가장 널리 사용되는 소리 합성 프로그램/시스템에 대한 입문서다. 프로그램을 배워 음악을 만들고 원하는 음색을 만들어내고 싶은 사람에게는 최고의 책이다.

Burns, E. M. 1999. Intervals, scales, and tuning. In *Psychology of Music*, edited by D. Deutsch. San Diego: Academic Press.

음계의 기원, 음들 간의 관계성, 음정과 음계의 특성에 관한 기록이다.

* Chowning, J. 1973. The synthesis of complex audio spectra by means of frequency modulation. *Journal of the Audio Engineering Society* 21:526 – 534.

이 전문지는 후에 야마하DX 신시사이저에 구현된 FM합성법을 처음 기록했다.

Clayson, A. 2002. *Edgard Varèse*. London: Sanctuary Publishing, Ltd.

"음악은 조직된 소리"라는 인용의 출처다.

Dennett, Daniel C. 2005. Show me the science. *The New York Times*, August 28.

"열은 미세한 뜨거운 물질들로 구성되지 않는다."라는 인용의 출처다.

Doyle, P. 2005. *Echo & Reverb: Fabricating Space in Popular Music Recording*, 1900 – 1960.

Middletown, Conn.

공간감과 인공적인 반향을 만드는 데 열중했던 음반 산업에 대해 폭넓고 학문적으로 다룬 기록이다.

Dwyer, T. 1971. *Composing with Tape Recorders: Musique Concrète.* New York: Oxford University Press.

셰페르와 도몽, 노르망도 등이 만든 구체 음악에 대한 배경 정보를 담고 있다.

* Grey, J. M. 1975. An exploration of musical timbre using computer-based techniques for analysis, synthesis, and perceptual scaling. Ph.D. Thesis, Music, Center for Computer Research in Music and Acoustics, Stanford University, Stanford, Calif.

음색의 연구를 현대적으로 접근한 가장 영향력 있는 논문이다.

* Janata, P. 1997. Electrophysiological studies of auditory contexts. Dissertation Abstracts International: Section B: The Sciences and Engineering, University of Oregon.

올빼미 뇌의 하구체가 소실된 기본 주파수를 복원할 수 있다는 사실을 밝힌 실험이다.

* Krumhansl, C. L. 1990. *Cognitive Foundations of Musical Pitch.* New York: Oxford University Press.

* _____. 1991. Music psychology: Tonal structures in perception and memory. *Annual Review of Psychology* 42:277 – 303.

* _____. 2000. Rhythm and pitch in music cognition. *Psychological Bulletin* 126 (1):159 – 179.

* _____. 2002. Music: A link between cognition and emotion. *Current Directions in Psychological Science* 11 (2):45 – 50.

크럼핸슬은 음악 지각과 인지 분야를 연구하는 선두 과학자 중 한 명이다. 이 논문은 해당 분야의 기초, 특히 음의 서열 개념과 음고의 차원, 음고의 심적 표상을 다룬다.

* Kubovy, M. 1981. Integral and separable dimensions and the theory of indispensable attributes. In *Perceptual Organization*, edited by M. Kubovy and J. Pomerantz. Hillsdale, N.J.: Erlbaum.

음악에 개별적인 차원이 있다는 개념의 출처다.

Levitin, D. J. 2002. Memory for musical attributes. In *Foundations of Cognitive Psychology: Core Readings*, edited by D. J. Levitin. Cambridge: MIT Press.

소리의 8가지 서로 다른 지각 속성 목록에 대한 출처다.

* McAdams, S., J. W. Beauchamp, and S. Meneguzzi. 1999. Discrimination of musical instrument sounds resynthesized with simplified spectrotemporal parameters. *Journal of the Acoustical Society of*

America 105 (2):882 – 897.

McAdams, S., and E. Bigand. 1993. Introduction to auditory cognition. In Thinking in Sound: *The Cognitive Psychology of Audition,* edited by S. McAdams and E. Bigand. Oxford: Clarendon Press.

* McAdams, S., and J. Cunible. 1992. Perception of timbral analogies. *Philosophical Transactions of the Royal Society of London*, B 336:383 – 389.

* McAdams, S., S. Winsberg, S. Donnadieu, and G. De Soete. 1995. Perceptual scaling of synthesized musical timbres: Common dimensions, specificities, and latent subject classes. *Psychological Research/ Psychologische Forschung* 58 (3):177 – 192.

맥애덤스는 전 세계의 음색 연구 분야의 선두 연구자로 위의 논문 4건은 최근 음색 지각에 대해 연구자들이 밝힌 내용의 개괄이다.

Newton, I. 1730/1952. Opticks: or, *A Treatise of the Reflections, Refractions, Inflections, and Colours of Light.* New York: Dover.

광파 자체에는 색이 없다는 뉴턴의 관찰 내용에 대한 출처다.

* Oxenham, A. J., J. G. W. Bernstein, and H. Penagos. 2004. Correct tonotopic representation is necessary for complex pitch perception. *Proceedings of the National Academy of Sciences* 101:1421 – 1425.

청각 체계에서 음고의 음위상적 표현에 대한 내용의 출처다.

Palmer, S. E. 2000. *Vision: From Photons to Phenomenology.* Cambridge: MIT Press.

인지과학과 시각과학에 대해 학부생 수준에서 훌륭히 다룬 입문서다. 추가로 밝히자면 나는 팔머와 공동 연구자였으며 이 연구에 나도 일부 기여했다. 서로 다른 시각 자극의 특성에 대한 출처이기도 하다.

Pierce, J. R. 1992. *The Science of Musical Sound,* revised ed. San Francisco: W. H. Freeman.

소리와 배음, 음계 등의 물리학을 이해하고 싶은 일정 수준의 교육을 받는 일반인에게 훌륭한 출처다. 추가로 밝히자면 피어스는 생전에 나의 친구이자 스승이었다.

Rossing, T. D. 1990. *The Science of Sound,* 2nd ed. Reading, Mass.: AddisonWesley Publishing.

소리와 배음, 음계 등의 물리학을 위한 또 하나의 훌륭한 출처다. 학부생에게 적합하다.

Schaeffer, Pierre. 1967. *La musique concrète.* Paris: Presses Universitaires de France.

_____. 1968. *Traitédes objets musicaux.* Paris: Le Seuil.

첫 번째는 구체 음악의 원리를 소개하는 내용이고 두 번째는 소리 이론에 대한 셰페르의 대표작이다. 안타깝게도 아직 영어 번역본은 없다.

Schmeling, P. 2005. *Berklee Music Theory Book* 1. Boston: Berklee Press.

내가 버클리음악대학에서 음악을 공부했을 때 배운 첫 교재다. 기본 내용을 모두 다루고 있기 때문에 독학에 적합하다.

* Schroeder, M. R. 1962. Natural sounding artificial reverberation. *Journal of the Audio Engineering Society* 10 (3):219 – 233.

인공적인 반향 제작에 대한 영향력 있는 논문이다.

Scorsese, Martin. 2005. *No Direction Home.* USA: Paramount.

뉴포트 포크 페스티벌에서 야유를 받았던 밥 딜런에 대한 보고의 출처다.

Sethares, W. A. 1997. *Tuning, Timbre, Spectrum, Scale*. London: Springer.

음악과 악음의 물리적 특성을 철저히 분석한 입문서다.

* Shamma, S., and D. Klein. 2000. The case of the missing pitch templates: How harmonic templates emerge in the early auditory system. *Journal of the Acoustical Society of America* 107 (5):2631 – 2644.

* Shamma, S. A. 2004. Topographic organization is essential for pitch perception. *Proceedings of the National Academy of Sciences* 101:1114 – 1115.

청각 체계에서 음고의 음위상적 표현에 대한 내용이다.

* Smith, J. O., III. 1992. Physical modeling using digital waveguides. *Computer Music Journal* 16 (4):74 – 91.

도파관 합성을 소개하는 논문이다.

Surmani, A., K. F. Surmani, and M. Manus. 2004. *Essentials of Music Theory: A Complete Self-Study Course for All Musicians.* Van Nuys, Calif.: Alfred Publishing Company.

또 하나의 훌륭한 독학용 음악 이론 안내서다.

Taylor, C. 1992. *Exploring Music: The Science and Technology of Tones and Tunes.* Bristol: Institute of Physics Publishing.

소리의 물리적 특성에 대한 학부생 수준의 훌륭한 교재다.

Trehhub, S. E. 2003. Musical predispositions in infancy. In *The Cognitive Neuroscience of Music*, edited by I. Perets and R. J. Zatorre. Oxford: Oxford University Press.

* Västfjäll, D., P. Larsson, and M. Kleiner. 2002. Emotional and auditory virtual environments: Affect-

based judgments of music reproduced with virtual reverberation times. *CyberPsychology & Behavior* 5 (1):19–32.

정서적 반응을 일으키는 반향의 효과에 대한 최근 연구다.

2장. 박자에 맞춰 발 구르기

* Bregman, A. S. 1990. *Auditory Scene Analysis.* Cambridge: MIT Press.

일반적인 청각 군집 원리에 대한 결정적인 연구다.

Clarke, E. F. 1999. Rhythm and timing in music. In *The Psychology of Music,* edited by D. Deutsch. San Diego: Academic Press.

음악에서 시간 지각의 심리적 특성에 대한 학부생 수준의 논문이며 에릭 클라크의 인용에 대한 출처다.

* Ehrenfels, C. von. 1890/1988. On "Gestalt qualities." In *Foundations of Gestalt Theory,* edited by B. Smith. Munich: Philosophia Verlag.

게슈탈트 심리학의 설립과 선율에 대한 게슈탈트 심리학자들의 관심에 대해 담고 있다.

Elias, L. J., and D. M. Saucier. 2006. *Neuropsychology: Clinical and Experimental Foundations.* Boston: Pearson.

신경해부학의 기본 개념과 서로 다른 뇌 영역의 기능을 소개한 교재다.

* Fishman, Y. I., D. H. Reser, J. C. Arezzo, and M. Steinschneider. 2000. Complex tone processing in primary auditory cortex of the awake monkey. I. Neural ensemble correlates of roughness. *Journal of the Acoustical Society of America* 108:235–246.

협화음과 불협화음 지각의 생리적 기초를 설명한다.

Gilmore, Mikal. 2005. Lennon lives forever: Twenty-five years after his death, his music and message endure. *Rolling Stone,* December 15.

존 레넌의 인용에 대한 출처다.

Helmholtz, H. L. F. 1885/1954. *On the Sensations of Tone,* 2nd revised ed. New York: Dover.

무의식적 추론을 설명한다.

Lerdahl, Fred. 1983. *A Generative Theory of Tonal Music.* Cambridge: MIT Press.

음악에서 청각 군집 원리를 기술한 가장 영향력 있는 책이다.

* Levitin, D. J., and P. R. Cook. 1996. Memory for musical tempo: Additional evidence that auditory memory is absolute. *Perception and Psychophysics* 58:927 – 935.

사람들에게 좋아하는 록 음악을 불러달라고 했을 때 아주 정확하게 빠르기를 맞추어 불렀던 쿡과 나의 실험 내용을 언급한 논문이다.

Luce, R. D. 1993. *Sound and Hearing: A Conceptual Introduction.* Hillsdale, N.J.: Erlbaum.

귀의 생리적 특성과 음량, 음고 지각 등을 포함해 귀와 청각에 대해 다룬 교재다.

* Mesulam, M.-M. 1985. *Principles of Behavioral Neurology.* Philadelphia: F. A. Davis Company.

신경해부학의 기본 개념들과 서로 다른 뇌 영역의 기능을 설명하는 대학원 고등 수준의 교재다.

Moore, B. C. J. 1982. *An Introduction to the Psychology of Hearing*, 2nd ed. London: Academic Press.

______. 2003. *An Introduction to the Psychology of Hearing*, 5th ed. Amsterdam: Academic Press.

귀의 생리적 특성과 음량, 음고 지각 등을 포함해 귀와 청각에 대해 다룬 교재다.

Palmer, S. E. 2002. Organizing objects and scenes. In *Foundations of Cognitive Psychology: Core readings,* edited by D. J. Levitin. Cambridge: MIT Press.

게슈탈트의 시각 군집 원리에 대한 내용이다.

Stevens, S. S., and F. Warshofsky. 1965. *Sound and Hearing*, edited by R. Dubos, H. Margenau, C. P. Snow. *Life* Science Library. New York: Time Incorporated.

일반 독자를 위한 청각과 청각 지각의 원리를 소개하는 좋은 글이다.

* Tramo, M. J., P. A. Cariani, B. Delgutte, and L. D. Braida. 2003. Neurobiology of harmony perception. In T*he Cognitive Neuroscience of Music,* edited by I. Peretz and R. J. Zatorre. New York: Oxford University Press.

협화음과 불협화음 지각의 생리학적 기초를 다룬다.

Yost, W. A. 1994. *Fundamentals of Hearing: An Introduction,* 3rd ed. San Diego: Academic Press, Inc.

청각과 음고, 음고 지각을 다룬 교재다.

Zimbardo, P. G., and R. J. Gerrig. 2002. Perception. In *Foundations of Cognitive Psychology*, edited by D. J. Levitin. Cambridge: MIT Press.

게슈탈트의 군집 원리를 설명한다.

3장. 장막 뒤에서

Bregman, A. S. 1990. *Auditory Scene Analysis.* Cambridge: MIT Press.

음색에 따른 흐름과 여러 청각 군집 원리를 설명한다. 양동이 입구에 씌운 베개 커버를 고막에 비유했던 부분은 이 책의 브레그먼이 제시한 다른 비유에서 착안했다.

* Chomsky, N. 1957. *Syntactic Structures.* The Hague, Netherlands: Mouton.

인간의 뇌에 언어 능력이 내재돼 있다는 내용이다.

Crick, F. H. C. 1995. *The Astonishing Hypothesis: The Scientific Search for the Soul.* New York: Touchstone/Simon & Schuster. -《놀라운 가설》, 프랜시스 크릭, 김동광 옮김, 궁리, 2015

인간의 모든 행동을 뇌와 뉴런의 활동으로 설명할 수 있다는 발상을 담고 있다.

Dennett, D. C. 1991. *Consciousness Explained.* Boston: Little, Brown and Company. -《의식의 수수께끼를 풀다》, 대니얼 데닛, 유자화 옮김, 옥당, 2013

뇌가 정보를 업데이트한다는 내용과 의식적 경험에서 발생하는 착시를 설명한다.

_____. 2002. Can machines think? In *Foundations of Cognitive Psychology: Core Readings,* edited by D. J. Levitin. Cambridge: MIT Press.

_____. 2002. Where am I? In *Foundations of Cognitive Psychology: Core Readings*, edited by D. J. Levitin. Cambridge: MIT Press.

위의 두 논문은 컴퓨터와 같은 뇌라는 발상에 대한 기본 쟁점과 '기능주의'라는 철학적 사상을 설명한다. 'Can machines think?'에서는 튜링의 지능검사와 함께 이 검사의 장점과 단점을 요약해 설명한다.

* Friston, K. J. 2005. Models of brain function in neuroimaging. *Annual Review of Psychology* 56:57–87.

fMRI 자료를 위한 통계 패키지로 널리 사용되는 SPM의 개발자 중 한 명인 저자가 뇌 영상 자료의 분석을 위한 연구 방법에 대해 기술적으로 개괄한다.

Gazzaniga, M. S., R. B. Ivry, and G. Mangun. 1998. *Cognitive Neuroscience.* New York: Norton.

뇌의 기능적 분화를 설명한다. 엽으로 나뉘는 기본 분화와 주요 해부학적 구조를 학부생 수준에서 설명한 교재다.

Gertz, S. D., and R. Tadmor. 1996. *Liebman's Neuroanatomy Made Easy and Understandable,* 5th ed. Gaithersburg, Md.: Aspen.

주요 뇌 영역과 신경해부학을 설명한 입문서다.

Gregory, R. L. 1986. *Odd Perceptions.* London: Routledge.

추론에 대한 지각을 설명한다.

* Griffiths, T. D., S. Uppenkamp, I. Johnsrude, O. Josephs, and R. D. Patterson. 2001. Encoding of the temporal regularity of sound in the human brainstem. *Nature Neuroscience* 4 (6):633 - 637.

* Griffiths, T. D., and J. D. Warren. 2002. The planum temporale as a computational hub. *Trends in Neuroscience* 25 (7):348 - 353.

뇌의 소리 처리 과정에 대해 연구한 그리피스의 최신 논문이다. 그리피스는 청각 처리를 연구하는 현대 세대의 뇌과학자들 중에 가장 존경받는 연구자다.

* Hickok, G., B. Buchsbaum, C. Humphries, and T. Muftuler. 2003. Auditorymotor interaction revealed by fMRI: Speech, music, and working memory in area Spt. *Journal of Cognitive Neuroscience* 15 (5):673 - 682.

뇌의 두정엽과 측두엽의 경계의 후측 실비우스 열구에 있는 뇌 영역에서 음악이 활성화된다는 사실을 기록한 일차 출처다.

* Janata, P., J. L. Birk, J. D. Van Horn, M. Leman, B. Tillmann, and J. J. Bharucha. 2002. The cortical topography of tonal structures underlying Western music. *Science* 298:2167 - 2170.

* Janata, P., and S. T. Grafton. 2003. Swinging in the brain: Shared neural substrates for behaviors related to sequencing and music. *Nature Neuroscience* 6 (7):682 - 687.

* Johnsrude, I. S., V. B. Penhune, and R. J. Zatorre. 2000. Functional specificity in the right human auditory cortex for perceiving pitch direction. *Brain Res Cogn Brain Res* 123:155 - 163.

* Knosche, T. R., C. Neuhaus, J. Haueisen, K. Alter, B. Maess, O. Witte, and A. D. Friederici. 2005. Perception of phrase structure in music. *Human Brain Mapping* 24 (4):259 - 273.

* Koelsch, S., E. Kasper, D. Sammler, K. Schulze, T. Gunter, and A. D. Friederici. 2004. Music, language and meaning: brain signatures of semantic processing. *Nature Neuroscience* 7 (3):302 - 307.

* Koelsch, S., E. Schröger, and T. C. Gunter. 2002. Music matters: Preattentive musicality of the human brain. *Psychophysiology* 39 (1):38 - 48.

* Kuriki, S., N. Isahai, T. Hasimoto, F. Takeuchi, and Y. Hirata. 2000. Music and language: Brain activities in processing melody and words. Paper read at 12th International Conference on Biomagnetism.

음악 지각과 인지에 대한 신경해부학을 설명한 일차 출처다.

Levitin, D. J. 1996. High-fidelity music: Imagine listening from inside the guitar. *The New York Times*, December 15.

_____. 1996. The modern art of studio recording. *Audio,* September, 46-52.

현대 음반 기술과 기술로 만들어내는 착시에 대한 내용이다.

_____. 2002. Experimental design in psychological research. In *Foundations of Cognitive Psychology: Core Readings*, edited by D. J. Levitin. Cambridge: MIT Press.

'좋은' 실험이 무엇인지와 실험 설계에 대한 내용을 담고 있다.

* Levitin, D. J., and V. Menon. 2003. Musical structure is processed in "language" areas of the brain: A possible role for Brodmann Area 47 in temporal coherence. *NeuroImage* 20 (4):2142-2152.

음악에서 시간의 일관성과 시간적 구조가 음성 언어와 몸짓언어를 담당하는 부위에서 처리된다는 사실을 fMRI를 사용해 밝힌 첫 연구 논문다.

* McClelland, J. L., D. E. Rumelhart, and G. E. Hinton. 2002. The appeal of parallel distributed processing. In *Foundations of Cognitive Psychology: Core Readings,* edited by D. J. Levitin. Cambridge: MIT Press.

병렬 처리 장치로 기능하는 뇌에 대한 내용이다.

Palmer, S. 2002. Visual awareness. In *Foundations of Cognitive Psychology: Core Readings*, edited by D. J. Levitin. Cambridge: MIT Press.

현대 인지과학과 이원론, 유물론의 철학적 기반을 설명하는 글이다.

* Parsons, L. M. 2001. Exploring the functional neuroanatomy of music performance, perception, and comprehension. In I. Peretz and R. J. Zatorre, Eds., *Biological Foundations of Music,* Annals of the New York Academy of Sciences, Vol. 930, pp. 211-230.

* Patel, A. D., and E. Balaban. 2004. Human auditory cortical dynamics during perception of long acoustic sequences: Phase tracking of carrier frequency by the auditory steady-state response. *Cerebral Cortex* 14 (1):35-46.

* Patel, A. D. 2003. Language, music, syntax, and the brain. *Nature Neuroscience* 6 (7):674-681.

* Patel, A. D., and E. Balaban. 2000. Temporal patterns of human cortical activity reflect tone sequence structure. *Nature* 404:80-84.

* Peretz, I. 2000. Music cognition in the brain of the majority: Autonomy and fractionation of the music recognition system. In *The Handbook of Cognitive Neuropsychology*, edited by B. Rapp. Hove, U.K.:

Psychology Press.

* Peretz, I. 2000. Music perception and recognition. In *The Handbook of Cognitive Neuropsychology*, edited by B. Rapp. Hove, U.K.: Psychology Press.

* Peretz, I., and M. Coltheart. 2003. Modularity of music processing. *Nature Neuroscience* 6 (7):688–691.

* Peretz, I., and L. Gagnon. 1999. Dissociation between recognition and emotional judgements for melodies. *Neurocase* 5:21–30.

* Peretz, I., and R. J. Zatorre, eds. 2003. *The Cognitive Neuroscience of Music.* New York: Oxford.

음악 지각과 인지의 신경해부학에 대한 일차 출처다.

Pinker, S. 1997. *How The Mind Works*. New York: W. W. Norton. -《마음은 어떻게 작동하는가》, 스티븐 핑커, 김한영 옮김, 동녘사이언스, 2007

핑커는 이 책에서 음악이 진화적 우연이라고 주장했다.

* Posner, M. I. 1980. Orienting of attention. *Quarterly Journal of Experimental Psychology* 32:3–25.

포즈너의 단서주기 패러다임을 설명한다.

Posner, M. I., and D. J. Levitin. 1997. Imaging the future. In *The Science of the Mind: The 21st Century.* Cambridge: MIT Press.

포즈너와 내가 반대하는, 단순히 정신의 지도를 만들려는 방향으로만 진행되는 편향된 연구에 대해 좀 더 완전한 설명을 제공한다.

Ramachandran, V. S. 2004. *A Brief Tour of Human Consciousness: From Impostor Poodles to Purple Numbers*. New York: Pi Press.

의식과 의식에 대한 우리의 순진한 직관을 설명한다.

* Rock, I. 1983. *The Logic of Perception.* Cambridge: MIT Press.

논리적 처리와 구성적 처리 과정에 따른 지각을 설명한다.

* Schmahmann, J. D., ed. 1997. *The Cerebellum and Cognition.* San Diego: Academic Press.

정서를 조절하는 소뇌의 역할을 설명한다.

Searle, J. R. 2002. Minds, brains, and programs. In *Foundations of Cognitive Psychology: Core Readings,* edited by D. J. Levitin. Cambridge: MIT Press.

컴퓨터처럼 기능하는 뇌를 설명한다. 마음에 대한 현대 철학에서 굉장히 빈번한 논의와 반박,

인용이 일어나는 논문 중 하나다.

* Sergent, J. 1993. Mapping the musician brain. *Human Brain Mapping* 1:20 – 38.

음악과 뇌에 대한 최초의 뉴런 영상 보고 중 하나로 여전히 널리 인용, 참고되는 자료다.

Shepard, R. N. 1990. Mind Sights: *Original Visual Illusions, Ambiguities, and Other Anomalies, with a Commentary on the Play of Mind in Perception and Art.* New York: W. H. Freeman.

'테이블 돌리기' 착시의 출처다.

* Steinke, W. R., and L. L. Cuddy. 2001. Dissociations among functional subsystems governing melody recognition after right hemisphere damage. *Cognitive Neuroscience* 18 (5):411 – 437.

* Tillmann, B., P. Janata, and J. J. Bharucha. 2003. Activation of the inferior frontal cortex in musical priming. *Cognitive Brain Research* 16:145 – 161.

음악 지각과 인지의 해부신경학에 대한 일차 출처다.

* Warren, R. M. 1970. Perceptual restoration of missing speech sounds. *Science,* January 23, 392 – 393.

청각적 '채움', 혹은 지각 완성의 예를 담은 출처다.

Weinberger, N. M. 2004. Music and the Brain. *Scientific American* (November 2004):89 – 95.

* Zatorre, R. J., and P. Belin. 2001. Spectral and temporal processing in human auditory cortex. *Cerebral Cortex* 11:946 – 953.

* Zatorre, R. J., P. Belin, and V. B. Penhune. 2002. Structure and function of auditory cortex: Music and speech. *Trends in Cognitive Sciences* 6 (1):37 – 46.

음악 지각과 인지의 해부신경학에 대한 일차 출처다.

4장. 기대감

* Bartlett, F. C. 1932. Remembering: *A Study in Experimental and Social Psychology.* London: Cambridge University Press.

도식에 관한 내용이다.

* Bavelier, D., C. Brozinsky, A. Tomann, T. Mitchell, H. Neville, and G. Liu. 2001. Impact of early deafness and early exposure to sign language on the cerebral organization for motion processing. *The Journal of Neuroscience* 21 (22):8931 – 8942.

* Bavelier, D., D. P. Corina, and H. J. Neville. 1998. Brain and language: A perspective from sign language. *Neuron* 21:275 – 278.

수화의 신경해부학에 관한 내용이다.

* Bever, T. G., and Chiarell, R. J. 1974. Cerebral dominance in musicians and nonmusicians. *Science* 185 (4150):537 – 539.

음악에 특화된 대뇌반구에 관한 영향력 있는 논문이다.

* Bharucha, J. J. 1987. Music cognition and perceptual facilitation—a connectionist framework. *Music Perception* 5 (1):1 – 30.

* _____. 1991. Pitch, harmony, and neural nets: A psychological perspective. In *Music and Connectionism,* edited by P. M. Todd and D. G. Loy. Cambridge: MIT Press.

* Bharucha, J. J., and P. M. Todd. 1989. Modeling the perception of tonal structure with neural nets. *Computer Music Journal* 13 (4):44 – 53.

* Bharucha, J. J. 1992. Tonality and learnability. In *Cognitive Bases of Musical Communication*, edited by M. R. Jones and S. Holleran. Washington, D.C: American Psychological Association.

음악적 도식을 설명한다.

* Binder, J., and C. J. Price. 2001. Functional neuroimaging of language. In *Handbook of Functional Neuroimaging of Cognition*, edited by A. Cabeza and A. Kingston.

* Binder, J. R., E. Liebenthal, E. T. Possing, D. A. Medler, and B. D. Ward. 2004. Neural correlates of sensory and decision processes in auditory object identification. *Nature Neuroscience* 7 (3):295 – 301.

* Bookheimer, S. Y. 2002. Functional MRI of language: New approaches to understanding the cortical organization of semantic processing. *Annual Review of Neuroscience* 25:151 – 188.

음성의 기능적인 신경해부학을 설명한다.

Cook, P. R. 2005. The deceptive cadence as a parlor trick. Princeton, NJ., Montreal, Que., November 30.

페리 쿡은 이메일에서 사적인 대화 도중 허위종지에 대해 설명했다.

* Cowan, W. M., T. C. Südhof, and C. F. Stevens, eds. 2001. *Synapses.* Baltimore: Johns Hopkins University Press.

시냅스와 시냅스 간극, 시냅스 전달에 대한 심층적인 정보다.

* Dibben, N. 1999. The perception of structural stability in atonal music: the influence of salience, stability, horizontal motion, pitch commonality, and dissonance. *Music Perception* 16 (3):265 – 24.

4장에서 설명한 쇤베르크의 음악과 같은 무조 음악에 대해 설명한다.

* Franceries, X., B. Doyon, N. Chauveau, B. Rigaud, P. Celsis, and J.-P. Morucci. 2003. Solution of Poisson's equation in a volume conductor using resistor mesh models: Application to event related potential imaging. *Journal of Applied Physics* 93 (6):3578 – 3588.

EEG로 위치를 측정할 때 발생하는 역 포아송 문제에 관한 내용이다.

Fromkin, V., and R. Rodman. 1993. *An Introduction to Language,* 5th ed. Fort Worth, Tex.: Harcourt Brace Jovanovich College Publishers.

심리언어학과 음소, 단어 형성의 기초에 대해 설명한다.

* Gazzaniga, M. S. 2000. *The New Cognitive Neurosciences,* 2nd ed. Cambridge: MIT Press.

신경과학의 기초에 대해 설명한다.

Gernsbacher, M. A., and M. P. Kaschak. 2003. Neuroimaging studies of language production and comprehension. *Annual Review of Psychology* 54:91 – 114.

언어에 대한 신경해부학적 기초 연구들의 최신 리뷰다.

* Hickok, G., B. Buchsbaum, C. Humphries, and T. Muftuler. 2003. Auditory-motor interaction revealed by fMRI: Speech, music, and working memory in area Spt. *Journal of Cognitive Neuroscience* 15 (5):673 – 682.

* Hickok, G., and Poeppel, D. 2000. Towards a functional neuroanatomy of speech perception. *Trends in Cognitive Sciences* 4 (4):131 – 138.

음성과 음악의 신경해부학적 기초에 대해 설명한다.

Holland, B. 1981. A man who sees what others hear. *The New York Times*, November 19.

레코드판의 홈을 읽을 수 있는 남자 아서 린트건에 대한 기사다. 그는 자신이 아는 음악, 그중에서도 베토벤 이후의 클래식 음악만을 읽을 수 있었다.

* Huettel, S. A., A. W. Song, and G. McCarthy. 2003. *Functional Magnetic Resonance Imaging.* Sunderland, Mass.: Sinauer Associates, Inc.

fMRI를 구성하는 이론을 설명한다.

* Ivry, R. B., and L. C. Robertson. 1997. *The Two Sides of Perception.* Cambridge: MIT Press.

대뇌반구의 기능적 특수화를 설명한다.

*Johnsrude, I. S., V. B. Penhune, and R. J. Zatorre. 2000. Functional specificity in the right human auditory cortex for perceiving pitch direction. *Brain Res Cogn Brain Res* 123:155 – 163.

*Johnsrude, I. S., R. J. Zatorre, B. A. Milner, and A. C. Evans. 1997. Left-hemisphere specialization for the processing of acoustic transients. *NeuroReport* 8:1761 – 1765.

음성과 음악에 대한 신경해부학을 설명한다.

*Kandel, E. R., J. H. Schwartz, and T. M. Jessell. 2000. *Principles of Neural Science,* 4th ed. New York: McGraw-Hill.

노벨상 수상자인 에릭 캔델이 공저했으며 신경과학의 기초를 설명한다. 의과대학교와 신경과학 분야의 대학원에서 널리 사용되는 교재다.

*Knosche, T. R., C. Neuhaus, J. Haueisen, K. Alter, B. Maess, O. Witte, and A. D. Friederici. 2005. Perception of phrase structure in music. *Human Brain Mapping* 24 (4):259 – 273.

*Koelsch, S., T. C. Gunter, D. Y. v. Cramon, S. Zysset, G. Lohmann, and A. D. Friederici. 2002. Bach speaks: A cortical "language-network" serves the processing of music. *NeuroImage* 17:956 – 966.

*Koelsch, S., E. Kasper, D. Sammler, K. Schulze, T. Gunter, and A. D. Friederici. 2004. Music, language, and meaning: Brain signatures of semantic processing. *Nature Neuroscience* 7 (3):302 – 307.

*Koelsch, S., B. Maess, and A. D. Friederici. 2000. Musical syntax is processed in the area of Broca: an MEG study. *NeuroImage* 11 (5):56.

쾰슈와 프리더리치를 비롯한 여러 연구진이 쓴 음악 구조에 관한 논문들이다.

Kosslyn, S. M., and O. Koenig. 1992. *Wet Mind: The New Cognitive Neuroscience.* New York: Free Press.

일반 청자들을 위한 인지신경과학 입문서다.

*Krumhansl, C. L. 1990. *Cognitive Foundations of Musical Pitch*. New York: Oxford University Press.

음고의 차원에 대한 내용을 담고 있다.

*Lerdahl, F. 1989. Atonal prolongational structure. *Contemporary Music Review* 3 (2).

쇤베르크의 음악과 같은 무조 음악에 대해 설명한다.

*Levitin, D. J., and V. Menon. 2003. Musical structure is processed in "language" areas of the brain: A possible role for Brodmann Area 47 in temporal coherence. *NeuroImage* 20 (4):2142 – 2152.

*_____. 2005. The neural locus of temporal structure and expectancies in music: Evidence from functional neuroimaging at 3 Tesla. *Music Perception* 22 (3):563 – 575.

음악적 구조에 대한 신경해부학을 설명한다.

* Maess, B., S. Koelsch, T. C. Gunter, and A. D. Friederici. 2001. Musical syntax is processed in Broca's area: An MEG study. *Nature Neuroscience* 4 (5):540 – 545.

음악적 구조에 대한 신경해부학을 설명한다.

* Marin, O. S. M. 1982. Neurological aspects of music perception and performance. In T*he Psychology of Music,* edited by D. Deutsch. New York: Academic Press.

뇌손상으로 인한 음악 기능의 손실에 대한 내용이다.

* Martin, R. C. 2003. Language processing: Functional organization and neuroanatomical basis. *Annual Review of Psychology* 54:55 – 89.

음성 지각의 신경해부학을 설명한다.

McClelland, J. L., D. E. Rumelhart, and G. E. Hinton. 2002. The Appeal of Parallel Distributed Processing. In *Foundations of Cognitive Psychology: Core Readings*, edited by D. J. Levitin. Cambridge: MIT Press.

도식에 대해 설명한다.

Meyer, L. B. 2001. Music and emotion: distinctions and uncertainties. *In Music and Emotion: Theory and Research*, edited by P. N. Juslin and J. A. Sloboda. Oxford and New York: Oxford University Press.

Meyer, Leonard B. 1956. *Emotion and Meaning in Music.* Chicago: University of Chicago Press.

_____. 1994. *Music, the Arts, and Ideas: Patterns and Predictions in TwentiethCentury Culture.* Chicago: University of Chicago Press.

음악 양식과 반복, 간격 메우기, 기대감에 대한 내용을 담고 있다.

* Milner, B. 1962. Laterality effects in audition. In *Interhemispheric Effects and Cerebral Dominance,* edited by V. Mountcastle. Baltimore: Johns Hopkins Press.

청각에서 좌우 차이를 설명한다.

* Narmour, E. 1992. *The Analysis and Cognition of Melodic Complexity: The Implication-Realization Model.* Chicago: University of Chicago Press.

* _____. 1999. Hierarchical expectation and musical style. In *The Psychology of Music,* edited by D. Deutsch. San Diego: Academic Press.

음악 양식과 반복, 간격 메우기, 기대감에 대한 내용을 담고 있다.

* Niedermeyer, E., and F. L. Da Silva. 2005. *Electroencephalography: Basic Principles, Clinical Applications, and Related Fields*, 5th ed. Philadephia: Lippincott, Williams & Wilkins.

대범한 사람을 위한 기술적인 고등 EEG 입문서다.

* Panksepp, J., ed. 2002. *Textbook of Biological Psychiatry.* Hoboken, N.J.: Wiley.

SSRI와 세로토닌, 도파민, 신경화학물질에 관한 글이다.

* Patel, A. D. 2003. Language, music, syntax and the brain. *Nature Neuroscience* 6 (7):674 – 681.

음악 구조의 신경해부학에 대한 논문으로 SSIRH를 소개한다.

* Penhune, V. B., R. J. Zatorre, J. D. MacDonald, and A. C. Evans. 1996. Interhemispheric anatomical differences in human primary auditory cortex: Probabilistic mapping and volume measurement from magnetic resonance scans. *Cerebral Cortex* 6:661 – 672.

* Peretz, I., R. Kolinsky, M. J. Tramo, R. Labrecque, C. Hublet, G. Demeurisse, and S. Belleville. 1994. Functional dissociations following bilateral lesions of auditory cortex. *Brain* 117:1283 – 1301.

* Perry, D. W., R. J. Zatorre, M. Petrides, B. Alivisatos, E. Meyer, and A. C. Evans. 1999. Localization of cerebral activity during simple singing. *NeuroReport* 10:3979 – 3984.

음악 처리의 신경해부학에 대해 설명한다.

* Petitto, L. A., R. J. Zatorre, K. Gauna, E. J. Nikelski, D. Dostie, and A. C. Evans. 2000. Speech-like cerebral activity in profoundly deaf people processing signed languages: Implications for the neural basis of human language. *Proceedings of the National Academy of Sciences* 97 (25):13961 – 13966.

수화의 신경해부학에 대해 설명한다.

Posner, M. I. 1973. *Cognition: An Introduction.* Edited by J. L. E. Bourne and L. Berkowitz, 1st ed. Basic Psychological Concepts Series. Glenview, Ill.: Scott, Foresman and Company.

_____. 1986. *Chronometric Explorations of Mind: The Third Paul M. Fitts Lectures, Delivered at the University of Michigan, September* 1976. New York: Oxford University Press.

심리적 부호에 대한 내용이다.

Posner, M. I., and M. E. Raichle. 1994. *Images of Mind.* New York: Scientific American Library.

일반 독자를 위한 뉴런 영상에 관한 입문서다.

Rosen, C. 1975. *Arnold Schoenberg.* Chicago: University of Chicago Press.

작곡가와 무조 음악, 12음 기법에 관한 내용을 담고 있다.

* Russell, G. S., K. J. Eriksen, P. Poolman, P. Luu, and D. Tucker. 2005. Geodesic photogrammetry for localizing sensor positions in dense-array EEG. Clinical *Neuropsychology* 116:1130 – 1140.

EEG로 위치를 측정할 때 발생하는 역 포아송 문제에 관한 내용이다.

Samson, S., and R. J. Zatorre. 1991. Recognition memory for text and melody of songs after unilateral temporal lobe lesion: Evidence for dual encoding. *Journal of Experimental Psychology: Learning, Memory, and Cognition* 17 (4):793 – 804.

_____. 1994. Contribution of the right temporal lobe to musical timbre discrimination. *Neuropsychologia* 32:231 – 240.

음악과 음성 지각의 신경해부학에 관한 내용이다.

Schank, R. C., and R. P. Abelson. 1977. *Scripts, plans, goals, and understanding.* Hillsdale, N.J.: Lawrence Erlbaum Associates.

도식에 관한 영향력 있는 연구 내용이다.

* Shepard, R. N. 1964. Circularity in judgments of relative pitch. *Journal of The Acoustical Society of America* 36 (12):2346 – 2353.

* _____. 1982. Geometrical approximations to the structure of musical pitch. *Psychological Review* 89 (4):305 – 333.

* _____. 1982. Structural representations of musical pitch. In *Psychology of Music,* edited by D. Deutsch. San Diego: Academic Press.

음고의 차원에 관한 내용이다.

Squire, L. R., F. E. Bloom, S. K. McConnell, J. L. Roberts, N. C. Spitzer, and M. J. Zigmond, eds. 2003. *Fundamental Neuroscience,* 2nd ed. San Diego: Academic Press.

신경과학의 기본 교재다.

* Temple, E., R. A. Poldrack, A. Protopapas, S. S. Nagarajan, T. Salz, P. Tallal, M.M. Merzenich, and J. D. E. Gabrieli. 2000. Disruption of the neural response to rapid acoustic stimuli in dyslexia: Evidence from functional MRI. *Proceedings of the National Academy of Sciences* 97 (25):13907 – 13912.

음성의 기본적인 신경해부학에 관한 내용이다.

* Tramo, M. J., J. J. Bharucha, and F. E. Musiek. 1990. Music perception and cognition following bilateral lesions of auditory cortex. *Journal of Cognitive Neuroscience* 2:195 – 212.

* Zatorre, R. J. 1985. Discrimination and recognition of tonal melodies after unilateral cerebral

excisions. *Neuropsychologia* 23 (1):31 – 41.

* ______. 1998. Functional specialization of human auditory cortex for musical processing. *Brain* 121 (Part 10):1817 – 1818.

* Zatorre, R. J., P. Belin, and V. B. Penhune. 2002. Structure and function of auditory cortex: Music and speech. *Trends in Cognitive Sciences* 6 (1):37 – 46.

* Zatorre, R. J., A. C. Evans, E. Meyer, and A. Gjedde. 1992. Lateralization of phonetic and pitch discrimination in speech processing. *Science* 256 (5058):846 – 849.

* Zatorre, R. J., and S. Samson. 1991. Role of the right temporal neocortex in retention of pitch in auditory short-term memory. *Brain* (114):2403 – 2417.

음성과 음악의 신경해부학, 뇌손상의 효과에 관한 연구다.

5장. 전화번호부에서 이름을 검색해주세요

Bjork, E. L., and R. A. Bjork, eds. 1996. *Memory, Handbook of Perception and Cognition,* 2nd ed. San Diego: Academic Press.

기억에 관한 연구자용 일반 교재다.

Cook, P. R., ed. 1999. *Music, Cognition, and Computerized Sound: An Introduction to Psychoacoustics.* Cambridge: MIT Press.

내가 학부생 때 강의를 수강했다고 언급했던 피어스와 차우닝, 매슈스, 셰퍼드 등이 가르친 강의로 구성된 책이다.

* Dannenberg, R. B., B. Thom, and D. Watson. 1997. A machine learning approach to musical style recognition. Paper read at International Computer Music Conference, September. Thessoloniki, Greece.

음악 지문에 대한 출처 논문이다.

Dowling, W. J., and D. L. Harwood. 1986. *Music Cognition.* San Diego: Academic Press.

조옮김이 발생했을 때에도 선율을 인식한다는 실험 내용을 담았다.

Gazzaniga, M. S., R. B. Ivry, and G. R. Mangun. 1998. *Cognitive Neuroscience: The Biology of the Mind.* New York: W. W. Norton.

가자니가의 뇌 분리 연구의 요약을 포함한다.

* Goldinger, S. D. 1996. Words and voices: Episodic traces in spoken word identification and recognition memory. *Journal of Experimental Psychology: Learning, Memory, and Cognition* 22 (5):1166 – 1183.

* _____. 1998. Echoes of echoes? An episodic theory of lexical access. *Psychological Review* 105 (2):251 – 279.

다중 흔적 기억 이론을 수록한 출처 논문이다.

Guenther, R. K. 2002. Memory. In *Foundations of Cognitive Psychology: Core Readings,* edited by D. J. Levitin. Cambridge: MIT Press.

기억에 관한 기록 보존 이론과 구성주의 이론을 살펴본다.

* Haitsma, J., and T. Kalker. 2003. A highly robust audio fingerprinting system with an efficient search strategy. *Journal of New Music Research* 32 (2):211 – 221.

청각적 지문에 대한 또 하나의 출처 논문이다.

* Halpern, A. R. 1988. Mental scanning in auditory imagery for songs. *Journal of Experimental Psychology: Learning, Memory, and Cognition* 143:434 – 443.

5장에서 언급한 머릿속으로 음악을 스캔하는 능력에 대한 논의의 출처다.

* _____. 1989. Memory for the absolute pitch of familiar songs. *Memory and Cognition* 17 (5):572 – 581.

나의 1994년 논문에 영감을 준 논문이다.

* Heider, E. R. 1972. Universals in color naming and memory. *Journal of Experimental Psychology* 93 (1):10 – 20.

엘리너 로쉬의 결혼 후 이름으로 발표된 논문으로 범주화에 대한 근본 연구다.

* Hintzman, D. H. 1986. "Schema abstraction" in a multiple-trace memory model. *Psychological Review* 93 (4):411 – 428.

힌츠먼의 미네르바 모델을 다중 흔적 기억 모형의 맥락에서 논한다.

* Hintzman, D. L., R. A. Block, and N. R. Inskeep. 1972. Memory for mode of input. *Journal of Verbal Learning and Verbal Behavior* 11:741 – 749.

본문에서 언급한 서체 연구의 출처다.

* Ishai, A., L. G. Ungerleider, and J. V. Haxby. 2000. Distributed neural systems for the generation of visual images. *Neuron* 28:979 – 990.

뇌에서 발생하는 범주 구분에 대한 연구의 출처다.

* Janata, P. 1997. Electrophysiological studies of auditory contexts. Dissertation Abstracts International: Section B: The Sciences and Engineering, University of Oregon.

음악 작품을 상상할 때와 실제로 들을 때 EEG에서 거의 동일한 신호가 나타난다는 보고를 담고 있다.

* Levitin, D. J. 1994. Absolute memory for musical pitch: Evidence from the production of learned melodies. *Perception and Psychophysics* 56 (4):414 – 423.

사람들에게 록이나 팝 음악을 부르게 했을 때 거의 정확한 조성으로 불렀던 나의 연구를 보고했던 출처 논문이다.

* _____. 1999. Absolute pitch: Self-reference and human memory. *International Journal of Computing Anticipatory Systems*.

절대음감 연구의 개괄을 담고 있다.

* _____. 1999. Memory for musical attributes. In *Music, Cognition and Computerized Sound: An Introduction to Psychoacoustics,* edited by P. R. Cook. Cambridge: MIT Press.

소리굽쇠와 기억에 관한 나의 음고 연구를 소개했다.

_____. 2001. Paul Simon: The Grammy interview. *Grammy,* September, 42 – 46.

음색을 위해 듣는다는 폴 사이먼 발언의 출처다.

* Levitin, D. J., and P. R. Cook. 1996. Memory for musical tempo: Additional evidence that auditory memory is absolute. *Perception and Psychophysics* 58:927 – 935.

노래의 빠르기 기억에 대한 나의 연구 출처다.

* Levitin, D. J., and S. E. Rogers. 2005. Pitch perception: Coding, categories, and controversies. *Trends in Cognitive Sciences* 9 (1):26 – 33.

절대음감 연구의 리뷰다.

* Levitin, D. J., and R. J. Zatorre. 2003. On the nature of early training and absolute pitch: A reply to Brown, Sachs, Cammuso and Foldstein. *Music Perception* 21 (1):105 – 110.

절대음감 연구의 문제점을 기술적인 면에서 지적한다.

Loftus, E. 1979/1996. *Eyewitness Testimony.* Cambridge: Harvard University Press.

기억 왜곡에 관한 실험의 출처다.

Luria, A. R. 1968. *The Mind of a Mnemonist*. New York: Basic Books.

기억과잉장애 환자에 대한 이야기의 출처다.

McClelland, J. L., D. E. Rumelhart, and G. E. Hinton. 2002. The appeal of parallel distributed processing. In *Foundations of Cognitive Psychology: Core Readings*, edited by D. J. Levitin. Cambridge: MIT Press.

'뉴런 네트워크'로도 알려졌으며 뇌 활동을 컴퓨터로 시연한 병렬 분산 처리 모형에 대한 영향력 있는 논문이다.

* McNab, R. J., L. A. Smith, I. H. Witten, C. L. Henderson, and S. J. Cunningham. 1996. Towards the digital music library: tune retrieval from acoustic input. *Proceedings of the First ACM International Conference on Digital Libraries*:11 – 18.

음악 지문에 대한 개괄을 담았다.

* Parkin, A. J. 1993. *Memory: Phenomena, Experiment and Theory.* Oxford, UK: Blackwell.

기억에 관한 교재다.

* Peretz, I., and R. J. Zatorre. 2005. Brain organization for music processing. *Annual Review of Psychology* 56:89 – 114.

음악 지각의 신경해부학적 기초에 대한 리뷰다.

* Pope, S. T., F. Holm, and A. Kouznetsov. 2004. Feature extraction and database design for music software. Paper read at International Computer Music Conference in Miami.

음악 지문에 관한 내용이다.

* Posner, M. I., and S. W. Keele. 1968. On the genesis of abstract ideas. *Journal of Experimental Psychology* 77:353 – 363.

* ______. 1970. Retention of abstract ideas. *Journal of Experimental Psychology* 83:304 – 308.

원형이 기억에 저장될 수 있다는 실험을 설명한 출처다.

* Rosch, E. 1977. Human categorization. In *Advances in Crosscultural Psychology*, edited by N. Warren. London: Academic Press.

* ______. 1978. Principles of categorization. In *Cognition and Categorization*, edited by E. Rosch and B. B. Lloyd. Hillsdale, NJ.: Erlbaum.

* Rosch, E., and C. B. Mervis. 1975. Family resemblances: Studies in the internal structure of categories. *Cognitive Psychology* 7:573 – 605.

* Rosch, E., C. B. Mervis, W. D. Gray, D. M. Johnson, and P. Boyes-Braem. 1976. Basic objects in

natural categories. *Cognitive Psychology* 8:382 – 439.

로쉬의 '원형 이론'에 대한 출처 논문이다.

* Schellenberg, E. G., P. Iverson, and M. C. McKinnon. 1999. Name that tune: Identifying familiar recordings from brief excerpts. *Psychonomic Bulletin & Review* 6 (4):641 – 646.

사람들이 음색 단서를 기반으로 노래 제목을 맞춘다고 설명한 연구의 출처나.

Smith, E. E., and D. L. Medin. 1981. *Categories and concepts.* Cambridge: Harvard University Press.

Smith, E., and D. L. Medin. 2002. The exemplar view. In *Foundations of Cognitive Psychology: Core Readings,* edited by D. J. Levitin. Cambridge: MIT Press.

로쉬의 원형 이론을 대체할 수 있는 본보기 이론에 대한 내용을 담고 있다.

* Squire, L. R. 1987. *Memory and Brain.* New York: Oxford University Press.

기억에 관한 교재다.

* Takeuchi, A. H., and S. H. Hulse. 1993. Absolute pitch. *Psychological Bulletin* 113 (2):345 – 361.

* Ward, W. D. 1999. Absolute Pitch. In *The Psychology of Music*, edited by D. Deutsch. San Diego: Academic Press.

절대음감에 대한 개괄을 담고 있다.

* White, B. W. 1960. Recognition of distorted melodies. *American Journal of Psychology* 73:100 – 107.

조옮김을 비롯한 여러 변형에서 음악이 어떻게 인식되는지에 대한 실험의 출처다.

Wittgenstein, L. 1953. *Philosophical Investigations*. New York: Macmillan.

'게임이란 무엇인가?'에 대한 비트겐슈타인의 글과 가족 유사성에 대한 출처다.

6장. 디저트를 먹은 후에도 크릭은 아직도 나와 네 자리 떨어진 곳에 있었다

* Desain, P., and H. Honing. 1999. Computational models of beat induction: The rule-based approach. *Journal of New Music Research* 28 (1):29 – 42.

내가 언급했던 발구르기 시연에서 저자들이 사용한 알고리즘의 일부에 대해 기술한 논문이다.

* Aitkin, L. M., and J. Boyd. 1978. Acoustic input to lateral pontine nuclei. *Hearing Research* 1 (1):67 – 77.

청각 경로의 생리학을 쉬운 수준으로 설명한다.

* Barnes, R., and M. R. Jones. 2000. Expectancy, attention, and time. *Cognitive Psychology* 41 (3):254–311.

음악에서 시간과 박자 감각에 대한 마리 라이스 존스 연구의 예를 담고 있다.

Crick, F. 1988. *What Mad Pursuit: A Personal View of Scientific Discovery.* New York: Basic Books. -《열광의 탐구》, 프랜시스 크릭, 권태익, 조태주 옮김, 김영사, 2011

과학자가 된 크릭의 초기 시절에 대한 인용의 출처다.

Crick, F. H. C. 1995. *The Astonishing Hypothesis: The Scientific Search for the Soul.* New York: Touchstone/Simon & Schuster. -《놀라운 가설》, 프랜시스 크릭, 김동광 옮김, 궁리, 2015

크릭의 환원주의에 대한 논의의 출처다.

* Friston, K. J. 1994. Functional and effective connectivity in neuroimaging: a synthesis. *Human Brain Mapping* 2:56–68.

메넌이 음악의 정서와 중격의지핵에 대한 우리의 논문 작성에 필요한 분석을 수행할 때 도움을 준 기능적 연결성에 대한 논문이다.

* Gallistel, C. R. 1989. *The Organization of Learning*. Cambridge: MIT Press.

랜디 갤리스텔 연구의 예를 담고 있다.

* Goldstein, A. 1980. Thrills in response to music and other stimuli. *Physiological Psychology* 8 (1):126–129.

날록손이 음악의 정서를 방해할 수 있다는 사실을 밝힌 연구다.

* Grabow, J. D., M. J. Ebersold, and J. W. Albers. 1975. Summated auditory evoked potentials in cerebellum and inferior colliculus in young rat. *Mayo Clinic Proceedings* 50 (2):57–68.

소뇌의 생리학과 연결성에 관한 논문이다.

* Holinger, D. P., U. Bellugi, D. L. Mills, J. R. Korenberg, A. L. Reiss, G. F. Sherman, and A. M. Galaburda. In press. Relative sparing of primary auditory cortex in Williams syndrome. *Brain Research*.

우르술라가 크릭에게 소개했던 논문이다.

* Hopfield, J. J. 1982. Neural networks and physical systems with emergent collective computational abilities. *Proceedings of National Academy of Sciences* 79 (8):2554–2558.

뉴런 네트워크 모형의 한 형태인 호프필드 망을 처음 언급한 논문이다.

* Huang, C., and G. Liu. 1990. Organization of the auditory area in the posterior cerebellar vermis of the cat. *Experimental Brain Research* 81 (2):377–383.

* Huang, C.-M., G. Liu, and R. Huang. 1982. Projections from the cochlear nucleus to the cerebellum. *Brain Research* 244:1 – 8.

* Ivry, R. B., and R. E. Hazeltine. 1995. Perception and production of temporal intervals across a range of durations: Evidence for a common timing mechanism. *Journal of Experimental Psychology: Human Perception and Performance* 21 (1):3 – 18.

소뇌와 저수준의 청각영역의 생리학과 해부학, 연결성에 대한 논문이다.

* Jastreboff, P. J. 1981. Cerebellar interaction with the acoustic reflex. *Acta Neurobiologiae Experimentalis* 41 (3):279 – 298.

음향적 '놀람' 반응에 대한 정보의 출처다.

* Jones, M. R. 1987. Dynamic pattern structure in music: recent theory and research. *Perception & Psychophysics* 41:621 – 634.

* Jones, M. R., and M. Boltz. 1989. Dynamic attending and responses to time. *Psychological Review* 96:459 – 491.

박자 감각과 음악에 대한 존스의 연구에 대한 예다.

* Keele, S. W., and R. Ivry. 1990. Does the cerebellum provide a common computation for diverse tasks—A timing hypothesis. *Annals of The New York Academy of Sciences* 608:179 – 211.

아이브리의 박자 감각과 소뇌에 대한 연구의 예다.

* Large, E. W., and M. R. Jones. 1995. The time course of recognition of novel melodies. *Perception and Psychophysics* 57 (2):136 – 149.

* _____. 1999. The dynamics of attending: How people track time-varying events. *Psychological Review* 106 (1):119 – 159.

존스의 박자 감각과 음악에 대한 또 하나의 예를 담고 있다.

* Lee, L. 2003. A report of the functional connectivity workshop, Düsseldorf 2002. *NeuroImage* 19:457 – 465.

메넌이 우리의 충격의지핵 연구에 필요한 분석을 수행하기 위해 읽었던 논문 중 하나다.

* Levitin, D. J., and U. Bellugi. 1998. Musical abilities in individuals with Williams syndrome. *Music Perception* 15 (4):357 – 389.

* Levitin, D. J., K. Cole, M. Chiles, Z. Lai, A. Lincoln, and U. Bellugi. 2004. Characterizing the musical phenotype in individuals with Williams syndrome. *Child Neuropsychology* 10 (4):223 – 247.

윌리엄스 증후군에 대한 정보와 그들의 음악적 능력에 대한 두 연구를 담고 있다.

* Levitin, D. J., and V. Menon. 2003. Musical structure is processed in "language" areas of the brain: A possible role for Brodmann Area 47 in temporal coherence. *NeuroImage* 20 (4):2142-2152.

* ______. 2005. The neural locus of temporal structure and expectancies in music: Evidence from functional neuroimaging at 3 Tesla. *Music Perception* 22 (3):563-575.

* Levitin, D. J., V. Menon, J. E. Schmitt, S. Eliez, C. D. White, G. H. Glover, J. Kadis, J. R. Korenberg, U. Bellugi, and A. L. Reiss. 2003. Neural correlates of auditory perception in Williams syndrome: An fMRI study. *NeuroImage* 18 (1):74-82.

음악을 들을 때 소뇌가 활성화됨을 보여주는 연구들이다.

* Loeser, J. D., R. J. Lemire, and E. C. Alvord. 1972. Development of folia in human cerebellar vermis. *Anatomical Record* 173 (1):109-113.

소뇌의 생리학에 대한 배경 지식을 담고 있다.

* Menon, V., and D. J. Levitin. 2005. The rewards of music listening: Response and physiological connectivity of the mesolimbic system. *NeuroImage* 28 (1):175-184.

음악을 들을 때 중격의지핵과 뇌의 보상 체계가 관여함을 보여주는 논문이다.

* Merzenich, M. M., W. M. Jenkins, P. Johnston, C. Schreiner, S. L. Miller, and P. Tallal. 1996. Temporal processing deficits of language-learning impaired children ameliorated by training. *Science* 271:77-81.

아이들의 청각 체계에서 박자 감각 손상이 난독증을 일으킬 수 있음을 보여준 논문이다.

* Middleton, F. A., and P. L. Strick. 1994. Anatomical evidence for cerebellar and basal ganglia involvement in higher cognitive function. *Science* 266 (5184):458-461.

* Penhune, V. B., R. J. Zatorre, and A. C. Evans. 1998. Cerebellar contributions to motor timing: A PET study of auditory and visual rhythm reproduction. *Journal of Cognitive Neuroscience* 10 (6):752-765.

* Schmahmann, J. D. 1991. An emerging concept—the cerebellar contribution to higher function. *Archives of Neurology* 48 (11):1178-1187.

* Schmahmann, Jeremy D., ed. 1997. *The Cerebellum and Cognition, International Review of Neurobiology*, v. 41. San Diego: Academic Press.

* Schmahmann, S. D., and J. C. Sherman. 1988. The cerebellar cognitive affective syndrome. *Brain and Cognition* 121:561-579.

소뇌와 기능, 해부학에 대한 배경 정보를 담고 있다.

* Tallal, P., S. L. Miller, G. Bedi, G. Byma, X. Wang, S. S. Nagarajan, C. Schreiner, W. M. Jenkins, and M. M. Merzenich. 1996. Language comprehension in languagelearning impaired children improved with acoustically modified speech. *Science* 271:81 – 84.

아이들의 청각 체계에서 박자 감각 손상이 난독증을 일으킬 수 있음을 보여준 논문이다.

* Ullman, S. 1996. *High-level Vision: Object Recognition and Visual Cognition*. Cambridge: MIT Press.

시각 체계의 구성에 관한 내용을 담고 있다.

* Weinberger, N. M. 1999. Music and the auditory system. In *The Psychology of Music,* edited by D. Deutsch. San Diego: Academic Press.

음악과 청각 체계의 연결성과 생리학에 대해 설명한다.

7장. 무엇이 음악가를 만드는가?

* Abbie, A. A. 1934. The projection of the forebrain on the pons and cerebellum. *Proceedings of the Royal Society of London (Biological Sciences)* 115:504 – 522.

예술에 관여하는 소뇌에 대한 인용의 출처다.

* Chi, Michelene T. H., Robert Glaser, and Marshall J. Farr, eds. 1988. *The Nature of Expertise.* Hillsdale, N.J.: Lawrence Erlbaum Associates.

체스 선수를 비롯한 전문가들에 대한 심리학적 연구 내용이다.

* Elbert, T., C. Pantev, C. Wienbruch, B. Rockstroh, and E. Taub. 1995. Increased cortical representation of the fingers of the left hand in string players. *Science* 270 (5234):305 – 307.

바이올린을 연주할 때 대뇌피질의 변화에 대한 출처다.

* Ericsson, K. A., and J. Smith, eds. 1991. *Toward a General Theory of Expertise: Prospects and Limits.* New York: Cambridge University Press.

체스 선수를 비롯한 전문가들에 대한 심리학적 연구 내용이다.

* Gobet, F., P. C. R. Lane, S. Croker, P. C. H. Cheng, G. Jones, I. Oliver, J. M. Pine. 2001. Chunking mechanisms in human learning. *Trends in Cognitive Sciences* 5:236 – 243.

기억의 청킹에 대한 내용을 담고 있다.

* Hayes, J. R. 1985. Three problems in teaching general skills. In *Thinking and Learning Skills: Research and Open Questions,* edited by S. F. Chipman, J. W. Segal, and R. Glaser. Hillsdale, N.J.: Erlbaum.

모차르트의 초기 작품이 높이 평가받지 못한다고 주장한 연구의 출처다. 모차르트가 다른 사람들과 같이 전문가가 되기 위해서 1만 시간을 사용하지 않았다는 주장을 반박한다.

Howe, M. J. A., J. W. Davidson, and J. A. Sloboda. 1998. Innate talents: Reality or myth? *Behavioral & Brain Sciences* 21 (3):399 – 442.

모든 주장에 동의하지는 않지만 아주 좋아하는 논문 중 하나다. '재능은 근거 없는 믿음이다'는 관점을 개괄한다.

Levitin, D. J. 1982. Unpublished conversation with Neil Young, Woodside, CA.

_____. 1996. Interview: A Conversation with Joni Mitchell. *Grammy,* Spring, 26 – 32.

_____. 1996. Stevie Wonder: Conversation in the Key of Life. *Grammy,* Summer, 14 – 25

_____. 1998. Still Creative After All These Years: A Conversation with Paul Simon. *Grammy,* February, 16 – 19, 46.

_____. 2000. A conversation with Joni Mitchell. In *The Joni Mitchell Companion: Four Decades of Commentary*, edited by S. Luftig. New York: Schirmer Books.

_____. 2001. Paul Simon: The Grammy Interview. *Grammy,* September, 42 – 46.

_____. 2004. Unpublished conversation with Joni Mitchell, December, Los Angeles, CA.

전문 능력에 관한 음악가들의 일화와 인용에 대한 출처다.

MacArthur, P. (1999). JazzHouston Web site. http:www.jazzhouston.com/forum/ messages.jsp?key=352&page=7&pKey=1&fpage=1&total=588.

루빈스타인의 실수에 관한 인용의 출처다.

* Sloboda, J. A. 1991. Musical expertise. In *Toward a General Theory of Expertise,* edited by K. A. Ericcson and J. Smith. New York: Cambridge University Press.

음악 전문 능력에 관한 문헌에 기재된 발견 내용과 논쟁을 개괄한다.

Tellegen, Auke, David Lykken, Thomas Bouchard, Kimerly Wilcox, Nancy Segal, and Stephen Rich. 1988. Personality similarity in twins reared apart and together. *Journal of Personality and Social Psychology* 54 (6):1031 – 1039.

미네소타의 쌍둥이 연구 내용이다.

* Vines, B. W., C. Krumhansl, M. M. Wanderley, and D. Levitin. In press. Crossmodal interactions in the perception of musical performance. *Cognition*.

정서를 전달하기 위해 음악가들이 취하는 몸짓에 대한 연구의 출처다.

8장. 내가 가장 좋아하는 음악

* Berlyne, D. E. 1971. *Aesthetics and Psychobiology*. New York: Appleton-CenturyCrofts.

음악 선호도와 관련된 '뒤집어진 U자' 가설에 대해 설명한다.

* Gaser, C., and G. Schlaug. 2003. Gray matter differences between musicians and nonmusicians. *Annals of the New York Academy of Sciences* 999:514–517.

음악가와 비음악가의 뇌에서 발견되는 차이점을 설명한다.

* Husain, G., W. F. Thompson, and E. G. Schellenberg. 2002. Effects of musical tempo and mode on arousal, mood, and spatial abilities. *Music Perception* 20 (2):151–171.

'모차르트 효과'를 설명한다.

* Hutchinson, S., L. H. Lee, N. Gaab, and G. Schlaug. 2003. Cerebellar volume of musicians. *Cerebral Cortex* 13:943–949.

음악가와 비음악가의 뇌에서 발견되는 차이점을 설명한다.

* Lamont, A. M. 2001. Infants' preferences for familiar and unfamiliar music: A socio-cultural study. Paper read at Society for Music Perception and Cognition, August 9, 2001, at Kingston, Ont.

유아들이 절대음감의 단서를 사용한다는 내용을 설명한다.

* Lee, D. J., Y. Chen, and G. Schlaug. 2003. Corpus callosum: musician and gender effects. *NeuroReport* 14:205–209.

음악가와 비음악가의 뇌에서 발견되는 차이점을 설명한다.

* Rauscher, F. H., G. L. Shaw, and K. N. Ky. 1993. Music and spatial task performance. *Nature* 365:611.

'모차르트 효과'를 최초로 보고한 논문이다.

* Saffran, J. R. 2003. Absolute pitch in infancy and adulthood: the role of tonal structure. *Developmental Science* 6 (1):35–47.

유아들이 절대음감 단서를 사용한다는 내용을 설명한다.

* Schellenberg, E. G. 2003. Does exposure to music have beneficial side effects? In *The Cognitive Neuroscience of Music,* edited by I. Peretz and R. J. Zatorre. New York: Oxford University Press.

* Thompson, W. F., E. G. Schellenberg, and G. Husain. 2001. Arousal, mood, and the Mozart Effect. *Psychological Science* 12 (3):248 – 251.

'모차르트 효과'를 설명한다.

* Trainor, L. J., L. Wu, and C. D. Tsang. 2004. Long-term memory for music: Infants remember tempo and timbre. *Developmental Science* 7 (3):289 – 296.

유아들이 절대음감 단서를 사용한다는 내용을 설명한다.

* Trehub, S. E. 2003. The developmental origins of musicality. *Nature Neuroscience* 6 (7):669 – 673.

* _____. 2003. Musical predispositions in infancy. In *The Cognitive Neuroscience of Music,* edited by I. Peretz and R. J. Zatorre. Oxford: Oxford University Press.

유아의 초기 음악 경험에 대해 기술한다.

9장. 음악 본능

Barrow, J. D. 1995. *The Artful Universe.* Oxford, UK: Clarendon Press.

"음악은 종의 생존에서 어떤 역할도 하지 않는다."

Blacking, J. 1995. *Music, Culture, and Experience.* Chicago: University of Chicago Press.

"음악의 내재된 특성, 즉 동작과 소리의 불가분성은 문화와 시대를 넘어 음악을 특징 짓는다."

Buss, D. M., M. G. Haselton, T. K. Shackelford, A. L. Bleske, and J. C. Wakefield. 2002. Adaptations, exaptations, and spandrels. In *Foundations of Cognitive Psychology: Core Readings,* edited by D. J. Levitin. Cambridge: MIT Press.

나는 9장에서 간단하게 표현하기 위해 의도적으로 '스팬드럴'과 '굴절적응'이라는 두 종류의 진화적 부산물을 구분하지 않았으며 두 종류의 진화적 부산물에 뭉뚱그려 스팬드럴이라는 용어를 적용했다. 굴드 본인도 자신의 글에서 두 용어를 일관되게 사용하지 않았고 굳이 둘을 구별하지 않아도 요점을 전달할 수 있기 때문에 책에서는 단순하게 설명했으나 독자들이 이해하는 데 어려움은 없었으리라 생각한다. 버스 등은 아래 인용한 스티븐 제이 굴드의 연구 내용을 바탕으로 진화적 부산물 간의 차이에 대해 논한다.

* Cosmides, L. 1989. The logic of social exchange: Has natural selection shaped how humans reason?

Cognition 31:187 – 276.

* Cosmides, L., and J. Tooby. 1989. Evolutionary psychology and the generation of culture, Part II. Case Study: A computational theory of social exchange. *Ethology and Sociobiology* 10:51 – 97.

인지를 적응 형태로 보는 진화심리학의 관점을 설명한다.

Cross, I. 2001. Music, cognition, culture, and evolution. Annals of the New York *Academy of Sciences* 930:28 – 42.

_____. 2001. Music, mind and evolution. *Psychology of Music* 29 (1):95 – 102.

_____. 2003. Music and biocultural evolution. In *The Cultural Study of Music: A Critical Introduction,* edited by M. Clayton, T. Herbert and R. Middleton. New York: Routledge.

_____. 2003. Music and evolution: Consequences and causes. *Comparative Music Review* 22 (3):79 – 89.

_____. 2004. Music and meaning, ambiguity and evolution. In *Musical Communications,* edited by D. Miell, R. MacDonald and D. Hargraves.

9장에서 설명한 크로스의 주장에 대한 출처다.

Darwin, C. 1871/2004. *The Descent of Man and Selection in Relation to Sex.* New York: Penguin Classics.

음악과 성선택, 적응 형태에 대한 다윈의 발상을 담은 출처다. "나는 인류의 남녀 조상들이 이성을 유혹하기 위해서 처음으로 악음과 리듬을 획득했을 것이라고 판단한다. 그러므로 악음은 동물이 느낄 수 있는 가장 강한 열정과 굳게 연결됐으며 그 결과 본능적으로 사용됐다."

* Deaner, R. O., and C. L. Nunn. 1999. How quickly do brains catch up with bodies? A comparative method for detecting evolutionary lag. *Proceedings of the Royal Society of London* B 266 (1420):687 – 694.

진화적 지연을 설명한다.

Gleason, J. B. 2004. *The Development of Language,* 6th ed. Boston: Allyn & Bacon.

언어 능력의 발달에 대한 학부생 교재다.

* Gould, S. J. 1991. Exaptation: A crucial tool for evolutionary psychology. *Journal of Social Issues* 47:43 – 65.

굴드의 각 진화적 부산물 종류에 대해 설명한다.

Huron, D. 2001. Is music an evolutionary adaptation? In *Biological Foundations of Music.*

핑커(1997년)에 대한 휴런의 대응을 담고 있다. 음악성과 사회성의 관계에 대한 주장을 위해 자폐증과 윌리엄스 증후군을 비교한 최초의 연구가 여기서 등장했다.

* Miller, G. F. 1999. Sexual selection for cultural displays. In *The Evolution of Culture,* edited by R. Dunbar, C. Knight and C. Power. Edinburgh: Edinburgh University Press.

* ______. 2000. Evolution of human music through sexual selection. In *The Origins of Music,* edited by N. L. Wallin, B. Merker and S. Brown. Cambridge: MIT Press.

______. 2001. Aesthetic fitness: How sexual selection shaped artistic virtuosity as a fitness indicator and aesthetic preferences as mate choice criteria. *Bulletin of Psychology and the Arts* 2 (1):20 – 25.

* Miller, G. F., and M. G. Haselton. In Press. Women's fertility across the cycle increases the short-term attractiveness of creative intelligence compared to wealth. *Human Nature.*

음악이 성적 적격성 과시라는 밀러의 견해에 대한 출처 논문이다.

Pinker, S. 1997. *How the Mind Works.* New York: W. W. Norton. -《마음은 어떻게 작동하는가》, 스티븐 핑커, 김한영 옮김, 동녘사이언스, 2007

핑커가 '청각적 치즈케이크'라는 비유를 사용한 출처다.

Sapolsky, R. M. *Why Zebras Don't Get Ulcers,* 3rd ed. 1998. New York: Henry Holt and Company. -《스트레스》, 로버트 새폴스키, 이지윤, 이재담 옮김, 사이언스북스, 2008

진화적 지연에 대한 내용을 담고 있다.

Sperber, D. 1996. *Explaining Culture*. Oxford, UK: Blackwell.

음악이 진화의 기생충이라는 내용을 담고 있다.

* Tooby, J., and L. Cosmides. 2002. Toward mapping the evolved functional organization of mind and brain. In *Foundations of Cognitive Psychology*, edited by D. J. Levitin. Cambridge: MIT Press.

인지를 적응 형태로 보는 진화심리학자의 또 다른 연구 내용이다.

Turk, I. *Mousterian Bone Flute*. Znanstvenoraziskovalni Center Sazu 1997 [cited December 1, 2005. Available from http:www.uvi.si/eng/slovenia/bac으roundinformation/neanderthal-fiute/.]

슬로베니아의 뼈 피리에 대한 발견을 최초로 보고한 내용을 담고 있다.

* Wallin, N. L. 1991. *Biomusicology: Neurophysiological, Neuropsychological, and Evolutionary Perspectives on the Origins and Purposes of Music*. Stuyvesant, N.Y.: Pendragon Press.

* Wallin, N. L., B. Merker, and S. Brown, eds. 2001. *The Origins of Music*. Cambridge: MIT Press.

음악의 진화적 기원에 대한 추가 자료다.

감사의 글

음악과 뇌에 대해 배울 수 있도록 도와준 모든 사람들에게 감사를 표한다. 음반 제작에 대해 가르쳐준 엔지니어 레슬리 앤 존스와 켄 케시, 모린 드로니, 웨인 루이스, 제프리 노먼, 밥 미스바흐, 마크 니덤, 폴 맨들, 리키 산체스, 프레드 카테로, 데이브 프레이저, 올리버 디 치코, 스테이시 베어드, 마크 세나색, 프로듀서 내라다 마이클 월든, 샌디 펄먼, 랜디 잭슨을 비롯해 나에게 기회를 준 하워 클라인, 세이무어 스타인, 미셸 재린, 데이비드 루빈슨, 브라이언 로언, 수전 스캐그스, 데이브 웰하우젠, 노엄 커너, 조엘 재피에게 감사한다. 시간을 내서 나와 대화를 하며 음악적 영감을 공유해준 스티비 원더와 폴 사이먼, 존 포거티, 린지 버킹엄, 카를로스 산타나, 케이디 랭, 조지 마틴, 조프 에머릭, 미첼 프롬, 필 라몬, 로저 니콜스, 조지 매슨버그, 셰어, 린다 론스태드, 피터 애셔, 줄리어 포덤, 로드니 크로웰, 로잔 캐시, 가이 클라크, 도널드 페이건에게도 고마움을 전한다. 인지심리학과 신경과학을 가르쳐준 수전 캐리, 로저 셰퍼드, 마이크 포즈너, 더그 힌츠먼, 헬렌 네빌도 언급하고 싶다. 과학자로서 제2의 경력을 쌓아가는 보람과 즐거움을 느끼게해준 내 동료 우르술라 벨루지와 비너드 메넌, 나와 친한 동료 스티브 맥애덤스, 에반 벨러번, 페리 쿡, 빌 톰슨, 루 골드버그에게 감사 인사를 전한다. 내 학생들과 박사 후 과정 연구생들은 내가 자부심과 영감을 느끼게 해줬으며 이 책의 초고를 평가하는 데 도움을 줬다. 브래들리 바인스와 캐서린 구아스타비노, 수전 로저스, 안잘리 바타라, 테오 쿨리스, 이브-마리 퀸틴, 이오아나 달카, 애너 티로볼라스, 앤드루 샤프에게 고마움을 전한다. 제프 모길과 에반 밸러번, 비너드 메넌, 렌 블럼은 원고 일부에 귀중한 평가를 제공해줬다. 그럼에도 어떤 실수가 있다면 내 잘못이다. 최신판에서 오류를 수정할 수 있도록 시간을 내어 이전 판의 오류를 지적해준 몇몇 꼼꼼한 독자들, 케니스 매킨지와 릭 그레고리, 조셉 스미스, 데이빗 룸플러, 알 스완슨, 스티븐 고트만, 케스린 인제네리에게 감사 인사를 전하고 싶다.

나의 소중한 친구 마이클 브룩과 제프 킴벌이 전해준 음악적 영감과 지원, 질문을 비롯해 함께 나눈 대화는 여러 면에서 책의 집필에 도움이 됐다. 학과장 키스 프랭클린과 슐릭 음악학교 학장인 돈 매클레인은 남부럽지 않을 만큼 생산적이고 지원적인 연구 환경을 제공해줬다.

나의 발상을 책으로 만드는 모든 단계에서 지원과 지도를 준 편집자 제프 갤러스에게 그의 수많은 제안과 훌륭한 조언에 감사하며 원고 편집에 기여한 스티븐 모로에게 고마움을 전하고 싶다. 제프와 스티븐이 없었다면 이 책은 탄생할 수 없었을 것이다. 모두 감사하다.

3장의 부제는 R. 스타인버그가 편집하고 스프링거 출판사가 출간한 훌륭한 저서에서 착안했다.

그리고 내가 좋아하는 음악 작품, 베토벤의 〈교향곡 6번〉과 마이클 네스미스의 '조앤', 쳇 애킨스와 레니 브로의 '스위트 조지아 브라운', 비틀스의 '디 엔드'에게도 고마움을 표한다.

음악 인류

초판 1쇄 인쇄 2021년 12월 17일 | 초판 1쇄 발행 2022년 1월 20일

지은이 대니얼 J. 레비틴 | 옮긴이 이진선

펴낸이 신광수
CS본부장 강윤구 | 출판개발실장 위귀영 | 출판영업실장 백주현 | 디자인실장 손현지 | 개발기획실장 김효정
단행본개발파트 권병규, 조문채, 정혜리
출판디자인팀 최진아, 당승근 | 저작권 김마이, 이아람
채널영업팀 이용복, 이강원, 김선영, 우광일, 강신구, 이유리, 정재욱, 박세화, 김종민, 이태영, 전지현
출판영업팀 박충열, 민현기, 정재성, 정슬기, 허성배, 정유, 설유상
개발지원파트 홍주희, 이기준, 정은정
CS지원팀 강승훈, 봉대중, 이주연, 이형배, 이은비, 전효정, 이우성

펴낸곳 (주)미래엔 | 등록 1950년 11월 1일(제16-67호)
주소 06532 서울시 서초구 신반포로 321
미래엔 고객센터 1800-8890
팩스 (02)541-8249 | 이메일 bookfolio@mirae-n.com
홈페이지 www.mirae-n.com

ISBN 979-11-6841-049-7 (03400)

* 와이즈베리는 ㈜미래엔의 성인단행본 브랜드입니다.
* 책값은 뒤표지에 있습니다.
* 파본은 구입처에서 교환해 드리며, 관련 법령에 따라 환불해 드립니다.
  다만, 제품 훼손 시 환불이 불가능합니다.